普通高等教育工程应用型系列教材

电机与拖动基础

主　编　姚玉钦　雷慧杰

副主编　李正斌　范秋凤
　　　　卢春华　陈彦涛

主　审　赵建周

科学出版社

北　京

内 容 简 介

本书主要介绍了直流电机的结构和基本理论、直流电动机的电力拖动、变压器、三相异步电动机、三相异步电动机的电力拖动、同步电动机、控制电机和电动机的选择等。

本书在内容的选择和安排上突出了工程应用型人才培养的需要，可作为工程应用型普通高等院校自动化、电气工程及其自动化等电气信息类专业的教材，也可为广大科技工作者和工矿企业从事相关专业的工程技术人员提供参考和帮助。

图书在版编目(CIP)数据

电机与拖动基础 / 姚玉钦，雷慧杰主编. —北京：科学出版社，2016.5
普通高等教育工程应用型系列教材
ISBN 978-7-03-048279-2

Ⅰ. ①电… Ⅱ. ①姚… ②雷… Ⅲ. ①电机－高等学校－教材②电力传动－高等学校－教材 Ⅳ. ①TM3②TM921

中国版本图书馆 CIP 数据核字(2016)第 102074 号

责任编辑：余 江 张丽花 陈 琪 / 责任校对：郭瑞芝
责任印制：颜文倩 / 封面设计：迷底书装

科学出版社 出版
北京东黄城根北街 16 号
邮政编码：100717
http://www.sciencep.com

固安县铭成印刷有限公司印刷
科学出版社发行 各地新华书店经销

*

2016 年 5 月第 一 版 开本：787×1092 1/16
2023 年12月第八次印刷 印张：18 3/4
字数：468 000

定价：59.00 元

(如有印装质量问题，我社负责调换)

前　言

近年来，随着计算机控制技术、电力电子技术、网络和通信技术的发展，自动控制技术中的电机及电力拖动领域出现了许多新方法、新技术。为了适应这些新变化，作为自动化、电气工程及其自动化专业的一门重要的专业基础必修课，“电机与拖动基础”的内容也要更新和改革。本书定位于工程应用型本科专业，以培养工程应用型人才为主要目标，注重应用能力的培养。为此，本书在内容的选择和安排上突出了工程应用型人才培养的需要，以电机的应用为主，够用为度，注重理论联系实际，内容简练，重点突出，为后续课程的学习和实际工作奠定基础。

全书共 8 章，包括直流电机的结构和基本理论、直流电动机的电力拖动、变压器、三相异步电动机、三相异步电动机的电力拖动、同步电动机、控制电机和电动机的选择等。本书建议讲授 56～64 学时，可根据具体情况适当调整教学内容。

本书由安阳工学院姚玉钦、雷慧杰担任主编并负责全书统稿，李正斌、范秋凤、卢春华和陈彦涛担任副主编。本书绪论及第 8 章由姚玉钦编写，第 1～5 章由雷慧杰、范秋凤、卢春华和陈彦涛编写，第 6、7 章由李正斌编写。本书由赵建周教授主审，审阅过程中提出了许多宝贵的意见和建议，在此表示衷心的感谢。

在本书的编写过程中参考了很多同类教材，一部分在参考文献中列出，但还有很多不能一一列出，在此一并表示感谢。

限于编者的学识水平，加之时间仓促，书中难免存在不足和疏漏之处，恳请读者谅解并予以指正，编者将不胜感激。

编　者

2016 年 3 月

目　　录

第0章 绪　　论

0.1　电机及电力拖动系统在国民经济中的作用

在国民经济生产和生活中，电机是电力工业的一个重要组成部分。电机是以电磁感应和电磁定律为基本工作原理进行电能传递和机电能量转化的机械装置，将电能转换为机械能，实现旋转或直线运动的电机称为电动机；将机械能转换为电能，给用电负荷供电的电机称为发电机。电机是电能的生产、传输、使用和电能变换的核心装备，在国民经济中有着重要的作用。

电机的发展又和电能的发展紧密地联系在一起。电能是现今社会一种最主要的能源，是现代工业、农业、交通运输、科学技术和日常生活等各方面最常用的一种能源，主要是由于它的生产、变换、传输、分配、使用和控制较为方便。

电机与变压器是电力工业的主要设备。在发电厂，发电机将原始能源，如热力、水力、化学能、核能、风力和太阳能等转换为生产和生活中可使用的电能；变电站的作用是经济地传输和分配电能。在电能远距离输送前，为了减少远距离输电能量损失，升压变压器把大型发电机发出的低电压交流电转换成高电压交流电；而在供给用户使用前，必须把来自高压输电网的电能经过降压变压器降压后才能安全使用。简单电力系统示意图如图 0-1 所示。

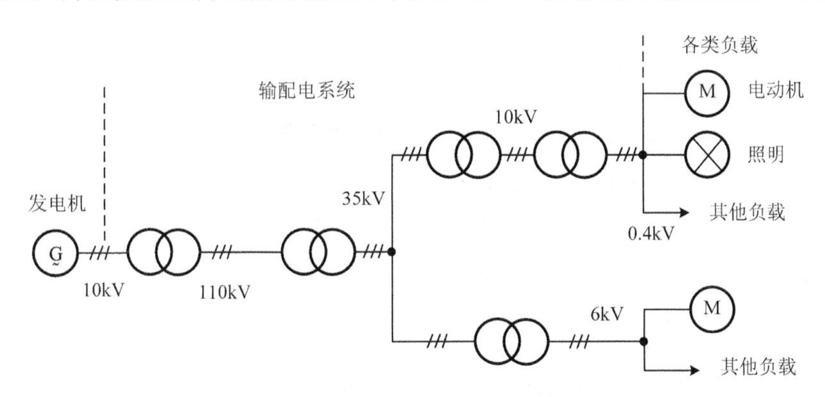

图 0-1　简单电力系统示意图

用电动机作为原动机来拖动生产机械运行的系统称为“电力拖动系统”或“电机拖动系统”。在机械、纺织、冶金、石油和化工工业中，广泛使用电动机作为原动机来拖动各种生产机械和装备，如机床、电铲、轧钢机、起重机、风机、水泵、纺织机械、造纸机等，一个现代化的大型企业通常需要装备几百台甚至几万台各种不同的电动机；在交通运输中，需要各种专用电动机，如汽车电动机、船用电动机和航空电动机，至于电车、电气机车需要具有优良启动性能和调速性能的牵引电动机，特别是近年来电动汽车和以直线电动机为动力的磁悬浮高速列车的开发，推动了新型电动机的发展；随着农业现代化发展，电力灌溉、谷物和农副产品的加工，都需要电动机驱动；在医疗器械、家用电器等的驱动设备都采用各种交直流电动机。总之，在现代社会中电机及电力拖动早已成为提高生产率和科学技术水平及提高生活质量的主要标志之一。

随着科学技术的发展，各种各样的控制电机作为执行、检测、放大和解算元件，使得工农业和国防设施的自动化程度越来越高。这类电机一般功率较小、品种繁多、用途各异、准确度要求较高，称为控制电机或特种电机。如火炮和雷达的自动定位，人造卫星发射和飞行的控制，舰船方向的自动操纵，机床加工的自动控制和显示，以及计算机、自动记录仪、医疗设备、录音录像、摄影和现代家用电器设备等的运行控制、检测或记录显示等。

随着电机及电力拖动系统的不断完善、电力电子功率半导体器件的广泛应用、数控技术和微电子与计算机技术的快速发展，电力拖动系统的静态和动态品质得到了显著的提高，可以满足各种生产工艺要求。在生产生活中，对提高生产效率和产品质量、改善工业现场工人的劳动条件，有着十分重要的意义。

0.2　电力拖动系统概述

电力拖动系统是由电动机、传动机构、生产机械、控制设备、反馈装置和电源等几部分组成，如图 0-2 所示。

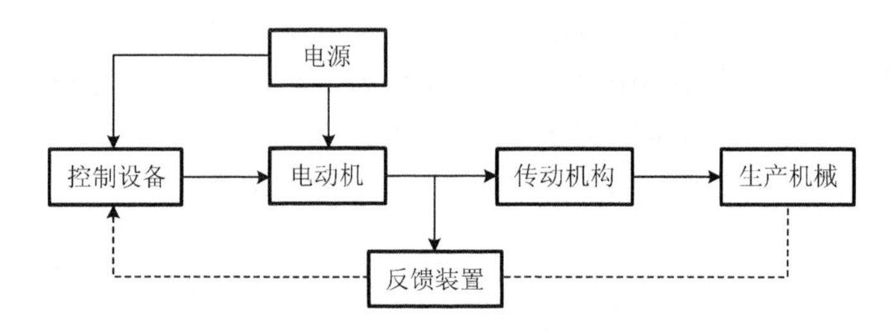

图 0-2　电力拖动系统示意图

在图 0-2 中，电动机把电能转换成机械能，通过传动机构把电动机的运动经过中间变速或变换运动方式后，再传给生产机械驱动生产机械工作。生产机械是执行某一生产任务的机械设备，是电力拖动的对象。控制设备是由各种控制电机、电器、电子元件及控制计算机等组成的，用以控制电动机的运动，从而对生产机械的运动实现自动控制。为了向电动机及电器控制设备供电，电源是不可缺少的部分。在闭环系统中往往需要使用反馈装置，反馈装置可用测速发电机或光电旋转编码器检测电动机的转速，或用旋转变压器检测电动机的角位移，或用感应同步器检测工作机械的位移等。

按照电机的种类不同，电力拖动系统分为直流电力拖动系统和交流电力拖动系统两大类。直流电力拖动系统具有良好的启动、制动性能，调速平滑；交流电力拖动系统随着电力电子技术和控制技术的发展，具有调速性能优良、维修费用低等优点，逐步取代直流电力拖动系统而成为电力拖动的主流，被广泛应用于各种工业电气自动化领域中。

目前，电机与电力拖动系统的发展越来越快。电机的发展主要有如下趋势：

(1)大型化。单机容量越来越大，电压等级越来越高，如 100 万 kW 的同步电动机和 1000kV 电压等级的变压器。

(2)微型化。为适应设备小型化的要求，电机的体积越来越小，重量越来越轻。

(3) 新原理、新工艺、新材料的电机不断涌现，如直线电机、开关磁阻电机、无刷直流电动机、超声波电动机、盘式电机等。

随着电力电子技术、控制理论和微处理器技术的发展，电力拖动系统的性能指标已有了较大的提高。现在电力拖动系统正朝着网络化、信息化方向发展，包括现场总线、智能控制策略以及因特网技术等各种新技术、新方法均在电力拖动领域得到了应用。

0.3　电机的分类

电机是一种通过电磁感应实现能量转换、能量传递或信号转换的装置。电机的类型很多，按其功能可分为如下几种：

(1) 发电机：将机械能转换成电能的装置，包括直流发电机和交流发电机。

(2) 电动机：将电能转换成机械能的装置，包括直流电动机和交流电动机。

(3) 变压器：将一种电压等级的交流电变换为另一种电压等级的交流电的装置。

(4) 控制电机：在自动控制系统中作为检测、校正及执行元件的特种电机，包括交、直流伺服电动机，步进电动机，交、直流测速电动机，旋转变压器等。

应该指出，从基本原理上看，发电机和电动机只不过是电机的两种运行方式，它们本身是可逆的，这种特性称为电机的可逆原理。

若按运动方式分，可分为静止的变压器、运动的直线电机和旋转电机。变压器是一种静止电机。旋转电机按电源性质分为直流和交流两种，而交流电机按转速和电源频率的关系又分为异步电机和同步电机。综上可知，电机的分类归纳如下：

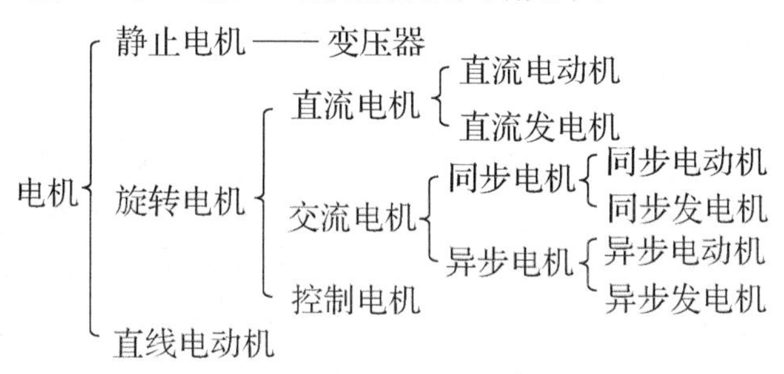

0.4　本课程的性质和任务

“电机与拖动基础”是将原“电机学”、“电力拖动”和“控制电机”等课程有机结合而成的一门课程，是各高等院校自动化、电气工程及其自动化等专业的一门重要的专业技术基础课程。

本课程的任务是使学生掌握常用交直流电机和变压器的基本结构、工作原理与运行特性；掌握电力拖动系统的运行性能、分析计算、电机选择、故障判断和维护方法，为后续课程学习准备必要的基础知识，同时为从事自动化及电气工程技术等相关工作和科学研究奠定初步基础。

学完本课程，应达到下列基本要求：

(1) 熟练掌握变压器和交直流电机的基本结构、工作原理、运行特性和内部电磁关系；

(2) 熟练掌握控制电机的工作原理、主要性能及用途；

(3) 熟练掌握电力拖动系统中电动机的启动、调速和制动方法；

(4) 熟练掌握电机的基本试验方法与故障维护技能；
(5) 要求具备较熟练的分析计算能力；
(6) 掌握选择电动机的原则和方法；
(7) 了解电机及电力拖动系统的应用和未来发展趋势。

0.5　本课程的内容和学习方法

本课程主要包括电机学、电力拖动和控制电机三大部分，其中电机学包括直流电机、变压器、异步电机和同步电机的基本结构、工作原理、内部电磁关系、基本特性的分析和计算以及试验方法；电力拖动部分包括电动机的机械特性及应用、各类电机组成的拖动系统的启动、调速和制动的方法、分析和计算、故障判断和维护方法等；控制电机部分包括控制电机的工作原理、运行特性、控制方式及应用等。

本课程是一门理论性很强的专业技术基础课程，涉及的基础理论和实际知识面广，是电磁学、动力学、热力学等学科的综合。用理论分析电机与拖动的实际问题时，必须结合电机的具体结构，采用工程观点的分析方法，同时，在掌握基本理论的基础上还要注意培养实践操作技能和计算能力。

要学好本课程，必须注意以下几点：

1. 采用宏观分析法

电机本身是一种借助电磁作用实现机电能量转换的装置，涉及电、磁、热，以及结构、材料和制造工艺等多方面内容。分析各类电机时，采用电路和磁路的宏观分析法，将电路和磁路复杂的问题统一折算到电路上，利用电路的分析方法求解电机的性能。

2. 要掌握重点，有的放矢

根据工程应用型人才的培养目标，对于自动化、电气工程及其自动化等专业的同学来说，学习本课程的目的是正确地使用电机，为设计、研制或应用电力拖动系统服务，因此在学习的过程中，要从应用电机的角度出发，着眼于电机的运行特性上，要将重点放在电机的机械特性与负载转矩的配合上，以及电机的启动、调速和制动的原理和方法上，放在电力拖动系统选择合适的电机上，为今后分析和使用电力拖动系统打下坚实的基础，而对电机的工作原理以能应用为度，对电机内部复杂的结构和电磁关系只要一般了解即可，做到有的放矢。

3. 要掌握分析问题的方法

在本课程中，所涉及的电机类型很多，所有电机均以电磁感应原理为理论基础，如果在学习的过程中能够掌握研究问题的方法，找到各类电机及各种拖动系统的共性和特性，就可举一反三，触类旁通，起到事半功倍的效果。例如，三相异步电动机的原理和变压器的原理有很多相同的部分，最后的数学模型也相似，只要掌握了分析问题的方法，就可较容易地掌握这两部分的内容。

4. 要理论联系实际

学习理论时，不能满足于记住公式，更主要的是通过数学关系去理解其物理本质。另外要重视实践环节，善于用所学理论、实验和仿真去分析生产实际中的问题。只有结合工程实际综合应用基础理论，才能真正学好本课程。

第 1 章　直 流 电 机

直流电机可以实现直流电能和机械能相互转换，并具有可逆性，既可作为发电机运行，也可作为电动机运行。

直流电动机主要用于对启动调速要求较高的生产设备中，如电力机车、大型机床等；直流发电机主要为直流电动机、电解、电镀等设备提供所需的直流电能。

本章主要介绍直流电机的基本工作原理和结构，感应电动势和电磁转矩的大小和性质；简要介绍直流电机的电枢绕组、磁场分布和电枢反应；深入分析直流电机的电压、转矩和功率的平衡关系，最后详细分析直流电动机的工作特性和直流发电机的运行特性。

1.1　直流电机的基本工作原理

直流电机分为直流电动机和直流发电机两大类。下面通过直流电机的模型来说明直流电机的工原理。

1.1.1　直流电动机的工作原理

图 1-1 是一台最简单的直流电动机的模型，N 和 S 是一对固定的磁极。磁极之间有一个可以转动电枢线圈 *abcd*，线圈用绝缘导体构成，线圈的两端分别接到相互绝缘的两个弧形铜片上，弧形铜片称为换向片，两个弧形铜片的组合体称为换向器。在换向器上放置固定不动而与换向片滑动接触的电刷 *A* 和 *B*，线圈 *abcd* 通过换向器和电刷接通外电路。

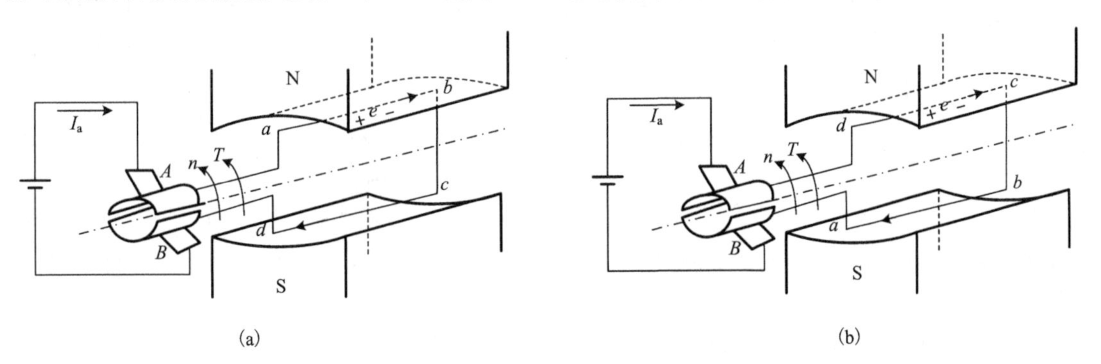

图 1-1　直流电动机的基本工作原理

将直流电源的正极和负极分别加于电刷 *A* 和电刷 *B*，则线圈 *abcd* 中将有电流流过。在导体 *ab* 中，电流方向为由 *a* 到 *b*，在导体 *cd* 中，电流方向为由 *c* 到 *d*。载流导体 *ab* 和 *cd* 均处于 N 和 S 极之间的磁场当中，受到电磁力的作用，如图 1-1(a)所示。电磁力的方向用左手定则确定，可知这一对电磁力形成一个转矩，称为电磁转矩 *T*，转矩的方向为逆时针方向，使整个电枢以转速 *n* 逆时针方向旋转。当电枢旋转 180°，导体 *cd* 转到 N 极下，*ab* 转到 S 极下，如图 1-1(b)所示，由于电流仍从电刷 A 流入，使 cd 中的电流变为由 d 流向 c，而 ab 中的电流由 b 流向 a，从电刷 B 流出，用左手定则判别可知，电磁转矩 T 的方向仍是逆时针方向。

由此可见，加于直流电动机的直流电源，借助于换向器和电刷的作用，变为电枢线圈中的交变电流。这种作用称为逆变作用。但 N 极下导体的受力方向和 S 极下导体的受力方向并未发生变化，导体的转矩方向始终是不变的，因此电动机始终朝逆时针方向旋转。

同时可以看到，一旦电枢旋转，电枢导体就会切割磁力线，产生感应电动势。在图 1-1(a)所示时刻，可以判断出 ab 导体中的感应电动势由 b 指向 a，而此时的导体电流由 a 指向 b，因此直流电动机导体中的电流和电动势方向相反。

根据上述原理，可以看出直流电动机有如下特点：

(1)直流电动机将输入电功率转换成机械功率输出；

(2)电磁转矩 T 起驱动作用。

在实际的直流电动机中，往往在电枢圆周上均匀地嵌放许多线圈，并且换向器也由许多换向片组成，使电枢线圈所产生总的电磁转矩足够大而且比较均匀，电动机的转速也比较均匀。

1.1.2 直流发电机的工作原理

去掉直流电动机模型中的外加直流电压，利用原动机拖动电枢以转速 n 逆时针旋转，直流发电机的模型如图 1-2 所示。这时导体 ab 和 cd 分别切割 N 极和 S 极下的磁力线，产生感应电动势，电动势的方向用右手定则确定。导体 ab 中感应电动势的方向由 b 指向 a，导体 cd 中感应电动势的方向由 d 指向 c，所以电刷 A 为正极性，电刷 B 为负极性。电枢旋转 180°时，导体 cd 转至 N 极下，感应电动势的方向由 c 指向 d；导体 ab 转至 S 极下，感应电动势的方向变为 a 指向 b。此时，电刷 A 仍为正极性，电刷 B 仍为负极性。可见，直流发电机电枢线圈中的感应电动势的方向是交变的，而通过换向器的作用，在电刷 A 和 B 两端输出的电动势是方向不变的直流电动势。这种作用称为整流作用。若在电刷 A 和 B 之间接上负载，发电机就能向负载提供直流电能。这就是直流发电机的基本工作原理。

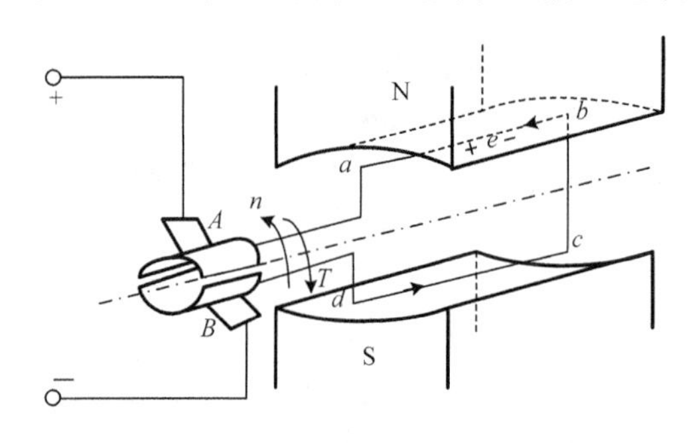

图 1-2 直流发电机的基本工作原理

同时应该注意到，带上负载以后，电枢导体成为载流导体，导体中的电流方向与电势方向相同，利用左手定则，还可以判断出由电磁力产生的电磁转矩 T 的方向与运动方向相反，起制动作用。

根据上述原理分析，可以看出直流发电机有如下特点：

(1)直流发电机将输入机械功率转换成电功率输出；

(2)电磁转矩 T 起制动作用。

从以上分析可以看出：一台直流电机原则上既可以作为电动机运行，也可以作为发电机运行，取决于外界不同的条件。将直流电源外加于电刷，输入电能，电机能将电能转换为机械能，拖动生产机械旋转，此时作电动机运行；如果用原动机拖动直流电机的电枢旋转，输入机械能，电机能将机械能转换为直流电能，从电刷上引出直流电动势，作发电机运行。同一台电机，既能作为电动机运行，又能作为发电机运行的原理，在电机理论中称为可逆原理。

1.2 直流电机的基本结构

直流电机是由静止的定子部分和转动的转子部分构成的，定、转子之间有一定大小的间隙称为气隙。直流电机的结构图如图 1-3 所示。

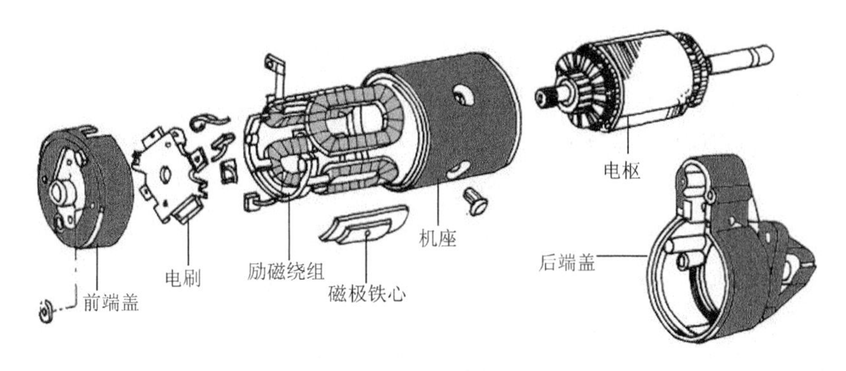

图 1-3 直流电机的结构

1.2.1 直流电机的定子

定子的主要作用是产生磁场，其主要构成部分有主磁极、换向极、机座和电刷装置等。

主磁极又称励磁磁极，用来产生恒定且有一定空间分布形状的气隙磁通密度。主磁极由主磁极铁心和励磁绕组构成。主磁极铁心由极身和极靴两部分组成。为减小涡流损耗，机身一般用 1.0～1.5mm 厚的低碳钢板冲成。励磁绕组放置在主磁极上，用来产生主磁通。当励磁绕组通以直流电时，各个主磁极均产生一定磁性的磁通密度，相邻两个主磁极的极性是 N、S 交替出现的。

容量在 1kW 以上的直流电机，必须在相邻两主磁极之间的几何中心线上加装换向极，用来改善直流电机的换向。

机座有整体机座和叠片机座。整体机座同时起导磁和机械支撑两方面的作用。一般直流电机都用整体机座；而叠片机座的定子铁轭和机座是分开的，机座只起支撑作用。

电刷装置是把直流电压、直流电流引入或引出的装置，在直流电机中的作用非常重要。

1.2.2 直流电机的转子

转子的主要作用是产生感应电动势和电磁转矩，实现机电能量的转换。其组成部分主要有电枢铁心、换向器和电枢绕组等。

电枢铁心的作用：一个是作为主磁路的主要部分；另一个是嵌放电枢绕组。

换向器又称为整流子，在直流发电机中，其作用是将绕组内的交变电动势转换为电刷端上的直流电动势。在直流电动机中，它将电刷上所通过的直流电流转换为绕组内的交变电流。

电枢绕组是直流电机的主要电路部分，电机中机电能量的转换就是通过电枢绕组而实现的，所以直流电机的转子也称为电枢。

1.2.3 直流电机的电枢绕组

构成绕组的线圈称为元件，两根引出线分别称为首端和末端。

一个磁极在电枢圆周上所跨的距离称为极距τ，当用槽数表示时

$$\tau=\frac{Z}{2p} \tag{1-1}$$

式中，Z为电机电枢总槽数；p为直流电机的磁极对数；τ不一定是整数。

同一元件的两个元件边在电枢周围上所跨的距离，称为第一节距y_1，y_1为整数。

为使每个元件的感应电动势最大，第一节距y_1应尽量等于一个极距τ，为此，一般取第一节距

$$y_1=\frac{Z}{2p}\pm\varepsilon=\text{整数} \tag{1-2}$$

式中，ε为小于1的数。

$y_1=\tau$的绕组称为整距绕组；$y_1<\tau$的绕组称为短距绕组；$y_1>\tau$的绕组称为长距绕组。直流电机一般不用长距绕组，因长距绕组耗铜多，不经济。

第一个元件的下层边与直接相连的第二个元件的上层边在电枢圆周上的距离，称为第二节距y_2。

直接相连的两个元件的对应边在电枢圆周上的距离，称为合成节距y。

每个元件的首、末两端所接的两片换向片在换向器圆周上所跨的距离，用换向片数表示，称为换向器节距y_k。由图1-4可见，换向器节距y_k与合成节距y总是相等的，即

$$y_k=y \tag{1-3}$$

电枢绕组是由许多形状完全一样的绕组元件，以一定规律连接起来的。根据连接规律的不同，绕组可分为单叠绕组、单波绕组等多种形式。元件的上层边用实线表示，下层边用虚线表示。图1-4为直流电机的线圈。

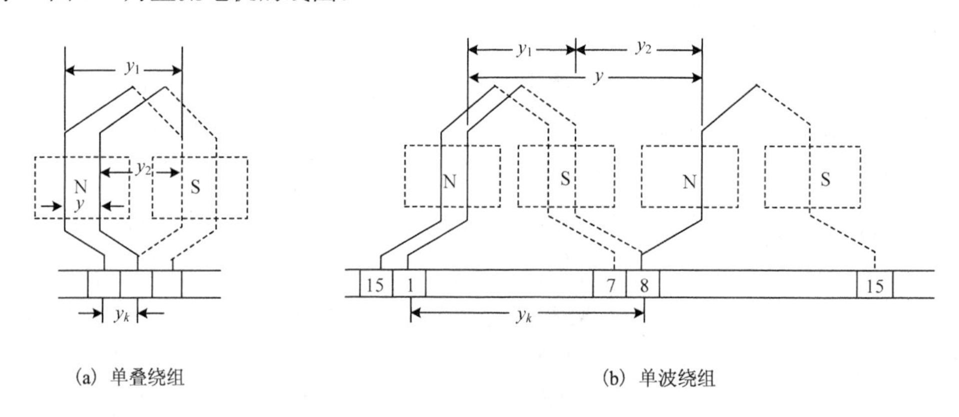

(a) 单叠绕组

(b) 单波绕组

图1-4 直流电机的线圈

对单叠绕组，支路对数a等于极对数p，即$a=p$，可以通过增加极对数来增加并联支路数，适用于低电压大电流的电机。

对单波绕组，支路对数永远为1，即$a=1$，与极对数p无关，适用于小电流高电压的电机。

1.3 直流电机的铭牌数据和主要系列

电机的铭牌钉在机座的外表面上，其上标明电机的主要额定数据及电机产品数据，它是正确选择和合理使用电机的依据。铭牌数据主要包括：电机型号、电机额定功率 P_N、额定电压 U_N、额定电流 I_N、额定转速 n_N 和额定效率 η_N 等，另外还有电机的出厂数据，如出厂编号、出厂日期等。

1.3.1 直流电机的铭牌数据

根据国家标准，直流电机的额定值包括：

(1) 额定电压 U_N(V)：在额定工况条件下，电机出线端的平均电压。对于发电机是指输出的额定电压；对于电动机是指输入额定电压。

(2) 额定电流 I_N(A)：电机在额定电压情况下，运行于额定功率时对应的电枢电流值。

(3) 额定功率 P_N(kW)：在额定条件下电机所能供给的功率。

发电机额定功率是指输出的额定电功率。

$$P_N = U_N I_N \times 10^{-3} \text{kW} \tag{1-4}$$

电动机额定功率是指电动机轴上输出的额定机械功率。

$$P_N = U_N I_N \eta_N \times 10^{-3} \text{kW} \tag{1-5}$$

(4) 额定效率 η_N：直流电动机额定运行时输出机械功率与输入电功率之比。

$$\eta_N = \frac{P_{输出}}{P_{输入}} = \frac{P_N}{U_N \cdot I_N} \tag{1-6}$$

(5) 额定转速 n_N (r/min)：对应于额定电压、额定电流，电机运行在额定功率时所对应的转速。

(6) 额定励磁电流 I_{fN}(A)：对应于额定电压、额定电流、额定转速和额定功率时的励磁电流。

(7) 额定转矩 T_N(N·m)：输出的机械功率额定值 P_N 除以转子角速度的额定值 Ω_N，即

$$T_N = \frac{P_N}{\Omega_N} = \frac{P_N}{\dfrac{n_N \cdot 2\pi}{60}} = 9.55\frac{P_N}{n_N} \tag{1-7}$$

此式不仅适用于直流电动机，还适用于交流电动机。

直流电机运行时，若各个物理量都与它的额定值一样，就称为额定运行状况或额定工况。在额定状态下，电机能可靠地工作，并具有良好的性能。但实际应用中，电机不总是能运行在额定状态。如果电机的运行电流小于额定电流，称为欠载运行；如果电机的运行电流大于额定电流，称为过载运行。长期欠载运行，使电机的额定功率不能全部发挥作用，造成浪费；长期过载运行，有可能因过热而损坏电机。因此长期过载和欠载都不好。在选择电机时，应根据负载的要求，尽量让电机工作在额定状态或额定状态附近，此时电机的运行效率、工作性能等均比较好。

例 1-1 某台直流电动机的额定值为：$P_N = 10$ kW，$U_N = 220$ V，$n_N = 1450$ r/min，$\eta_N = 85\%$，试求该电动机额定运行时的输入功率 P_1 及电流 I_N。

解 额定输入功率为

$$P_1 = \frac{P_N}{\eta_N} = \frac{10}{0.85} = 11.76(\text{kW})$$

额定电流为

$$I_N = \frac{P_N}{U_N \eta_N} = \frac{10\times 10^3}{220\times 0.85} = 53.48(\text{A})$$

例 1-2 某台直流发电机的额定值为：$P_N = 90$ kW，$U_N = 220$ V，$n_N = 950$ r/min，$\eta_N = 90\%$，试求该发电机的额定电流 I_N。

解 额定电流

$$I_N = \frac{P_N}{U_N} = \frac{90\times 10^3}{220} = 409.09(\text{A})$$

1.3.2 直流电机的主要系列

电机的产品型号表示电机的结构和使用特点，国产电机的型号一般由四部分构成，采用大写的汉语拼音字母和阿拉伯数字表示。

第一部分用大写的汉语拼音表示产品代号，各字符的含义如下：

Z 系列是一般用途的中小型直流电机，包括发电机和电动机；

ZD 和 ZF 系列是一般大、中型直流电机系列，其中 ZD 是直流电动机系列，ZF 是直流发电机系列；

ZZJ 是起重、冶金工业用的专用直流电动机；

ZT 系列是用于恒功率且调速范围比较大的拖动系统里的广调速直流电动机；

ZQ 系列是电力机车、工矿电机车和蓄电池供电电车用的直流牵引电动机；

ZH 系列是船舶上各种辅助机械用的船用直流电动机；

ZU 系列是用于龙门刨床的直流电动机；

ZJ 系列是用于精密机床的直流电动机；

ZA 系列是用于矿井和有易爆气体场所的防爆安全型直流电动机；

ZKJ 系列是冶金、矿山挖掘机用的直流电动机。

第二部分在下标处用阿拉伯数字表示设计序号，不标数字的为初次设计。

第三部分用阿拉伯数字表示机座代号，表示直流电机电枢铁心外直径的大小，共有 1～9 个机座号，机座号数越大，直径越大。

第四部分用阿拉伯数字表示电枢铁心长度代号，电枢铁心分为短铁心和长铁心两种，1 表示短铁心，2 表示长铁心。

如：型号为 Z_2-51 的直流电机是一台机座号为 5、电枢铁心为短铁心的第 2 次改型设计的一般用途的中小型直流电机。

1.4 直流电机的磁场

直流电机中除主极磁场外，当在电枢绕组中通以直流电时，还将会产生电枢磁场。电枢磁场与主磁场的合成形成了电机中的气隙磁场，它的分布形状和大小直接影响电枢电动势和电磁转矩的大小。

1.4.1 直流电机的励磁方式

直流电机的励磁方式是指对励磁绕组如何供电、产生励磁磁动势而建立主磁场的问题。直流电机的励磁方式可分为他励和自励两大类。自励方式根据励磁绕组和电枢绕组的连接方式又可分为并励、串励和复励三种。直流电机的励磁方式如图 1-5 所示，M 表示电动机，若为发电机，则用 G 表示。永磁直流电机也可看作他励直流电机。

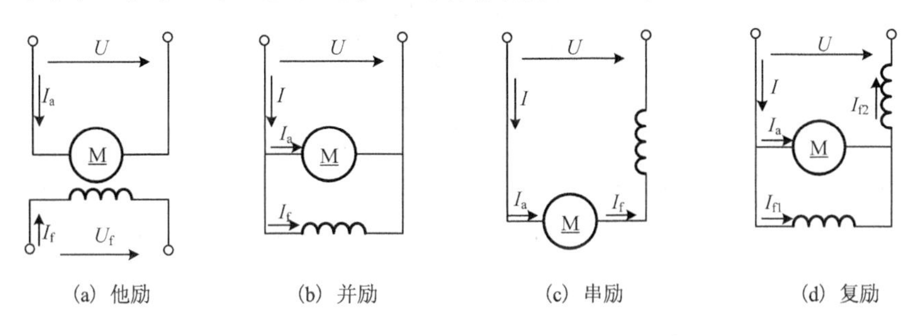

图 1-5 直流电机的励磁方式

1. 他励直流电机

励磁绕组与电枢绕组无连接关系，由其他直流电源对励磁绕组单独供电的直流电机称为他励直流电机，接线方式如图 1-5(a)所示。

2. 并励直流电机

并励直流电机的励磁绕组与电枢绕组相并联，接线方式如图 1-5(b)所示。作为并励发电机来说，是电机本身发出来的端电压为励磁绕组供电；作为并励电动机来说，励磁绕组与电枢共用同一电源，从性能上讲与他励直流电动机相同。

3. 串励直流电机

串励直流电机的励磁绕组与电枢绕组串联后，再接于直流电源，接线方式如图 1-5(c)所示。这种直流电机的励磁电流就是电枢电流。

4. 复励直流电机

复励直流电机有并励和串励两个励磁绕组，接线方式如图 1-5(d)所示，励磁绕组与电机并联后，又与另一励磁绕组串联。励磁绕组也可以与电机串联后，再与另一励磁绕组并联。

不同励磁方式的直流电机有着不同的特性。一般情况下，直流电动机的主要励磁方式是并励式、串励式和复励式，直流发电机的主要励磁方式是他励式、并励式和和复励式。

1.4.2 直流电机的磁场

1. 直流电机的空载磁场

直流电机的空载是指电机的电枢电流等于零或者很小，可以不计其影响，此时电机无负载。所以直流电机空载时的气隙磁场就是主磁场，由励磁磁动势单独建立的磁场。

当励磁绕组通入励磁电流时，各主磁极极性依次呈现为 N 极和 S 极，电机磁路结构对称，不论极数多少，每对极的磁路是相同的，因此只要分析一对极的磁路情况就可以了。

一台四极直流电机空载时的磁场分布示意图如图 1-6 所示。大部分磁通的路径为：从 N 极出发，历经气隙、电枢齿、电枢铁轭、电枢齿、气隙进入 S 极，再经过定子铁轭回到原来出发的 N 极，成为闭合回路。这部分磁通同时交链励磁绕组和电枢绕组，称为主磁通，在电枢旋转时，能在电枢绕组中感应电动势，从而产生电磁转矩。此外还有一小部分磁通不进入电枢铁心，而直接经过相邻的磁极或者定子铁轭形成闭合回路，这部分磁通仅交链励磁绕组，称为漏磁通。漏磁通在数量上比主磁通要小得多，大约是主磁通的 20%左右。

由于主磁极极靴宽度总是小于一个极距，且极靴下的气隙不均匀，所以主磁通的每条磁力线所通过的磁回路都不相同。极靴下，在磁极轴线附近的磁回路中气隙较小，气隙中沿电枢表面上各点磁密较大；接近极尖处的磁回路中气隙较大，磁密略有减小；在极靴范围外，气隙增加很多，磁密显著减小，至两极间的几何中性线处磁密为零。电机空载时，每极下磁场的磁密分布如图 1-7 所示。

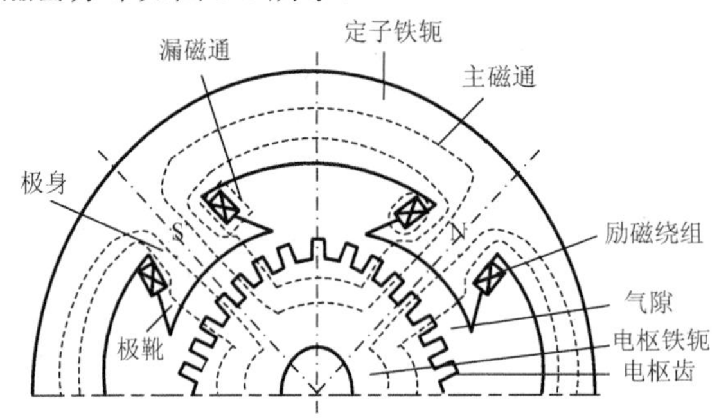

图 1-6 直流电机空载时的磁场分布示意图

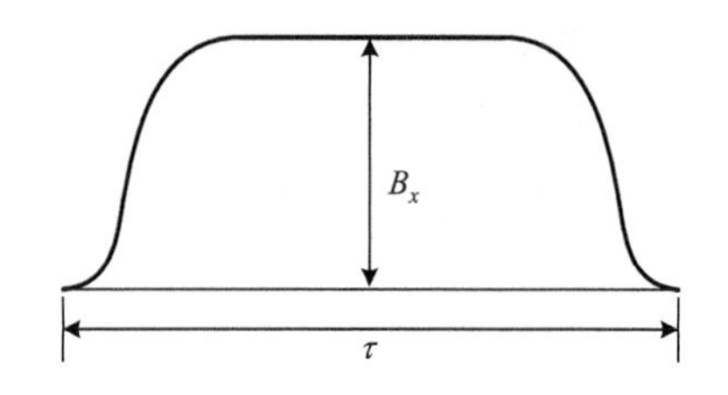

图 1-7 每极下空载磁场的磁密分布

在直流电机中，为了得到感应电动势和电磁转矩，气隙里必须要有一定数量的主磁通 Φ_0。把空载时主磁通 Φ_0 与空载励磁磁动势 F_{f0} 或空载励磁电流 I_{f0} 的关系，称为直流电机的磁化曲线，它表明了电机磁路的特性。

电机的磁化曲线可以通过电机磁路计算来得到。直流电机主磁路主要包括：主磁极、气隙、电枢齿、电枢铁轭和定子铁轭。对每段磁路，根据已知的 Φ_0，算出磁密 B 和磁场强度 H，分别乘以各段磁路长度得到每段磁压降，各段磁压降之和便是励磁磁动势 F_{f0}。注意每段磁路的磁导率不同。对气隙部分而言，其磁导率是常数，磁压降与 Φ_0 成正比。但其他各段磁路都是由铁磁材料构成，磁密 B 和磁场强度 H 呈非线性关系，具有磁饱和的特点，导致它们的磁压降与 Φ_0 不成正比，当 Φ_0 大到一定程度后，Φ_0 再增大，磁压降就急剧增大。因此，造成了直流电机 Φ_0 大到一定程度后，磁路总磁压降即励磁磁动势 F_{f0} 急剧增大，电机的磁化曲线具有饱和现象，如图 1-8 所示。

考虑到电机的运行性能和经济性，直流电机额定运行的磁通额定值Φ_N的大小取在磁化曲线的膝点，如图 1-8 中的 A 点，该点之后进入饱和区。

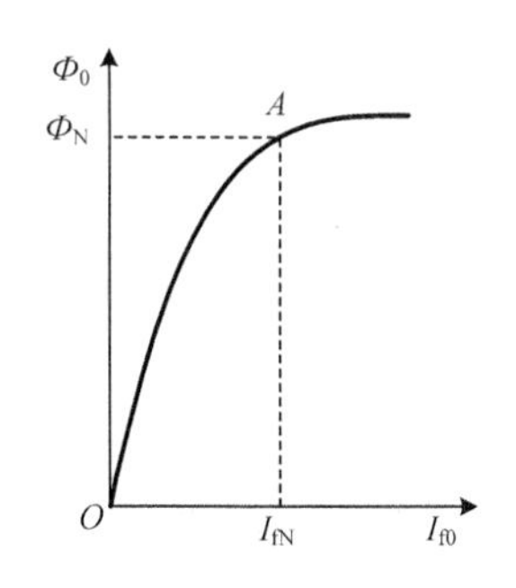

图 1-8　电机的空载磁化曲线

2. 无励磁直流电机负载时的磁场

对一台两极直流电机，励磁绕组里不通入励磁电流，只在电枢绕组里通入电枢电流，这时电机磁路中也有一个磁动势，这个磁动势称为电枢磁动势。此时的气隙磁通仅由电枢磁动势单独产生。为了分析方便，把电机的气隙圆周展开成直线，把直角坐标系放在电枢的表面上，横坐标表示沿气隙圆周方向的空间距离，坐标原点放在电刷所在的位置，纵坐标表示气隙消耗磁动势的大小，并规定以磁动势出电枢、进定子的方向作为磁动势的正方向。设流过元件的电流为 i_a，元件匝数为 N_y，则元件产生的磁动势为 $N_y i_a$，每段气隙消耗的磁动势为 $0.5N_y i_a$，画出单匝电枢元件的磁动势如图 1-9(a)所示。如果在电枢上依次放置无穷多个整距元件，每个整距元件的串联匝数为 N_y，每个元件中流过的电流为 i_a，则合成总磁动势 F_{ax}是三角波，如图 1-9(b)中 F_{ax}所示。三角波磁动势最大值所在的位置，是元件里电流改变方向的地方。这个呈三角波分布的电枢磁动势作用在磁路上，就要产生气隙磁通密度。磁通密度和磁动势的关系为

$$B_{ax} = \mu_0 \frac{F_{ax}}{\delta_x} \tag{1-8}$$

式中，μ_0是真空的磁导率；B_{ax}是在 x 处的气隙磁通密度；δ_x为气隙长度。由于在主磁极下气隙长度基本不变，电枢磁动势产生的气隙磁通密度只随磁动势大小成正比变化。在两个主磁极之间，虽然磁动势在增大，但气隙长度增加得更快，气隙磁阻急剧增加，因此气隙磁通密度在两主磁极间减小，波形对称呈马鞍形，如图 1-9(b)中 B_{ax}所示。

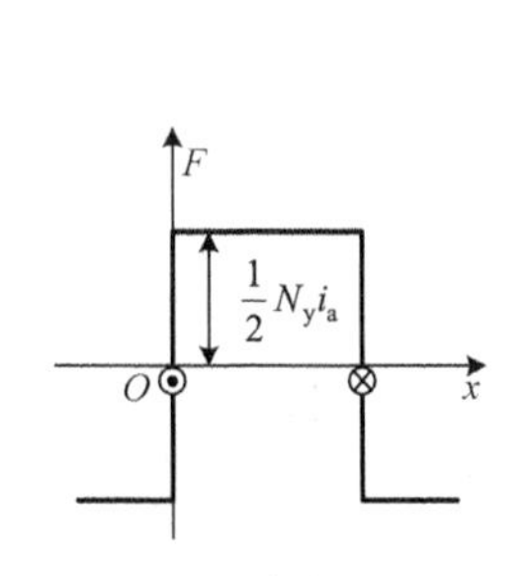

(a) 单匝电枢元件的磁动势分布

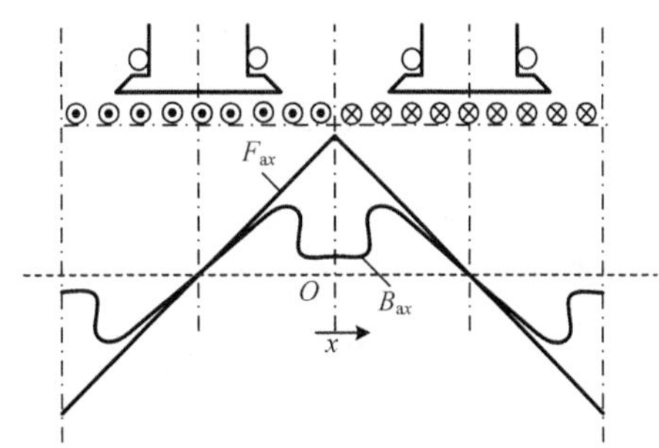

(b) 多匝电枢元件的磁动势分布

图 1-9　电枢元件产生的磁动势分布

3. 电枢反应

若励磁绕组有励磁电流，会产生励磁磁动势，并且电机带上负载，这时电枢绕组中就有电流流过，产生电枢磁动势，此时的气隙磁场将由励磁磁动势和电枢磁动势共同作用建立。电枢磁动势的出现，必然会影响空载时只有励磁磁动势单独建立的磁场，有可能改变气隙磁密分布及每极磁通量的大小。通常把负载时电枢磁动势对主磁场的这种影响称为电枢反应。

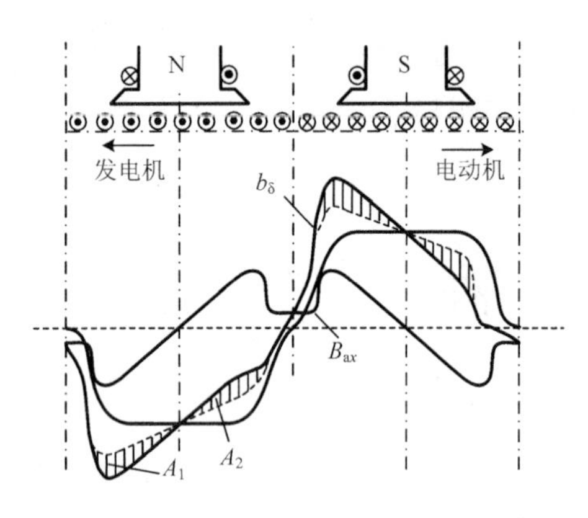

图 1-10　电机负载时的磁通密度波形分布

将空载磁场和电枢电动势单独产生的气隙磁通密度叠加，得到电机负载时的磁通密度波形分布如图 1-10 中的曲线 b_δ，虚线为考虑磁路饱和时的 b_δ 曲线。

把合成磁场与空载磁场比较，便可看出电枢反应对直流电机的运行性能影响很大，表现如下：

(1) 使气隙磁场发生畸变。每一磁极下，电枢磁场使主磁场一半被削弱，另一半被加强。对发电机而言，电枢要进入的主磁极磁场的一端磁场被削弱，而另一端则被加强。对电动机正好相反，电枢要进入的主磁极磁场的一端磁场被加强，而另一端则被削弱。

(2) 对主磁场起去磁作用。在磁路不饱和时，主磁场被削弱的数量恰好等于被加强的数量，因此负载时每极下的合成磁通量与空载时相同。但在实际电机中，磁路总是饱和的。因为在主磁极两边磁场变化情况不同，一边是增磁的，另一边是去磁的。主极的增磁作用会使饱和程度提高，铁心磁阻增大，与不饱和时相比，实际增加的磁通要少些；主极的去磁作用可使饱和程度降低，铁心磁阻减小，与不饱和时相比，实际减少的磁通要少些。由于磁阻变化的非线性，磁阻的增大比磁阻的减小要大些，增加的磁通就会小于减少的磁通(图 1-10 中的面积 $A_1 > A_2$)，因此负载时合成磁场每极磁通比空载时每极磁通略有减少，这就是电枢反应的去磁作用。

总的来说，电枢反应的作用不仅使电机内气隙磁场发生畸变，而且还会呈去磁作用。

1.5　电枢电动势和电磁转矩

电枢电动势 E_a 和电磁转矩 T 是建立直流电机基本方程和研究运行性能的前提，这两个最基本的物理量体现了直流电机通过电磁感应作用实现机电能量转换的关系。

1.5.1　直流电机电枢绕组的感应电动势

电枢绕组的感应电动势是指直流电机正负电刷之间的感应电动势，也就是电枢绕组一条并联支路的电动势。电枢绕组元件边内的导体切割气隙合成磁场，产生感应电动势。由于气隙磁通密度(尤其是负载时气隙合成磁通密度)在一个磁极下的分布不均匀，为分析推导方便起见，可把磁通密度看成是均匀分布的，取一个磁极下气隙磁通密度的平均值为 B_{av}。

$$B_{av} = \frac{\Phi}{\tau l} \tag{1-9}$$

式中，Φ 为每极磁通；l 为电枢导体的有效长度(槽内部分)。

设电枢表面的线速度为 v，可得一根导体在一个极距范围内切割气隙磁通密度产生的电动势的平均值 e_{av}，其表达式为

$$e_{av} = B_{av} l v = \frac{\Phi}{\tau l} l \frac{2p\tau n}{60} = \frac{2p\Phi n}{60} \tag{1-10}$$

设电枢绕组总的导体数为 N，则每一条并联支路总的串联导体数为 $N/(2a)$，因而电枢绕组的感应电动势

$$E_a = \frac{N}{2a}e_{av} = \frac{N}{2a}\frac{2p}{60}\Phi n = \frac{pN}{60a}\Phi n = C_e\Phi n \tag{1-11}$$

式中，$C_e = \dfrac{pN}{60a}$ 为电动势常数，其大小仅与电机结构有关，当电机制造好以后，其值不再变化。电枢电动势与气隙磁通和转速的乘积成正比，改变转速或磁通均可改变电枢电动势的大小。

例 1-3 已知一台 10kW，4 极，2750r/min 的直流发电机，电枢绕组是单波绕组，整个电枢总导体数为 360。当发电机发出的电动势为 250V 时，求这时气隙每极磁通量是多少？

解 已知极数是 4，极对数 $p=2$，单波绕组 $a=1$，于是电动势常数

$$C_e = \frac{pN}{60a} = \frac{2\times 360}{60\times 1} = 12$$

根据感应电动势公式，气隙每极磁通

$$\Phi = \frac{E_a}{C_e n} = \frac{250}{12\times 2750} = 7.576\times 10^{-3}(\text{Wb})$$

1.5.2 电枢绕组的电磁转矩

电枢绕组中流过电枢电流 I_a 时，元件的导体中流过支路电流 i_a，成为载流导体，在磁场中受到电磁力的作用，其方向由左手定则判定。如果仍把气隙合成磁场看成是均匀的，气隙磁通密度用平均值 B_{av} 表示，则每根导体所受电磁力的平均值为

$$f_{av} = B_{av}li_a \tag{1-12}$$

一根导体所受电磁力形成的电磁转矩，其大小为

$$T_{av} = f_{av}\frac{D}{2} \tag{1-13}$$

式中，D 为电枢直径。

由于不同极性磁极下的电枢导体中电流的方向不同，所以电枢所有导体产生的电磁转矩方向都是一致的，因而电枢绕组的电磁转矩等于一根导体电磁转矩的平均值 T_{av} 乘以电枢绕组总的导体数 N，即

$$T = NT_{av} = NB_{av}li_a\frac{D}{2} = N\frac{\Phi}{\tau l}l\frac{I_a}{2a}\cdot\frac{1}{2}\frac{2p\tau}{\pi} = \frac{pN}{2\pi a}\Phi I_a = C_T\Phi I_a \tag{1-14}$$

式中，$C_T = \dfrac{pN}{2\pi a}$ 为转矩常数，其大小仅与电机结构有关，当电机制造好以后，其值不再变化。电磁转矩与气隙磁通和电枢电流的乘积成正比，改变电枢电流或磁通均可改变电磁转矩的大小。

电枢电动势 $E_a = C_e\Phi n$ 和电磁转矩 $T = C_T\Phi I_a$ 是直流电机两个非常重要的公式。对于同一台直流电机，电动势常数 C_e 和转矩常数 C_T 之间具有确定的关系

$$C_T = \frac{60a}{2\pi a}C_e = 9.55C_e \tag{1-15}$$

例 1-4 已知一台四极直流电动机额定功率 P_N = 100kW，额定电压 U_N = 300V，额定转

速 $n_N = 730\text{r/min}$，额定效率为 $\eta_N = 90.5\%$，单叠绕组，电枢总导体数为 180，额定每极磁通为 $6.88 \times 10^{-2}\text{Wb}$，求额定电磁转矩是多少？

解 单叠绕组 $a = p = 2$，转矩常数为

$$C_T = \frac{pN}{2\pi a} = \frac{2 \times 180}{2 \times 3.14 \times 2} = 28.66$$

额定电流为

$$I_N = \frac{P_N}{U_N \eta_N} = \frac{100 \times 10^3}{300 \times 0.905} = 368.32(\text{A})$$

额定电磁转矩为

$$T_N = C_T \Phi_N I_N = 28.66 \times 6.88 \times 10^{-2} \times 368.32 = 726.26(\text{N} \cdot \text{m})$$

1.6 直流电动机

1.6.1 直流电动机的基本方程式

图 1-11 为并励直流电动机的示意图。外部提供直流电源时，励磁绕组中流过励磁电流 I_f，建立主磁场；同时直流电源使电枢绕组流过电枢电流 I_a，产生电枢磁动势 F_a，通过电枢反应使主磁场变为气隙合成磁场，同时电枢元件导体中流过支路电流 I_a，在磁场作用下产生电磁转矩 T，使电枢朝 T 的方向以转速 n 旋转。电枢旋转时，电枢导体又切割气隙合成磁场，产生电枢电动势 E_a，在电动机中，此电动势的方向与电枢电流 I_a 的方向相反，称为反电动势。当电动机稳态运行时，有电压、转矩和功率平衡关系，分别用相应的方程式表示。

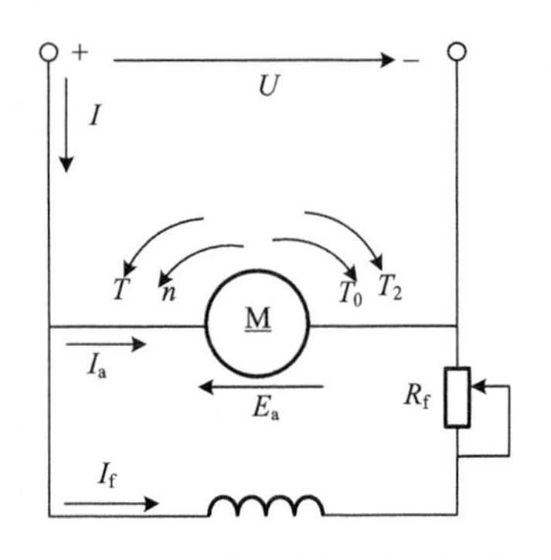

图 1-11 并励直流电动机原理图

1. 电压平衡方程式

根据电动机惯例所设各量的正方向，可以列出电压平衡方程式和电流平衡方程式

$$\begin{cases} U = E_a + R_a I_a \\ I = I_a + I_f \end{cases} \tag{1-16}$$

式中，R_a 为电枢回路电阻，其中包括电刷和换向器之间的接触电阻。

式(1-16)表明，直流电机在电动机运行状态下的端电压 U 总大于电枢电动势 E_a。

2. 转矩平衡方程式

稳态运行时，作用在电动机轴上的转矩有三个：

(1) 电磁转矩 T，方向与转速 n 相同，为拖动转矩；

(2) 空载转矩 T_0，是电动机空载运行时的阻转矩，方向总与转速 n 相反，为制动转矩；

(3) 负载转矩 T_2，即电动机轴上的输出转矩，为制动转矩。

稳态运行时的转矩平衡关系式为拖动转矩等于总的制动转矩，即

$$T = T_2 + T_0 \tag{1-17}$$

3. 功率平衡方程式

电动机输入功率 P_1 为

$$\begin{aligned} P_1 &= UI = U(I_a + I_f) = UI_a + UI_f = (E_a + R_a I_a)I_a + UI_f \\ &= E_a I_a + I_a^2 R_a + UI_f = P_M + P_{Cua} + P_{Cuf} \end{aligned} \tag{1-18}$$

式中，P_{Cua} 是电枢回路的铜损耗；P_{Cuf} 为励磁绕组的铜损耗，在他励直流电动机中不计此项损耗。

电磁功率 P_M 为

$$P_M = E_a I_a = \frac{pN}{60a}\Phi n I_a = \frac{pN}{2\pi a}\Phi \frac{2\pi n}{60} I_a = T\Omega \tag{1-19}$$

式中，$\Omega = \dfrac{2\pi n}{60}$ 为电动机的机械角速度(rad/s)。

由 $P_M = E_a I_a = T\Omega$ 可知，电磁功率同时具有电功率性质和机械功率性质，体现了电磁功率是电动机由电能转换为机械能的那一部分功率。

将转矩平衡方程式(1-17)两边乘以机械角速度Ω，得

$$T\Omega = T_2\Omega + T_0\Omega \tag{1-20}$$

可写成

$$P_M = P_2 + P_0 = P_2 + P_{mec} + P_{Fe} + P_s \tag{1-21}$$

式中，$P_2 = T_2\Omega$ 为轴上输出的机械功率；$P_0 = T_0\Omega$ 为空载损耗，包括机械损耗 P_{mec}、铁损耗 P_{Fe} 和附加损耗 P_s。

并励直流电动机的功率平衡方程式

$$P_1 = P_2 + P_{Cuf} + P_{Cua} + P_{mec} + P_{Fe} + P_s = P_2 + \sum P \tag{1-22}$$

式中，$\sum P$ 为并励直流电动机的总损耗。

综上，可画出并励直流电动机的功率流程图，如图 1-12 所示。

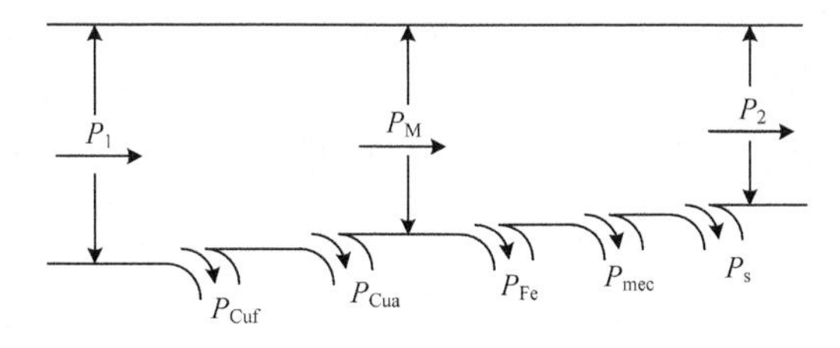

图 1-12　并励直流电动机的功率流程图

并励直流电动机的效率

$$\eta = \frac{P_2}{P_1} \times 100\% \tag{1-23}$$

例 1-5　已知一台他励直流电动机的额定功率 $P_N = 100\text{kW}$，额定电压 $U_N = 400\text{V}$，额定

电流 $I_N = 270A$，额定转速 $n_N = 1450r/min$，电枢回路总电阻 $R_a = 0.081\Omega$，忽略磁饱和影响。当电机额定运行时，求：

(1) 电磁转矩；

(2) 输出转矩；

(3) 输入功率；

(4) 效率。

解 电枢感应电动势为

$$E_a = U_N - I_N R_a = 400 - 270 \times 0.081 = 378.13(V)$$

电磁功率为

$$P_M = E_a I_N = 378.13 \times 270 = 102.10(kW)$$

(1) 电磁转矩为

$$T = 9.55\frac{P_M}{n_N} = 9.55 \times \frac{102.10 \times 10^3}{1450} = 672.45(N \cdot m)$$

(2) 输出转矩为

$$T_{2N} = 9.55\frac{P_N}{n_N} = 9.55 \times \frac{100 \times 10^3}{1450} = 658.62(N \cdot m)$$

(3) 输入功率为

$$P_1 = U_N I_N = 400 \times 270 = 108(kW)$$

(4) 效率为

$$\eta = \frac{P_2}{P_1} \times 100\% = \frac{100}{108} \times 100\% = 92.59\%$$

1.6.2 并励直流电动机的工作特性

并励直流电动机的工作特性是在额定电压 $U = U_N$、额定励磁电流 $I_f = I_{fN}$ 且电枢回路无外串电阻时，转速 n、电磁转矩 T、效率 η 与输出功率 P_2 之间的关系，即 n、T、$\eta = f(P_2)$。在实际应用中，由于电枢电流 I_a 较易测量，且 I_a 随 P_2 增大而增大，故也可将工作特性表示为 n、T、$\eta = f(I_a)$。

1. 转速特性

当 $U = U_N$、$I_f = I_{fN}$、电枢回路无外串电阻时，转速 n 与电枢电流 I_a 之间的关系 $n = f(I_a)$ 称为转速特性。

将电动势公式 $E_a = C_e\Phi n$ 代入电压平衡方程式 $U = E_a + R_a I_a$，可得转速特性公式

$$n = \frac{U_N}{C_e\Phi_N} - \frac{R_a}{C_e\Phi_N} I_a \tag{1-24}$$

可见，若忽略电枢反应的影响，$\Phi=\Phi_N$ 保持不变，则 I_a 增加时，转速 n 下降。但因 R_a 一般很小，所以转速 n 下降不多，$n=f(I_a)$ 为一条稍稍向下倾斜的直线。若考虑负载较重、I_a 较大时电枢反应去磁作用的影响，则随着 I_a 的增大，Φ 将减小，因而使转速特性出现上翘现象，如图 1-13 中的曲线 1 所示。

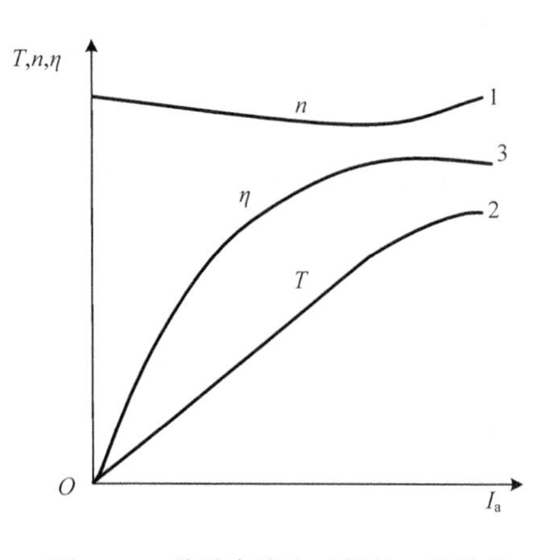

图 1-13 并励直流电动机的工作特性

2. 转矩特性

当 $U=U_N$、$I_f=I_{fN}$、电枢回路无外串电阻时，电磁转矩 T 与电枢电流 I_a 之间的关系 $T=f(I_a)$ 称为转矩特性。

由 $T=C_T\Phi I_a$ 可知，不考虑电枢反应影响时，$\Phi=\Phi_N$ 不变，T 与 I_a 成正比，转矩特性为过原点的直线。如果考虑电枢反应的去磁作用，则当 I_a 增大时，转矩特性略微向下弯曲，如图 1-13 中的曲线 2 所示。

3. 效率特性

当 $U=U_N$、$I_f=I_{fN}$、电枢回路无外串电阻时，效率 η 与电枢电流 I_a 之间的关系 $\eta=f(I_a)$ 称为效率特性。

并励直流电动机的效率为

$$\eta=\frac{P_2}{P_1}\times100\%=\frac{P_1-\sum P}{P_1}\times100\%=\left(1-\frac{P_0+I_a^2R_a+I_f^2R_f}{U(I_a+I_f)}\right)\times100\% \tag{1-25}$$

式中，空载损耗 P_0 不随负载电流变化，为不变损耗。当负载电流较小时效率较低，输入的功率大部分消耗在空载损耗上；当负载电流增大时效率也增大，输入的功率大部分消耗在机械负载上；但当负载电流大到一定程度时，铜损耗快速增大，此时效率又开始变小。并励直流电动机的效率特性如图 1-13 中的曲线 3 所示，一般电动机在负载为额定值的 75%左右时效率最高。

1.6.3 串励直流电动机的工作特性

串励直流电动机的励磁绕组与电枢绕组相串联，电枢电流等于励磁电流，即 $I_a=I_f$。串励电动机的工作特性与并励电动机有很大的区别。当负载电流较小时，磁路不饱和，主磁通与励磁电流（负载电流）按线性关系变化，而当负载电流较大时，磁路趋于饱和，主磁通基本不随电枢电流变化。因此讨论串励电动机的转速特性、转矩特性和效率特性必须分段讨论。

1. 转速特性

串励直流电动机的电压平衡方程式可写为

$$U=E_a+I_aR_a+I_aR_f=E_a+I_a(R_a+R_f)=E_a+I_aR \tag{1-26}$$

式中，R_f 为串励绕组的电阻；$R=R_a+R_f$ 为串励电动机电枢回路的总电阻。

当负载电流较小时，电动机的磁路没有饱和，每极磁通$\varPhi$与励磁电流呈线性关系，即

$$\varPhi = k_{\mathrm{f}} I_{\mathrm{f}} = k_{\mathrm{f}} I_{\mathrm{a}} \tag{1-27}$$

式中，k_{f}是比例系数，根据式(1-26)和式(1-27)，串励电动机的转速特性可写为

$$n = \frac{U}{C_{\mathrm{e}}\varPhi} - \frac{RI_{\mathrm{a}}}{C_{\mathrm{e}}\varPhi} = \frac{U}{C_{\mathrm{e}}k_{\mathrm{f}}I_{\mathrm{a}}} - \frac{R}{C_{\mathrm{e}}k_{\mathrm{f}}} \tag{1-28}$$

由上述可知，当电枢电流不大时，串励直流电动机的转速特性具有双曲线性质，转速随电枢电流的增大而迅速降低。当电枢电流较大时，由于磁路趋于饱和，磁通近似为常数，转速特性与并励电动机相似，为向下倾斜的直线，如图 1-14 中的曲线 1 所示。要注意的是，当电枢电流趋于零时，电动机转速将趋于无穷大，导致转子损坏，所以不允许串励直流电动机在空载或轻载下运行。

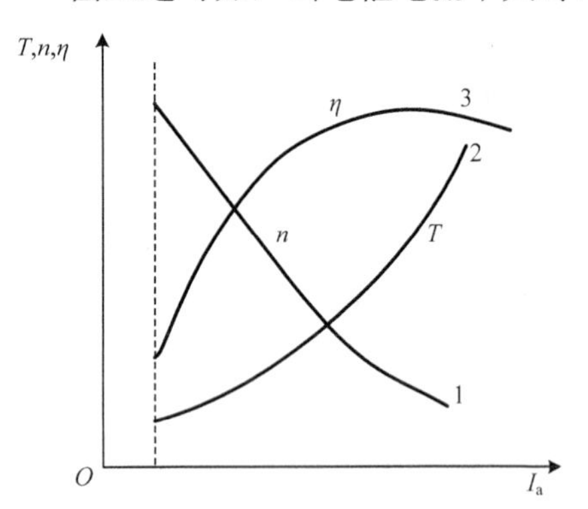

图 1-14 串励直流电动机的工作特性

2. 转矩特性

串励时，电动机的转矩公式为

$$T = C_{\mathrm{T}}\varPhi I_{\mathrm{a}} = C_{\mathrm{T}}k_{\mathrm{f}}I_{\mathrm{a}}^2 \tag{1-29}$$

对已经制成的电动机，磁路不饱和时，$C_{\mathrm{T}}k_{\mathrm{f}}$为常数。

根据电动机的转矩公式和串励直流电动机的特点，在电枢电流较小时，电磁转矩与电枢电流的平方成正比。当电枢电流较大时，磁通近似为常数，电磁转矩与电枢电流本身成正比。转矩特性如图 1-14 中的曲线 2 所示。可见，随着负载增大，电枢电流增加，电磁转矩将以高于电枢电流一次方的比例增加。这一特性很有价值，使串励直流电动机在同样电流限制(一般为额定电流的 3 倍左右)下，具有比并励直流电动机大得多的启动转矩和最大转矩，适用于启动能力或过载能力要求较高的场合，如拖动闸门、电力机车等负载。

3. 效率特性

串励直流电动机的效率特性与并励直流电动机相似，如图 1-14 中的曲线 3 所示。

1.7 直流发电机

由直流电机的原理可知，当用原动机拖动直流电机运行并满足一定的发电条件时，直流电机便可以发出直流电，供给直流负载使用，此时的电机运行在发电机状态，成为直流发电机。

根据励磁方式的不同，直流发电机可分为他励直流发电机、并励直流发电机、串励直流发电机和复励直流发电机。励磁方式不同，发电机的特性就不同。本节首先介绍他励直流发电机的基本方程式和运行特性，随后分析并励直流发电机的自励条件及其运行特性。

1.7.1 直流发电机的基本方程式

图 1-15 为一台他励直流发电机的示意图。电枢旋转时，电枢绕组切割主磁通，产生电枢电动势 E_a，若外电路接上负载，则电枢中流过电流 I_a，按发电机惯例，I_a 的正方向与 E_a 相同。

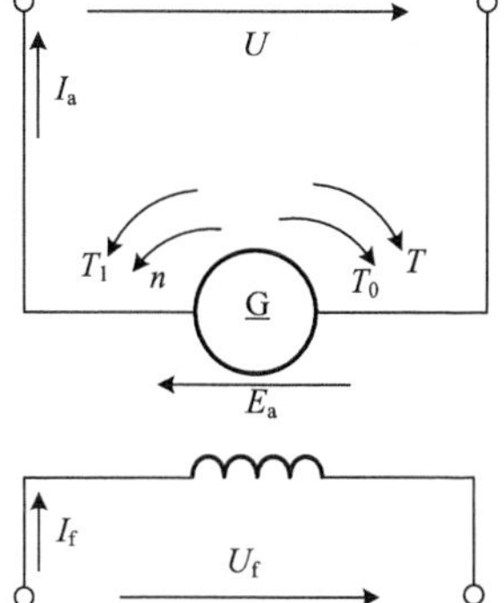

图 1-15 他励直流发电机原理图

1. 电动势平衡方程式

根据发电机惯例标定的各物理量的正方向，列出电动势平衡方程式为

$$U = E_a - I_a R_a \tag{1-30}$$

直流发电机的端电压 U 等于电枢电动势 E_a 减去电枢回路内部的电阻压降 $R_a I_a$，所以端电压 U 应小于电枢电动势 E_a。

2. 转矩平衡方程式

直流发电机以转速 n 稳态运行时，作用在电机轴上的转矩有三个：

(1) 原动机的拖动转矩 T_1，方向与 n 相同；

(2) 电磁转矩 T，方向与 n 相反，T 为制动性质的转矩；

(3) 空载转矩 T_0，由电机的机械损耗及铁损耗引起，T_0 为制动性质的转矩。

因此，可以写出稳态运行时的转矩平衡方程式为

$$T_1 = T + T_0 \tag{1-31}$$

3. 功率平衡方程式

将式(1-31)乘以发电机的机械角速度Ω，得

$$T_1\Omega = T\Omega + T_0\Omega \tag{1-32}$$

可以写成

$$P_1 = P_M + P_0 \tag{1-33}$$

式中，$P_1 = T_1\Omega$ 为原动机输给发电机的机械功率，即输入功率。

直流发电机的电磁功率也是同时具有机械功率的性质和电功率的性质，所以发电机的电磁功率是机械能转换为电能的那一部分功率。直流发电机的空载损耗也包括机械损耗 P_{mec}、铁损耗 P_{Fe} 和附加损耗 P_s 三部分。

将式(1-30)两边乘以电枢电流 I_a，整理得

$$E_a I_a = UI_a + I_a^2 R_a \tag{1-34}$$

即

$$P_M = P_2 + P_{Cua} \tag{1-35}$$

式中，$P_2 = UI_a$ 为发电机输出的电功率。可见电磁功率包括输出功率 P_2、电枢回路的铜损耗

P_{Cua}两部分；如果是自励发电机，电磁功率包括输出功率 P_2、电枢绕组的铜损耗 P_{Cua} 和励磁绕组的铜损耗 P_{Cuf} 三部分。

综合以上功率关系，可得他励直流发电机的功率平衡方程式

$$P_1 = P_2 + P_{Cua} + P_{mec} + P_{Fe} + P_s = P_2 + \sum P \tag{1-36}$$

为更清楚地表示直流发电机的功率关系，其功率流程图可用图 1-16 所示。

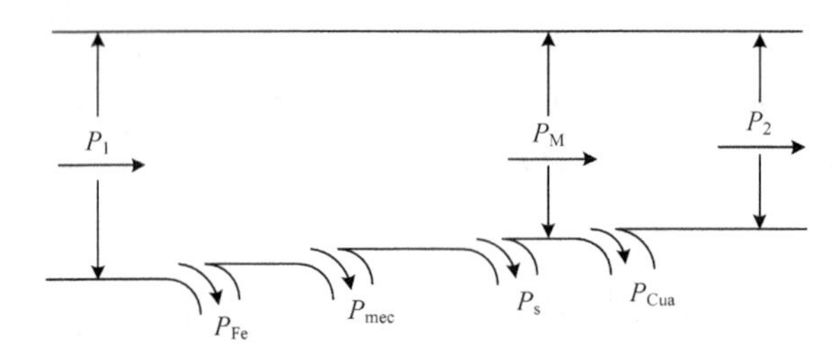

图 1-16 他励直流发电机的功率流程图

直流发电机的效率

$$\eta = \frac{P_2}{P_1} \times 100\% = 1 - \frac{\sum P}{P_2 + \sum P} \times 100\% \tag{1-37}$$

例 1-6 一台并励直流发电机的额定功率 $P_N = 22kW$，额定电压 $U_N = 220V$，额定转速 $n_N = 1500r/min$，电枢回路总电阻 $R_a = 0.15\Omega$，励磁回路总电阻 $R_f = 75\Omega$，机械损耗 $P_{mec} = 700W$，铁损耗 $P_{Fe} = 300W$，$P_s = 200W$。试求额定负载情况下的电枢铜损耗、励磁铜损耗、电磁功率、总损耗、输入功率和效率。

解 额定电流为

$$I_N = \frac{P_N}{U_N} = \frac{22 \times 10^3}{220} = 100(A)$$

励磁电流为

$$I_f = \frac{U_N}{R_f} = \frac{220}{75} = 2.93(A)$$

电枢电流为

$$I_a = I_N + I_f = 100 + 2.93 = 102.93(A)$$

电枢回路铜损耗为

$$P_{Cua} = I_a^2 R_a = 102.93^2 \times 0.15 = 1589.19(W)$$

励磁回路铜损耗为

$$P_{Cuf} = I_f^2 R_f = 2.93^2 \times 75 = 634.87(W)$$

电磁功率为

$$P_M = P_2 + P_{Cua} + P_{Cuf} = 22 \times 10^3 + 1589.19 + 634.87 = 24224.06(W)$$

总损耗为

$$\sum P = P_{Cua} + P_{Cuf} + P_{mec} + P_{Fe} + P_s = 1589.19 + 634.87 + 700 + 300 + 200 = 3424.06(W)$$

输入功率为

$$P_1 = P_2 + \sum P = 22 \times 10^3 + 3424.06 = 25424.06(\mathrm{W})$$

效率为

$$\eta = \frac{P_2}{P_1} \times 100\% = \frac{22 \times 10^3}{25424.06} \times 100\% = 86.53\%$$

1.7.2 他励直流发电机的运行特性

直流发电机运行时，有 4 个主要物理量，即电枢端电压 U、励磁电流 I_f、负载电流 I(他励时 $I = I_a$)和转速 n。其中转速 n 由原动机确定，一般保持为额定值不变。因此，运行特性就是 U、I、I_f 三个物理量保持其中一个不变时，另外两个物理量之间的关系。一般比较关注发电机以下三种特性：

(1)负载特性。

当转速 n 为常数，负载电流 I 为常数时，发电机输出端电压 U 与励磁电流 I_f 之间的关系。当负载电流 $I = 0$ 时，称其为空载特性。

(2)外特性。

当转速 n 为常数，励磁电流 I_f 为常数时，发电机输出端电压 U 与负载电流 I 之间的关系。

(3)调节特性。

当转速 n 为常数，保持输出端电压 U 不变，励磁电流 I_f 与负载电流 I 之间的关系。

1. 空载特性

空载时，他励发电机的端电压 $U_0 = E_a = C_e \Phi n$，n 为常数时，U_0 正比于 Φ，所以空载特性与发电机的空载磁化特性相似，都是一条饱和曲线，如图 1-17 所示。由于铁磁性材料的磁滞现象，所以特性的上升分支(虚线 1)和下降分支(虚线 2)不重合，一般取其平均值作为该电机的空载特性，称为平均空载特性，如图 1-17 中实线所示。$I_f = 0$ 时，$U_0 = E_r$，为剩磁电压，为额定电压的 2%～4%。

2. 外特性

他励直流发电机的负载电流 I(即 I_a)增大时，端电压有所下降，如图 1-18 所示。从电动势方程式 $U = E_a - R_a I_a = C_e \Phi n - R_a I_a$ 分析可以得知，使端电压 U 下降的原因有两个：一是当 I_a 增大时，电枢回路电阻上压降 $R_a I_a$ 增大，引起端电压下降；二是 I_a 增大时，电枢磁动势增大，电枢反应的去磁作用使每极磁通 Φ 减小，E_a 减小，从而引起端电压 U 下降。

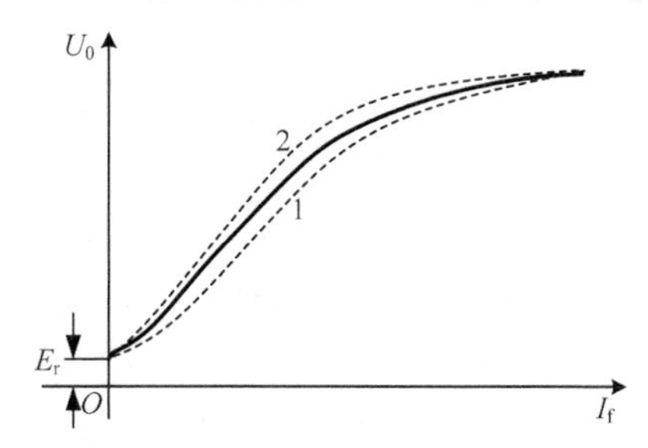

图 1-17 他励直流发电机的空载特性

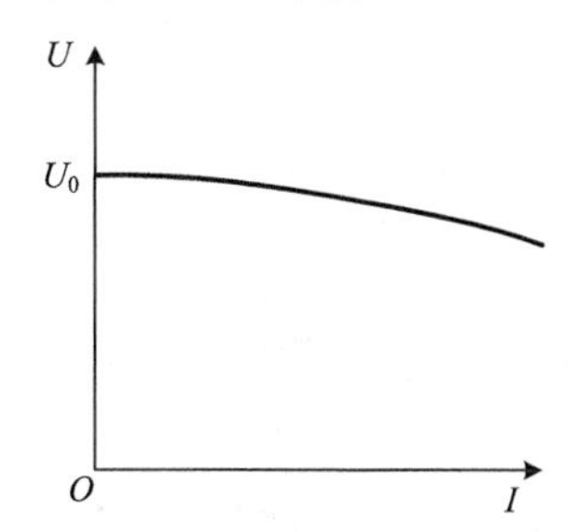

图 1-18 他励直流发电机的外特性

3. 调节特性

励磁电流是随负载电流增大而增大的，如图 1-19 所示。这是因为随着负载电流的增大，电压有下降趋势，为维持电压不变，就必须增大励磁电流，以补偿电阻压降和电枢反应去磁作用的增加，由于电枢反应的去磁作用与负载电流的关系是非线性的，所以调节特性也不是直线。

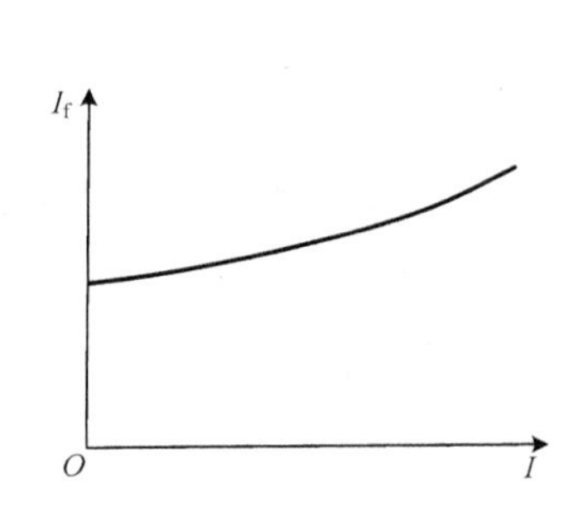

图 1-19　他励直流发电机的调节特性

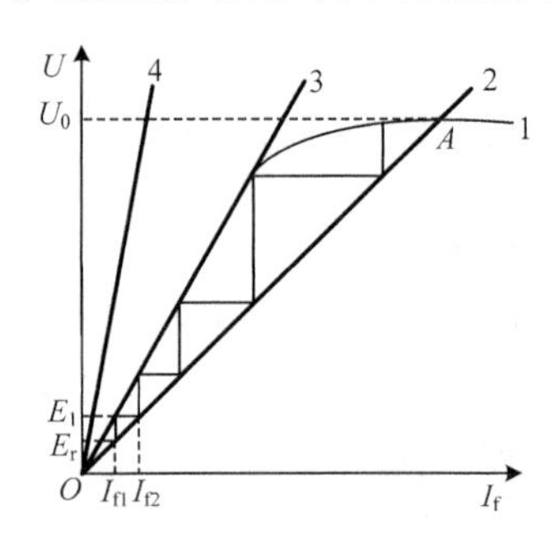

图 1-20　并励直流发电机的自励建压过程

1.7.3　并励直流发电机的自励条件和运行特性

1. 并励直流发电机的自励条件

并励直流发电机不需要额外的直流电源来进行励磁，使用方便，应用广泛。并励直流发电机的励磁由发电机自身的端电压提供，而端电压是在励磁电流的作用下建立的。在电压建立前，励磁电流为零。那么如何使电压一步一步建立起来，是下面要分析的问题。

并励发电机建立电压的过程称为自励过程。并励发电机不是在任何条件下都能建立电压的，满足并励发电机建立电压的条件称为自励条件。

图 1-20 所示为并励直流发电机空载时自励建压的过程，曲线 1 是发电机的空载特性，即 $U_0=f(I_f)$，曲线 2 是励磁回路的伏安特性 $U_f=f(I_f)$，当励磁回路总电阻为常数时，此特性是一条直线。

如果电机磁路有剩磁，当原动机拖动发电机电枢朝规定的方向旋转时，电枢绕组切割剩磁产生剩磁电动势 E_r，其数值一般较小，剩磁电动势 E_r 作用在励磁回路，产生一个很小的励磁电流 I_{f1}。若励磁绕组并联到电枢绕组的极性正确，则 I_{f1} 产生的励磁磁通将与剩磁磁通方向一致，使总磁通增加，感应电动势增大为 E_1，励磁电流随之增大为 I_{f2}。如此互相促进，使电压和励磁电流不断增长。当并励直流发电机的自励过程结束，进入稳态运行时，要同时满足空载特性和励磁回路的伏安特性，因此最后必然稳定在两条特性的交点，图 1-20 中 A 点所对应的电压即为发电机自励建立起来的空载电压。

在自励建压开始，如果并励绕组与电枢两端的连接不正确，使励磁磁通与剩磁磁通方向相反，剩磁被削弱，电压就建立不起来，电机将无法自励。

另外，如果励磁回路中的电阻增大，励磁回路伏安特性的斜率将变大，使得空载特性和伏安特性的交点沿空载特性下移，空载电压降低。当励磁回路总电阻增加到 R_{cf} 时，伏安特性为图 1-20 中曲线 3，其与空载特性直线部分相切，有无数个交点，空载电压没有稳定值，电机无法正常工作。这时励磁回路的电阻值 R_{cf} 称为临界电阻。如果励磁回路电阻大于临界电阻 R_{cf}，伏安特性如图 1-20 中曲线 4 所示，这时 $U_0\approx E_r$，空载电压就建立不起来。

综上所述，并励直流发电机自励建压必须满足以下三个条件：

(1) 电机磁路中要有剩磁。如果电机磁路中没有剩磁，则原动机拖动发电机电枢旋转时，电枢绕组就不会切割磁力线，也没有电动势产生，自励建压将不可能。因此当电机磁路中没有剩磁时，必须用其他直流电源先给主磁极充磁。

(2) 并联在电枢绕组两端的励磁绕组极性要正确，使励磁电流产生的磁通与剩磁磁通的方向相同。如果并联极性不正确，可将并励绕组并到电枢绕组的两个端头对调。

(3) 励磁回路的总电阻必须小于该转速下的临界电阻。

2. 并励直流发电机的运行特性

1) 并励直流发电机的空载特性

并励直流发电机的空载特性与他励直流发电机基本相同，因为并励直流发电机的空载特性一般是在他励方式下测得的。

2) 并励直流发电机的外特性

保持发电机的转速 $n = n_N$，R_f 为常数时，端电压 U 与负载电流 I 之间的关系称为并励直流发电机的外特性。图 1-21 中曲线 1 和曲线 2 为分别是并励和他励直流发电机的外特性。比较二者，并励直流发电机的负载增大时，和他励直流发电机一样，电枢回路电阻压降和电枢反应去磁作用使端电压下降，另外由于并励直流发电机端电压下降时必将引起励磁电流减小，使每极磁通和感应电动势减小，从而使端电压进一步降低。所以，并励直流发电机的电压变化率比他励直流发电机大，一般可达 10%～15%，有时可达 30%。

3) 并励直流发电机的调节特性

由于并励直流发电机负载电流增大时电压下降较多，为维持电压恒定所需要的励磁电流也就较大，所以调节特性上翘程度超过他励，如图 1-22 所示。曲线 1 是自励直流发电机的调节特性，曲线 2 是他励直流发电机的调节特性。

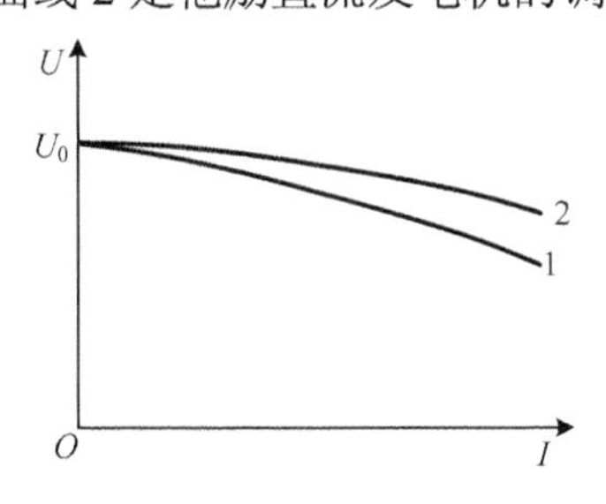

图 1-21　并励直流发电机的外特性

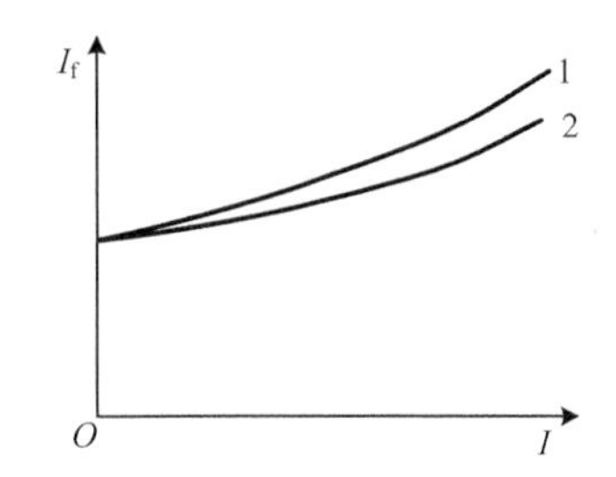

图 1-22　并励直流发电机的调节特性

1.8　本 章 小 结

本章主要介绍了直流电机的基本工作原理和结构、电枢反应、电枢电动势、电磁转矩、电磁功率及直流电动机和直流发电机的工作特性等内容，主要知识点如下：

(1) 直流电机是一种机械能和直流电能相互转换的设备，直流发电机将机械能转换为电能，直流电动机则将电能转换为机械能。电磁感应定律和电磁力定律是分析直流电机工作原理的理论基础，气隙磁场是电机实现机电能量转换的媒介。从电机外部看，它的电压、电流和电动势都是直流，但每个绕组元件中的电压、电流和电动势却都是交流，这一转换过程是通过电刷与换向器的配合来实现的。

(2) 直流电机由定子和转子两大部分组成，在这两部分之间存在着一定大小的气隙。直流电机的主要结构部件除定子部分的主磁极和转子部分的电枢外，还有一些其他主要的部件，如换向器和电刷。

(3) 额定值是保证电机可靠工作并具有良好性能的依据。尤其对于技术人员，要充分理解额定值的含义，以便合理地选择和使用电机。直流电机的额定值有额定功率、额定电压、额定电流、额定转速和额定励磁电流等。

(4) 电枢绕组是直流电机的主要电路部分，是实现机电能量转换的枢纽。直流电机的电枢绕组常用的有单叠绕组和单波绕组两种基本形式。单叠绕组的支路对数就等于磁极对数，即 $a = p$，而单波绕组的支路对数与磁极对数无关，且 $a = 1$。

(5) 直流电机的磁场是由励磁磁动势和电枢磁动势共同作用产生的，电枢磁动势对励磁磁动势的影响称为电枢反应。电枢反应不仅使气隙磁场发生畸变，而且还会产生附加去磁作用。

(6) 直流电机电枢电动势的表达式为 $E_a = C_e \Phi n$，在发电机中，$E_a > U$，E_a 与 I_a 同方向，称 E_a 为电源电动势；在电动机中，$E_a < U$，E_a 与 I_a 反方向，称 E_a 为反电动势。

(7) 直流电机的电磁转矩表达式为 $T = C_T \Phi I_a$，在发电机中，T 与转速 n 转向相反，称 T 为制动转矩；在电动机中，T 与转速 n 转向相同，称 T 为驱动转矩。

(8) 直流电机的励磁方式分为他励和自励两大类，自励又可分为并励、串励和复励三种。

(9) 基本方程式是分析直流电机的理论依据，其主要包括电动势平衡方程式、转矩平衡方程式、功率平衡方程式和电流关系式。对不同励磁方式的直流电动机和直流发电机，其方程式是不同的，应注意其不同点。

(10) 直流发电机的运行特性主要有空载特性、外特性和调节特性三种。直流电动机的工作特性主要有转速特性、转矩特性和效率特性三种。

(11) 并励直流发电机能够自励建压的条件是：电机主磁路有剩磁；并励绕组极性正确；励磁回路电阻小于临界值。

(12) 不同的条件下，同一台直流电机既可作为发电机运行，也可作为电动机运行，这是直流电机的可逆原理。判断一台直流电机运行于何种状态，除用能量转换关系判定外，还可以比较 E_a 和 U 的大小。若 $E_a > U$，是发电机；若 $E_a < U$，是电动机。

习　题

1-1　简述直流发电机和直流电动机的基本工作原理。

1-2　在直流电机中，为什么电枢导体中的感应电动势为交流，而由电刷引出的电动势却为直流？电刷与换向器的作用是什么？

1-3　试判断下列情况下电刷两端电压的性质：

(1) 磁极固定，电刷与电枢同时旋转；

(2) 电枢固定，电刷与磁极同时旋转；

(3) 电枢固定，电刷与磁极以不同速度旋转。

1-4　简述直流电机的主要结构部件及作用。

1-5　直流电机的励磁方式有几种？各有什么特点？

1-6　直流电动机额定功率是如何定义的？

1-7　电磁转矩与什么因素有关？如何确定电磁转矩的实际方向？

1-8　什么叫电枢反应？电枢反应对气隙磁场有什么影响？

1-9　怎样判断一台直流电机运行在发电机状态还是电动机状态？它们的 T 与 n、E_a 与 I_a 的方向有何不同？能量转换关系有何不同？

1-10　直流电机中电磁转矩是怎样产生的？它与哪些量有关？电磁转矩在发电机和电动机中各起什么作用？

1-11　并励直流发电机正转时如果能自励，问反转时是否还能自励？如果把并励绕组两头对调，且电枢反转，此时是否能自励？

1-12　如果并励直流发电机不能自励建压，可能有哪些原因？应如何处理？

1-13　直流电机中有哪些损耗？是什么原因引起的？

1-14　一台直流发电机额定数据为：$P_N = 12\text{kW}$，$U_N = 220\text{V}$，$n_N = 2850\text{r/min}$，$\eta_N = 87\%$，求该发电机的额定电流和额定负载时的输入功率。

1-15　一台直流电动机额定数据为：$P_N = 18\text{kW}$，$U_N = 220\text{V}$，$n_N = 1500\text{r/min}$，$\eta_N = 85\%$，求该电动机的额定电流和额定负载时的输入功率。

1-16　一台直流发电机，其额定功率 $P_N = 15\text{kW}$，额定电压 $U_N = 230\text{V}$，额定转速 $n_N = 1500\text{r/min}$，极对数 $p = 2$，电枢总导体数 $N = 468$，单波绕组，气隙每极磁通 $\Phi = 1.03\times10^{-2}\text{Wb}$。试求：

(1) 额定电流；

(2) 电枢电动势。

1-17　一台并励直流发电机：$P_N = 10\text{kW}$，$U_N = 230\text{V}$，$n_N = 1550\text{r/min}$，励磁回路电阻 $R_f = 215\Omega$，电枢回路电阻 $R_a = 0.49\Omega$，额定负载时 $P_{Fe} = 440\text{W}$，$P_{mec} = 100\text{W}$，忽略附加损耗。试求：

(1) 励磁电流和电枢电流；

(2) 电磁功率和电磁转矩；

(3) 电机的总损耗和效率。

1-18　一台并励直流电动机：$P_N = 96\text{kW}$，$U_N = 440\text{V}$，$I_N = 255\text{A}$，$I_{fN} = 5\text{A}$，$n_N = 500\text{r/min}$，电枢回路电阻 $R_a = 0.078\Omega$。试求电动机在额定负载运行时的输出转矩、电磁转矩和空载转矩。

1-19　一台并励直流电动机：$U_N = 220\text{V}$，$I_{aN} = 75\text{A}$，$n_N = 1000\text{r/min}$，励磁回路电阻 $R_f = 91\Omega$，电枢回路电阻 $R_a = 0.26\Omega$，额定负载时 $P_{Fe} = 650\text{W}$，$P_{mec} = 1939\text{W}$，忽略附加损耗。试求：

(1) 电动机在额定负载运行时的输出转矩；

(2) 额定效率。

第 2 章　直流电动机的电力拖动

由电动机作为动力，拖动各类生产机械，完成一定的生产工艺要求的系统称为电力拖动系统。本章首先介绍电力拖动系统的运动方程式和负载转矩特性，然后介绍他励直流电动机的机械特性和电力拖动系统稳定运行条件，详细介绍他励直流电动机的启动、制动和调速方法，最后简要介绍直流电动机的应用、故障分析及维护。

2.1　电力拖动系统的运动方程式

电力拖动系统一般由电动机、传动机构、生产机械、电源和控制装置五部分组成。工业生产中最典型的电力拖动系统有电力机车、起重机和龙门刨床等。电力拖动系统的运动规律可以用动力学中的运动方程式来描述。为了抓住本质，本章用最简单的单轴电力拖动系统来进行分析。如图 2-1 所示单轴电力拖动系统就是电动机转子直接拖动生产机械运转的系统。

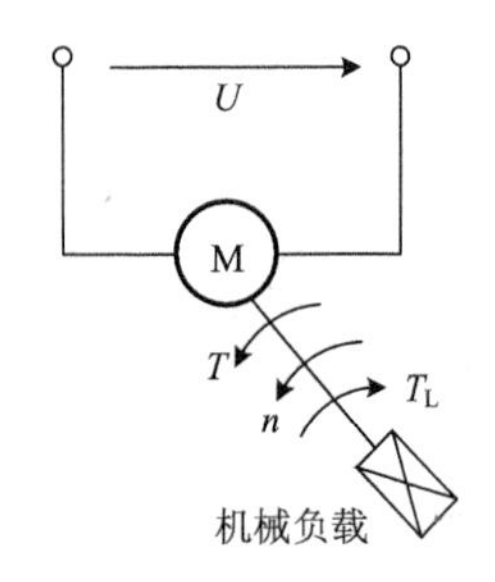

图 2-1　单轴电力拖动系统

电动机在电力拖动系统中做旋转运动时，必须遵循基本的运动方程式。旋转运动的方程式为

$$T - T_L = J\frac{d\Omega}{dt} \tag{2-1}$$

式中，T 为电动机产生的拖动转矩(N·m)；T_L 为负载转矩(N·m)；$J\frac{d\Omega}{dt}$ 为惯性转矩(或称动转矩)，J 为转动惯量，可表示为

$$J = m\rho^2 = \frac{G}{g}\cdot\frac{D^2}{4} = \frac{GD^2}{4g} \tag{2-2}$$

式中，m、G 分别为旋转部分的质量与重量，单位分别为 kg 与 N；ρ、D 分别为转动惯性半径与直径，单位为 m；g 为重力加速度，$g = 9.8\text{m/s}^2$；J 的单位 $\text{kg}\cdot\text{m}^2$；GD^2 为飞轮矩($\text{N}\cdot\text{m}^2$)。

在实际计算中常将角速度$\Omega = 2\pi n/60$ 代入式(2-1)，得运动方程式实用形式为

$$T - T_L = \frac{GD^2}{375}\frac{dn}{dt} \tag{2-3}$$

式中，系数 375 是具有加速度量纲的系数。

由式(2-3)可知，系统的运动状态可分为三种：

(1) 当$T - T_L = 0$，$\frac{dn}{dt} = 0$，则 n = 常值，电力拖动系统处于稳定运转状态；

(2) 当$T - T_L > 0$，$\frac{dn}{dt} > 0$，电力拖动系统处于加速过渡状态；

(3) 当$T - T_L < 0$，$\frac{dn}{dt} < 0$，电力拖动系统处于减速过渡状态。

在电力拖动系统中，随着生产机械负载类型和工作状况的不同，电动机的运行状态有可

能会发生变化，即作用在电动机转轴上的电磁转矩(拖动转矩) T 和负载转矩(阻转矩) T_L 的大小和方向都有可能发生变化。因此运动方程式中的转矩 T 和 T_L 是带有正、负号的代数量。在应用运动方程式时，必须注意转矩的正、负号。首先选定电动机处于电动状态时的旋转方向为转速 n 的正方向，然后按照下列规则确定转矩的正、负号：

(1) 电磁转矩 T 与规定正方向相同时取正号，相反时取负号；

(2) 负载转矩 T_L 与规定正方向相同时取负号，相反时取正号。

2.2 电力拖动系统的负载转矩特性

电力拖动系统的运动方程式，集电动机的电磁转矩、生产机械的负载转矩及系统的转速之间的关系于一体，定量地描述了拖动系统的运动规律。因为电动机转轴上的电磁转矩(拖动转矩) T 和负载转矩(阻转矩) T_L 的大小和方向都有可能发生变化，这将导致电动机的速度发生变化。要知道某一时刻电动机的运行状态，首先必须知道电动机的机械特性 $n = f(T)$ 及负载的机械特性 $n = f(T_L)$。负载的机械特性也称为负载转矩特性，简称负载特性。

负载转矩 T_L 的大小和多种因素有关。以车床主轴为例，当车床切削工件时切削速度、切削量大小、工件直径、工件材料及刀具类型等都有密切关系。生产机械品种繁多，其工作机构的负载机械特性也各不相同。但经过统计分析，可归纳为三种类型：恒转矩负载特性、风机和泵类负载特性以及恒功率负载特性。

2.2.1 恒转矩负载

所谓恒转矩负载特性，就是指负载转矩 T_L 与转速 n 无关的特性，当转速变化时，转矩 T_L 保持常值。恒转矩负载特性多数是反抗性的，也有位能性的。

1. 反抗性恒转矩负载

反抗性恒转矩负载的特点是，负载转矩的大小恒定不变，而负载转矩的方向总是与转速的方向相反，即负载转矩的性质总是起反抗运动作用的阻转矩性质。显然，反抗性恒转矩负载特性在第一象限与第三象限内，如图 2-2 所示。属于这类特性的负载有机床的刀架平移、电车在平道上行驶等。

2. 位能性恒转矩负载

位能性恒转矩负载特性由拖动系统中某些具有位能的部件(如起重类型负载中的重物)造成，其特点是不仅负载转矩的大小恒定不变，而且负载转矩的方向也不变，其特性在第一象限与第四象限内，如图 2-3 所示。不论重物被提升(n 为正)或下放(n 为负)，负载转矩 T_L 的方向始终不变。

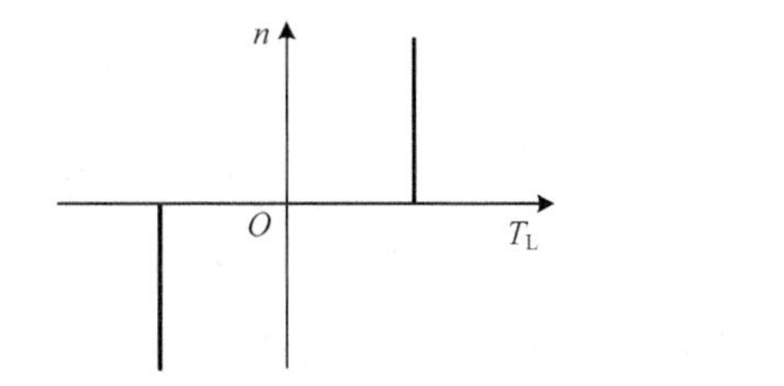

图 2-2 反抗性恒转矩负载特性

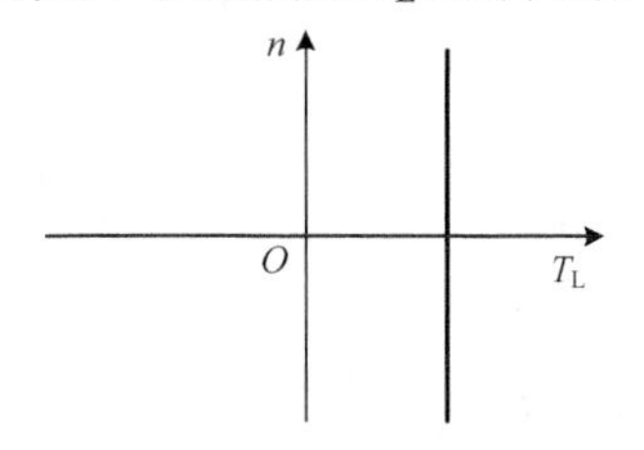

图 2-3 位能性恒转矩负载特性

2.2.2　风机和泵类负载

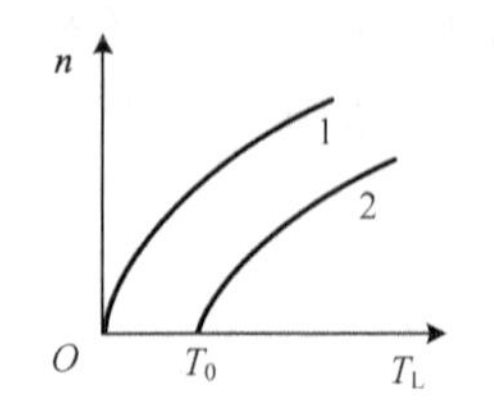

图 2-4　风机和泵类负载特性

属于风机和泵类负载的生产机械有通风机、水泵、油泵等，其中空气、水、油等介质对机器叶片的阻力基本上和转速的平方成正比，所以，理论上风机和泵类负载转矩基本上与转速的平方成正比，其特性如图 2-4 中曲线 1 所示。

实际通风机除了主要是通风机负载特性外，由于其轴承上还有一定的摩擦转矩 T_0，实际通风机负载特性如图 2-4 中曲线 2 所示。

2.2.3　恒功率负载

某些生产工艺过程，要求具有恒功率负载特性。如车床的切削，在粗加工时，切削量大，切削阻力大，此时开低速；在精加工时，切削量小，切削力小，往往开高速。在不同转速下，负载转矩基本上与转速成反比，切削功率基本不变，即

$$P_{\mathrm{L}} = T_{\mathrm{L}}\varOmega = T_{\mathrm{L}}\frac{2\pi n}{60} = \frac{2\pi}{60}T_{\mathrm{L}}n \tag{2-4}$$

式中，P_{L} 为负载功率。

可见，负载转矩 T_{L} 与转速 n 呈反比，切削功率基本不变，恒功率负载特性是一条双曲线，如图 2-5 所示。

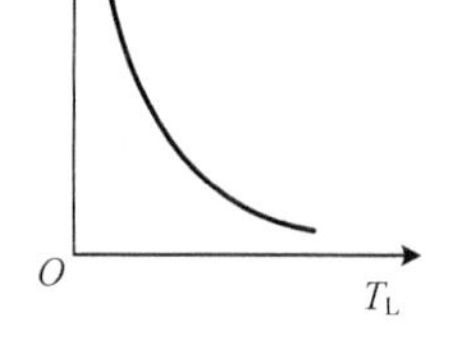

图 2-5　恒功率负载特性

2.3　他励直流电动机的机械特性

电动机的机械特性是指电动机的转速 n 与电磁转矩 T 之间的关系，即 $n = f(T)$，机械特性是电动机机械性能的主要表现，它是分析电动机启动、调速、制动等问题的重要工具。

2.3.1　机械特性方程式

他励直流电动机的电路原理如图 2-6 所示，R_{st} 为电枢回路所串的电阻。

他励直流电动机的机械特性方程式可从电动机的基本方程式导出。根据图 2-6 可以列出电动机的基本方程式为

$$U = E_{\mathrm{a}} + I_{\mathrm{a}}R \tag{2-5}$$

式中，$R = R_{\mathrm{a}} + R_{\mathrm{st}}$ 为电枢回路总电阻。

将 E_{a} 和 T 的表达式代入电压平衡方程式中，可得机械特性方程式的一般表达式为

$$n = \frac{U}{C_{\mathrm{e}}\varPhi} - \frac{R}{C_{\mathrm{e}}C_{\mathrm{T}}\varPhi^2}T = n_0 - \beta T = n_0 - \Delta n \tag{2-6}$$

式中，$n_0 = \dfrac{U}{C_{\mathrm{e}}\varPhi}$ 为 $T = 0$ 时的转速，称为理想空载转速，$\beta = \dfrac{R}{C_{\mathrm{e}}C_{\mathrm{T}}\varPhi^2}$ 为机械特性的斜率，$\Delta n = \beta T$ 为转速降。在同样的理想空载转速下，β 越小，Δn 越小，即转速随电磁转矩的变化较小，称此机械特性为硬特性。β 越大，Δn 越大，即转速随电磁转矩的变化较大，称此机械特性为软特性。

在机械特性方程式(2-6)中，当 U、R 和 Φ 为常数时，他励直流电动机的机械特性是一条以 β 为斜率向下倾斜的直线，如图 2-7 所示。转速 n 随电磁转矩 T 的增大而降低，这说明电动机带负载时，转速会随负载的增加而降低。

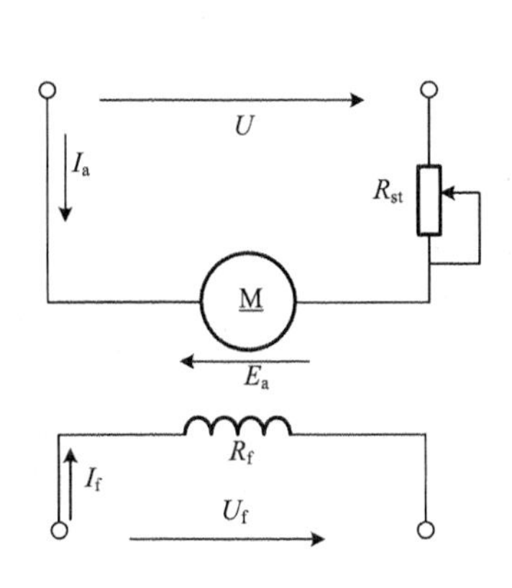

图 2-6　他励直流电动机的电路原理图

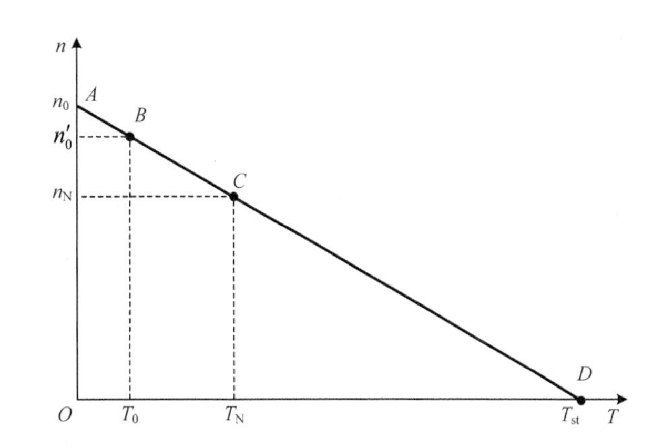

图 2-7　他励直流电动机的机械特性

下面分析机械特性上几个重要的点。

1) 理想空载点 $A(0, n_0)$

$T=0$ 时对应的转速为理想空载转速，如图 2-7 中 A 点所示。调节电源电压 U 或磁通 Φ，可以改变理想空载转速 n_0 的大小。

2) 实际空载点 $B(T_0, n_0')$

实际中电动机在空载运行时，必须克服空载阻力转矩 T_0，即 $T=T_0$，电动机的实际空载转速 n_0' 比 n_0 略低，如图 2-7 中 B 点所示。

3) 额定转速点 $C(T_N, n_N)$

$T=T_N$ 时，对应的转速为额定转速 n_N，如图 2-7 中 C 点所示。

4) 堵转点或启动点 $D(T_{st}, 0)$

机械特性与横轴的交点为堵转点或启动点，如图 2-7 中 D 点所示。堵转点对应的电枢电流 I_{st} 称为堵转电流或启动电流。与堵转电流相对应的电磁转矩 T_{st} 称为堵转转矩或启动转矩。

2.3.2　固有机械特性和人为机械特性

1. 固有机械特性

当他励电动机的电源电压 $U=U_N$、磁通 $\Phi=\Phi_N$、电枢回路中没有附加电阻，即 $R_{st}=0$ 时，电动机的机械特性称为固有机械特性。固有机械特性的方程式为

$$n=\frac{U_N}{C_e\Phi_N}-\frac{R_a}{C_eC_T\Phi_N^2}T \tag{2-7}$$

由于 R_a 较小，$\Phi=\Phi_N$ 数值最大，所以特性的斜率 β 最小，他励直流电动机的固有机械特性较硬，如图 2-8 所示。

电枢电阻 R_a 可用实测方法求得，也可用进行估算，估算公式为

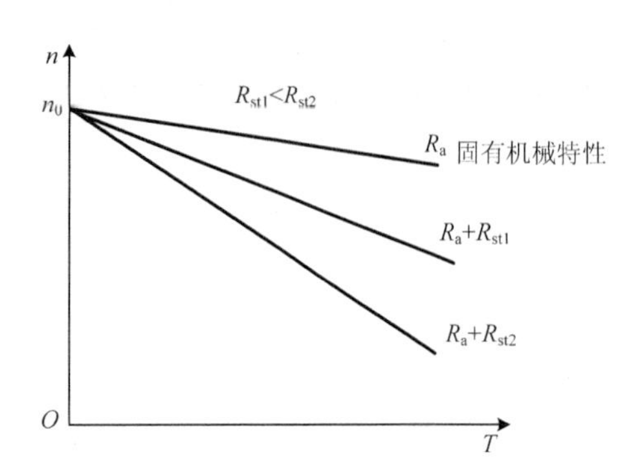

图 2-8　电动机的固有机械特性和电枢串电阻的人为特性

$$R_a=\left(\frac{1}{2}\sim\frac{2}{3}\right)\frac{U_N I_N-P_N}{I_N^2} \tag{2-8}$$

此公式认为在电动机额定运行时，电枢铜损耗占总损耗的 1/2～2/3，这是符合实际情况的。

2. 人为机械特性

改变固有机械特性方程式中的电源电压 U，气隙磁通 Φ 和电枢回路串附加电阻 R_{st} 这三个参数中的任意一个、两个或三个参数，所得到的机械特性是人为机械特性。

1) 电枢回路串接电阻 R_{st} 时的人为机械特性

此时 $U=U_N$，$\Phi=\Phi_N$，$R=R_a+R_{st}$，电枢回路串接电阻 R_{st} 时的人为机械特性方程为

$$n=\frac{U_N}{C_e\Phi_N}-\frac{R_a+R_{st}}{C_eC_T\Phi_N^2}T \tag{2-9}$$

如图 2-8 所示是电枢回路串接不同电阻 R_{st} 时的一组人为机械特性，它是从理想空载点 n_0 发出的一组射线，与固有机械特性相比，电枢回路串接电阻 R_{st} 时的人为机械特性的特点是：

(1) 理想空载点 n_0 保持不变；

(2) 斜率 β 随 R_{st} 的增大而增大，使转速降 Δn 增大，特性变软；

(3) 对于相同的电磁转矩，转速 n 随 R_{st} 的增大而减小。

2) 改变电源电压 U 时的人为机械特性

当 $\Phi=\Phi_N$，电枢不串接电阻 ($R_{st}=0$)，改变电源电压 U 时的人为机械特性方程式为

$$n=\frac{U}{C_e\Phi_N}-\frac{R_a}{C_eC_T\Phi_N^2}T \tag{2-10}$$

应注意：由于电动机的工作电压以额定电压为上限，因此改变电压时，只能从额定值 U_N 向下调节。画出改变电源电压 U 时的人为机械特性如图 2-9 所示，不同电压 U 时的一组人为机械特性为一组平行直线。

与固有机械特性相比，改变电源电压 U_N 时的人为机械特性的特点是：

(1) 理想空载转速 n_0 随电源电压的降低而成比例降低；

(2) 斜率 β 保持不变，特性硬度不变；

(3) 对于相同的电磁转矩，转速 n 随 U 的减小而减小。

3) 改变磁通 Φ 时的人为机械特性

当 $U=U_N$，电枢不串接电阻 ($R_{st}=0$) 时，改变磁通时的人为机械特性方程式为

$$n=\frac{U_N}{C_e\Phi}-\frac{R_a}{C_eC_T\Phi^2}T \tag{2-11}$$

一般他励直流电动机在额定磁通 $\Phi=\Phi_N$ 下运行时，电机磁路已接近饱和。改变磁通只能在额定磁通以下进行调节。画出改变磁通 Φ 时的人为机械特性如图 2-10 所示。

与固有机械特性相比，减弱磁通 Φ 时的人为机械特性的特点是：

(1) 理想空载点 n_0 随磁通 Φ 减弱而升高；

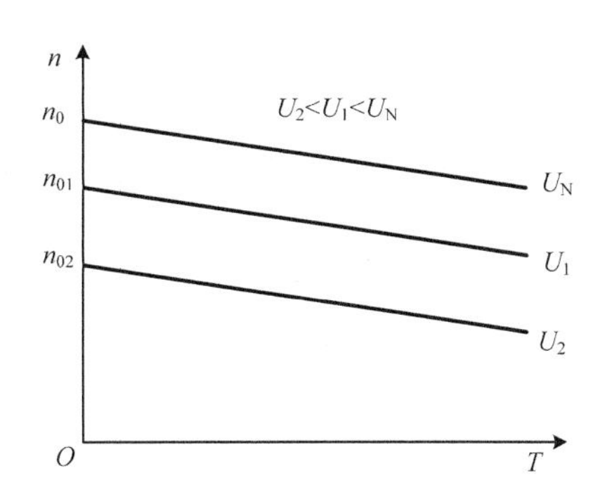

图 2-9　改变电源电压 U 时的人为机械特性

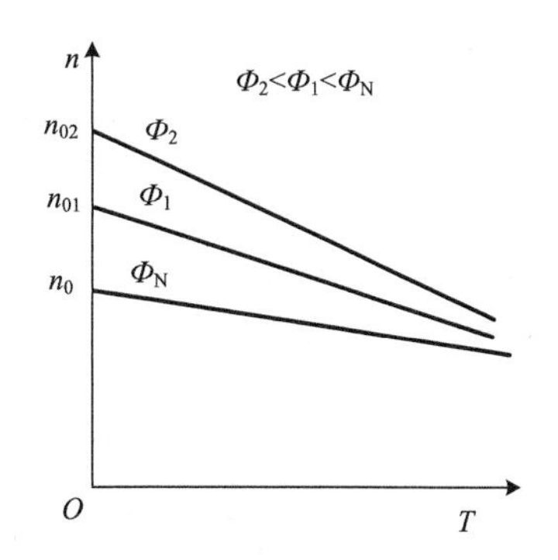

图 2-10　改变磁通 $\varPhi$ 时的人为机械特性

(2) 斜率 β 与磁通 $\varPhi$ 成反比，减弱磁通 $\varPhi$，使斜率 β 增大，特性变软；

(3) 对于相同的电磁转矩，转速 n 随 $\varPhi$ 的减小而增大。

例 2-1　已知一台他励直流电动机的数据为：$P_N = 75\text{kW}$，$U_N = 220\text{V}$，额定电流 $I_N = 380\text{A}$，额定转速 $n_N = 1450\text{r/min}$，电枢回路总电阻 $R_a = 0.019\,\Omega$，忽略磁饱和影响。求额定运行时，

(1) 理想空载转速；

(2) 固有机械特性的斜率；

(3) 额定转速降；

(4) 若电动机拖动恒转矩负载 $T_L = 0.82T_N$ 运行，求电动机的转速、电枢电流及电枢电动势各为多少？

解
$$C_e\varPhi_N = \frac{U_N - I_N R_a}{n_N} = \frac{220 - 380 \times 0.019}{1450} = 0.1467$$

(1) 理想空载转速为

$$n_0 = \frac{U_N}{C_e\varPhi_N} = \frac{220}{0.1467} = 1500(\text{r/min})$$

(2) 固有机械特性的斜率为

$$\beta = \frac{R_a}{C_e C_T \varPhi_N^2} = \frac{0.019}{9.55 \times 0.1467^2} = 0.0924$$

(3) 额定转速降为

$$\Delta n_N = n_0 - n_N = 1500 - 1450 = 50(\text{r/min})$$

(4) 负载时的转速降为

$$\Delta n = \beta T_L = \beta \times 0.82T_N = 0.82 \times \Delta n_N = 0.82 \times 50 = 41(\text{r/min})$$

电动机的转速为

$$n = n_0 - \Delta n = 1500 - 41 = 1459(\text{r/min})$$

电枢电流为

$$I_a = \frac{T_L}{C_T\varPhi_N} = \frac{0.82T_N}{C_T\varPhi_N} = 0.82I_N = 0.82 \times 380 = 311.6(\text{A})$$

电枢电动势为

$$E_a = C_e \Phi_N n = 0.1467 \times 1459 = 214.04(\text{V})$$

例 2-2 他励直流电动机的铭牌数据为 $P_N = 22\text{kW}$，$U_N = 220\text{V}$，$I_N = 115\text{A}$，$n_N = 1500\text{r/min}$，试分别求取下列机械特性方程式。

(1) 固有机械特性；

(2) 电枢串入电阻 $R_{st} = 0.75\Omega$ 时的人为特性；

(3) 电源电压降至 110V 时的人为特性；

(4) 磁通减弱至 $0.5\Phi_N$ 时的人为特性；

(5) 当负载转矩为额定转矩时，要求电动机以 $n = 1000\text{r/min}$ 的速度运转，试问有几种可能的方案，并分别求出它们的参数。

解 (1) 固有机械特性：由式(2-8)取系数为 1/2 时，

$$R_a = \frac{1}{2}\frac{U_N I_N - P_N}{I_N^2} = \frac{1}{2} \times \frac{220 \times 115 - 22 \times 10^3}{115^2} = 0.125(\Omega)$$

$$C_e \Phi_N = \frac{U_N - I_N R_a}{n_N} = \frac{220 - 115 \times 0.125}{1500} = 0.137$$

$$n_0 = \frac{U_N}{C_e \Phi_N} = \frac{220}{0.137} = 1606(\text{r/min})$$

$$\beta = \frac{R_a}{C_e C_T \Phi_N^2} = \frac{0.125}{9.55 \times 0.137^2} = 0.697$$

固有机械特性为

$$n = n_0 - \beta T = 1606 - 0.697T \quad (\text{r/min})$$

(2) 电枢回路串入 $R_{st} = 0.75\Omega$ 的电阻时，理想空载转速不变，机械特性斜率变大，则

$$\beta' = \frac{R_a + R_{st}}{C_e C_T \Phi_N^2} = \frac{0.125 + 0.75}{9.55 \times 0.137^2} = 4.88$$

人为机械特性为

$$n = 1606 - 4.88T \quad (\text{r/min})$$

(3) 电源电压降至 110V 时，与固有机械特性相比，斜率不变，理想空载转速降低，则

$$n_0' = \frac{0.5 \times U_N}{C_e \Phi_N} = 0.5 \times 1606 = 803(\text{r/min})$$

人为机械特性为

$$n = 803 - 0.697T \quad (\text{r/min})$$

(4) 磁通减弱至 $0.5\Phi_N$ 时，空载转速和斜率均发生变化，则

$$n_0'' = \frac{U_N}{0.5 \times C_e \Phi_N} = 2 \times 1606 = 3212(\text{r/min})$$

$$\beta'' = \frac{R_a}{C_e C_T (0.5\Phi_N)^2} = \frac{0.125}{9.55 \times (0.5 \times 0.137)^2} = 2.79$$

人为机械特性为

$$n = 3212 - 2.79T \quad (\text{r/min})$$

(5) 当负载转矩为额定转矩时，要求电动机以 $n=1000\text{r/min}$ 的速度运转，其小于额定转速 $n_N=1500\text{r/min}$，可以采用电枢串电阻或降低电源电压的方法来实现。

额定转矩

$$T = T_N = 9.55C_e\Phi_N I_N = 9.55\times 0.137\times 115 = 150.46(\text{N}\cdot\text{m})$$

当电枢回路串入电阻时，理想空载转速不变，将 $n=1000\text{r/min}$ 代入机械特性方程式

$$1000 = 1606 - \beta''' \times 150.46$$

得

$$\beta''' = 4.03$$

由

$$\beta''' = \frac{R_a + R'_{st}}{C_e C_T \Phi_N^2} = \frac{0.125 + R'_{st}}{9.55\times 0.137^2} = 4.03$$

解得应串入电阻值为

$$R'_{st} = 0.547\Omega$$

当电压下降时，斜率不变

$$1000 = \frac{U'}{0.137} - 0.697\times 150.46$$

解得电压应降至

$$U' = 151.37\text{V}$$

2.3.3 电力拖动系统稳定运行条件

原来处于某一转速下运行的电力拖动系统，由于受到外界扰动，如负载的突然变化或电网电压的波动等，会导致系统的转速发生变化而离开原来的平衡状态，若系统能在新的条件下达到新的平衡状态，或者当外界扰动消失后能自动恢复到原来的转速下继续运行，则称该系统是稳定的；若当外界扰动消失后，系统的转速或是无限制地上升，或是一直下降至零，则称该系统是不稳定的。

在单轴系统中，负载与电动机必须有相同的转速，而系统中又同时存在直流电动机的机械特性与生产机械的负载特性，由拖动系统的运动方程式 $T - T_L = J\frac{d\Omega}{dt}$ 可知，当 $T=T_L$，且作用方向相反时，$J\frac{d\Omega}{dt}=0$，系统恒速运转。所以稳定运行的必要条件是：机械特性与负载特性必须有交点，即 $T=T_L$，见图 2-11 的 A 点和 B 点。

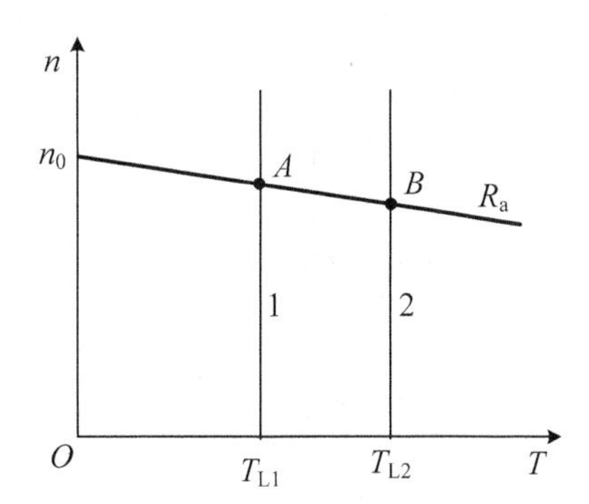

图 2-11 他励直流电动机带恒转矩负载稳定运行

以 A 点为例，虽然 A 点已满足稳定运行的必要条件，但交点 A 是否为电力拖动系统的某一稳态运行点，还要看其是否满足稳定运行的充分条件，即电力拖动系统在

稳定运行时，如果受到某种干扰作用，电力拖动系统应能移到新的工作点稳定运行。并且当干扰消失后，系统仍应能回到原工作点稳定运行。

在图 2-11 中，拖动系统原在 A 点稳定运行。如负载 T_{L1} 增大为 T_{L2}，负载转矩特性由直线 1 变为直线 2。负载增大瞬间，由于惯性，转速不能突变仍为 n_A，则电磁转矩 T 不变。因此，$T=T_{L1}<T_{L2}$，拖动转矩小于阻转矩，拖动系统进入减速过程。在减速过程中，T 与 T_{L2} 分别按各自的特性变化。由图 2-11 可见，随着转速 n 的下降，$T_L=T_{L2}$ 不变，T 不断增大。当 T 增大到 $T=T_{L2}$ 时，减速过程结束，系统移到新的工作点 B 稳定运行。由此还可得到一个结论：电动机稳定运行时，电磁转矩的大小由负载转矩的大小决定。

当干扰消失后，负载 T_{L2} 又恢复为 T_{L1}，由于转速不能突变仍为 n_B，则 T 不变。因此，$T=T_{L2}>T_{L1}$，拖动转矩大于阻转矩，拖动系统进入加速过程。在加速过程中，$T_L=T_{L1}$ 不变，T 不断减小。当 T 减小到 $T=T_{L1}$ 时，加速过程结束，系统移到新的工作点 A 稳定运行。因此，在 A 点能够满足系统稳定运行的充分条件，系统运行是稳定的。同理，B 点也是系统的稳态运行点。

通过以上分析可见，电力拖动系统的工作点在电动机机械特性与负载特性的交点上，但是并非所有的交点都是稳定工作点。要实现稳定运行，还需要电动机机械特性与负载特性在交点处配合得好，即满足电力拖动系统稳定运行的充分条件：$\frac{dT}{dn}<\frac{dT_L}{dn}$。

因此，电力拖动系统稳定运行的充分必要条件是：

(1) 电动机的机械特性与负载特性必须存在交点，即 $T=T_L$；

(2) 在该交点处，满足 $\frac{dT}{dn}<\frac{dT_L}{dn}$，或者说，在交点的转速以上存在 $T<T_L$，而在交点的转速以下存在 $T>T_L$。

为满足上述条件，对于恒转矩负载，要求直流电动机应具有略向下倾斜的机械特性。因电枢反应去磁效应可能导致直流电动机的机械特性出现上翘，上翘的机械特性使系统不能稳定运行，所以在直流电动机拖动系统中，应尽量减弱甚至消除电枢反应。

例 2-3 判定图 2-12 中各点是否为稳定运行点。图中曲线 1 为电动机的机械特性，曲线 2 为生产机械的负载特性。

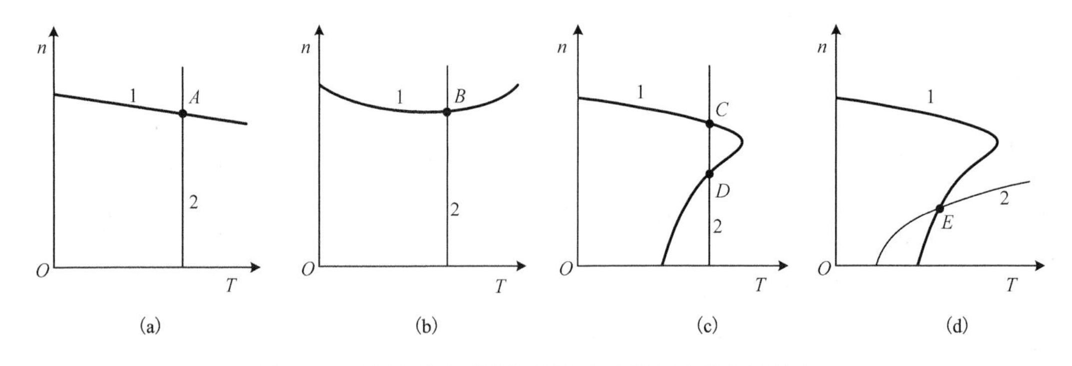

图 2-12　利用判定条件判定图中各点是否为稳定运行点

解 依据电力拖动系统稳定运行的充分必要条件，图中各点都满足条件 1，而满足条件 2 的只有 A、C、E 三点，故此三点为稳定运行点；B、D 点不满足条件 2，为非稳定运行点。

2.4 他励直流电动机的启动

电动机从接入电源开始转动，到达稳定运行的全部过程称为启动过程或启动。电动机在启动的瞬间，转速为零，此时的电枢电流称为启动电流，用 I_{st} 表示。对应的电磁转矩称为启动转矩，用 T_{st} 表示。

直流电动机的启动性能指标：

(1) 启动转矩 T_{st} 足够大 ($T_{st} > T_N$)；

(2) 启动电流 I_{st} 不可太大，一般限制在一定的允许范围之内，一般为 $(1.5 \sim 2) I_N$；

(3) 启动时间短，符合生产机械的要求；

(4) 启动设备简单、经济、可靠、操作简便。

直流电动机常用的启动方法有三种：直接启动、降压启动和电枢回路串电阻启动。

2.4.1 直接启动

直接启动就是将电动机直接投入到额定电压的电网上启动。他励直流电动机启动时，必须先保证有磁场，而后加电枢电压，当 T_{st} 大于拖动系统的总阻力转矩时，电动机开始转动并加速。启动瞬间，转速 $n = 0$，电枢电动势 $E_a = 0$，电源电压全部加在数值很小的电枢电阻上，将产生很大的电枢电流(启动电流)。随着转速升高，使电枢电流下降，相应的电磁转矩也减小，但只要电磁转矩大于总阻力转矩，n 仍能增加，直到电磁转矩降到与总阻力转矩相等时，电机达到稳定恒速运行，启动过程结束。

直接启动的特点：直接启动不需要启动设备，操作简单，启动转矩大，但严重的缺点是启动电流大。过大的启动电流将引起电网电压的下降，影响到其他用电设备的正常工作，对电机自身会造成换向恶化、绕组发热严重，同时很大的启动转矩将损坏拖动系统的传动机构，所以直接启动只限用于容量很小的直流电动机。一般直流电动机在启动时，都必须设法限制启动电流。为了限制启动电流，可以采用降低电源电压和电枢回路串联电阻的启动方法。

2.4.2 降压启动

降压启动，即启动前将施加在电动机电枢两端的电压降低，以限制启动电流，为了获得足够大的启动转矩，启动电流通常限制在 $(1.5 \sim 2) I_N$，则启动电压应为

$$U_{st} = I_{st} R_a = (1.5 \sim 2) I_N R_a \tag{2-12}$$

因此在启动过程中，电源电压 U 不断升高，直到电压升至额定电压，电动机进入稳定运行状态，启动过程结束。

降压启动的特点是：在启动过程中能量损耗小，启动平稳，便于实现自动化，但需要一套可调节电压的直流电源，增加了设备投资。

2.4.3 电枢回路串电阻启动

电枢回路串电阻启动时，电源电压为额定值且恒定不变，在电枢回路中串接启动电阻 R_{st}，达到限制启动电流的目的。电枢回路串电阻启动时的启动电流为

$$I_{st} = \frac{U_N}{R_a + R_{st}} \tag{2-13}$$

在电枢回路串电阻启动的过程中，应相应地将启动电阻逐级切除，这种启动方法称为电枢串电阻分级启动。因为在启动过程中，如果不切除电阻，随着转速的增加，电枢电势E_a增大，使启动电流下降，相应的启动转矩也减小，转速上升缓慢，使启动过程时间延长，且启动后转速较低。如果把启动电阻一次全部切除，会引起过大的电流冲击。

下面以三级启动为例，说明电枢串电阻分级启动的过程。他励电动机分三级启动时的接线图和特性图如图 2-13 所示。

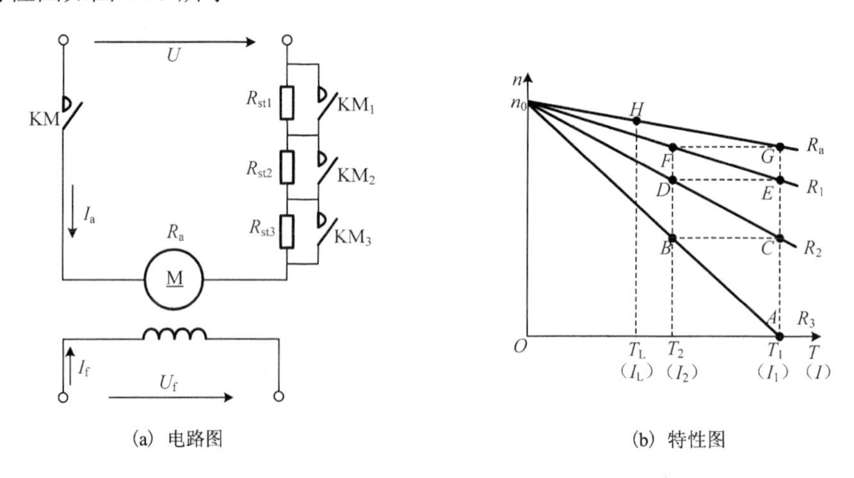

(a) 电路图　　(b) 特性图

图 2-13　他励直流电动机串电阻分级启动电路和特性

图 2-13(b) 中I_1为限定的起始启动电流，是启动过程中的最大电流，通常取$I_1 = 2I_N$，相应的最大转矩$T_1 = 2T_N$；I_2是启动过程中电流的切换值，通常取$I_2 = (1.1\sim1.2)I_N$，相应的转矩T_2称为切换转矩，显然，$T_2 = (1.1\sim1.2)T_N$。假定启动过程中，负载转矩大小不变，取$R_1 = R_a+R_{st1}$，$R_2 = R_a+R_{st1}+R_{st2}$，$R_3 = R_a+R_{st1}+R_{st2}+R_{st3}$。

启动时，先接通励磁电源，再合上 KM 开关，接通电枢电源。其他接触器触点(KM_1、KM_2、KM_3)断开，此时电枢和三段电阻R_{st1}、R_{st2}及R_{st3}串联接上额定电压，启动电流为

$$I_1 = \frac{U_N}{R_a + R_{st1} + R_{st2} + R_{st3}} = \frac{U_N}{R_3} \tag{2-14}$$

由启动电流I_1产生启动转矩T_1，机械特性为直线R_3。由于$T_1 > T_L$，电动机开始启动，转速上升，转矩下降，电动机的工作点从A点沿特性上移，加速逐步变小。为了得到较大的加速，到B点KM_3闭合，电阻R_{st3}被切除，机械特性变成直线R_2。电阻切除瞬间，由于机械惯性，转速不能突变，电枢电动势也保持不变，因而电流将随R_{st3}的切除而突增，转矩也按比例增加，电动机的工作点从B点过渡到特性R_2上的C点。如果电阻设计恰当，既可以保证C点的电流与I_1相等，又可以保证产生的转矩T_1使电动机获得较大的加速度。电动机由C点加速到D点时，再闭合KM_2，切除R_{st2}。运行点由D点过渡到特性R_1上的E点，电动机的电流又从I_2回升到I_1，转矩由T_2增至T_1。电动机由E点加速到F点时，KM_1闭合，切除电阻R_{st1}，运行点由F点过渡到固有特性上的G点，电动机的电流再一次从I_2回升到I_1，转矩由T_2增至T_1，拖动系统继续加速到H点稳定运行，启动过程结束。

电枢回路串电阻启动的特点是：电枢回路串电阻分级启动能有效地限制启动电流，启动设备简单及操作简便，广泛应用于各种中、小型直流电动机。但在启动过程中能量消耗大，不适用经常启动的大、中型直流电动机。

下面计算分级启动电阻。设图 2-13 中对应于转速为 n_B、n_D、n_F 时的电枢电动势分别为 E_{a1}、E_{a2}、E_{a3}，则图 2-13 中各点的电压平衡方程式如下

$$\begin{cases} B:\ R_3I_2 = U_N - E_{a1} \\ C:\ R_2I_1 = U_N - E_{a1} \\ D:\ R_2I_2 = U_N - E_{a2} \\ E:\ R_1I_1 = U_N - E_{a2} \\ F:\ R_1I_2 = U_N - E_{a3} \\ G:\ R_aI_1 = U_N - E_{a3} \end{cases} \tag{2-15}$$

比较式(2-15)中的 6 个方程式，可得

$$\frac{R_3}{R_2} = \frac{R_2}{R_1} = \frac{R_1}{R_a} = \frac{I_1}{I_2} = \beta \tag{2-16}$$

将启动过程中的最大电流 I_1 与切换电流 I_2 之比定义为启动电流比β, 则在已知β和电枢电阻 R_a 的前提下，各级启动总电阻值可按以下各式计算

$$\begin{cases} R_1 = R_a + R_{st1} = \beta R_a \\ R_2 = R_a + R_{st1} + R_{st2} = \beta R_1 = \beta^2 R_a \\ R_3 = R_a + R_{st1} + R_{st2} + R_{st3} = \beta R_2 = \beta^3 R_a \end{cases} \tag{2-17}$$

当启动电阻为 m 级时，其总电阻为

$$R_m = R_a + R_{st1} + R_{st2} + \cdots + R_{stm} = \beta R_{m-1} = \beta^m R_a \tag{2-18}$$

综上，可得各级串联电阻的计算公式为

$$\begin{cases} R_{st1} = (\beta - 1)\ R_a \\ R_{st2} = \beta R_{st1} = (\beta - 1)\ \beta R_a \\ R_{st3} = \beta R_{st2} = (\beta - 1)\ \beta^2 R_a \\ \qquad \vdots \\ R_{stm} = \beta R_{st(m-1)} = (\beta - 1)\ \beta^{m-1} R_a \end{cases} \tag{2-19}$$

对于 m 级电阻启动时，式(2-18)表示的电枢回路总电阻值也可用电压 U_N 和最大启动电流 I_1 表示为

$$\beta^m R_a = \frac{U_N}{I_1} \tag{2-20}$$

于是，电流比β可写成

$$\beta = \sqrt[m]{\frac{U_N}{I_1R_a}} \quad (m\ \text{为整数}) \tag{2-21}$$

利用式(2-21)，可以在已知 m、U_N、R_a、I_1 的条件下求出启动电流比β，再根据式(2-19)求出各级启动电阻值。也可以在已知启动电流比β的条件下，利用式(2-21)求出启动级数 m，必要时应修改数值使 m 为整数。

综上所述，计算各级启动电阻的步骤如下。

1) 启动级数 m 已知

(1) 按式(2-8)估算或查出电枢电阻值 R_a；

(2) 由 $I_1=(1.5\sim2)I_N$，选定 I_1；

(3) 计算最大启动电阻 $R_m=\dfrac{U_N}{I_1}$；

(4) 根据式(2-21)求启动电流比 β；

(5) 按式(2-18)和式(2-19)求出各级启动电阻。

2) 启动级数 m 未知

(1) 按式(2-8)估算或查出电枢电阻值 R_a；

(2) 由 $I_1=(1.5\sim2)I_N$ 和 $I_2=(1.1\sim1.2)I_N$，选定 I_1 和 I_2；

(3) 按式(2-16)计算启动电流比 β；

(4) 按式(2-18)计算启动级数 m(取整数)；

(5) 将整数 m 代入式(2-21)重新计算 β，对 I_2 进行修正，修正后 I_2 的应满足要求，否则，应另选级数，再重新计算 β 和 I_2 的值；

(6) 按式(2-19)求出各级启动电阻。

2.5 他励直流电动机的制动

对于一个拖动系统，制动的目的是使电力拖动系统停车(制停)，有时也为了限制拖动系统的转速(制动运行)，以确保设备和人身安全。制动的方法有自由停车、机械制动、电气制动。

自由停车是指切断电源，系统就会在摩擦转矩的作用下转速逐渐降低，最后停车，这称为自由停车。自由停车是最简单的制动方法，但自由停车一般较慢，特别是空载自由停车，更需要较长的时间。如果希望使制动过程加快，许多生产机械希望能快速减速或停车，或使位能性负载稳定匀速下放，这就需要拖动系统产生一个与旋转方向相反的转矩，这个转矩起着反抗运动的作用，所以称为制动转矩。

机械制动就是靠机械装置所产生的机械摩擦转矩进行制动，如常见的抱闸装置。这种制动方法虽然可以加快制动过程，但机械磨损严重，增加了维修工作量。

电气制动是指使电动机的电磁转矩与旋转方向相反而成为制动转矩的方法。与机械制动相比，电气制动没有机械磨损，容易实现自动控制。对需要频繁快速启动、制动和反转的生产机械，一般采用电气制动。

2.5.1 电气制动

电动机电气制动的目的是：

(1) 使电力拖动系统迅速减速停车，缩短停车时间，提高生产效率。

(2) 限制位能性负载的下放速度。因为在下放重物时，若传递装置轴上仅有重物，则系统在重物的重力作用下下放速度会越来越高，必将超过允许的安全速度，这是非常危险的。采用电气制动，电动机会产生一个与下放速度相反的转矩，可以很快抑制转速的升高，最后使系统在设定的安全工艺速度下匀速下放重物。

他励直流电动机常用的电气制动方法有能耗制动、反接制动和回馈制动(再生制动)。下面分别讨论三种电气制动方法的物理过程、特性及制动电阻的计算等问题。

1. 能耗制动

能耗制动是把正在做电动运行的他励直流电动机的电枢从电网上切除，并接到一个外加的制动电阻 R_B 上构成闭合回路。图 2-14 为他励直流电动机能耗制动的电路原理图及机械特性。

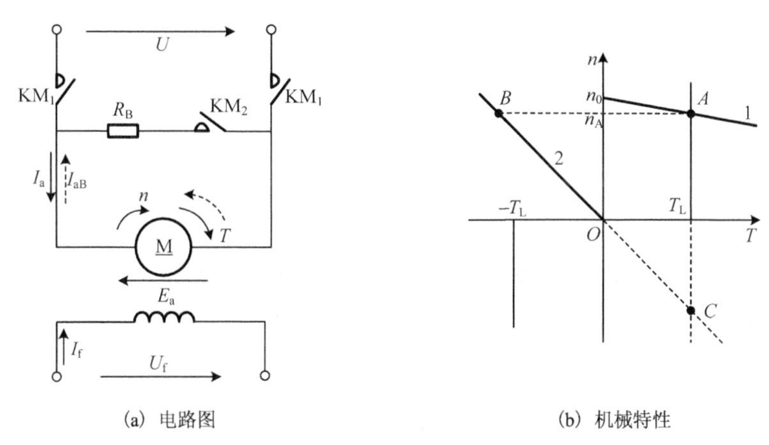

(a) 电路图　　(b) 机械特性

图 2-14　他励直流电动机能耗制动的电路原理图及机械特性

能耗制动的特点是：$U=0$，$R=R_a+R_B$，其机械特性方程式为

$$n=\frac{0}{C_e\Phi_N}-\frac{R_a+R_B}{C_eC_T\Phi_N^2}T=0-\frac{R_a+R_B}{C_eC_T\Phi_N^2}T \tag{2-22}$$

电动机能耗制动时的机械特性曲线，是一条通过原点，斜率为 $-\dfrac{R_a+R_B}{C_eC_T\Phi_N^2}$ 的直线，如图 2-14(b)所示。

启动时，图 2-14(a)中 KM_1 闭合，KM_2 断开，电机工作在电动状态，I_a、T 和 n 的方向见图 2-14(a)中实线，其机械特性为图 2-14(b)直线 1，并且稳定在工作点 A。

实现能耗制动时，KM_1 断开，KM_2 闭合，此时，电动机脱离电网，电阻 R_B 串入电路。电枢两端电压为零，则理想空载转速为零。由于系统存储的动能使转速不能突变，所以电动机感应电动势大小、方向均未变。在 E_a 作用下，电枢电流 I_a 反向，电磁转矩 T 也随之反向。制动时，I_a 和 T 的方向见图 2-14(a)中虚线。因电枢回路串入电阻，其机械特性斜率变大，见图 2-14(b)直线 2。制动瞬间，电机转速不能突变，从直线 1 上的 A 点过渡到直线 2 上的 B 点。此时，电磁转矩小于负载转矩，电机开始沿直线 2 减速，直至 O 点。

若拖动反抗性负载，则系统在 O 点停车。上述过程是将正转的电力拖动系统快速停车的制动过程。在制动过程中，电磁转矩 T 和转速 n 的方向相反，T 起制动的作用。

若拖动位能性负载，系统想在 O 点停车，必须采用机械抱闸等其他制动方法停车，否则，位能性负载将拖着系统反转。系统反向加速，直至 C 点。此时电机匀速下放重物。转速反向，电枢电动势必反向，电枢电流和电磁转矩同时反向。电磁转矩 T 和转速 n 的方向相反，T 依然起制动的作用。

在制动过程中，电动机把拖动系统的动能转变成电能并消耗在电枢回路的电阻上，因此称为能耗制动。

改变制动电阻 R_B 的大小，可以改变能耗制动时电动机机械特性曲线的斜率，从而可以改变起始制动转矩的大小以及下放位能性负载时的稳定速度。R_B 越小，特性曲线斜率越小，起始制动转矩越大，而下放位能性负载的速度越小。减小制动电阻，可以增大制动转矩，缩短制动时间，提高工作效率。但制动电阻太小，将会造成制动电流过大，通常限制最大制动电流不超过 2～2.5 倍的额定电流。选择制动电阻的原则是

$$I_{aB}=\frac{E_a}{R_a+R_B}\leqslant I_{max}=(2\sim 2.5)I_N \tag{2-23}$$

即

$$R_B\geqslant\frac{E_a}{(2\sim 2.5)I_N}-R_a \tag{2-24}$$

例 2-4 一台他励直流电动机额定数据为：$P_N=22\text{kW}$，$U_N=220\text{V}$，$I_N=116\text{A}$，$n_N=1500\text{r/min}$，$R_a=0.174\Omega$，用这台电动机来拖动起重机。求：

(1) 额定负载下进行能耗制动，如果电枢直接短接，制动电流应为多大?

(2) 额定负载下进行能耗制动，欲使制动电流等于 $2I_N$，电枢回路中应串多大的制动电阻?

(3) 当电动机轴上带有一半额定负载时，要求在能耗制动中以 800r/min 的稳定低速下放重物，求电枢回路中应串接多大制动电阻?

解 (1) 如果电枢直接短接，即 $R_B=0$，则制动电流为

$$I_a=-\frac{E_a}{R_a}=-\frac{199.8}{0.174}=-688.5(\text{A})$$

此电流约为额定电流的 6 倍，由此可见能耗制动时，不许直接将电枢短接，必须接入一定数值的制动电阻。

(2) 额定负载时，制动前电动机的电动势为

$$E_a=U_N-I_NR_a=220-116\times 0.174=199.8(\text{V})$$

能耗制动时，电枢电路中应串入的制动电阻为

$$R_B=\frac{E_a}{2I_N}-R_a=\frac{199.8}{2\times 116}-0.174=0.687(\Omega)$$

(3) 因为励磁保持不变，则

$$C_e\Phi_N=\frac{E_a}{n_N}=\frac{199.8}{1500}=0.133$$

因负载为额定负载的一半，则稳定运行时的电枢电流为 $I_a=0.5I_N$，能耗制动时，$U=0$，把已知条件代入直流电动机能耗制动时的电势方程式，得

$$\begin{aligned}0&=E_a+I_a(R_a+R_B)=C_e\Phi_Nn+(0.5I_N)\times(R_a+R_B)\\&=0.133\times(-800)+(0.5\times 116)\times(0.174+R_B)\end{aligned}$$

解得制动电阻为

$$R_B=1.66\Omega$$

2. 反接制动过程

反接制动分为电压反接制动和倒拉反转反接制动两种。

1) 电压反接制动

反接制动就是将正向运行的他励直流电动机的电源电压突然反接，同时电枢回路串入制动电阻 R_B 来实现，图 2-15 为电压反接制动的电路图和机械特性。

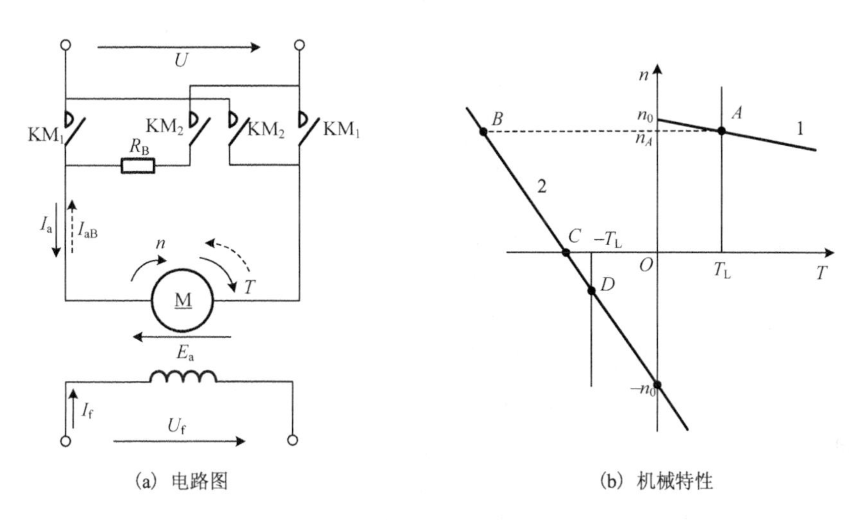

(a) 电路图　　(b) 机械特性

图 2-15　电压反接制动电路图和机械特性

反接制动的电路特点是：$U = -U_N$，$R = R_a+R_B$，由此可得反接制动时他励直流电动机的机械特性方程式为

$$n = -\frac{U_N}{C_e\Phi_N} - \frac{R_a + R_B}{C_e C_T \Phi_N^2}T = -n_0 - \frac{R_a + R_B}{C_e C_T \Phi_N^2}T \tag{2-25}$$

电压反接制动时电动机的机械特性曲线是一条通过点$(0, -n_0)$，斜率为 $-\dfrac{R_a + R_B}{C_e C_T \Phi_N^2}$ 的直线，如图 2-15(b)中所示。

从图 2-15(a)可见，当 KM_1 闭合，KM_2 断开时，电动机稳定运行于电动状态。为使生产机械迅速停车或反转时，断开 KM_1，并立刻接通 KM_2，这时电枢电源反接，同时串入了制动电阻 R_B。在电枢反接瞬间，由于转速 n 不能突变，电枢电势方向不变，但电源电压的方向改变，为负值，此时电枢电流为

$$I_{aB} = \frac{-U_N - E_a}{R_a + R_B} = -\frac{U_N + E_a}{R_a + R_B} \tag{2-26}$$

从式(2-26)可见：电压反接制动时 I_a 为负值，说明制动时电枢电流与制动前相反，电磁转矩也相反(负值)。由于制动时转速未变，电磁转矩与转速方向亦相反，起制动作用。拖动系统在电磁转矩和负载转矩的共同作用下，电动机转速迅速下降。电动状态时，电枢电流的大小由 U_N 和 E_a 之差决定，而反接制动时，电枢电流的大小由 U_N 和 E_a 之和决定，因此反接制动时，电枢电流是非常大的。为了限制过大的电枢电流，反接制动时必须在电枢回路中串

入制动电阻 R_B。R_B 的大小应使反接制动时电枢电流不超过电动机的最大允许电流 I_{max}，通常 $I_{max}=(2\sim2.5)I_N$，因此应串入的制动电阻值为

$$R_B \geqslant \frac{U_N+E_a}{(2\sim2.5)\ I_N}-R_a \tag{2-27}$$

比较式(2-24)与式(2-27)可知，电压反接制动串入的电阻值比能耗制动时串入的电阻值约大一倍。

如果制动前电动机运行于电动状态，在图 2-15(b)的 A 点。在电枢电压反接瞬间，由于转速 n 不能突变，电动机的工作点从 A 点跳变至电枢反接制动机械特性的 B 点。此时，电磁转矩反向(与负载转矩同方向)，在它们的共同作用下，电动机的转速迅速降低，工作点从 B 点沿特性下降到 C 点，此时 $n=0$，但 $T\neq0$，如果电动机拖动反抗性负载，且$|T_C|\leqslant|T_L|$时，电动机便停止不转。如果$|T_C|>|T_L|$，这时在反向转矩作用下，电动机将反向启动，并沿特性曲线加速到 D 点，进入反向电动状态下稳定运行。若制动的目的是停车，则必须在转速到零以前，及时切断电源。

从电压反接制动的机械特性可看出，在整个电压反接制动过程中，制动转矩都比较大，因此制动效果好。从能量关系看，在反接制动过程中，电动机一方面从电网吸取电能，另一方面将系统的动能或位能转换成电能，这些电能全部消耗在电枢回路的总电阻(R_a+R_B)上，很不经济。

电压反接制动适用于快速停车或要求快速正、反转的生产机械。

2)倒拉反转反接制动

倒拉反转反接制动只适用于位能性恒转矩负载，一般发生在起重机下放重物的情况。图 2-16 为倒拉反转反接制动电路图和机械特性。

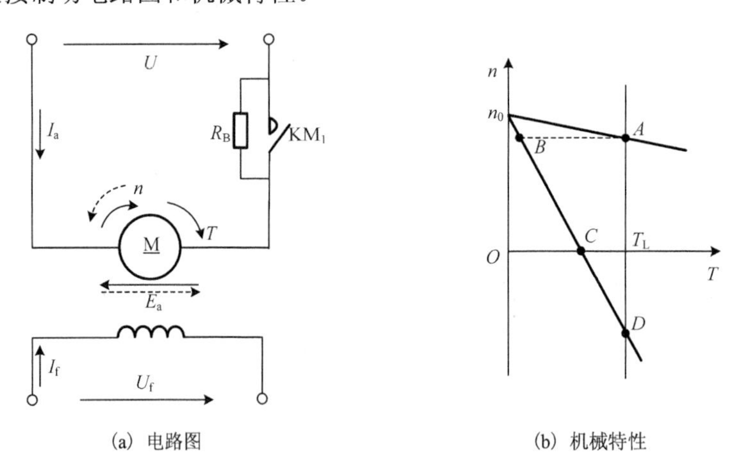

(a) 电路图　　(b) 机械特性

图 2-16　倒拉反转反接制动电路图和机械特性

倒拉反转反接制动的特点是：$U=U_N$，$R=R_a+R_B$，即在电枢回路串入一个大电阻，其机械特性方程式为

$$n=\frac{U_N}{C_e\Phi_N}-\frac{R_a+R_B}{C_eC_T\Phi_N^2}T=n_0-\frac{R_a+R_B}{C_eC_T\Phi_N^2}T \tag{2-28}$$

由于电枢回路串入了大电阻，电动机的转速会变为负值。倒拉反转反接制动的机械特性是一条通过点$(0, n_0)$，斜率为$-\dfrac{R_a+R_B}{C_eC_T\Phi_N^2}$的直线，如图 2-16(b)中所示。

电动机提升重物时，KM_1闭合，电动机运行在固有机械特性的 A 点(电动状态)。下放重物时，将 KM_1 打开，此时电枢回路内串入了大电阻 R_B，由于电动机转速不能突变，工作点从 A 点跳至对应的人为机械特性 B 点上，在 B 点，由于 $T < T_L$，电动机减速，工作点沿特性曲线下降至 C 点。在 C 点，$n = 0$，但 $T < T_L$，在负载重力转矩的作用下，电动机将反转。此时，由于 n 反向，E_a 反向，但 I_a 方向不变，电磁转矩 T 保持原方向，与转速方向相反，所以 T 为制动转矩，电动机运行在制动状态。随着电动机反向转速的增加，电磁转矩也相应增大，当到达 D 点时，电磁转矩与负载转矩平衡，电动机便以稳定的转速匀速下放重物。制动过程中由于 n 与 n_0 方向相反，即负载倒拉着电动机转动，因而称为倒拉反转反接制动。

倒拉反转反接制动的能量转换关系与电压反接制动时相同，区别仅在于机械能的来源不同。倒拉反转制动运行中的机械能来自负载的位能，因此制动方式不能用于停车，只可以用于下放重物。

例 2-5 一台他励直流电动机额定数据如下：$P_N = 10\text{kW}$，$U_N = 220\text{V}$，$I_N = 50\text{A}$，$n_N = 1000\text{r/min}$，$R_a = 0.3\Omega$。用此电动机拖动起重机，轴上带额定负载，忽略空载转矩，电动机运行在倒拉反转反接制动状态，欲以 400r/min 的速度稳定下放重物。试求电枢回路应串入电阻的大小，从电网输入的功率 P_1，从轴上输入的功率 P_2 及电枢回路中电阻上消耗的功率。

解 (1)制动前电动势为

$$E_a = U_N - I_N R_a = 220 - 50 \times 0.3 = 205(\text{V})$$

因为励磁保持不变，则

$$C_e\Phi_N = \frac{E_a}{n_N} = \frac{205}{1000} = 0.205$$

将已知数据代入

$$n = \frac{U_N}{C_e\Phi_N} - \frac{R_a + R_B}{C_e\Phi_N} I_a$$

得

$$-400 = \frac{220}{0.205} - \frac{0.3 + R_B}{0.205} \times 50$$

解得

$$R_B = 5.7\Omega$$

(2)从电网输入的功率为

$$P_1 = U_N I_N = 220 \times 50 = 11(\text{kW})$$

从轴上输入的功率近似等于电磁功率，即

$$P_2 \approx P_M = E_a I_a = C_e\Phi_N n I_a = 0.205 \times 400 \times 50 = 4.1(\text{kW})$$

(3)电枢回路电阻消耗的功率为

$$P_{Cua} = (R_a + R_B) I_N^2 = (0.3 + 5.7) \times 50^2 = 15(\text{kW})$$

可见，从电源输入的电功率与从轴上输入的机械功率之和大约等于电枢回路电阻消耗的功率，其能量损耗是很大的，很不经济。而下面将要讲到的回馈制动将是一种较经济的制动方法。

3. 回馈制动

电动状态下运行的电动机，在某种条件下(如电动机拖动的机车下坡时)会出现运行转速高于理想空载转速的情况，此时，$E_a > U$，电枢电流反向，电磁转矩的方向也随之改变：由驱动转矩变成制动转矩。从能量传递方向看，电动机处于发电状态，将机车下坡时失去的位能转变成电能回馈给电网。因此这种状态称为回馈制动。其机械特性如图 2-17 所示。

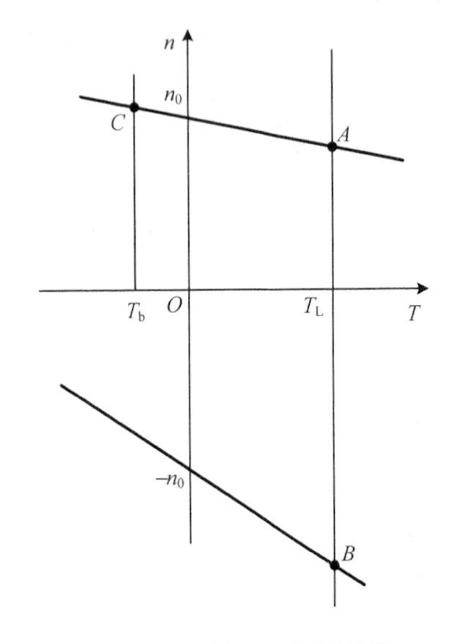

图 2-17 回馈制动机械特性

1) 反接制动时的回馈制动

电枢反接制动，当负载为位能性负载，在 $n = 0$ 时，若不切除电源，电动机便在电磁转矩和位能性负载转矩的作用下迅速反向加速；当$|-n| > |-n_0|$时，电动机进入反向回馈制动状态，见图 2-17 中 B 点。反向回馈制动状态在高速下放重物的系统中应用较多。

2) 电车下坡时的回馈制动

当电车下坡时，虽然基本运行阻力转矩依然存在，但由电车重力所形成的坡道阻力为负值，并且坡道阻力转矩绝对值大于基本阻力转矩，则合成后的阻力转矩$-T_b$与 n 同方向，在$-T_b$和电磁转矩的共同作用下，电动机做加速运动，工作点沿固有机械特性上移。到 $n > n_0$ 时，电动机进入正向回馈制动状态。随着转速的继续升高，起制动作用的电磁转矩在增大，当$-T = -T_b$ 时，电动机便稳定运行，工作点在固有机械特性的 C 点。

3) 降低电枢电压调速时的回馈制动过程

在降低电压的降速过程中，也会出现回馈制动。当突然降低电枢电压，转速和感应电势还来不及变化时，就会发生 $E_a > U$ 的情况，即出现了回馈制动状态。

图 2-18 绘出了电动机降压调速中的回馈制动特性。电动机原稳定工作于 A 点，当电压从 U_N 降到 U_1 时，理想空载转速由 n_0 降到 n_{01}，工作点由 A 点跳到降压后机械特性上的 B 点。由于转速 n 不能突变，$n > n_{01}$，将产生回馈制动，它起到了加速电动机减速的作用。当转速降到 n_{01} 时，制动过程结束。工作点从 n_{01} 降到 C 点的过程为电动状态减速过程。

4) 增磁调速时的回馈制动过程

回馈制动同样会出现在他励电动机增加磁通 Φ 的调速过程中，其机械特性如图 2-19 所示。磁通由 Φ_1 增大到 Φ_2 时，工作点的变化与图 2-18 相同，工作点由 B 点到 n_{02} 点的变化也为回馈制动过程。

在回馈制动过程中，电功率 UI_a 回馈给电网。因此与能耗制动及反接制动相比，从电能消耗来看，回馈制动是较经济的。

例 2-6 他励直流电动机数据为 $U_N = 220\text{V}$，$I_N = 40\text{A}$，$n_N = 1000\text{r/min}$，$R_a = 0.5\Omega$，在额定负载下，工作在回馈制动状态，匀速下放重物，电枢回路不串电阻，求电动机的转速。

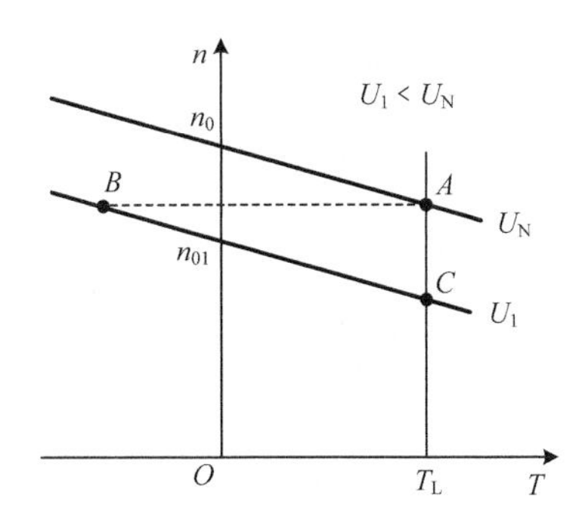

图 2-18 降压调速回馈制动

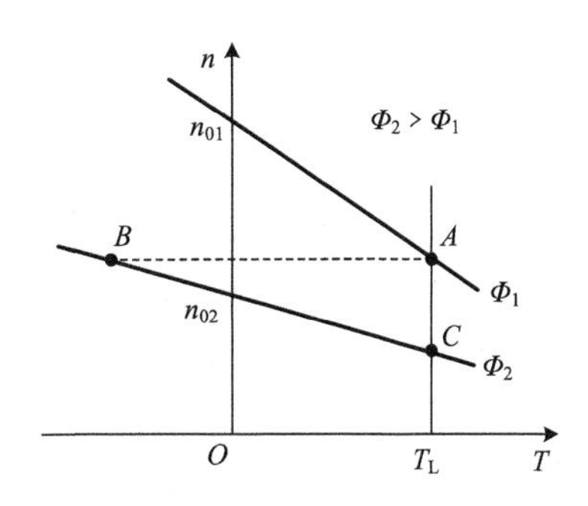

图 2-19 增磁调速回馈制动

解 提升重物时电动机运行于正向电动状态，下放重物时电动机运行于反向回馈制动状态，工作点对应于图 2-17 中的 B 点。因为磁通不变，故

$$C_e\Phi_N = \frac{U_N - R_a I_N}{n_N} = \frac{220 - 0.5 \times 40}{1000} = 0.2$$

根据反向回馈制动机械特性可求得转速为

$$n = -\frac{U_N}{C_e\Phi_N} - \frac{R_a}{C_e\Phi_N} I_a = -\frac{220}{0.2} - \frac{0.5}{0.2} \times 40 = -1200(\text{r/min})$$

转速为负值，表示下放重物。

2.5.2 四象限运行及各种运行状态

某些生产机械由于加工的需要，要求电动机不断地改变运行状态。电动机的运行状态按照电磁转矩与转速的方向是否相同可分为电动运行状态和制动运行状态两大类。电动机的稳定运行状态是指电动机机械特性曲线和负载转矩特性曲线的交点所对应的工作状态。

以电动机的转速为纵坐标轴，以转矩为横坐标轴建立的直角坐标系，把平面分为四个象限，用来描述电动机的不同运行状态，即正向电动状态，制动(能耗制动、回馈制动和反接制动)状态，以及反向电动状态等。

直流电动机各种稳定运行状态的机械特性曲线如图 2-20 所示。

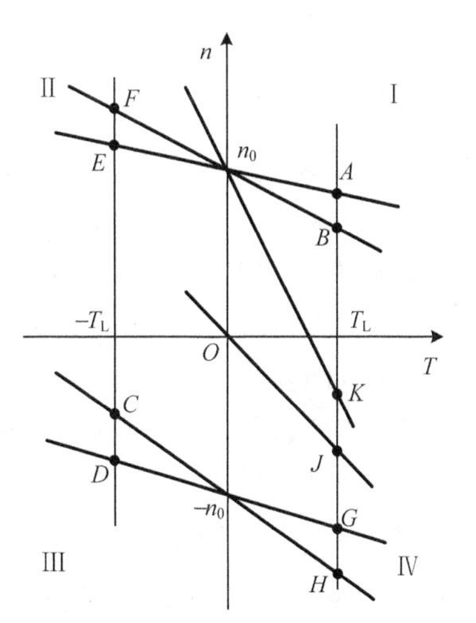

图 2-20 直流电动机各种稳定运行状态的机械特性曲线

1. 电动运行状态

电动运行状态的特点是电动机的电磁转矩和转速的方向相同，电磁转矩是拖动性转矩。此时电动机从电源吸收电能，并把电能转变为机械能。因为 T 与 n 的方向相同，电动机的机械特性和稳定工作点都在第Ⅰ象限或第Ⅲ象限。

若 $U > 0$，$n > 0$，且 $n < n_0$，则 $I_a > 0$，$T > 0$，工作点在第Ⅰ象限，如图 2-20 中的 A、B 点。电动机运行于正向电动状态。若 $U < 0$，$n < 0$，且 $|n| < |n_0|$，则 $I_a < 0$，$T < 0$，工作点在第Ⅲ象限，如图 2-20 中的 C、D 点。电动机运行于反向电动状态。

电枢回路串电阻、改变电枢电源电压和减弱励磁磁通都能得到不同的人为机械特性，从而改变运行工作点的位置，只要工作点在第Ⅰ象限或第Ⅲ象限内的，电动机就运行于电动状态。

2. 制动运行状态

制动运行状态的特点是电动机的电磁转矩和转速的方向相反，电磁转矩是制动转矩。此时电动机把机械能转变为电能。因为 T 与 n 的方向相反，电动机的机械特性和稳定工作点都在第Ⅱ象限或第Ⅳ象限。

若 $U>0$，$n>0$，且 $n>n_0$，则 $I_a<0$，$T<0$，工作点在第Ⅱ象限，如图 2-20 中的 E、F 点。电动机运行于正向回馈制动状态，电动机把机械能转变为电能并回馈到电源。若 $U<0$，$n<0$，且 $|n|>|n_0|$，则 $I_a>0$，$T>0$，工作点在第Ⅳ象限，如图 2-20 中的 G、H 点。电动机运行于反向回馈制动状态，电动机把机械能转变为电能并回馈到电源。

若 $U=0$，电枢回路串入电阻 R_B，电动机在位能性负载转矩作用下反转($n<0$)，则 $I_a>0$，$T>0$，工作点在第Ⅳ象限，如图 2-20 中的 J 点。电动机运行于能耗制动状态。电动机把机械能转变为电能，并消耗在电枢回路的电阻(R_a+R_B)上。

若 $U>0$，电枢回路串入足够大的电阻 R_B，电动机在位能性负载转矩作用下反转($n<0$)，则 $I_a>0$，$T>0$，工作点在第Ⅳ象限，如图 2-20 中的 K 点。电动机运行于倒拉反转反接制动状态。此时，电动机既从电源吸收电能，又把机械能转变为电能，两种来源的电能都消耗在电枢回路的电阻(R_a+R_B)上。

从以上分析可以看出，通过电枢回路串电阻、改变电枢电源电压、减弱励磁磁通或者各种制动方法，能使直流电动机作“四象限”运行。

2.6 他励直流电动机的调速

在电力拖动系统中，被拖动的生产机械为适应生产工艺的要求，往往需要改变速度。例如，车床切削工件时，粗加工用低转速，精加工用高转速；轧钢机在轧制不同品种和不同厚度的钢材时，也必须有不同的工作速度；起重机、电梯或其他要求稳速运行或准确停车的生产机械，要求在启动和制动过程中，速度应缓慢变化，或者在停车前降低运行速度以达到准确停车的目的。

电力拖动系统的调速大致有三种方法：机械调速、电气调速或二者配合起来调速。

通过改变传动机构速比进行调速的方法称为机械调速。

在负载不变的条件下，通过改变电动机电气参数进行调速的方法称为电气调速。在很多情况下，采用电气调速方法较之机械调速方法在技术、经济各项指标上都优越得多。

改变电动机的参数就是人为地改变电动机的机械特性，从而使负载工作点发生变化，转速随之变化。可见，在调速前后，电动机必然运行在不同的机械特性上。如果机械特性不变，因负载变化而引起电动机转速的改变，不能称为调速，而称为速度变化，其负载工作点在同一机械特性上。

2.6.1 调速指标

根据他励直流电动机的转速公式

$$n = \frac{U - I_a(R_a + R_{st})}{C_e\Phi} \tag{2-29}$$

可知，当电枢电流 I_a 不变时(即在一定的负载下)，只要改变电枢电压 U、电枢回路串联电阻 R_{st} 及励磁磁通 Φ 三者之中的任意一个量，就可改变转速 n。因此，他励直流电动机的调速方法有三种，分别是调压调速、电枢串电阻调速和调磁调速。为了评价各种调速方法的优缺点，对调速方法提出了一定的技术经济指标，称为调速指标。

1. 调速范围

调速范围 D 为额定负载转矩下电动机可能调到的最高转速 n_{max} 与最低转速 n_{min} 之比，即

$$D = \frac{n_{max}}{n_{min}} \tag{2-30}$$

式中，n_{max} 受电动机换向及机械强度的限制；n_{min} 受生产机械对转速相对稳定性要求的限制。不同的生产机械要求的调速范围是不同的，如车床 $D = 20\sim120$，龙门刨床 $D = 10\sim40$，造纸机 $D = 3\sim20$，轧钢机 $D = 3\sim120$ 等。

2. 静差率(相对稳定性)

转速的相对稳定性是指负载变化时，转速变化的程度。转速变化小，其相对稳定性好。转速的相对稳定性用静差率 δ 表示。当电动机在某一机械特性上运行时，由理想空载转速增加到额定负载，电动机的转速降落 $\Delta n_N = n_0 - n_N$ 与理想空载转速 n_0 之比，就称为静差率，用百分数表示

$$\delta = \frac{n_0 - n_N}{n_0} \times 100\% = \frac{\Delta n}{n_0} \times 100\% \tag{2-31}$$

显然，电动机的机械特性越硬，其静差率越小，转速的相对稳定性就越高。一般生产机械对机械特性相对稳定性的程度是有要求的。调速时，为保持一定的稳定程度，总是要求静差率 δ 小于某一允许值。不同的生产机械，其允许的静差率是不同的，例如，龙门刨床可允许 $\delta \leqslant 10\%$，普通车床可允许 $\delta \leqslant 30\%$，甚至有些设备上允许 $\delta \leqslant 50\%$，而对精度要求较高的造纸机械则要求 $\delta \leqslant 0.1\%$。

但是静差率的大小不仅仅是由机械特性的硬度决定的，还与理想空载转速的大小有关。静差率与机械特性的硬度有关系，但又有不同之处。两条互相平行的机械特性，硬度相同，但静差率不同。如图 2-21 中特性 1 与特性 3 相平行，虽然 $\Delta n_{N1} = \Delta n_{N3}$，但理想空载转速不同，$n_0 > n_0'$，则 $\delta_1 < \delta_3$。即同样硬度的特性，n_0 越小，静差率越大。而 n_0 相同时，特性越软，静差率越大。如图 2-21 中特性 1 与特性 2，理想空载转速 n_0 相同，由于特性 2 较软，所以 $\delta_1 < \delta_2$。

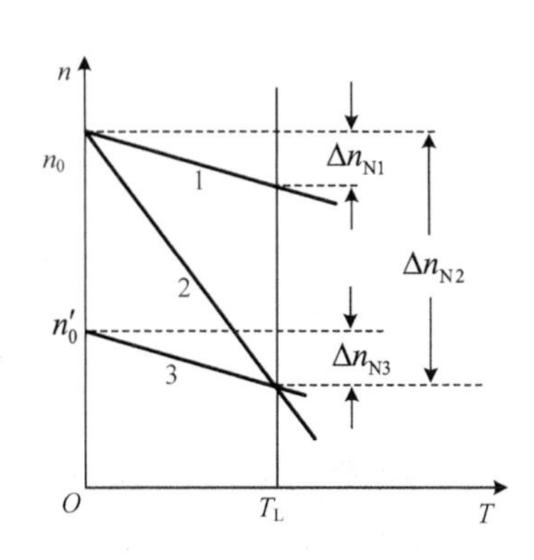

图 2-21　机械特性与静差率

静差率和调速范围是互相联系又相互制约的一对指标。生产机械对静差率的要求限制了电动机允许达到的最低转速 n_{min}，从而限制了调速范围。下面以调压调速的情况为例推导 D 与 δ 的关系，根据不同电压下的两条特性，可得

$$D=\frac{n_{\max}}{n_{\min}}=\frac{n_{\max}}{n_0'-\Delta n_{\mathrm{N}}}=\frac{n_{\max}}{n_0'\left(1-\frac{\Delta n_{\mathrm{N}}}{n_0'}\right)}=\frac{n_{\max}}{\frac{\Delta n_{\mathrm{N}}}{\delta}(1-\delta)}=\frac{n_{\max}\delta}{\Delta n_{\mathrm{N}}(1-\delta)} \tag{2-32}$$

可见，生产机械允许的最低转速时的静差率δ越大，电动机允许的调速范围 D 越大。所以调速范围 D 只有在对δ有一定要求的前提下才有意义。

3. 平滑性

在一定的调速范围内，调速的级数越多，调速越平滑，平滑程度用平滑系数φ来衡量。φ的定义是相邻两级转速之比，即

$$\varphi=\frac{n_i}{n_{i-1}} \tag{2-33}$$

显然，φ越接近于 1，调速平滑性越好，当$\varphi=1$时，称为无级调速，平滑性最好。

4. 调速时的容许输出

电动机的容许输出是指保持额定电流条件下调速时，电动机容许输出的最大转矩或最大功率与转速的关系。容许输出的最大转矩与转速无关的调速方法称为恒转矩调速方法；允许输出的最大功率不变的称为恒功率调速方法。

5. 调速的经济指标

经济指标包含三个方面：一是调速设备初投资的大小；二是运行过程中能量损耗的多少；三是维护费用的高低。三者总和较小者经济指标均较好。

2.6.2 调速方法

1. 降低电源电压调速

降压调速的原理可用图 2-22 说明。设电动机拖动恒转矩负载 T_{L}，在额定电压 U_{N} 下运行于 A 点，转速为 n_A，如图 2-22 中曲线 1 所示。现将电源电压降为 U_1，忽略电磁惯性，电动机的机械特性如图 2-22 中曲线 2 所示。由于电动机的转速不能突变，机械特性向下平移，转速不能突变，于是，电动机的运行点由 A 点跳到 B 点。在 B 点，电磁转矩小于负载转矩，电动机将减速。随着转速的下降，最后到达 C 点，电动机进入新的稳态。

当逐步降低电源电压时，稳态转速也依次降低。降压调速可以得到较大的调速范围，只要电源电压连续可调，就可实现转速的平滑调节，即无级调速。

2. 电枢回路串电阻调速

电枢串电阻调速原理可用图 2-23 来说明。设电动机拖动恒转矩负载，运行于 A 点，当电枢回路串入电阻 R_{st1}，电动机的机械特性由直线 1 变为直线 2。由于电动机的转速不能突变，于是，电动机的运行点将由 A 点变为 B 点，B 点所对应的电磁转矩小于负载转矩，电动机将减速，直至 C 点，电动机进入新的稳态。

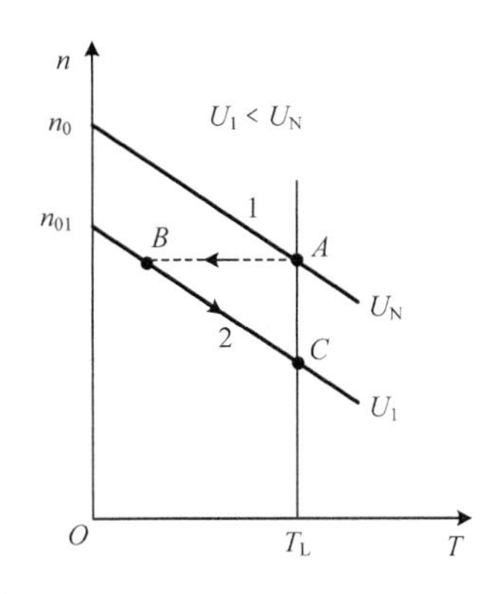

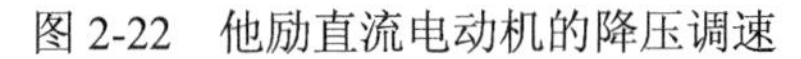
图 2-22　他励直流电动机的降压调速

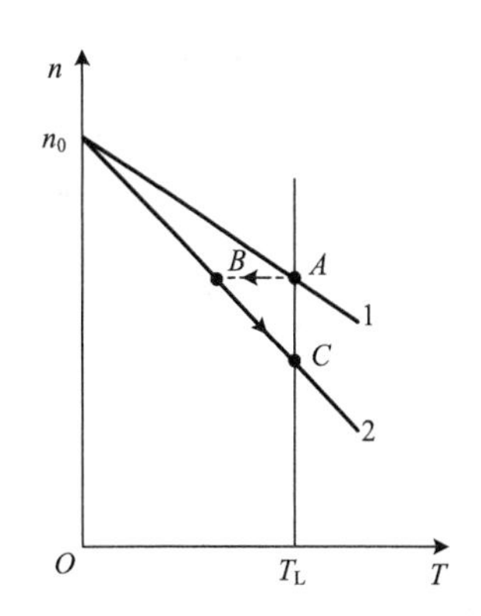

图 2-23　他励直流电动机电枢串接电阻调速

当电枢回路串入电阻变大时，稳态转速也依次降低。这种调速方法在低速时电能损耗较大。对于恒转矩负载，调速前后稳态电流不变，故从电网吸收的功率不变，降低转速使输出功率减小，说明损耗增大。所以，串电阻调速在低速时电源提供的功率有较大部分转变为电阻损耗，从而使系统效率降低。

从机械特性还可看出，当空载或轻载时，调速范围很小；而速度调得越低，特性越软，转速的稳定性越差。此外，这种调速方法只能实现有级调速，平滑性较差。这种调速方法的优点是设备不太复杂，操作比较简单。

3. *弱磁调速*

弱磁调速原理可用图 2-24 来说明。

设电动机带恒转矩负载 T_L，运行于固有特性 1 上的 A 点。弱磁后，机械特性 2 斜率变大，因转速不能突变，电动机的运行点由 A 点变为 B 点。由于磁通减小，反电动势也减小，导致电枢电流增大。尽管磁通减小，但由于电枢电流增加很多，使电磁转矩大于负载转矩，电动机将加速，一直加速到新的稳态运行点 C 点。使电机的转速大于固有特性的理想空载转速，所以一般弱磁调速用于升速。

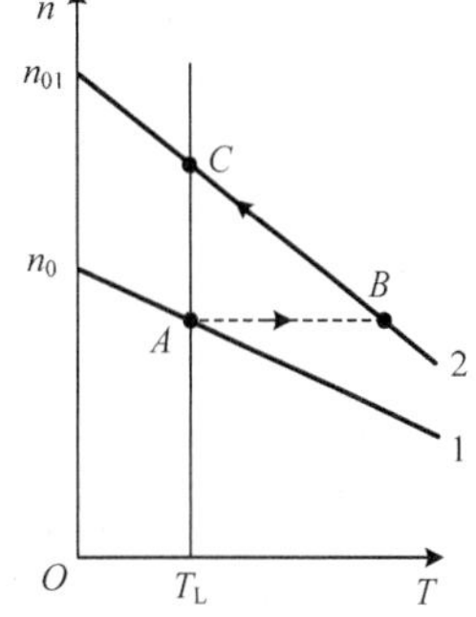

图 2-24　他励直流电动机弱磁调速

弱磁调速是在励磁回路中调节，因电压较低，电流较小而较为方便，但调速范围一般较小。直流调速一般在额定转速以下用降压调速，而在额定转速以上用弱磁调速。

例 2-7　一台他励直流电动机的额定数据：$U_N = 220V$，$I_N = 40A$，$n_N = 1000r/min$，$R_a = 0.5\Omega$，保持额定负载转矩不变。求：

(1) 电枢回路串入 $R_{st} = 1.6\Omega$ 电阻后的稳态转速；

(2) 电源电压降低为 110V 时的稳态转速；

(3) 磁通减弱为 $90\%\Phi_N$ 时的稳态转速。

解

$$C_e\Phi_N = \frac{U_N - R_a I_N}{n_N} = \frac{220 - 0.5\times 40}{1000} = 0.2$$

(1) 因为负载转矩不变，且磁通不变，所以 I_a 不变，则

$$n=\frac{U_N-(R_a+R_{st})I_a}{C_e\Phi_N}=\frac{220-(0.5+1.6)\times 40}{0.2}=680(\text{r/min})$$

(2) 与 (1) 相同，$I_a=I_N$ 不变，则

$$n=\frac{U-R_aI_a}{C_e\Phi_N}=\frac{110-0.5\times 40}{0.2}=450(\text{r/min})$$

(3) 因为负载转矩不变，则

$$T=C_T\Phi_N I_N=C_T\Phi' I_a'$$

所以

$$I_a'=\frac{\Phi_N}{\Phi'}I_N=\frac{1}{0.9}\times 40=44.44(\text{A})$$

$$n=\frac{U_N-R_aI_a'}{C_e\Phi'}=\frac{220-0.5\times 44.44}{0.9\times 0.2}=1099(\text{r/min})$$

2.6.3 调速方式与负载类型的配合

电动机的充分利用，是指在一定的转速下，电动机的电枢电流达到了额定值。正确地使用电动机，应使电动机既满足负载的要求，又能得到充分利用。若实际电枢电流大于额定电流，电动机将会因过热而烧坏；若实际电枢电流小于额定电流，电动机因未能得到充分利用而造成浪费。对于不调速的电动机，通常都工作在额定状态，电枢电流为额定值，所以恒转速运行的电动机一般都能得到充分利用。但是，当电动机调速时，在不同的转速下，电枢电流能否总保持额定值，即电动机能否在不同的转速下都得到充分利用，这就需要研究电动机的调速方式与负载类型的配合问题。

电枢串电阻调速和降压调速时，磁通保持不变，如果在不同转速下保持电流 $I_a=I_N$ 不变，即电动机得到充分利用，则电动机的输出转矩和功率分别为

$$T\approx T_N=C_T\Phi_N I_N\ (\text{常数}) \tag{2-34}$$

$$P=\frac{T}{9550}n=C_1 n \tag{2-35}$$

式中，C_1 为常数。由此可见，电枢串电阻调速和降压调速时，电动机的输出功率与转速成正比，而输出转矩为恒值，故称为恒转矩调速方式。

弱磁调速时，磁通 Φ 是变化的，在不同转速下，若保持 $I_a=I_N$ 不变，则电动机的输出转矩和功率分别为

$$T\approx T_N=C_T\Phi_N I_N=C_T\frac{U_N-I_NR_a}{C_e n}I_N=\frac{C_2}{n} \tag{2-36}$$

$$P=\frac{Tn}{9550}=\frac{C_2}{9550}\ (\text{常数}) \tag{2-37}$$

式中，C_2 常数。由此可见，弱磁调速时，电动机的输出转矩与转速成反比，而输出功率为恒值，故称为恒功率调速方式。

恒转矩调速和恒功率调速的功率和转矩变化规律如图 2-25 所示。

图 2-25 中 T、P 曲线表示在 $I_a = I_N$ 前提下，即电动机得到充分利用条件下，允许输出的功率和转矩，但并不是表征电动机实际输出的功率和转矩。电动机实际输出取决于轴上所带负载。由图 2-25 可看出，电动机在 n_{min}～n_N 速度段时采用恒转矩调速方案，若配上恒转矩负载运行，且负载转矩 T_L 略小于电动机的 T_N，则系统在此速度段的任何速度下运行时，电动机 $I_a \approx I_N$ 不变，电动机可得到充分利用；在 n_N～n_{max} 速度段，电动机采用恒功率调速方案，若配上恒功率负载运行，则系统在此速度段的任何速度下运行时，电动机 $I_a \approx I_N$ 不变，电动机也可得到充分利用。称以上两种调速方案与对应负载的恰当配合为匹配。

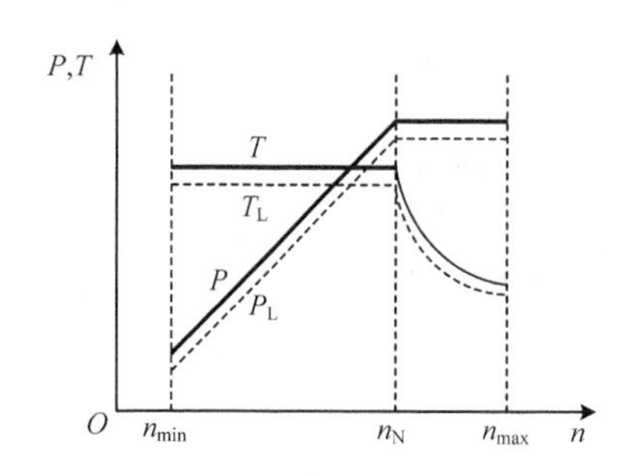

图 2-25　直流电动机调速时输出转矩及功率与负载的匹配

如果电动机在采用恒功率调速方案的速度段配以恒转矩负载，如图 2-26 所示。在高速时 $T_L = T_N$，也只有在高速这一点时，电动机才能得到充分利用，电动机的输出转矩等于额定转矩。在其他速度时，电动机实际输出的转矩 T_L 都比电动机所允许的额定输出转矩 T 要小，电动机不能得到充分利用。

如果电动机在采用恒转矩调速方案的速度段配以恒功率负载，如图 2-27 所示。在低速时 $T_L = T_N$，也仅在低速这一点时，$T = T_N$，$I_a = I_N$，电动机得到充分利用，由于负载是恒功率性质的，其转矩会随速度的升高而减小，在其他速度下，电动机实际输出的转矩 T_L 都比电动机所允许的额定输出转矩要小，电动机未得到充分利用。

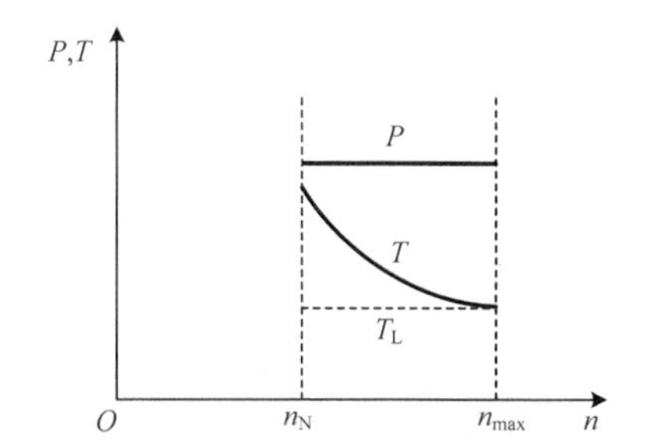

图 2-26　恒功率调速方案与恒转矩负载配合

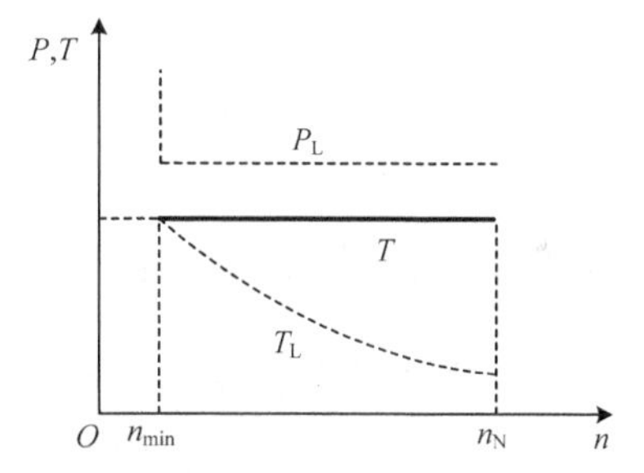

图 2-27　恒转矩调速方案与恒功率负载配合

以上两种情况都是由于电动机采用的调速方案与负载类型不匹配，造成电动机允许输出容量的浪费，所以，必须依据负载性质合理选择电动机的调速方案。

由上述分析可知，为了使电动机得到充分利用，在拖动恒转矩负载时，应采用电枢串电阻调速或降压调速，即恒转矩调速方式；在拖动恒功率负载时，应采用弱磁调速，即恒功率调速方式。

对于风机、泵类负载，三种调速方法都不十分合适，但采用电枢串电阻调速或降压调速要比弱磁调速合适一些。

2.7　直流电机的应用

直流电机启动和调速性能好，过载能力大，易于控制，但结构复杂，维护困难。随着电力电子技术的发展，在很多领域，虽然直流发电机可能被晶闸管整流电源所取代，直流电动机可能被交流电机取代，但在许多场合直流电机仍将继续发挥作用。

2.7.1 直流电机的特点

直流电动机的主要优点是启动和调速性能好，过载能力大，易于控制。直流电动机具有宽广的调速范围，平滑的无级调速特性，可实现频繁的快速启动、制动和反转；过载能力大，能承受频繁冲击的负载；能满足自动化生产系统中各种特殊运行的要求。而直流发电机则能提供无脉动的大功率直流电源，且输出电压可以精确地调节和控制。

但直流电机也有它显著的缺点：一是制造工艺复杂，消耗有色金属较多，生产成本高；二是运行时由于电刷与换向器之间容易产生火花，因而可靠性较差，维护比较困难。但是在某些要求调速范围大、快速性高、精密度好、控制性能优异的场合，直流电动机的应用目前仍占有较大的比重。

2.7.2 直流电机的应用

由于直流电动机具有良好的启动性能和优越的调速性能，其广泛应用于对启动和调速要求较高的生产机械上，如龙门刨床、大型立式车床、电铲、矿井卷扬机、宾馆高速电梯、电力机车、内燃机车、城市电车、地铁列车、电动自行车、造纸和印刷机械 、船舶机械、大型精密机床、大型起重机和大型可逆式轧钢机等生产机械。

2.8 直流电机故障分析及维护

为了保证直流电机的安全工作，在使用前应按照产品说明书认真检查，核对其相关的技术数据，以免发生故障，造成电机及相关设备的损坏和人员伤害。若直流电机发生异常情况时，应及时发现故障，正确分析，准确处理，防止故障进一步扩大。

2.8.1 直流电机电枢绕组故障及维护

直流电机电枢绕组是电机产生感应电动势和电磁转矩的核心部件，它的工作不但直接影响电机的正常工作，也随时危及电机和运行人员的安全，所以，在直流电机的运行维护中，必须随时监测，一旦发生故障，应及时处理，以避免事故扩张造成损失。

1. 电枢绕组短路故障的分析及维护

电枢绕组短路的原因，往往是绝缘老化、机械磨损使线圈间的匝间短路或上下层之间的层间短路；线圈受潮后也能产生局部短路的现象。电枢绕组由于短路故障而发热，电刷上会出现火花或环火，换向器上有被烧灼的黑点，一般打开电机通过直接观察即可找到明显烧黑的故障点。对于使用时间不长，绝缘并未老化的电机，当只有一两个线圈有短路时，可以切断短路线圈，在两个换向片接线处接以跨接线，作应急使用。若短路线圈过多，则应送电机修理厂重新绕制。

2. 电枢绕组断路及维护

电枢绕组断路的原因多是换向片与导线接头焊接不良，或是由于电机的振动过大而造成脱焊，个别也有内部断线的。在电刷接触和离开的瞬间，电流突变，换向器上呈现出较大的点状火花，从而使断路线圈两侧换向片灼黑。根据灼黑的换向片就可以找到断路线圈的位置。

应急处理办法是将断路线圈进行短接，对于单叠绕组，将有断路的绕组所接的两个换向片用短线跨接起来；对于单波绕组，短接线跨过一个极距，接在有断路的两个换向片上。

3. 电枢绕组接地及维护

电枢绕组接地点多发生在电枢槽口或槽底对地击穿、换向器对地击穿。其原因多数是由于槽绝缘及绕组相间绝缘损坏，导体与硅钢片碰接所致或换向片接地。应急处理办法是在接地处插上一块新的绝缘材料，将接地点断开，或将接地线从换向片上拆除下来，再将这两个换向片短接起来即可。

2.8.2 直流电机运行故障及维护

1. 电动机不能启动

直流电动机的启动必须有两个基本条件：一是要有足够大的启动转矩；二是要有一定的电枢电流。对于不能启动的故障也应以此为核心进行检测、分析和排除。电动机不能启动可能的原因及维修方法见表 2-1。

表 2-1 电动机不能启动可能的原因及维修方法

故障现象	产生原因	维修方法
电动机接通电源不能启动	无电源	检查供电回路的开关、熔断器，恢复供电
	电源电压过低	判断是电压调得过低还是电源容量过小，可通过调高电压或更换合适容量的直流电源
	电动机过载	减轻负载
	电刷接触不良	应改善弹簧压力、修理电刷和换向器表面
	电动机轴承损坏或被异物卡死	需清洗或更换电动机轴承或检修、清理电动机
	无励磁电流	若励磁绕组断路，可修理或更换绕组；否则，应检查修理外部励磁回路
	定子绕组接线错误	检查接线，纠正错误

2. 电机声音异常与振动

电动机声音异常与振动可能产生的原因及维修方法见表 2-2。

表 2-2 电动机声音异常与振动可能的原因及维修方法

故障现象	产生原因	维修方法
电动机声音异常与振动	电动机固定不牢固	检查紧固安装螺栓及其他部件，加强基础的牢固性
	轴承磨损或松动	更换磨损的轴承或牢固轴承
	转轴变形	校正转轴，必要时更换轴承
	负载转轴与电动机轴线不重合	应正确调整好机组，使两轴线重合成一条直线
	负载突然加重	减轻负载

3. 电动机温升过高或冒烟

电动机温升过高或冒烟主要由电枢电流过大，电枢绕组绝缘发热损坏所致。其可能的原因及维修方法见表 2-3。

表 2-3　电动机温升过高或冒烟可能的原因及维修方法

故障现象	产生原因	维修方法
电动机温升过高或冒烟	电源电压过高或过低	检查调整电源电压至额定值
	电动机过载	对于过载原因引起的温升，应降低负载或更换容量较大的电动机
	电动机的通风不畅或积尘太多	检查风扇是否脱落，移开堵塞的异物，使空气流通，清理电动机内部的粉尘，改善散热条件
	环境温度过高	采取降温措施，避免阳光直晒或更换绕组
	励磁电流过大或过小	查找原因并做相应处理
	换向器或电枢绕组短路	查找短路点，进行局部修复或更换绕组
	定、转子摩擦	校正转子轴，检查轴承是否磨损过大，更换磨损的轴承

4. 电刷下火花过大

电刷下火花过大主要有电磁方面的原因，机械、电化学、维护等方面的原因也不能忽略。产生火花过大可能的原因及维修方法见表 2-4。

表 2-4　火花过大可能的原因及维修方法

故障现象	产生原因	维修方法
火花过大	过载时换向极饱和或负载剧烈波动	应调整至额定负载下运行
	电刷与换向器接触不良	查明原因，清洁换向器表面，或修理电刷和换向器，或适当调整弹簧压力
	换向片间云母凸出	将换向器刻槽、倒角、再研磨
	电刷磨损过度，或所用型号及尺寸与技术要求不符	按制造厂原用牌号更换电刷
	刷握松动或装置不正确	紧固或纠正刷握位置，使其与换向器表面平行
	电刷不在几何中心线上	调整电刷位置
	刷架位置不均匀，引起的电刷间的电流分布不均匀，转子平衡未校正	调整刷架位置，等分均匀
	换向极绕组接反	用指南针检查主磁极与换向极的极性，纠正接线
	电枢绕组的接头片与换向器脱焊	查明换向片脱焊位置并修复

5. 电动机漏电

机壳漏电使表面绝缘等级降低，电枢、励磁回路中有短路现象存在。电动机漏电产生的原因及维修方法见表 2-5。

表 2-5　电动机漏电可能的原因及维修方法

故障现象	产生原因	维修方法
电动机漏电	运行环境恶劣，电机受潮，绝缘电阻降低	可烘干处理
	电源引出接头碰壳、出线板、绕组绝缘损坏	需进行相应的绝缘处理
	接地装置不良	检测接地电阻是否符合规定，规范接地
	电刷灰或其他灰尘堆积	需定期清理

2.8.3　直流电机换向故障分析与维护

直流电机的换向情况可以反映出电机运行是否正常，良好的换向可使电机安全可靠地运行和延长它的寿命。在直流电机的运行过程中，换向故障是直流电机故障中最主要、也是最难处理的故障。

直流电机换向主要表现为换向火花增大，换向器表面烧伤，换向器表面的氧化膜被破坏，电刷镜面出现异常等。电动机换向故障产生的原因及维修方法见表 2-6。

表 2-6　电动机换向故障可能的原因及维修方法

故障现象	产生原因	维修方法
电动机换向故障	电刷和换向器间接触不良	查明原因，使电刷压力要保持均匀，接触良好
	电动机振动过大	对低速运行的电动机，电枢应进行静平衡校验；对高速运行的电动机，电枢必须进行动平衡校验，所加平衡块必须牢固地固定在电刷上
	换向器表面沾有油污	用蘸有酒精的抹布擦净
	换向器表面出现不规则情况	用与换向片表面吻合的木板垫上细玻璃砂纸来打磨换向器
	磁极、刷盒装配偏差	应使各个磁极、电刷安装合适
	换向绕组、补偿绕组安装不正确	换向绕组、补偿绕组安装正确，改善换向
	换向极绕组接反	沿绕线方向通少量直流电流作极性测试，就能确定其极性，正确接线

直流电机运行中的故障是复杂的。在实际运行中，一个故障现象总是与多种因素有关。只有在实践中认真总结经验，仔细检测、诊断并观察分析，才能准确地找到故障原因，做出正确的处理，起到事半功倍的效果。

2.9　本 章 小 结

本章在研究电力拖动系统的运动方程式和负载转矩特性的基础上，介绍了他励直流电动机的机械特性和电力拖动系统稳定运行条件，以及启动、制动和调速方法。本章的主要知识点如下：

(1) 负载特性。

负载的机械特性简称负载特性，有如下典型形式：反抗性恒转矩负载、位能性恒转矩负载、恒功率负载及风机、泵类负载。实际的生产机械往往是以某种类型负载为主，同时兼有其他类型的负载。

(2) 机械特性。

电动机的机械特性是指稳定运行时转速与电磁转矩的关系，它反映了稳态转速随转矩的变化规律。

固有机械特性是当电动机的电压和磁通为额定值且电枢不串电阻时的机械特性。固有机械特性方程式为 $n=\dfrac{U}{C_e\Phi}-\dfrac{R}{C_eC_T\Phi^2}T=n_0-\beta T$。

人为机械特性是改变电动机电气参数后得到的机械特性。人为特性有降压的人为特性、电枢串电阻的人为特性和减少磁通的人为特性。

(3) 稳定运行条件。

电力拖动系统稳定运行的含义是指它具有抗干扰能力，即当外界干扰出现以及消失后，系统都能继续保持恒速运行。稳定运行的充分必要条件是 $T=T_L$ 处，$\dfrac{dT}{dn}<\dfrac{dT_L}{dn}$。

当 $T > T_L$ 时，系统加速运行；当 $T < T_L$ 时，系统减速运行。加速和减速运行都属于动态过程。

利用机械特性和负载特性可以确定电动机的稳态工作点，即根据负载转矩确定稳态转速，或根据稳态转速计算负载转矩。也可以根据要求的稳态工作点计算电动机的外接电阻、外加电压和磁通等参数。

(4) 他励直流电动机的启动。

直流电动机的电枢电阻很小，直接启动电流很大，因此直接启动只限用于容量很小的直流电动机。为了减小启动电流，一般直流电动机，可以采用降低电源电压和电枢回路串联电阻的启动方法。

(5) 他励直流电动机的制动。

直流电动机有三种电气制动方法：能耗制动、反接制动(电压反接和倒拉反接)和回馈制动。当电磁转矩与转速方向相反时，处于制动状态。制动运行时，电动机将机械能转换成电能，其机械特性曲线位于第二、四象限。

机械特性方程式在不同制动方法下的改变分别为：

① 能耗制动时，$U=0$，串入制动电阻 R_B；

② 电压反接制动时，电压 U 变为 $-U$，串入制动电阻 R_B；

③ 倒拉反转反接制动串入数值较大的制动电阻 R_B。

制动运行用来实现快速停车或匀速下放位能负载。用于快速停车时，电压反接制动的作用比能耗制动作用明显，但断电不及时，有可能引起反转。用于匀速下放位能负载时，能耗制动和倒拉反转反接制动可以实现在低于理想空载转速下下放位能负载，而回馈制动则不能，即回馈制动只能在高于理想空载转速下下放位能负载。

(6) 他励直流电动机的调速。

直流电动机的电力拖动被广泛应用的主要原因是它具有良好的调速性能。直流电动机的调速方法有：电枢串电阻调速、降压调速和弱磁调速。

① 串电阻调速的平滑性差、低速时静差率大且损耗大，调速范围也较小；

② 降压调速可实现转速的无级调节，调速时机械特性的硬度不变，速度的稳定性好，调速范围宽；

③ 弱磁调速也属于无级调速，能量损耗小，但调速范围较小。

串电阻调速和降压调速属于恒转矩调速方式，适合于拖动恒转矩负载，弱磁调速属于恒功率调速方式，适合于拖动恒功率负载。这两种配合方式能使电动机得到充分利用。

习　　题

2-1　什么是电力拖动系统？其主要组成部分有哪些？

2-2　写出电力拖动系统的运动方程式，并说明方程式中转矩正、负号的确定。

2-3　怎样判断运动系统是否处于稳态？

2-4　生产机械的负载转矩特性常见的有哪几类？何谓反抗性负载？何谓位能性负载？

2-5　电动机的理想空载转速与实际空载转速有何区别？

2-6　什么是固有机械特性？什么是人为机械特性？他励直流电动机的固有机械特性和各种人为机械特

性各有什么特点？

2-7　什么是机械特性上的额定工作点？什么是额定转速降？

2-8　电力拖动系统稳定运行的条件是什么？一般来说，若电动机的机械特性是向下倾斜的，则系统便能稳定运行，这是为什么？

2-9　他励直流电动机稳定运行时，其电枢电流与哪些因素有关？如果负载转矩不变，改变电枢回路的电阻，或改变电源电压，或改变励磁电流，对电枢电流有何影响？

2-10　直流电动机为什么一般不能直接启动？如果直接启动会引起什么后果？

2-11　怎么实现他励直流电动机的能耗制动？

2-12　采用能耗制动和电压反接制动进行系统停车时，为什么要在电枢回路中串入制动电阻？哪一种情况下串入的电阻大？为什么？

2-13　实现倒拉反转反接制动和回馈制动的条件是什么？

2-14　当提升机下放重物时：

(1)要使他励电动机在低于理想空载转速下运行，应采用什么制动方法？

(2)若在高于理想空载转速下运行，又应采用什么制动方法？

2-15　试说明电动状态、能耗制动状态、回馈制动状态及反接状态下的能量关系。

2-16　直流电动机有哪几种调速方法？各有何特点？

2-17　什么是静差率？它与哪些因素有关？为什么低速时的静差率较大？

2-18　什么是恒转矩调速方式及恒功率调速方式？他励直流电动机的三种调速方法各属于什么调速方式？

2-19　为什么要考虑调速方式与负载类型的配合？怎么样配合才合理？

2-20　何谓电动机的充分利用？

2-21　串励电动机为何不能空载运行？

2-22　他励直流电动机的额定数据为：$P_N = 10\text{kW}$，$U_N = 220\text{V}$，$I_N = 55\text{A}$，$n_N = 1500\text{r/min}$，$R_a = 0.4\Omega$。求：

(1)额定运行时的电磁转矩、输出转矩及空载转矩；

(2)理想空载转速和实际空载转速；

(3)半载时的转速；

(4)$n = 1550\text{r/min}$ 时的电枢电流？

2-23　他励直流电动机的额定数据为：$P_N = 10\text{kW}$，$U_N = 220\text{V}$，$I_N = 53.4\text{A}$，$n_N = 1500\text{r/min}$，$R_a = 0.4\Omega$，求下列情况时电动机的机械特性方程式：

(1)固有机械特性；

(2)电枢回路串入 1.6Ω的电阻；

(3)电源电压降至原来的一半；

(4)磁通减少 30%。

2-24　一台他励直流电动机的 $U_N = 220\text{V}$，$I_N = 200\text{A}$，$R_a = 0.067\Omega$。求：

(1)直接启动时的启动电流是额定电流的多少倍？

(2)如果限制启动电流为 $2I_N$，电枢回路应串入多大的电阻？

2-25　一台他励直流电动机的额定数据为：$P_N = 25\text{kW}$，$U_N = 220\text{V}$，$I_N = 170.4\text{A}$，$n_N = 750\text{r/min}$，$R_a = 0.13\Omega$。如果采用三级启动，最大启动电流限制为 $2I_N$，求各段启动电阻。

2-26　一台他励直流电动机的数据为：$P_N = 2\text{kW}$，$U_N = 220\text{V}$，$I_N = 12\text{A}$，$n_N = 1500\text{r/min}$，$R_a = 0.8\Omega$。求：

(1)当电动机以 1200 r/min 的转速运行时，采用能耗制动停车，若限制最大制动电流为 $2I_N$，则电枢回路中应串入多大的制动电阻；

(2) 若负载为位能性恒转矩负载，负载转矩为 $T_L = 0.9T_N$，采用能耗制动使负载以 120r/min 的转速稳速下降，电枢回路应串入多大电阻？

2-27 一台他励直流电动机的额定数据为：$P_N = 10\text{kW}$，$U_N = 220\text{V}$，$I_N = 53.4\text{A}$，$n_N = 1500\text{r/min}$，$R_a = 0.41\Omega$，该电动机用于提升和下放重物。求：

(1) 当 $I_a = I_N$ 时，电枢回路分别串入 2.1Ω 和 6.2Ω 的电阻时，稳态转速各为多少？各处于何种运行状态？

(2) 保持电压不变，$I_a = I_N$，要使重物停在空中，电枢回路中应串入多大的电阻？

(3) 将电压反接，电枢回路不串电阻，$I_a = 0.3I_N$，稳态转速为多少？处于何种运行状态？

(4) 采用能耗制动下放重物，$I_a = I_N$，电枢回路串入 2.1Ω 的电阻，稳态转速是多少？

(5) 采用能耗制动下放重物，$I_a = I_N$，何种情况下获得最慢的下放速度？此时电动机的转速为多少？

2-28 一台他励直流电动机的额定数据为：$P_N = 30\text{kW}$，$U_N = 220\text{V}$，$I_N = 160\text{A}$，$n_N = 1000\text{r/min}$，$R_a = 0.2\Omega$，$T_L = 0.8T_N$，求：

(1) 电动机的转速；

(2) 电枢回路串入 0.3Ω 电阻时的稳态转速；

(3) 电压降至 188V 时，降压瞬间的电枢电流和降压后的稳态转速；

(4) 将磁通减弱至 $0.8\Phi_N$ 时的稳态转速。

2-29 他励直流电动机的数据为：$P_N = 4\text{kW}$，$U_N = 110\text{V}$，$I_N = 45\text{A}$，$n_N = 1500\text{r/min}$，$R_a = 0.2\Omega$，电动机带额定负载运行，若使转速下降为 750r/min，不计空载损耗，求：

(1) 采用电枢串电阻方法时，应串入多大电阻？

(2) 采用降压方法时，则电压应为多少？

第3章 变 压 器

变压器是电力系统中重要的一次设备，它利用电磁感应的作用将一种电压、电流的交流电能转换成同频率的另一种电压、电流的电能。众所周知，输送一定电能时，输电线路的电压越高，线路中电阻损耗就越小。但是由于发电机受到绝缘结构的限制，发出的电压不能太高，因此，需要用升压变压器把交流发电机发出的电压升高到输电电压(10kV、35kV、110kV、220kV、550kV 等)，然后通过一次输电线路将电能经济地输送到用电地区，再用降压变压器将电能逐步从输电电压下降到配电电压(380/220V、6kV、10kV 等)。除电力系统外，变压器还广泛应用于电力装置、焊接设备、电炉等场合以及测量和控制系统中，用以实现交流电源供给、电路隔离、阻抗变换、高电压和大电流测量等功能。之所以把变压器相关内容放在本书，是因为从电磁原理上讲变压器和交流电动机非常相似，可以近似认为“变压器是静止的交流电动机，交流电动机是旋转的变压器”，从后续内容的分析中可以深刻地体会到这一点。

本章主要研究一般用途电力变压器的结构、工作原理、运行特性和三相变压器，然后再概略地介绍自耦变压器、仪用互感器的工作原理和结构特点，最后介绍变压器的故障分析及维护。

3.1 变压器的工作原理和结构

3.1.1 变压器的工作原理

变压器是由磁路部分(铁心构成)和电路部分(绕组构成)组成的，如图 3-1 所示。图中与交流电源相连接的绕组称为一次绕组，也称为原边，其匝数为 N_1；与负载阻抗相连接的绕组称为二次绕组，也称为副边，其匝数为 N_2。

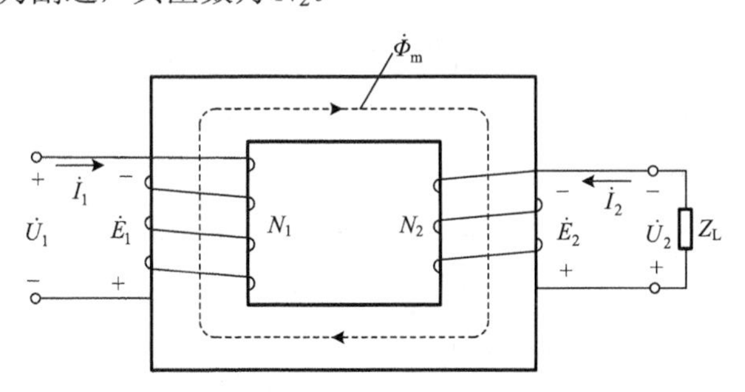

图 3-1 单相双绕组理想变压器原理接线图

为了说明变压器的工作原理，先假设一个理想变压器模型：

(1)一次绕组和二次绕组为完全耦合，即交链一次绕组和二次绕组的磁通为同一个磁通，但是一、二次绕组没有电的直接联系；

(2)铁心磁路的磁阻为零，铁损耗(包括涡流损耗和磁滞损耗)也等于零；

(3) 一、二次绕组的电阻也等于零；

(4) 设一次绕组的所有物理量用下标 1 来表示，二次绕组的所有物理量用下标 2 来表示。

下面分析理想变压器的一次绕组和二次绕组中的电压、电流、功率和阻抗的关系。

一次电压和二次电压的关系：若电源电压$\dot{U}_1$为交流正弦电压，通过铁心并与一、二次绕组相交链的磁通为$\dot{\varPhi}_{\rm m}$，当$\dot{U}_1$和$\dot{\varPhi}_{\rm m}$交链时，根据法拉第电磁感应定律和如图 3-1 所示一、二次绕组的绕向和所规定的正方向，可知一次绕组和二次绕组的感应电动势$\dot{E}_1$和$\dot{E}_2$分别为

$$\begin{cases}\dot{E}_1=-N_1\dfrac{{\rm d}\dot{\varPhi}_{\rm m}}{{\rm d}t}\\ \dot{E}_2=-N_2\dfrac{{\rm d}\dot{\varPhi}_{\rm m}}{{\rm d}t}\end{cases} \tag{3-1}$$

式中，N_1和N_2分别是一次绕组和二次绕组的匝数，“－”号由楞次定律确定。若二次侧与负载接通，在$\dot{E}_2$的作用下，形成二次侧电流$\dot{I}_2$，从而实现了电能的传输。特别要注意的是图 3-1 中所规定的$\dot{U}_2$和$\dot{I}_2$的方向。

一次绕组和二次绕组的端电压$\dot{U}_1$和$\dot{U}_2$为

$$\begin{cases}\dot{U}_1=-\dot{E}_1=N_1\dfrac{{\rm d}\dot{\varPhi}_{\rm m}}{{\rm d}t}\\ \dot{U}_2=\dot{E}_2=-N_2\dfrac{{\rm d}\dot{\varPhi}_{\rm m}}{{\rm d}t}\end{cases} \tag{3-2}$$

由式 (3-1) 和式 (3-2) 可知

$$\frac{U_1}{U_2}=\frac{E_1}{E_2}=\frac{N_1}{N_2}=k \tag{3-3}$$

式中，k称为电压比 (也称为变比)。式 (3-2)、式 (3-3) 表示，对于理想变压器，就数值而言，一次、二次绕组中的感应电动势比等于一次、二次绕组的电压比，也等于一、二次绕组的匝数比，且$\dot{U}_1$和$\dot{U}_2$的相位相差 180°。因此，要使一次绕组和二次绕组具有不同的电压，只要使它们具有不同的匝数即可，若$N_1>N_2$，为降压变压器，反之即为升压变压器。

一、二次电流的关系：若一、二次绕组的电流分别为$\dot{I}_1$、$\dot{I}_2$，从图 3-1 可见，作用在铁心磁路上的总磁动势应为$N_1\dot{I}_1+N_2\dot{I}_2$。根据磁路的欧姆定律，此总磁动势应当等于磁路内的磁通$\dot{\varPhi}_{\rm m}$与铁心磁路的磁阻$R_{\rm m}$之积。由于理想变压器$R_{\rm m}=0$，所以

$$N_1\dot{I}_1+N_2\dot{I}_2=\dot{\varPhi}_{\rm m}R_{\rm m}=0 \tag{3-4}$$

于是

$$\frac{I_1}{I_2}=\frac{N_2}{N_1}=\frac{1}{k} \tag{3-5}$$

从式 (3-5) 可知，对于理想变压器一、二次绕组的电流值之比则等于电压比k的倒数，且相差 180°。

功率关系：由式 (3-3) 和式 (3-5) 可知，一次绕组输入的功率U_1I_1与二次绕组输出的功率U_2I_2之间的关系为

$$U_1 I_1 = \left(\frac{N_1}{N_2}U_2\right)\left(\frac{N_2}{N_1}I_2\right) = U_2 I_2 \tag{3-6}$$

由此可知，通过电磁感应以及一、二次绕组之间的磁动势平衡关系，输入一次绕组的瞬时功率将全部传递到二次绕组，并输出给负载。即一次绕组输入的有功功率将等于二次绕组输出的有功功率，输入的无功功率将等于输出的无功功率。

阻抗关系：二次侧输出的负载阻抗为 Z_L，用二次绕组的端电压相量 $\dot{U}_2$ 和电流相量 $\dot{I}_2$ 表示时，$Z_L = \frac{\dot{U}_2}{\dot{I}_2}$。经过理想变压器的变压和变流作用，从一次侧看进去的输入阻抗 Z_L' 应为

$$Z_L' = \frac{\dot{U}_1}{\dot{I}_1} = \frac{k\dot{U}_2}{\dot{I}_2 / k} = k^2 \frac{\dot{U}_2}{\dot{I}_2} = k^2 Z_L \tag{3-7}$$

式(3-7)表示，一次侧的输入阻抗 Z_L' 应为负载的实际阻抗 Z_L 乘以 k^2。换言之，理想变压器不但有变压和变流作用，还有阻抗变换的作用。在放大电路中，为了获得最大功率，需要匹配负载阻抗与放大器的内阻抗，可以引入一个具有特定电压比的理想变压器。

3.1.2 变压器的结构

目前用途最广的电力变压器是油浸式变压器，这里主要介绍油浸式电力变压器的结构。油浸式电力变压器的铁心和绕组均放在盛满变压器油的油箱中，各绕组通过绝缘套管引至油箱外，以便与外电路连接。图 3-2 为一台油浸式电力变压器的外形。

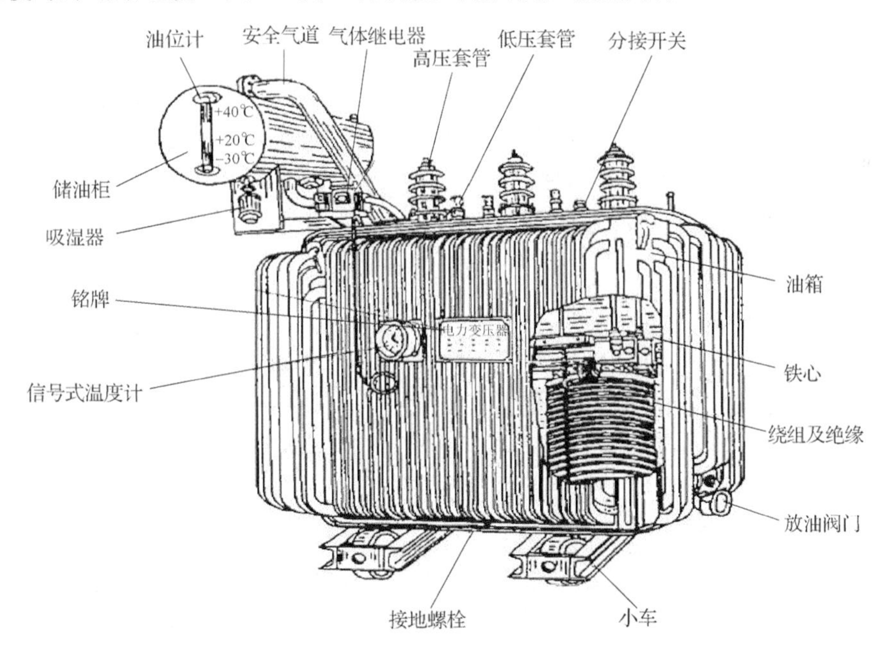

图 3-2　油浸式电力变压器

变压器的主要构成部分有：铁心、绕组、变压器油、油箱及附件、绝缘套管等。铁心和绕组称为器身，是变压器的主要部件；油箱作为变压器的外壳，起冷却、散热和保护作用；变压器油有冷却和绝缘的作用；绝缘套管主要起绝缘作用。下面对变压器各主要部件进行简要介绍。

1. 铁心

铁心是变压器的主磁路，也是套装绕组的机械骨架。由于变压器铁心中的磁通是一交变磁通，为了提高磁路的导磁性能以及减小磁滞和涡流损耗，目前变压器铁心大都由含硅量较高、表面涂有绝缘漆、厚度为 0.23～0.35mm 的软磁硅钢片冷轧或热轧叠压而成。

铁心由铁心柱和铁轭两部分组成。其中，套装绕组的部分称为铁心柱，铁轭用以连接铁心柱，构成闭合磁路。单相变压器有两个铁心柱，三相变压器有三个铁心柱，如图 3-3 所示。

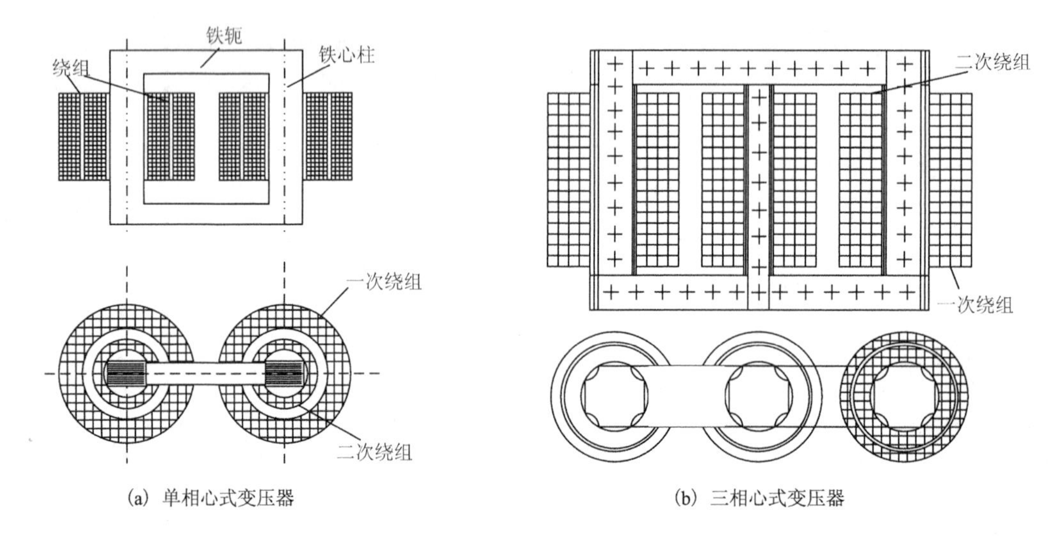

(a) 单相心式变压器　(b) 三相心式变压器

图 3-3　心式变压器

按照铁心的结构，变压器有心式和壳式两种。图 3-3 所示为心式变压器，其铁心柱被绕组包围。心式铁心结构简单，绕组布置和绝缘较容易，因此电力变压器大多采用心式结构；壳式变压器结构如图 3-4 所示，铁心包围着绕组的顶面、底面和侧面。壳式结构机械强度好，一般用于特种变压器或低压、大电流的变压器以及小容量的电力变压器。

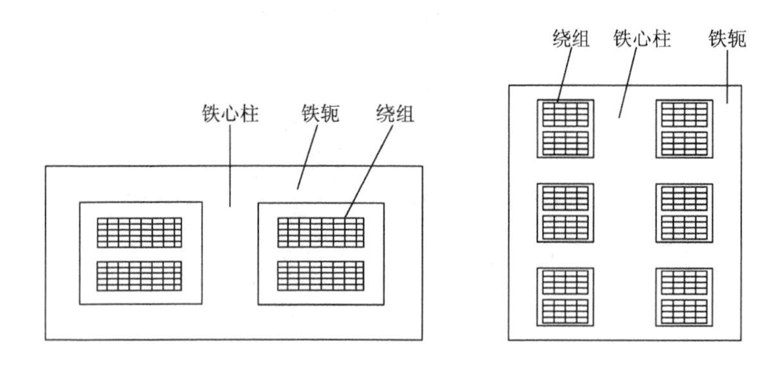

图 3-4　壳式变压器

变压器的铁心，一般是先将硅钢片裁成条形，称为冲片，然后进行叠装而成。在叠片时，为减少接缝间隙从而减小励磁电流，采用叠接式，即将上下层叠片的接缝错开，如图 3-5 所示。图 3-5(a)是直接缝变压器铁心，每层六片交叠组合，相邻两层磁路接缝处相互错开，用于热轧电工钢片，无方向性。目前，由于冷轧电工钢片取代热轧电工钢片，故不再采用直接缝铁心，而采用图 3-5(b)所示的斜接缝铁心，每层七片，采用冷轧硅钢片交叠组合，磁通顺着轧制方向，可以较好利用取向钢片的特点。为减少接缝间隙和励磁电流，还可由冷轧钢片卷成卷片式铁心。叠装好的铁心其铁轭用槽钢及螺杆固定，铁心柱则用环氧无纬玻璃丝粘带绑扎。

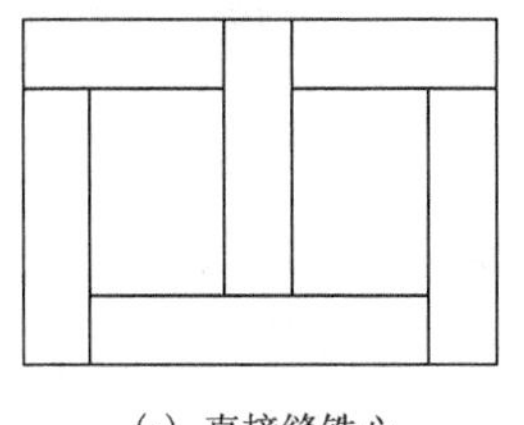

(a) 直接缝铁心

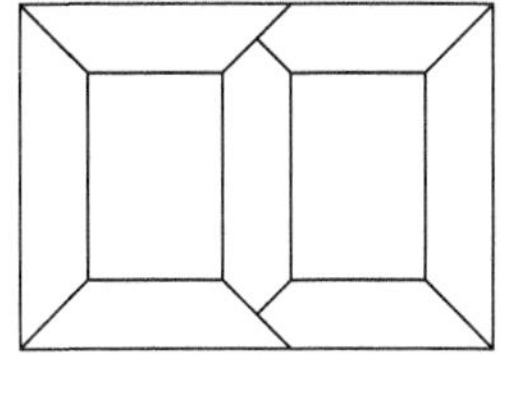

(b) 斜接缝铁心

图 3-5 变压器铁心的交叠装配

近年来，出现了一种新型节能材料即非晶合金制作铁心，其厚度仅为 0.025mm，磁导率高，铁心损耗很小，其空载电流、空载损耗平均下降 50%或更多。

2. 绕组

绕组是变压器的电路部分，常用包有绝缘材料的铜或铝导线绕制成一、二次绕组。因为它们具有不同的匝数、电压和电流，故一次侧绕组匝数多、导线细，而二次侧绕组匝数少、导线粗。为了便于制造，并且具有良好的机械性能，一般把绕组做成圆筒形。

按照一次、二次侧绕组布置方式的不同，绕组可分为同心式和交叠式两种。心式变压器一般采用同心式结构，如图 3-3 所示。将一次、二次侧绕组同心的套装在铁心柱上，为了绝缘方便，二次侧绕组靠近铁心柱，一次侧绕组套装在二次侧绕组外面，一次、二次侧绕组之间以及绕组与铁心之间要可靠绝缘。同心式绕组结构简单、制造方便，国产电力变压器均采用这种结构；交叠式绕组主要用于特种变压器中，如电炉用变压器，交叠式结构可以加强对绕组的机械支撑，使其能够承受电炉工作时由于巨大电流流过绕组产生的电磁力。

3. 变压器油

变压器油的作用主要是绝缘和冷却。由于油浸式电力变压器的铁心和绕组都浸在变压器油中，而变压器油有较大的介质常数，因此它可以增强绝缘。同时，铁心和绕组中由于损耗而会发出热量，变压器油的对流作用可以把热量传送到铁箱表面，再由铁箱表面散逸到四周。

4. 油箱及附件

电力变压器的油箱一般做成椭圆形，油箱的结构与变压器的容量、发热情况等密切相关。容量很小(20kV·A 及以下)的变压器可以用平板式油箱；容量较大时，在油箱壁上焊有散热油管以增大散热面积，称为管式油箱；对容量为 3000～10000kV·A 的变压器，油管先做成散热器，然后再把散热器安装在油箱上，称为散热器式油箱；容量大于 10000kV·A 的变压器，需采用带有风扇冷却的散热器，叫做油浸风冷式；对于 50000kV·A 及以上的大容量变压器，采用强迫油循环的冷却方式。

油箱上安装有储油柜(也称膨胀器或油枕)，储油柜为一圆筒形容器，横装在油箱盖上，用管道与变压器的油箱接通，储油柜内油面高度随着油箱内变压器油的热胀冷缩而变化。

由于变压器油中少量水分的存在，会使变压器油的绝缘性能大大降低，所以安装有吸湿器，变压器油的热胀冷缩使得油面的高低发生变化时，气体通过吸湿器进出，可以吸收进入储油柜中空气的水分。

在储油器与油箱的油路通道间安装有气体继电器(图 3-6)。当变压器内部发生故障产生气体或油箱漏油使油面下降时，它可发出报警信号或自动切断变压器电源。

5. 绝缘套管

变压器的引出线从油箱内部引到油箱外时，必须穿过瓷质的绝缘套管(图 3-7)，保证导线与油箱绝缘。绝缘套管由中心导电铜杆与瓷套等组成，其具体的结构取决于电压等级，较低电压(1kV 以下)采用实心瓷套管；10～35kV 采用空心充气或充油式套管；电压在 110kV 及以上时采用电容式套管。绝缘套管做成多级伞形，电压越高，级数越多。

图 3-6　气体继电器

图 3-7　绝缘套管

3.1.3　变压器的分类

变压器的分类方法很多，通常可按用途、绕组数、相数、调压方式、铁心结构、冷却方式等进行分类，如表 3-1 所示。

表 3-1　变压器的分类

按用途分	电力变压器：用于输配电系统中，有升压变压器、降压变压器、配电变压器、联络变压器等
	特种变压器：用于特殊用途，如试验用变压器、仪用变压器(电流互感器、电压互感器)、电炉变压器、电焊变压器、整流变压器等
按绕组数分	单绕组变压器：即自耦变压器，仅有一个绕组，全部绕组为一次侧绕组，通过抽头引出部分绕组作为二次侧绕组
	双绕组变压器：每相有两个互相绝缘的高、低压绕组
	三绕组变压器：每相有三个相互绝缘的高、中、低压绕组
按相数分	单相变压器、三相变压器和多相变压器
按调压方式分	无载调压：即切断负荷进行调压
	有载调压：即带负荷进行调压
按铁心结构分	心式变压器和壳式变压器
按冷却方式分	干式变压器(图 3-8)：变压器的器身(绕组和铁心)在空气中直接冷却，冷却介质为空气，通常小型变压器都做成干式
	油浸式变压器(图 3-9)：变压器的器身浸泡在变压器油中，冷却介质为变压器油，多数电力变压器都采用这种方法冷却
	充气式变压器(图 3-10)：变压器的器身放在惰性气体的密封箱体中，借助气体流动进行冷却，冷却介质为特种气体

图 3-8　环氧树脂浇注干式变压器

图 3-9　油浸式电力变压器

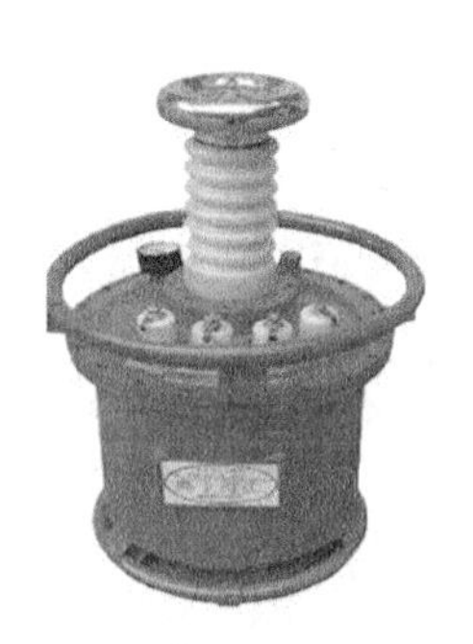

图 3-10　充气式轻型试验变压器

3.1.4　变压器的额定值和型号

1. 变压器的额定值

额定值是制造厂对变压器在额定状态和指定的工作条件下运行所规定的一些量值。在额定状态下运行时，可以保证变压器长期可靠的工作，并具有优良的性能。额定值也是产品设计和试验的依据，额定值通常标注在变压器的铭牌上，因此也称为铭牌值。变压器的额定值主要有以下几个。

1）额定容量 S_N(kV·A 或 MV·A)

额定容量是变压器在铭牌规定的额定状态下输出的额定视在功率。由于变压器的效率很高，因此设计时规定双绕组变压器的一、二次绕组额定容量相等。对于三绕组变压器，各绕组容量不一定相等，其额定容量为容量最大的绕组的容量。对于三相变压器，额定容量是指三相容量之和。

2）额定电压 U_N(V 或 kV)

一次侧额定电压是变压器运行时一次绕组线路外施电压的有效值。二次侧额定电压是当一次绕组外施额定电压而二次侧空载时的电压。对三相变压器，额定电压指线电压。

3) 额定电流 I_N(A)

额定电流是指变压器在额定运行条件下，根据额定容量和额定电压算出的电流有效值。对三相变压器，额定电流指线电流。

对于单相变压器，一次侧和二次侧额定电流分别为

$$\begin{cases} I_{1N} = \dfrac{S_N}{U_{1N}} \\ I_{2N} = \dfrac{S_N}{U_{2N}} \end{cases} \tag{3-8}$$

对于三相变压器，一次侧和二次侧额定电流分别为

$$\begin{cases} I_{1N} = \dfrac{S_N}{\sqrt{3}U_{1N}} \\ I_{2N} = \dfrac{S_N}{\sqrt{3}U_{2N}} \end{cases} \tag{3-9}$$

4) 额定频率 f_N(Hz)

我国的标准工频频率规定为 50Hz。

此外，在变压器的铭牌上还标注有相数、接线图、额定运行效率、温升、短路电压的标幺值、阻抗压降、变压器的运行方式和冷却方式等信息。对于三相变压器还标有连接组标号等，对于特大型变压器还标注有变压器的总质量、铁心和绕组的质量以及储油量，外形尺寸等，供安装和检修时参考。

例 3-1 有一台三相油浸自冷式铝线变压器，容量 $S_N = 200\text{kV·A}$，额定一、二次电压为 $U_{1N}/U_{2N} = 6000\text{V}/400\text{V}$，试求一次、二次绕组的额定电流。

解 根据题意与额定值的关系，一次侧额定电流为

$$I_{1N} = \frac{S_N}{\sqrt{3}U_{1N}} = \frac{200 \times 10^3}{\sqrt{3} \times 6000} = 19.26(\text{A})$$

二次侧额定电流为

$$I_{2N} = \frac{S_N}{\sqrt{3}U_{2N}} = \frac{200 \times 10^3}{\sqrt{3} \times 400} = 288.68(\text{A})$$

2. 变压器的型号

目前我国生产的各种系列变压器产品主要有 S11 系列普通三相油浸式电力变压器，S13 系列和 S15 系列节能型三相油浸式电力变压器等，基本上满足了国民经济部门发展的需求，在特种变压器方面我国也有很大的发展。

变压器的型号由字母和数字两部分组成，字母表示变压器的基本结构特点，包括变压器的相数、冷却方式、调压方式、绕组芯线材料等，数字表示额定容量和一次侧的额定电压。例如：

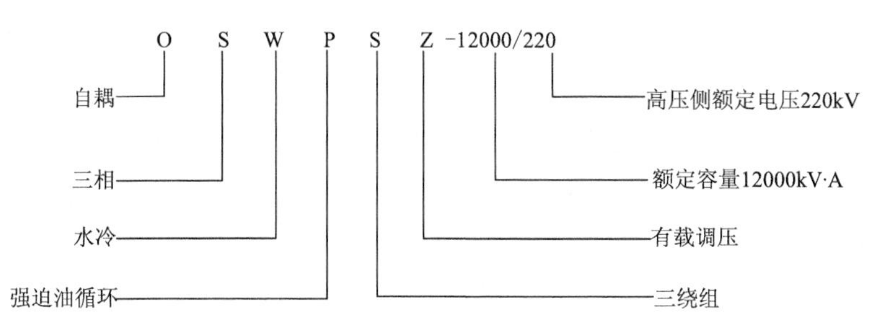

其他符号含义见表 3-2。

表 3-2 变压器型号的代表符号含义

分类	类别	代表符号	分类	类别	代表符号
相数	单相 三相	D S	调压方式	无励磁调压 有载调压	— Z
线圈外冷却介质	矿物油 不燃性油 气体 空气 成形固体	— B Q K C	循环方式	自然循环 强迫油循环 强迫导向 导体内冷 蒸发冷却	— P D N H
箱壳外冷却介质	空气自冷 风冷 水冷	— F W	绕组数	双绕组 三绕组 自耦	— S O
绕组材料	铜线 铝线	— L			

例如：OSFPSZ-250000/220 表明是自耦三相强迫油循环风冷三绕组铜线有载调压，额定容量 250000kV·A，一次侧额定电压 220kV 的电力变压器。S9-500/10 表示额定容量 500kV·A，一次侧额定电压 10kV 的低损耗三相油浸式自冷电力变压器，其中，9 表示设计序号。

3.2 单相变压器的空载运行

实际变压器中，绕组的电阻不等于零，铁心的磁阻和铁心损耗也不等于零，一次和二次绕组也不可能完全耦合，所以实际变压器要比理想变压器复杂得多。为简单计算，本节先研究空载运行时实际变压器中的情况。

所谓变压器的空载运行，指一次绕组接额定频率、额定电压的交流电源，二次绕组开路、负载电流为零时的运行状态。

3.2.1 变压器空载时的物理特性

1. 电磁物理现象

单相变压器空载运行示意图如图 3-11 所示，当一次绕组接交流电源 $\dot{U}_1$ 时，由于二次绕组开路，二次绕组电流为零，此时一次绕组将流过一个很小的电流，叫空载电流，用 $\dot{I}_0$ 表示。空载电流 $\dot{I}_0$ 全部用于励磁，产生交变磁动势 $\dot{F}_0$，称为空载磁动势 $\dot{F}_0=\dot{I}_0N_1$，它会产生交变的空载磁通。$\dot{I}_0$ 的正方向与磁动势 $\dot{F}_0$ 的正方向之间符合右手螺旋关系，磁通的正方向与磁动势的正方向相同。为了分析方便，把磁通分为两部分，如图 3-11 所示，因为铁心的磁导率较大，所以绝大部分磁通沿铁心闭合，同时交链一、二次绕组，称为主磁通，用 $\dot{\Phi}_m$ 表示，主磁通通过的路径叫主磁路；另外少部分磁通只交链一次绕组，称为一次绕组的漏磁通，用 $\dot{\Phi}_{1\sigma}$ 表示，漏磁通主要是经过油箱壁和变压器油(或空气)闭合，它所通过的路径叫漏磁路，漏磁通很小，仅占 0.1%～0.2%。

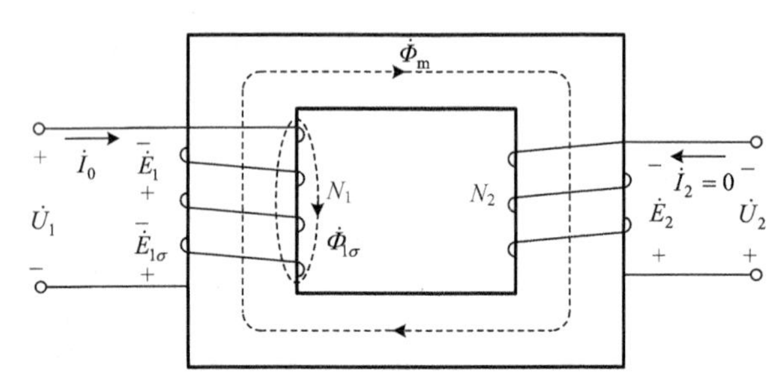

图 3-11　单相变压器空载运行示意图

值得注意的是，主磁通和漏磁通在性质上有明显的差别：

(1)磁路性质不同。主磁路由铁磁材料构成，可能出现磁饱和，所以主磁通与建立主磁通的空载电流之间可能不成正比关系；而漏磁路绝大部分由非铁磁材料构成，无磁饱和问题，则一次绕组漏磁通与空载电流之间成正比关系。

(2)功能不同。主磁通通过电磁感应将一次绕组能量传递到二次绕组，起能量传递作用，而漏磁通只在一次绕组感应电动势，不起传递功率作用。

2. 正方向的规定

因为变压器中的电压、电流、电动势、磁动势和磁通都是时间的函数，是正负交替变化的量，为了正确表达各物理量之间的数量关系和相位关系，在列电路方程时，必须给它们分别规定参考正方向。需强调指出的是，正方向可以任意选择。习惯上规定电流的正方向与该电流所产生的磁通正方向符合右手螺旋法则，规定磁通的正方向与其感应电动势的正方向也符合右手螺旋法则。电流的正方向与电动势的正方向取作一致。在图 3-11 中，各物理量的正方向是按下列原则规定的：

(1)主磁通 $\dot{\Phi}_m$ 在一、二次绕组感应出电动势 $\dot{E}_1$ 和 $\dot{E}_2$，它们的方向与 $\dot{\Phi}_m$ 的方向符合右手螺旋关系，且 $\dot{E}_1$ 的方向应与 $\dot{I}_0$ 的方向相同，$\dot{E}_1$ 的方向为下正上负；

(2)同理，根据二次绕组的绕向，可以决定 $\dot{E}_2$ 的方向也为下正上负；

(3)一次绕组漏磁通 $\dot{\Phi}_{1\sigma}$ 在一次绕组感应漏电动势 $\dot{E}_{1\sigma}$，方向为下正上负。

此外，空载电流还在一次绕组电阻 R_1 上形成一很小的电阻压降 $\dot{I}_0 R_1$，仅占一次绕组电压的0.1%以下。总结起来，变压器空载运行时的电磁关系如图 3-12 所示。其中，虚线框内是磁路性质，虚线框以外是电路性质。

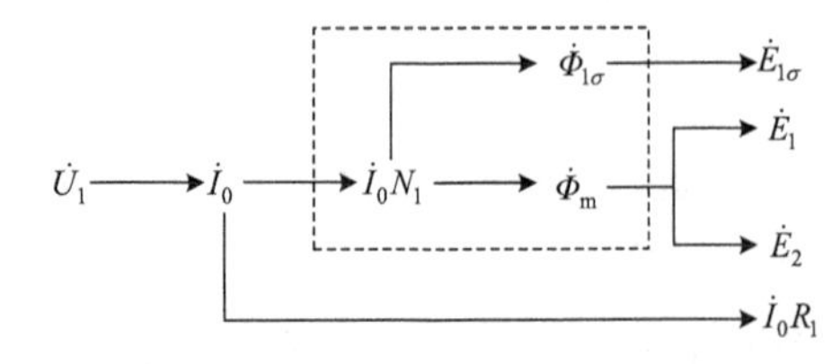

图 3-12　变压器空载运行时的电磁关系

3.2.2 变压器绕组的感应电动势

就电力变压器而言，空载时 $\dot{I}_0 R_1$ 和 $\dot{E}_{1\sigma}$ 的值很

小，若略去不计，则 $\dot{U}_1=-\dot{E}_1$。外施电压 $\dot{U}_1$ 按正弦规律变化，则主磁通也按正弦规律变化，即

$$\dot{\Phi}_{\mathrm{m}}=\Phi_{\mathrm{m}}\sin\omega t \tag{3-10}$$

式中，Φ_{m} 为主磁通的最大值；ω 为电源角频率。在规定的正方向下，一次绕组中主磁通的感应电动势的瞬时值为

$$\dot{E}_1=-N_1\frac{\mathrm{d}\dot{\Phi}_{\mathrm{m}}}{\mathrm{d}t}=E_{1\mathrm{m}}\sin\left(\omega t-\frac{\pi}{2}\right) \tag{3-11}$$

式中，$E_{1\mathrm{m}}$ 为一次绕组感应电动势的最大值，$E_{1\mathrm{m}}=\omega N_1\Phi_{\mathrm{m}}$。

一次绕组感应电动势的有效值为

$$E_1=\frac{E_{1\mathrm{m}}}{\sqrt{2}}=\frac{\omega N_1\Phi_{\mathrm{m}}}{\sqrt{2}}=\frac{2\pi}{\sqrt{2}}f_1N_1\Phi_{\mathrm{m}}=4.44f_1N_1\Phi_{\mathrm{m}} \tag{3-12}$$

同理，主磁通在二次绕组中产生的感应电动势为

$$\dot{E}_2=-N_2\frac{\mathrm{d}\dot{\Phi}_{\mathrm{m}}}{\mathrm{d}t}=E_{2\mathrm{m}}\sin\left(\omega t-\frac{\pi}{2}\right) \tag{3-13}$$

感应电动势的有效值为

$$E_2=\frac{E_{2\mathrm{m}}}{\sqrt{2}}=\frac{\omega N_2\Phi_{\mathrm{m}}}{\sqrt{2}}=\frac{2\pi}{\sqrt{2}}f_1N_2\Phi_{\mathrm{m}}=4.44f_1N_2\Phi_{\mathrm{m}} \tag{3-14}$$

$\dot{E}_1$、$\dot{E}_2$ 和 $\dot{\Phi}_{\mathrm{m}}$ 的关系也可用复数形式表示为

$$\begin{cases}\dot{E}_1=-\mathrm{j}4.44f_1N_1\dot{\Phi}_{\mathrm{m}}\\ \dot{E}_2=-\mathrm{j}4.44f_1N_2\dot{\Phi}_{\mathrm{m}}\end{cases} \tag{3-15}$$

由以上分析可知，感应电动势有效值的大小与主磁通的频率、绕组匝数及主磁通最大值成正比。感应电动势频率与主磁通频率相等，其相位滞后主磁通 90°，其相量图如图 3-13 所示。

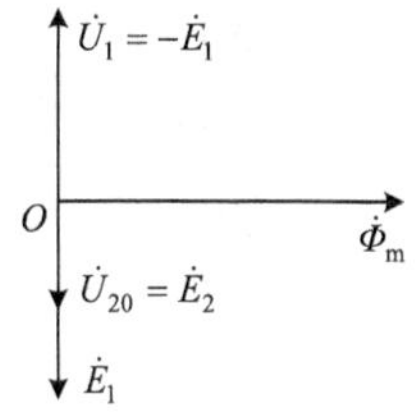

$\dot{U}_1=-\dot{E}_1$

O $\dot{\Phi}_{\mathrm{m}}$

$\dot{U}_{20}=\dot{E}_2$

$\dot{E}_1$

图 3-13 主磁通及其感应电动势的相量图

在实际的变压器中，一次绕组除了有主磁通感应的电动势外，漏磁通还将感应漏电动势 $\dot{E}_{1\sigma}$

$$\dot{E}_{1\sigma}=-\mathrm{j}\frac{\omega N_1}{\sqrt{2}}\dot{\Phi}_{1\sigma}=-\mathrm{j}4.44f_1N_1\dot{\Phi}_{1\sigma} \tag{3-16}$$

考虑漏磁路是非铁磁材料，磁路不存在饱和性质，所以漏磁路是线性磁路，其磁阻很大。也就是说，一次绕组漏电动势 $\dot{E}_{1\sigma}$ 与空载电流 $\dot{I}_0$ 呈线性关系。因此，常常把漏电动势看作电流在一个电抗上的电压降，即

$$\dot{E}_{1\sigma}=-\mathrm{j}\dot{I}_0X_1 \tag{3-17}$$

式中，X_1 反映的是一次侧漏磁通的存在和该漏磁通对一次侧电路的影响，故称为一次侧漏电抗。由于漏磁路为线性磁路，所以漏电抗是常数。

3.2.3 励磁电流

变压器空载运行时，一次绕组的电流称为空载电流，空载电流分为有功分量和无功分量

两部分：一部分主要用来建立主磁通$\dot{\Phi}_{\text{m}}$和一次绕组的漏磁通$\dot{\Phi}_{1\sigma}$，为无功分量；另外，空载电流还产生了变压器内部的有功功率损耗$I_0^2R_1$，为有功分量。在电力变压器中，空载电流的无功分量远大于有功分量，所以空载电流基本上属于无功性质。因此将$\dot{I}_0$分解为无功分量$\dot{I}_{0\text{r}}$和有功分量$\dot{I}_{0\text{a}}$，即$\dot{I}_0=\dot{I}_{0\text{r}}+\dot{I}_{0\text{a}}$。$\dot{I}_{0\text{r}}$起励磁作用，用于产生主磁通，且与主磁通$\dot{\Phi}_{\text{m}}$同相位；$\dot{I}_{0\text{a}}$提供铁耗，它超前主磁通 90°。所以$\dot{I}_0$超前$\dot{\Phi}_{\text{m}}$一个角度$\alpha$，称为铁耗角。图 3-14 给出了空载运行时空载电流与主磁通的相位关系。

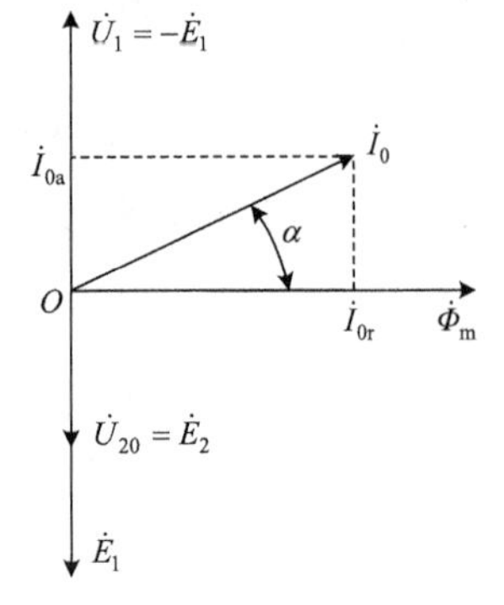

图 3-14　空载运行时空载电流与主磁通的相位关系

空载电流的数值一般不大，大约为额定电流的 2%～10%。一般来说，变压器的容量越大，空载电流的百分数越小。一次绕组从电源中吸收少量的电功率P_0，这个功率主要用来补偿铁心中的铁耗P_{Fe}以及少量的绕组铜耗，一般认为$P_0\approx P_{\text{Fe}}$。对电力变压器来说，空载损耗一般不超过额定容量的 1%。

3.2.4　空载运行时的电压平衡方程式

按照图 3-11 中各物理量的正方向，根据基尔霍夫第二定律，可写出空载运行时变压器一、二次侧的电动势方程式为

$$\begin{cases}\dot{U}_1=-\dot{E}_1+\text{j}\dot{I}_0X_1+\dot{I}_0R_1=-\dot{E}_1+\dot{I}_0Z_1\\ \dot{U}_{20}=\dot{E}_2\end{cases}\tag{3-18}$$

式中，Z_1为一次绕组漏阻抗，$Z_1=R_1+\text{j}X_1$；$\dot{U}_{20}$为变压器空载时二次绕组的空载电压，下标“0”是为了表明变压器为空载运行状态。

类似于漏磁通$\dot{\Phi}_{1\sigma}$的处理，空载电流$\dot{I}_0$产生的主磁通$\dot{\Phi}_{\text{m}}$也可用一个电路参数来处理：考虑到主磁通还在铁心中引起铁耗，不能单纯引入一个电抗，还必须考虑有功损耗部分，所以引入一个阻抗Z_{m}来反映主磁通与感应电动势$\dot{E}_1$的关系，这样感应电动势$\dot{E}_1$可以看成为空载电流$\dot{I}_0$在阻抗Z_{m}上的阻抗压降，即

$$-\dot{E}_1=\dot{I}_0Z_{\text{m}}=\dot{I}_0(R_{\text{m}}+\text{j}X_{\text{m}})\tag{3-19}$$

式中，Z_{m}为励磁阻抗，$Z_{\text{m}}=\text{j}X_{\text{m}}+R_{\text{m}}$；$X_{\text{m}}$为励磁电抗，对应于主磁通的电抗；$R_{\text{m}}$为励磁电阻，对应于铁心铁耗的等效电阻，即$P_{\text{Fe}}=I_0^2R_{\text{m}}$。则变压器电动势方程式(3-18)可表示为

$$\begin{cases}\dot{U}_1=-\dot{E}_1+\text{j}\dot{I}_0X_1+\dot{I}_0R_1=\dot{I}_0(R_1+\text{j}X_1)+\dot{I}_0(R_{\text{m}}+\text{j}X_{\text{m}})\\ \dot{U}_{20}=\dot{E}_2\end{cases}\tag{3-20}$$

对于一般的电力变压器，空载电流在一次绕组引起的漏阻抗压降$\dot{I}_0Z_1$很小，因此在分析变压器空载运行时，可将$\dot{I}_0Z_1$忽略不计

$$\begin{cases}\dot{U}_1\approx-\dot{E}_1\\ \dot{U}_{20}=\dot{E}_2\end{cases}\tag{3-21}$$

式(3-21)表明，当忽略一次绕组漏阻抗压降时，外施电压$\dot{U}_1$由一次绕组中的感应电动势

$\dot{E}_1$所平衡，即在任意瞬间，外施电压$\dot{U}_1$与感应电动势$\dot{E}_1$大小相等、相位相反，所以$\dot{E}_1$又称为反电动势。在忽略一次绕组漏电抗压降的情况下，当 f_1、N_1 为常数时，铁心中主磁通的最大值与电源电压成正比。当电源电压一定时，铁心中主磁通的最大值也一定，产生主磁通的励磁磁动势也一定，这一点对于分析变压器运行十分重要。

3.2.5 空载运行时的相量图和等值电路

为了更清楚地表示变压器中各物理量之间的大小和相位关系，可用相量图来反映变压器空载运行时的情况，如图 3-15 所示。

其作图步骤如下：

(1) 在横坐标上画出主磁通$\dot{\Phi}_m$，以它为参考量；

(2) 根据式(3-15)画出感应电动势$\dot{E}_1$和$\dot{E}_2$，它们均滞后主磁通$\dot{\Phi}_m$ 90°；

(3) 空载电流的无功分量$\dot{I}_{0r}$和主磁通$\dot{\Phi}_m$同相位，有功分量$\dot{I}_{0a}$超前主磁通 90°，两者合成得到空载电流$\dot{I}_0$；

(4) 根据式(3-20)分别画出$-\dot{E}_1$、$\dot{I}_0R_1$和$\mathrm{j}\dot{I}_0X_1$，进行相量相加得到$\dot{U}_1$。

在图 3-15 中，为了清晰起见，夸大了一次绕组漏阻抗压降，实际上$\dot{U}_1$接近于$-\dot{E}_1$。由于$\dot{I}_{0r}$远大于$\dot{I}_{0a}$，所以空载电流$\dot{I}_0$近似滞后电源电压$\dot{U}_1$ 90°。$\dot{I}_0$与$\dot{U}_1$的夹角为变压器空载运行时的功率因数角φ_0，所以变压器空载运行时的功率因数$\cos\varphi_0$很低，一般在 0.1～0.2。

从电动势平衡方程(3-20)可知，空载变压器可以看做是两个电抗线圈串联的电路，一个阻抗为$Z_1 = R_1 + \mathrm{j}X_1$，另一个阻抗为$Z_m = R_m + \mathrm{j}X_m$。这就是变压器空载时的等值电路，如图 3-16 所示，可得$\dot{U}_1 = \dot{I}_0(Z_1 + Z_m)$。

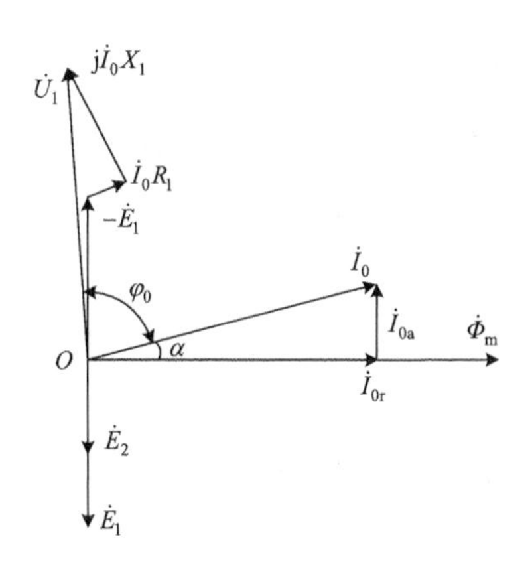

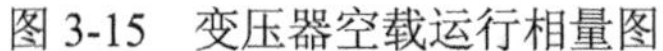

图 3-15 变压器空载运行相量图

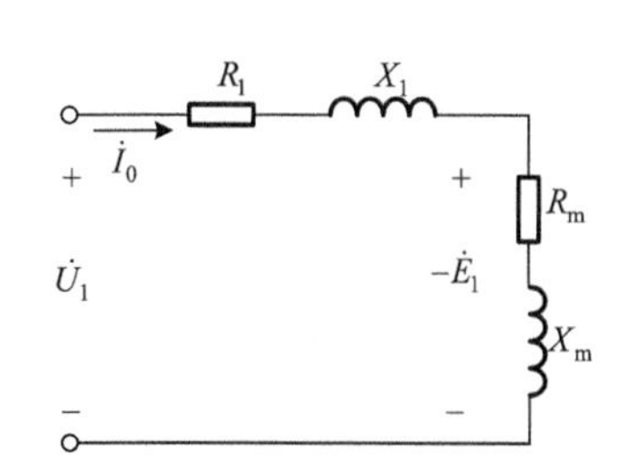

图 3-16 变压器空载运行时的等值电路

图 3-16 中，R_1是一次绕组电阻，X_1为一次绕组的漏抗，表征漏磁通的作用；R_m为励磁电阻，是反映铁心损耗的一个等效电阻；X_m为励磁电抗，表示与主磁通相对应的电抗，Z_m是励磁阻抗$Z_m = R_m + \mathrm{j}X_m$。

从空载运行时的分析可得到如下结论：

(1) 一次绕组漏阻抗$Z_1 = R_1 + \mathrm{j}X_1$是常数，相当于一个空心线圈的参数。

(2) 励磁阻抗$Z_m = R_m + \mathrm{j}X_m$不是常数，励磁电阻$R_m$和励磁电抗$X_m$均随主磁路饱和程度的增加而减小。通常，变压器正常工作时，一次电压 U_1 为恒定值，即额定值，则主磁通保持不变，铁心主磁路的饱和程度也近似不变，所以可认为 R_m 和 X_m 也不变。

(3) 空载运行时铁耗比铜耗大得多，即 $P_{Fe} \gg P_{Cu}$，所以励磁电阻比一次绕组的电阻大很多，$R_m \gg R_1$；由于主磁通也远大于一次绕组的漏磁通，所以 $X_m \gg X_1$。综上，在对变压器分析时，有时可以忽略一次绕组的电阻 R_1 和漏电抗 X_1。

(4) 从等值电路可知，空载励磁电流 $\dot{I}_0$ 的大小主要取决于励磁阻抗 Z_m。从变压器运行的角度，希望其励磁电流小一些，所以要求采用高磁导率的铁心材料，以增大励磁阻抗 Z_m，从而可以减小励磁电流，以提高变压器的效率和功率因数。

例 3-2 一台三相变压器，额定容量 $S_N = 31500\text{kV·A}$，额定电压 $U_{1N}/U_{2N} = 110\text{kV}/10.5\text{kV}$，Y/△连接，一次绕组一相电阻 $R_1 = 1.21\Omega$，漏抗 $X_1 = 14.45\Omega$，励磁电阻 $R_m = 1439.3\Omega$，励磁电抗 $X_m = 14161.3\Omega$，求：

(1) 变压器一、二次额定电流及变压器变比；

(2) 空载电流及其与一次额定电流的百分比；

(3) 每相绕组的铜耗、铁耗及三相绕组的铜耗、铁耗；

(4) 变压器空载时的功率因数。

解 (1) 一、二次侧额定电流分别为

$$I_{1N} = \frac{S_N}{\sqrt{3}U_{1N}} = \frac{31500 \times 10^3}{\sqrt{3} \times 110 \times 10^3} = 165.3(\text{A})$$

$$I_{2N} = \frac{S_N}{\sqrt{3}U_{2N}} = \frac{31500 \times 10^3}{\sqrt{3} \times 10.5 \times 10^3} = 1732(\text{A})$$

由于三相变压器变比用相电压之比来计算，而变压器为 Y/△连接，故

$$k = \frac{U_{1N}}{\sqrt{3}U_{2N}} = \frac{110 \times 10^3}{\sqrt{3} \times 10.5 \times 10^3} = 6.05$$

(2) 利用空载时等值电路，根据相电压计算每相空载电流为

$$\begin{aligned} I_0 &= \frac{U_{1N}}{\sqrt{3} \times \sqrt{(R_1 + R_m)^2 + (X_1 + X_m)^2}} \\ &= \frac{110 \times 10^3}{\sqrt{3} \times \sqrt{(1.21 + 1439.3)^2 + (14.45 + 14161.3)^2}} \\ &= 4.46(\text{A}) \end{aligned}$$

由于变压器一次绕组为 Y 连接，一次绕组相电流与线电流相等，因此空载电流占一次绕组额定电流百分比为

$$\frac{I_0}{I_{1N}} = \frac{4.46}{165.3} \times 100\% = 2.7\%$$

(3) 每相绕组铜耗为

$$I_0^2 R_1 = 4.46^2 \times 1.21 = 24.07(\text{W})$$

则三相总铜耗为

$$P_{\mathrm{Cu}}=3I_0^2R_1=72.21\mathrm{W}$$

每相铁耗为

$$I_0^2R_{\mathrm{m}}=4.46^2\times1439.3=28630(\mathrm{W})$$

三相总铁耗为

$$P_{\mathrm{Fe}}=3I_0^2R_{\mathrm{m}}=85890\mathrm{W}$$

(4) 功率因数角为

$$\varphi_0=\arctan\frac{X_{\mathrm{m}}+X_1}{R_{\mathrm{m}}+R_1}=\arctan\frac{14161.3+14.45}{1439.3+1.21}=84.19^{\circ}$$

功率因数为

$$\cos\varphi_0=\cos84.19^{\circ}=0.1$$

可见，变压器空载运行时，空载电流很小，铁耗远远大于铜耗，变压器在很低的功率因数下运行。

3.3 单相变压器的负载运行

变压器一次绕组接交流电源，二次绕组接负载的运行方式，称为变压器的负载运行方式。如图 3-17 所示为单相变压器负载运行示意图，其中 Z_{L} 为负载阻抗，图中各量的正方向按照惯例规定。

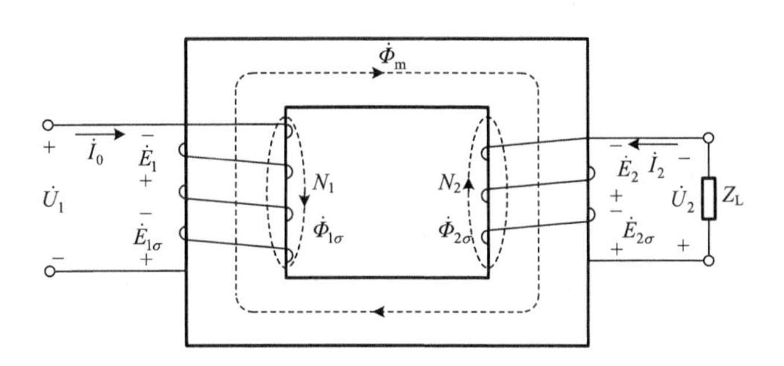

图 3-17　单相变压器负载运行示意图

3.3.1　变压器负载时的物理状况

从 3.2 节分析可知，变压器空载运行时，二次电流为零，一次绕组只有很小的空载电流。但当变压器的二次绕组接上负载阻抗 Z_{L} 后，则变压器投入负载运行。这时二次侧有电流 $\dot{I}_2$ 流过，$\dot{I}_2$ 大小由负载 Z_{L} 决定，同时也会影响一次侧电流变化。由于 $\dot{I}_2$ 的出现，变压器负载运行时的物理情况与空载运行时就有显著的不同。

变压器负载运行时，由于电源电压 $\dot{U}_1$ 恒定，相应的主磁通 $\dot{\Phi}_{\mathrm{m}}$ 也近似不变，于是从空载到负载时，一次绕组电流应从 $\dot{I}_0$ 增加一个分量 $\Delta\dot{I}_1$ 以平衡二次电流 $\dot{I}_2$ 的作用，即一次电流增量$\Delta\dot{I}_1$所产生的磁动势$\Delta\dot{I}_1N_1$恰好与二次绕组的磁动势$\dot{I}_2N_2$相抵消，从而保持一、二次绕组的合成磁动势不变。这就表明变压器负载运行时，通过电磁感应关系，一、二次电流是紧密地联系在一起的。二次电流增加或减少的同时必然引起一次电流的增加或减少；相应地当二次输出功率增加或减少时，一次侧从电网吸收的功率必然同时增加或减少。

3.3.2 变压器负载运行时的基本方程式

1. *磁动势平衡方程式*

如前所述，变压器负载运行时其励磁磁动势是一、二次绕组磁动势的合成磁动势。所以，根据磁路的全电流定律，可得出变压器负载运行时的磁动势平衡方程式为

$$\dot{F}_1+\dot{F}_2=\dot{F}_0 \quad 或 \quad \dot{I}_1N_1+\dot{I}_2N_2=\dot{I}_0N_1 \tag{3-22}$$

式中，$\dot{F}_1$为一次绕组磁动势；$\dot{F}_2$为二次绕组磁动势；$\dot{F}_0$为产生主磁通的合成磁动势(励磁磁动势)。式(3-22)说明了变压器负载运行时作用在主磁路上的全部磁动势应等于产生磁通所需的励磁磁动势。

应当指出，负载运行时$\dot{F}_0$的大小主要由负载时产生主磁通$\dot{\Phi}_{\rm m}$所需要的磁动势来决定。由3.2节分析可知，变压器在额定运行时，主磁通$\dot{\Phi}_{\rm m}$近似不变，因而主磁通所需要的励磁磁动势也基本不变。也就是说，当电源电压$\dot{U}_1$不变时，变压器负载运行时的励磁磁动势可以认为与空载时相同，即$\dot{F}_0=\dot{I}_0N_1$。

由磁动势平衡式可得一、二次绕组电流间的约束关系。将式(3-22)两边除以N_1并移项得

$$\dot{I}_1=\dot{I}_0+\left(-\dot{I}_2\frac{N_2}{N_1}\right)=\dot{I}_0+\dot{I}_{\rm 1L} \tag{3-23}$$

式中，$\dot{I}_{\rm 1L}$是一次电流的负载分量，$\dot{I}_{\rm 1L}=-\dot{I}_2\dfrac{N_2}{N_1}$。

式(3-23)具有明确的物理意义。它表明当有负载电流时，一次电流$\dot{I}_1$应包含有两个分量。其中$\dot{I}_0$用以激励主磁通，它是固定不变的；而随负载变化而变化的$\dot{I}_{\rm 1L}$所产生的负载分量磁动势$\dot{I}_{\rm 1L}N_1$，用来抵消二次磁动势$\dot{I}_2N_2$对主磁路的影响，通常$\dot{I}_{\rm 1L}$是$\dot{I}_1$的主要部分。

2. *电动势平衡方程式*

实际上变压器的一、二次绕组之间不可能完全耦合，所以负载时一、二次绕组的磁动势$\dot{F}_1$和$\dot{F}_2$除在主磁路中共同建立主磁通并产生感应电动势$\dot{E}_1$和$\dot{E}_2$外，磁动势$\dot{F}_1$还产生只与一次绕组交链的漏磁通$\dot{\Phi}_{1\sigma}$，而磁动势$\dot{F}_2$也产生只与二次绕组交链的漏磁通$\dot{\Phi}_{2\sigma}$，如图3-18所示，它们又分别在各自相链的绕组内感应出漏磁电动势$\dot{E}_{1\sigma}$和$\dot{E}_{2\sigma}$。

漏感电动势$\dot{E}_{1\sigma}$和一次电流$\dot{I}_1$成正比，$\dot{E}_{2\sigma}$和二次电流$\dot{I}_2$成正比，它们都可以用漏抗压降的形式表示，即

$$\begin{cases}\dot{E}_{1\sigma}=-{\rm j}\dot{I}_1X_1\\ \dot{E}_{2\sigma}=-{\rm j}\dot{I}_2X_2\end{cases} \tag{3-24}$$

式中，X_1为一次绕组的漏抗；X_2为二次绕组的漏抗。这样，在图 3-17 所示的正方向下，根据基尔霍夫第二定律，可分别列出负载时一次、二次绕组的电动势平衡方程式为

$$\begin{cases}\dot{U}_1=-\dot{E}_1+\dot{I}_1R_1+\mathrm{j}\dot{I}_1X_1=-\dot{E}_1+\dot{I}_1Z_1\\ \dot{U}_2=\dot{E}_2-\dot{I}_2R_2-\mathrm{j}\dot{I}_2X_2=\dot{E}_2-\dot{I}_2Z_2=\dot{I}_2Z_\mathrm{L}\end{cases} \tag{3-25}$$

式中，Z_L为负载阻抗。

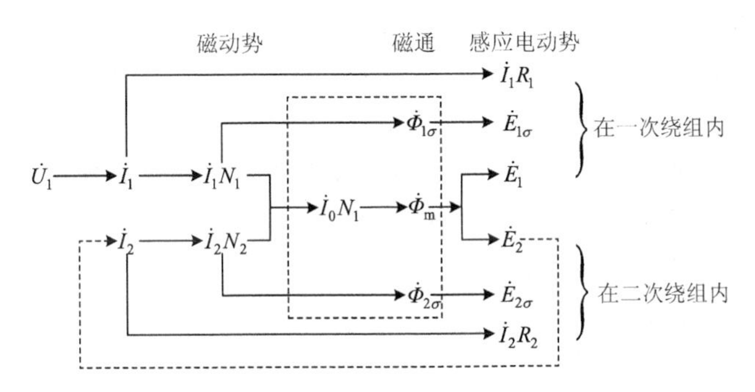

图 3-18　变压器负载运行时的电磁关系

根据以上对变压器的负载运行的分析，得到六个基本方程式。

(1) 一次侧回路电压平衡方程式为

$$\dot{U}_1=-\dot{E}_1+\dot{I}_1Z_1 \tag{3-26}$$

(2) 二次侧回路电压平衡方程式为

$$\dot{U}_2=\dot{E}_2-\dot{I}_2Z_2 \tag{3-27}$$

(3) 一、二次侧感应电动势的关系为

$$\frac{E_1}{E_2}=k \tag{3-28}$$

(4) 磁动势平衡方程式为

$$\dot{I}_1N_1+\dot{I}_2N_2=\dot{I}_0N_1 \tag{3-29}$$

(5) 励磁电流与一次侧感应电动势的关系为

$$\dot{I}_0=\frac{-\dot{E}_1}{Z_\mathrm{m}} \tag{3-30}$$

(6) 负载的伏安关系为

$$\dot{U}_2=\dot{I}_2Z_\mathrm{L} \tag{3-31}$$

这六个基本方程式是变压器负载运行时电磁关系及所遵循规律的集中体现，也是分析计算变压器的基本依据。在解决实际问题之前，为便于计算，还要建立变压器的等值电路。

3.3.3　变压器的折算与等值电路

变压器的基本方程式反映了其内部的电磁关系，利用这组联立方程式可以计算变压器的运行性能。但是，一、二次绕组之间无电的直接联系，解联立相量方程是相当烦琐的，并且

电力变压器的电压比 k 较大，使得一、二次侧的电动势、电流和阻抗等相差较大，不便于比较。需要一个既能反映变压器电磁过程，又便于工程计算的纯电路来代替既有电路关系，这种电路称为等值电路。下面从基本方程出发，通过绕组折算，来推导变压器的等值电路。

1. 绕组折算

为了分析求解方便，需要进行绕组折算，即把一、二次绕组的匝数变换成相等匝数，即把实际变压器模拟为电压比 $k=1$ 的等效变压器来研究。

若以一次绕组为基准，将二次绕组用一个匝数与一次绕组相等的绕组来等效，称为二次侧折算到一次侧；也可以二次绕组为基准，将一次绕组用一个匝数与二次绕组相等的绕组来等效，称为一次侧折算到二次侧，通常是将二次侧折算到一次侧。需要注意的是，折算并不改变变压器运行时的电磁本质，而只是人为处理问题的一种方法，所以折算是在磁动势、功率、损耗和漏磁场储能等均保持不变的原则下进行的。

从分析变压器磁动势平衡关系可知，二次绕组电路是通过它的电流所产生的磁动势去影响一次绕组电路，因此折算前后二次绕组的磁动势应保持不变。从一次侧看，将有同样大小的电流和功率从电源输入，并有同样大小的功率传递到二次侧。这样对一次绕组来说，折算后的二次绕组与实际的二次绕组是等效的。下面，根据折算原则，以二次侧折算到一次侧为例，给出折算前后各量的关系，折算后的各量在相应符号的右上角加“′”以示区别。

1) 电动势的折算

由于折算后的二次绕组和一次绕组有相同的匝数，即 $N_2'=N_1$，而电动势与匝数成正比，且折算前后主磁通和漏磁通保持不变，则

$$\frac{E_2'}{E_2}=\frac{4.44fN_1\Phi_\mathrm{m}}{4.44fN_2\Phi_\mathrm{m}}=\frac{N_1}{N_2}=k$$

即

$$E_2'=kE_2=E_1 \tag{3-32}$$

同理，二次漏磁动势、端电压的折算值为

$$\begin{cases}E_{2\sigma}'=kE_{2\sigma}\\ U_2'=kU_2\end{cases}$$

2) 二次电流的折算值

根据折算前后二次绕组磁动势不变的原则，可得

$$I_2'N_2'=I_2N_2$$

即

$$I_2'=\frac{N_2}{N_2'}I_2=\frac{N_2}{N_1}I_2=\frac{1}{k}I_2 \tag{3-33}$$

3) 二次阻抗的折算值

根据折算前后二次绕组铜耗不变的原则，即

$$I_2'^2R_2'=I_2^2R_2$$

可得

$$R_2' = \left(\frac{I_2}{I_2'}\right)^2 R_2 = k^2 R_2 \tag{3-34}$$

根据折算前后二次绕组中漏感无功功率不变的原则，即

$$I_2'^2 X_2' = I_2^2 X_2$$

可得

$$X_2' = \left(\frac{I_2}{I_2'}\right)^2 X_2 = k^2 X_2 \tag{3-35}$$

随后可得

$$Z_2' = R_2' + \mathrm{j}X_2' = k^2 Z_2 \tag{3-36}$$

负载阻抗的折算值为

$$Z_\mathrm{L}' = \frac{U_2'}{I_2'} = \frac{kU_2}{\frac{1}{k}I_2} = k^2 Z_\mathrm{L} \tag{3-37}$$

综上所述，把变压器二次侧折算到一次侧后，电动势和电压的折算值等于实际值乘以电压比 k，电流的折算值等于实际值除以电压比 k，而电阻、漏抗及阻抗的折算值等于实际值乘以 k^2。

需要注意的是，折算只是一种分析方法，只要保持磁动势 $\dot{F}_2$ 不变，就未改变变压器的电磁关系，也不会改变变压器的功率平衡关系。即折算前后二次绕组内的功率和损耗均将保持不变。

折算之后，变压器负载运行时的基本方程式变为

$$\begin{cases} \dot{U}_1 = -\dot{E}_1 + \mathrm{j}\dot{I}_1 X_1 + \dot{I}_1 R_1 = -\dot{E}_1 + \dot{I}_1 Z_1 \\ \dot{U}_2' = \dot{E}_2' - \mathrm{j}\dot{I}_2' X_2' - \dot{I}_2' R_2' = \dot{E}_2' - \dot{I}_2' Z_2' \\ \dot{I}_1 = \dot{I}_0 + (-\dot{I}_2') \\ \dot{E}_1 = \dot{E}_2' \\ -\dot{E}_1 = \dot{I}_0 Z_\mathrm{m} = \dot{I}_0 (R_\mathrm{m} + \mathrm{j}X_\mathrm{m}) \\ \dot{U}_2' = \dot{I}_2' Z_\mathrm{L}' \end{cases} \tag{3-38}$$

2. 等值电路

在研究变压器空载运行时，可以用一个纯电路形式的等值电路(图 3-16)来直接表示变压器内部的电磁关系。现在变压器经过折算后，也可以用一个纯电路形式的等值电路来直接表示变压器负载运行时内部的电磁关系。

1) T 形等值电路

变压器一、二次绕组间，只有磁的耦合而无电的联系。但变压器进行绕组折算后，变压器一、二次绕组匝数相同，故电动势 $\dot{E}_1 = \dot{E}_2'$，可认为一、二次侧感应电动势相同而合并成一条支路。一次和二次绕组的磁动势方程也变成等效的电流关系 $\dot{I}_1 + \dot{I}_2' = \dot{I}_0$。这样就可以画出一、二次绕组的等值电路，方法如下：

(1) 根据式(3-38)中的第一式和第二式，可画出一次和二次绕组的等值电路。实际上就是把一、二次侧绕组的电阻和漏磁通从实际变压器中分离出来，其效果用电阻 R_1、R_2' 和漏抗 X_1、X_2' 来表示，如图 3-19(a)和(c)所示，图中二次侧各量均已折算到一次侧。

(2) 根据式(3-38)第五式可画出励磁部分等值电路，即把铁心的磁阻和铁耗分离出来，其效果用励磁阻抗 R_{m} 和 X_{m} 来表示，如图 3-19(b)所示。

(3) 最后根据 $\dot{I}_1=\dot{I}_0+(-\dot{I}_2')$ 和 $\dot{E}_1=\dot{E}_2'$ 两式，把这三个电路连接起来，即可得到变压器的 T 形等值电路，如图 3-20 所示。

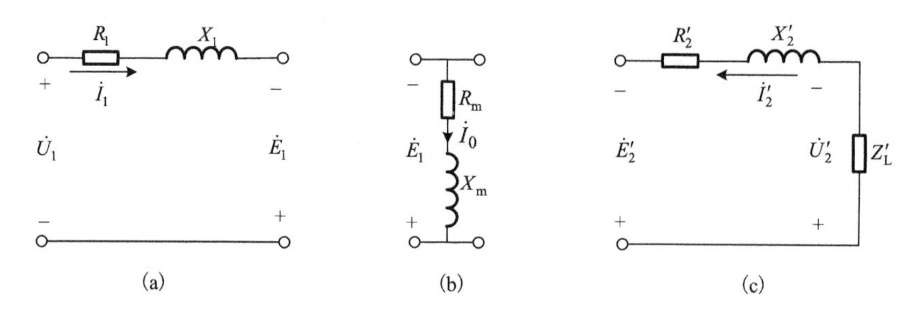

图 3-19　部分等值电路

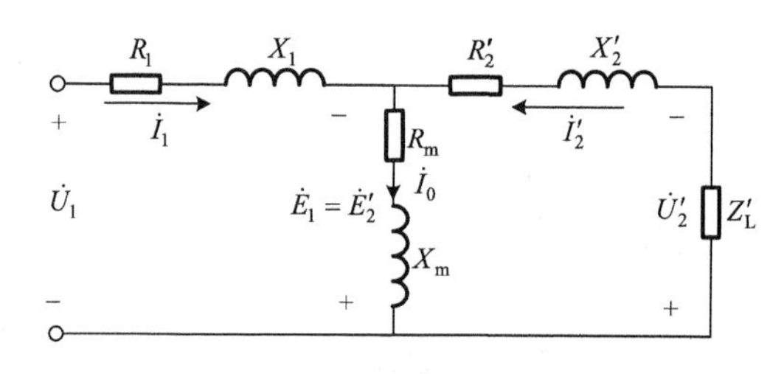

图 3-20　变压器的 T 形等值电路

2) 近似和简化等值电路

T 形等值电路正确地反映了变压器内部的电磁关系，但是它是一个具有串并联的混联电路，复数运算时比较烦琐。考虑到一般变压器中，可认为 $\dot{I}_0$ 不随负载变化，就可以把 T 形等值电路中的励磁分支从电路的中间移到电源端，形成变压器 Γ 形等值电路，如图 3-21 所示，称为变压器的近似等值电路。根据这种电路对变压器的运行情况进行定量运算，所引起的误差是很小的；而且近似等值电路是一个并联电路，计算过程相对简便。

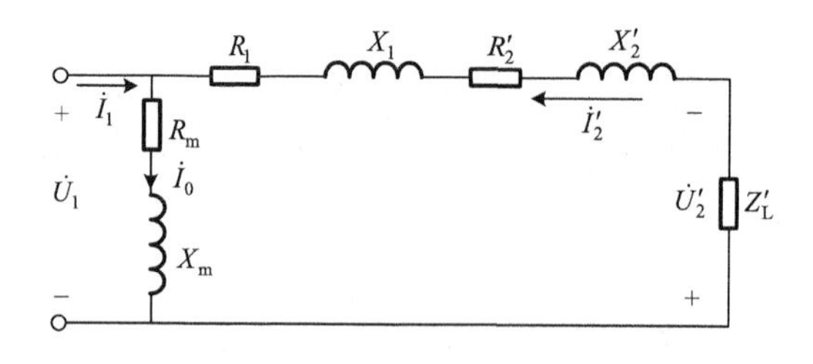

图 3-21　变压器 Γ 形等值电路

由于一般电力变压器励磁电流 I_0 远小于额定电流 I_{N}，因此，也可以忽略励磁电流 I_0，即去掉励磁支路，而得到一个更简单的阻抗串联电路，如图 3-22(a)所示，称为变压器的简化等值电路，也称为一字形等值电路。

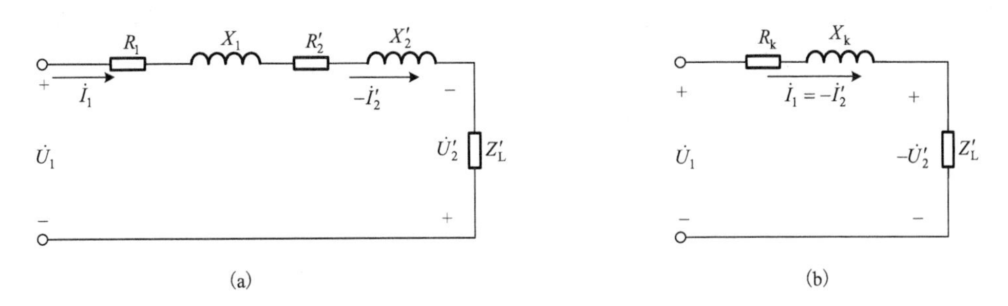

图 3-22　变压器的简化等值电路

对于简化等值电路，可以写出如下表达式

$$\begin{aligned}Z_k &= R_1 + jX_1 + R_2' + jX_2' \\ &= (R_1 + R_2') + (jX_1 + jX_2') \\ &= R_k + jX_k\end{aligned} \tag{3-39}$$

式中，Z_k称为短路阻抗；R_k称为短路电阻；X_k称为短路电抗。用短路阻抗表示的简化等值电路如图 3-22(b)所示，用之计算变压器的实际问题十分简便，而在多数情况下其精确度也能满足工程要求。

短路阻抗是变压器的一个重要参数，反映额定负载运行时变压器的内部压降。它可以通过变压器的短路试验获得，具体方法参见 3.4.2 节内容。

3.3.4　变压器负载运行时的相量图

根据变压器的基本方程式和等值电路，可以绘制变压器负载运行时相量图，下面以感性负载为例介绍绘制变压器负载运行相量图的方法，绘制结果如图 3-23 所示。

假设已知负载情况和变压器参数，即已知$\dot{U}_2$、$\dot{I}_2$、$\cos\varphi_2$、R_1、X_1、R_2、X_2、R_m和X_m，则绘图步骤如下：

(1) 根据电压比 k 计算二次绕组折算到一次绕组的折算值$\dot{U}_2'$、$\dot{I}_2'$、R_2'和X_2'；取$\dot{U}_2'$为参考相量，$\dot{I}_2'$滞后$\dot{U}_2'$ φ_2角度。

(2) 根据二次电压平衡方程式$\dot{E}_2' = \dot{U}_2' + j\dot{I}_2'X_2' + \dot{I}_2R_2'$，在$\dot{U}_2'$上叠加$\dot{I}_2R_2'$和$j\dot{I}_2'X_2'$，$\dot{I}_2R_2'$与$\dot{I}_2'$同相，$j\dot{I}_2'X_2'$超前$\dot{I}_2'$ 90°，从而可得到$\dot{E}_2'$。

(3) 根据$\dot{E}_1 = \dot{E}_2'$，则得到$\dot{E}_1$，取其反向值，为$-\dot{E}_1$。

(4) 主磁通$\dot{\Phi}_m$超前$\dot{E}_1$ 90°，大小为$\Phi_m = \dfrac{E_1}{4.44fN_1}$，而励磁电流$\dot{I}_0$超前$\dot{\Phi}_m$一个角度$\alpha$，$\alpha = \arctan\dfrac{X_m}{R_m}$，$\dot{I}_0 = \dfrac{-\dot{E}_1}{Z_m}$。

(5) 由$\dot{I}_1 = \dot{I}_0 + (-\dot{I}_2')$可画出$\dot{I}_1$。

(6) 根据$\dot{U}_1 = -\dot{E}_1 + j\dot{I}_1X_1 + \dot{I}_1R_1$可画出$\dot{U}_1$。

从图 3-23 可见，$\dot{I}_1$滞后$\dot{U}_1$ φ_1角度，φ_1为变压器一次侧的功率因数角。

图 3-23 在理论分析上是有意义的，但是实际应用较复杂。因为已制成的变压器，很难用实验的方法把 X_1 和 X_2 分开，因此在分析变压器负载运行时，常根据图 3-22(b)的简化等值电路，忽略 $\dot{I}_0$ 故 $\dot{I}_1=-\dot{I}_2'$，在 $-\dot{U}_2'$ 的相量上加上平行于 $\dot{I}_1$ 的相量 $\dot{I}_1R_k$ 和超前 $\dot{I}_1$ 90°的相量 $j\dot{I}_1R_k$，便得到电源电压 $\dot{U}_1$，如图 3-24 所示。从图 3-24 中可见，短路阻抗的压降形成一个三角形，称为阻抗三角形。对已做好的变压器，这个三角形的形状是固定的，它的大小和负载成正比，在额定负载时称为短路三角形。

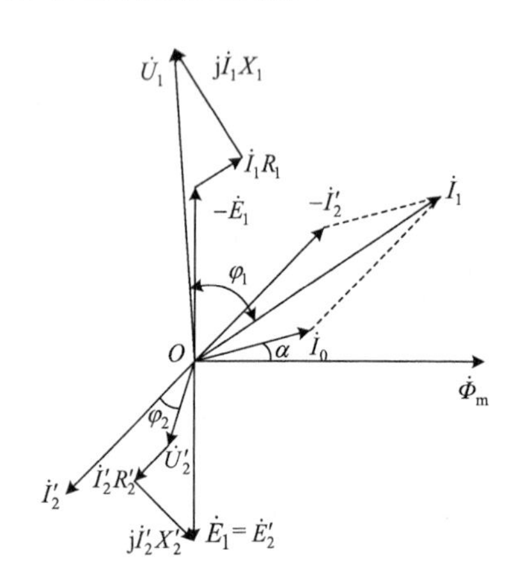

图 3-23　感性负载时变压器的相量图

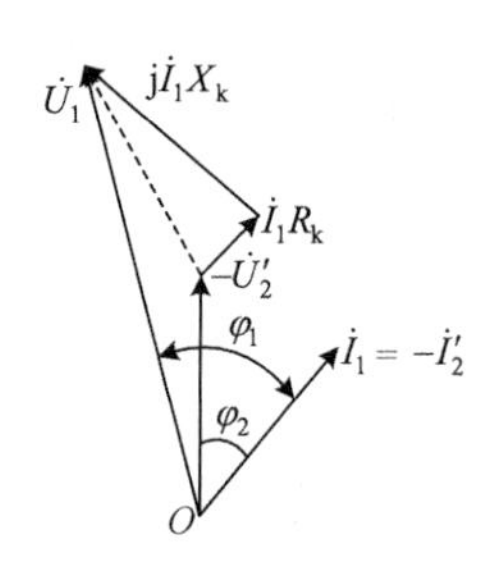

图 3-24　感性负载时变压器的简化相量图

3.3.5　标幺值

同一系列的电力变压器无论是容量等级，还是电压等级，相差极其悬殊，其参数也相差很大。为了便于分析和表示，在工程计算中，各物理量往往不用它们的实际值来表示，而是用标幺值来表示。

1. 标幺值的定义

所谓标幺值就是某物理量的实际值与选定的一个同单位的基值进行比较，其比值称为该物理量的标幺值，即

$$\text{标幺值}=\frac{\text{实际值}}{\text{基准值}}$$

各物理量标幺值的符号是在该物理量符号的右上角加“*”来表示。

2. 基准值的选取

为使标幺值具有一定的物理意义，常选各物理量的额定值作为基准值，具体如下。

(1)额定电压和电流作为线电压和线电流的基准值。即

$$\begin{cases} U_1^*=\dfrac{U_1}{U_{1N}},\ U_2^*=\dfrac{U_2}{U_{2N}} \\ I_1^*=\dfrac{I_1}{I_{1N}},\ I_2^*=\dfrac{I_2}{I_{2N}} \end{cases} \tag{3-40}$$

(2) 电阻、电抗和阻抗采用同一个基准值，在确定了电压和电流的基准值后，阻抗基准值 Z_N 是额定电压与额定电流的比值，即 $Z_N = U_N / I_N$，则有

$$\begin{cases} Z_1^* = \dfrac{Z_1}{Z_{1N}} = \dfrac{I_{1N}Z_1}{U_{1N}} \\ Z_2^* = \dfrac{Z_2}{Z_{2N}} = \dfrac{I_{2N}Z_2}{U_{2N}} \end{cases} \tag{3-41}$$

(3) 有功功率、无功功率及视在功率采用同一个基准值，以额定视在功率为基准；单相功率的基准值为 $U_N I_N$，三相视在功率的基准值为 $\sqrt{3}U_N I_N$。

3. 标幺值的特点

(1) 可以更直观地反映变压器的运行状态。例如，两台变压器标幺值分别为 $U_1^* = 1.0$，$I_1^* = 1.0$ 和 $U_1^* = 1.0$，$I_1^* = 0.5$，可以判断出两台变压器电源电压为额定值，前者满负荷运行，而后者为半载工作。

(2) 因为取额定值为基准值，所以额定电压、额定电流和额定视在功率的标幺值为 1。

(3) 变压器绕组折算前后各物理量的标幺值相等，也就是说，采用标幺值计算时，不必再进行折算，这样给分析计算带来很大的方便，例如

$$U_2^* = \frac{U_2}{U_{2N}} = \frac{kU_2}{kU_{2N}} = \frac{U_2'}{U_{1N}} = U_2'^* \tag{3-42}$$

(4) 由式 (3-41) 可知短路阻抗 Z_k^* 的标幺值为

$$Z_k^* = \frac{Z_k}{Z_{1N}} = \frac{Z_k I_{1N}}{U_{1N}} = \frac{U_k}{U_{1N}} = U_k^* \tag{3-43}$$

式中，U_k 是额定电流在短路阻抗上的电压降，称为短路电压；U_k^* 为短路电压的标幺值等于短路阻抗 Z_k^* 的标幺值。

(5) 不论变压器的容量大小和电压高低，同一类变压器的参数在一个很小的范围内变化。例如，电力变压器短路阻抗 $Z_k^* = 0.04 \sim 0.10$，空载电流 $I_0^* = 0.02 \sim 0.10$。

(6) 对三相变压器而言，无论是星形连接还是三角形连接，其线值和相值的标幺值总相等，从而不必指出是线值还是相值。

(7) 各物理量的标幺值没有量纲，不能用量纲的关系来检查结果是否正确。

例 3-3 设一台单相变压器容量 $S_N = 2\text{kV·A}$，额定电压为 $U_{1N}/U_{2N} = 1100\text{V}/110\text{V}$，$f_N = 50\text{Hz}$，在一次侧测得下列数据：$Z_k = 30\Omega$，$R_k = 8\Omega$，在额定电压下空载电流的无功分量为 0.09A，有功分量为 0.01A。二次绕组保持额定电压。变压器负载阻抗为 $Z_L = (10+\text{j}5)\Omega$。试求：

(1) 变压器的近似等值电路参数，用标幺值表示；

(2) 一次侧电压 $\dot{U}_1$ 和电流 $\dot{I}_1$。

解 (1) 一次绕组额定电流为

$$I_{1N} = \frac{S_N}{U_{1N}} = \frac{2000}{1100} = 1.82(\text{A})$$

二次绕组额定电流为

$$I_{2N}=\frac{S_N}{U_{2N}}=\frac{2000}{110}=18.2(\text{A})$$

一次绕组阻抗为

$$Z_1=\frac{U_{1N}}{I_{1N}}=\frac{1100}{1.82}=604(\Omega)$$

二次绕组阻抗为

$$Z_2=\frac{U_{2N}}{I_{2N}}=\frac{110}{18.2}=6.04(\Omega)$$

短路阻抗标幺值

$$Z_k^*=\frac{Z_k}{Z_1}=\frac{30}{604}=0.0497$$

$$R_k^*=\frac{R_k}{Z_1}=\frac{8}{604}=0.0132$$

$$X_k^*=\sqrt{Z_k^{*2}-R_k^{*2}}=\sqrt{0.0497^2-0.0132^2}=0.0479$$

负载阻抗标幺值

$$R_L^*=\frac{R_L}{Z_2}=\frac{10}{6.04}=1.656$$

$$X_L^*=\frac{X_L}{Z_2}=\frac{5}{6.04}=0.828$$

以$\dot{U}_1$为参考相量，即$\dot{U}_1=1100\angle 0^\circ\text{V}$，因为负载为感性，所以额定电压下的空载电流为

$$\dot{I}_0=0.01-\text{j}0.09=0.091\angle-83.69^\circ(\text{A})$$

励磁阻抗为

$$Z_m=R_m+\text{j}X_m=\frac{U_{1N}}{I_0}=\frac{1100\angle 0^\circ}{0.091\angle-83.69^\circ}=1334.8+\text{j}12013.97$$
$$=12087.9\angle 83.69^\circ(\Omega)$$

励磁阻抗标幺值为

$$R_m^*=\frac{R_m}{Z_1}=\frac{1334.8}{604}=2.2$$

$$X_m^*=\frac{X_m}{Z_1}=\frac{12013.97}{604}=19.9$$

(2) 以二次侧电压$\dot{U}_2$为参考，即$\dot{U}_2^*=1\angle 0^\circ$，负载电流为

$$\dot{I}_2^*=\frac{\dot{U}_2^*}{R_L^*+\text{j}X_L^*}=\frac{1+\text{j}0}{1.656+\text{j}0.828}=0.483-\text{j}0.241=0.54\angle-26.6^\circ(\text{A})$$

一次侧电压为

$$
\begin{aligned}
\dot{U}_1^* &= \dot{U}_2^* + \dot{I}_2^* \cdot Z_{\text{k}} = \dot{I}_2^*[(R_{\text{k}}^* + R_{\text{L}}^*) + \text{j}(X_{\text{k}}^* + X_{\text{L}}^*)] \\
&= 0.54\angle -26.6^\circ(1.669 + \text{j}0.876) \\
&= 0.54\angle -26.6^\circ \times 1.8849\angle 27.69^\circ \\
&= 1.016\angle 1.1^\circ
\end{aligned}
$$

$\dot{U}_1$ 升高后的励磁电流为

$$
\dot{I}_0^* = \frac{\dot{U}_1^*}{Z_{\text{m}}^*} = \frac{1.016\angle 1.1^\circ}{2.2 + \text{j}19.9} = \frac{1.016\angle 1.1^\circ}{20.02\angle 83.69^\circ} = 0.0507\angle -82.59^\circ = 0.00653 - \text{j}0.050
$$

励磁电流实际值为

$$
\dot{I}_0 = (0.00653 - \text{j}0.050) \times 1.82 = 0.0119 - \text{j}0.091(\text{A})
$$

可见，一次电压升高为 1.016 倍额定电压，励磁电流无功分量由 0.090A 升高到 0.091A，有功分量由 0.01A 升高到 0.0119A，功率因数角由 83.69°减小至 82.59°。

一次侧电流标幺值为

$$
\dot{I}_1^* = \dot{I}_2^* + \dot{I}_0^* = 0.483 - \text{j}0.241 + 0.00653 - \text{j}0.05 = 0.49 - \text{j}0.292 = 0.57\angle -30.8^\circ
$$

一次侧电流实际值为

$$
\dot{I}_1 = (0.49 - \text{j}0.292) \times 1.82 = 0.8918 - \text{j}0.5314(\text{A})
$$

3.4 用试验方法测定变压器的参数

变压器的基本参数 Z_1、Z_2 及 Z_{m}、Z_{k} 等，不会标明在变压器的铭牌上，也不在产品目录中给出，但可以通过计算方法和试验方法求取，这里只介绍参数的试验测定。通常通过空载试验和短路试验来测定变压器的参数。

3.4.1 空载试验

变压器在空载状态下进行的试验称为空载试验。通过空载试验可以测定变压器的变比 k、空载电流 I_0、铁损耗 P_{Fe}。从而计算出励磁阻抗 Z_{m}。

空载试验的接线图如图 3-25 所示，图 3-25(a)为单相变压器的试验接线图，3-25(b)为三相变压器试验接线图。做空载试验时，变压器的一侧接额定电压，另一侧开路。

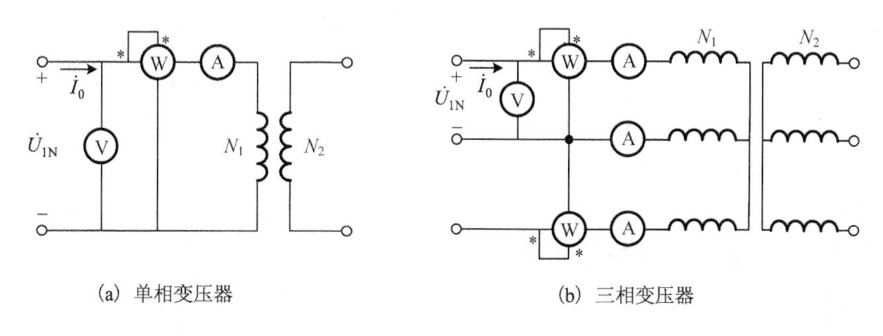

图 3-25 空载试验接线图

若试验是在一次侧进行的，就应在一次绕组上接额定频率的额定电压 $U_{1\text{N}}$，二次绕组开路。

变压器空载时的阻抗 Z_0 为

$$Z_0 = Z_1 + Z_m = (R_1 + jX_1) + (R_m + jX_m)$$

在电力变压器中，$R_m \gg R_1$，$X_m \gg X_1$，于是可以认为

$$Z_m = Z_0 = \frac{U_1}{I_0}$$

变压器空载试验时，二次绕组开路，没有功率输出，从电源输入的有功功率 P_1 全部转变为损耗，称为空载损耗 P_0，P_0 等于一次侧的铜损耗和铁损耗之和，由于 $R_m \gg R_1$，铜损耗和铁损耗相比可以忽略，认为空载损耗就是铁损耗。因为试验时外加额定频率的额定电压 U_{1N}，铁心中的主磁通与正常运行时的主磁通是相等的，所以空载试验时测得的铁损耗就是变压器正常运行时的铁损耗，于是有

$$P_1 = P_0 = P_{Cu1} + P_{Fe} = I_0^2 R_1 + I_0^2 R_m \approx I_0^2 R_m = P_{Fe}$$

对于单相变压器，根据测出的数据 U_{1N}、U_{20}、I_0 和 P_0，可以计算出变压器的变比 k 和励磁阻抗为

$$\begin{cases} k = \dfrac{U_{1N}}{U_{20}} \\ Z_m = \dfrac{U_{1N}}{I_0} \\ R_m = \dfrac{P_0}{I_0^2} \\ X_m = \sqrt{Z_m^2 - R_m^2} \end{cases} \tag{3-44}$$

由于励磁阻抗 $Z_m = R_m + jX_m$ 不是常数，而与磁路的饱和程度有关，因此做空载试验时的外接电压必须等于额定频率的额定电压 U_{1N}。

对于三相变压器，测出的功率是三相的总功率，要除以 3 得到单相的功率 $P_0 = P_0' / 3$；同时要将电流与电压的线值根据绕组的接法换算成相值，即 $I_0 = I_0'$ (Y 形连接) 或 $I_0 = I_0' / \sqrt{3}$ (△形连接)，再根据式(3-44)计算 k 和 Z_m。

理论上讲，空载试验可以在一次侧做，加电压为 U_{1N}；也可以在二次侧做，加电压为 U_{2N}，显然为了便于安全考虑，通常空载试验都在二次侧做。

如果空载试验是在二次绕组进行，即一次绕组开路，二次绕组接上额定频率的额定电压 U_{2N}，则测得的励磁阻抗是折算到二次绕组的数值，若需要得到折算到一次绕组的励磁阻抗，还必须将试验求得的励磁阻抗值乘以变比 k^2。

单相变压器试验大致步骤如下：

(1) 变压器一次侧开路，二次侧接到额定频率、额定电压的电源上，同时正确连接功率表、电流表和电压表，根据铭牌数据计算变比 k。

(2) 用单相调压器改变外加电压大小，使其从二次侧电压达到额定电压。

(3) 若是单相变压器，通过功率表和电流表数据，记录空载电流 I_0、空载损耗 P_0；若是三相变压器，记录空载电流 I_0'、空载损耗 P_0'，然后求出单相空载电流和单相空载损耗。

(4) 按式 (3-44) 进行数据处理，得到二次侧测定的励磁参数 R'_{m}、X'_{m}。

(5) 因需要得到的是一次绕组的励磁阻抗，还必须将励磁参数 R'_{m}、X'_{m} 分别乘以变比 k^2，即 $R_{\mathrm{m}} = k^2 R'_{\mathrm{m}}$，$X_{\mathrm{m}} = k^2 X'_{\mathrm{m}}$。

例 3-4 一台三相变压器容量 $S_{\mathrm{N}} = 100\mathrm{kV \cdot A}$，额定电压为 $U_{1\mathrm{N}}/U_{2\mathrm{N}} = 6000\mathrm{V}/400\mathrm{V}$，Yy0 连接，$I_{1\mathrm{N}}/I_{2\mathrm{N}} = 9.63\mathrm{A}/144\mathrm{A}$，在二次侧做空载试验，$P_0 = 600\mathrm{W}$，$I_{20} = 9.37\mathrm{A}$。求变压器的励磁阻抗为多少？

解 计算一相的数据，由于是 Y 连接，于是有

$$k = \frac{U_1}{U_2} = \frac{U_{1\mathrm{N}}/\sqrt{3}}{U_{2\mathrm{N}}/\sqrt{3}} = \frac{U_{1\mathrm{N}}}{U_{2\mathrm{N}}} = \frac{6000}{400} = 15$$

$$U_1 = \frac{U_{1\mathrm{N}}}{\sqrt{3}} = \frac{6000}{\sqrt{3}} = 3464(\mathrm{V})$$

$$U_2 = \frac{U_{2\mathrm{N}}}{\sqrt{3}} = \frac{400}{\sqrt{3}} = 231(\mathrm{V})$$

每相的空载损耗为

$$P_0 = \frac{600}{3} = 200(\mathrm{W})$$

故励磁阻抗为

$$Z'_{\mathrm{m}} = \frac{U_2}{I_{20}} = \frac{231}{9.37} = 24.65(\Omega)$$

$$R'_{\mathrm{m}} = \frac{P_0}{I_{20}^2} = \frac{200}{9.37^2} = 2.28(\Omega)$$

$$X'_{\mathrm{m}} = \sqrt{(Z'_{\mathrm{m}})^2 - (R'_{\mathrm{m}})^2} = 24.5\Omega$$

折算到一次侧的励磁阻抗为

$$Z_{\mathrm{m}} = k^2 Z'_{\mathrm{m}} = 15^2 \times 24.65 = 5546(\Omega)$$

$$R_{\mathrm{m}} = k^2 R'_{\mathrm{m}} = 15^2 \times 2.28 = 513(\Omega)$$

$$X_{\mathrm{m}} = k^2 X'_{\mathrm{m}} = 15^2 \times 24.5 = 5513(\Omega)$$

3.4.2 短路试验

由短路试验可以求出变压器的短路阻抗 Z_{k} 和铜损耗，短路试验一般在一次侧进行，二次侧短路。

短路试验的接线图如图 3-26 所示，图 3-26(a) 为单相变压器的试验接线图，图 3-26(b) 为三相变压器的试验接线图。如果一次侧是高压，二次侧是低压，做试验时首先应将二次绕组短路，然后将一次绕组接调压器，使一次绕组电压 U_{k} 从零开始逐渐升高，流过一次绕组的电流 I_{k} 逐渐上升，直到 $I_{\mathrm{k}} = I_{1\mathrm{N}}$ 时，停止升压，读取 U_{k}、I_{k} 及输入功率。

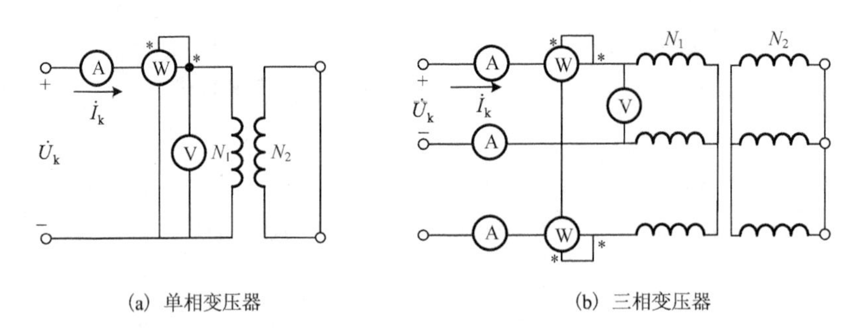

图 3-26　短路试验接线图

变压器短路试验简化等值电路如图 3-27 所示。由图可知，由于二次绕组短路，$Z'_L=0$，$U'_2=0$，回路的阻抗就是变压器的短路阻抗 Z_k，这时外施电压 U_k 只与回路的阻抗压降相平衡，于是就有

$$I_k=\frac{U_k}{Z_k} \tag{3-45}$$

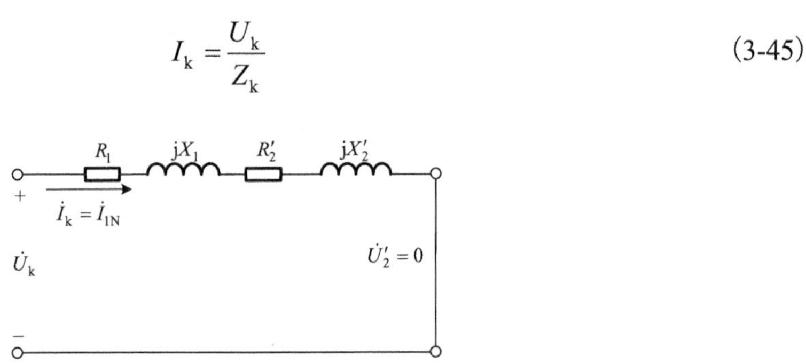

图 3-27　短路试验简化等值电路

$I_k=I_{1N}$ 时的外施电压称为短路电压 $U_k=Z_kI_{1N}$。

由于做短路试验时的电压大大低于其额定电压，所以变压器铁损耗也就比正常运行时小很多，可以忽略不计，认为短路损耗 P_{kN} 全部是铜损耗，并且等于额定运行时的铜损耗，因为这时流过一次绕组、二次绕组中的电流为额定电流，于是就有

$$P_{kN}=I_k^2R_k=I_{1N}^2R_k$$

这样，可以计算出单相变压器的短路阻抗为

$$\begin{cases} Z_k=\dfrac{U_k}{I_k}=\dfrac{U_{kN}}{I_{1N}} \\ R_k=\dfrac{P_{kN}}{I_k^2}=\dfrac{P_{kN}}{I_{1N}^2} \\ X_k=\sqrt{Z_k^2-R_k^2} \end{cases} \tag{3-46}$$

按照国家标准，在计算变压器参数时，应将绕组的电阻换算到 75℃ 时的数值。

对于铜线绕组变压器

$$R_{k75℃}=R_k\frac{234.5+75}{234.5+\theta} \tag{3-47}$$

对于铝线绕组变压器

$$R_{k75℃}=R_k\frac{228+75}{228+\theta} \tag{3-48}$$

上两式中的θ是做试验时绕组的温度。于是 75℃时的短路阻抗值为

$$Z_{k75°C}=\sqrt{R_{k75°C}^2+X_k^2} \tag{3-49}$$

一般变压器可以认为$Z_2'=Z_1=\frac{Z_{k75°C}}{2}$，$X_2'=X_1=\frac{X_{k75°C}}{2}$，$R_2'=R_1=\frac{R_{k75°C}}{2}$。

短路阻抗Z_k和短路电压U_{kN}在数值上不相等的，但是它们的标幺值是相等的，即$Z_k^*=U_k^*$。常用u_k表示U_k^*标明在变压器的铭牌上，所以u_k就是短路电压的标幺值，也就是短路阻抗的标幺值。

单相变压器短路试验大致步骤如下：

(1)首先应将二次绕组短路，然后将一次绕组接单相调压器，同时正确连接单相功率表和电流表；

(2)用单相调压器逐渐升压，观察电流表到$I_k=I_{1N}$时，停止升压，记录短路电流I_k、短路损耗P_k；

(3)按式(3-46)进行数据处理，得到Z_k、R_k、X_k；

(4)按式(3-47)、式(3-48)和式(3-49)进行数据处理，得到$R_{k75℃}$、$Z_{k75℃}$；

(5)按式$Z_2'=Z_1=\frac{Z_{k75℃}}{2}$，$X_2'=X_1=\frac{X_{k75℃}}{2}$，$R_2'=R_1=\frac{R_{k75℃}}{2}$，分别求出$Z_2'$、$Z_1$、$X_2'$、$X_1$、$R_2'$、$R_1$。

例 3-5 一台三相变压器容量$S_N=100$kV·A，额定电压为$U_{1N}/U_{2N}=6000\text{V}/400\text{V}$，Yy0 连接，$I_{1N}/I_{2N}=9.63\text{A}/144\text{A}$，短路阻抗标幺值$u_k=0.1$。求一次绕组、二次绕组的漏阻抗$Z_1$和$Z_2$为多少？

解 先计算变比k为

$$k=\frac{U_1}{U_2}=\frac{U_{1N}/\sqrt{3}}{U_{2N}/\sqrt{3}}=\frac{U_{1N}}{U_{2N}}=\frac{6000}{400}=15$$

$$u_k=U_k^*=\frac{Z_kI_{1N}}{U_1}=\frac{Z_kI_{1N}}{U_{1N}/\sqrt{3}}=0.1$$

$$Z_k=\frac{u_kU_{1N}}{\sqrt{3}I_{1N}}=\frac{6000\times0.1}{\sqrt{3}\times9.63}=36(\Omega)$$

由于$Z_2'\approx Z_1$，$Z_k=Z_1+Z_2'=2Z_1$，故而就有

$$Z_1=\frac{Z_k}{2}=18\Omega$$

$$Z_2=\frac{Z_2'}{k^2}=\frac{Z_1}{k^2}=\frac{18}{15^2}=0.08(\Omega)$$

3.5 变压器运行特性

变压器负载运行时的运行特性主要有外特性和效率特性。外特性是指电源电压和负载的功率因数为常数时，变压器二次侧电压随负载变化的关系特性，即$U_2=f(I_2)$，又称为电压调

整特性，常用电压变化率来表示二次电压变化的程度，它反映变压器供电电压的质量。效率特性是指电源电压和负载的功率因数为常数时，变压器的效率随负载电流变化的规律，即$\eta = f(I_2)$。

变压器的电压变化率和效率体现了这两个特性，而且是变压器的主要性能指标。下面分别讨论这两个问题。

3.5.1 电压变化率和外特性

当变压器一次侧绕组接额定电压，二次侧绕组开路时，二次侧电压即为二次侧额定电压。变压器带上负载后，绕组存在电阻和漏抗，负载电流在变压器内部产生漏阻抗压降，使二次电压随之发生变化，与二次侧额定电压不相等。二次侧电压变化程度用电压变化率来表示，反映变压器供电电压的稳定性，电压变化率可以表示为

$$\Delta U = \frac{U_{20} - U_2}{U_{20}} \times 100\% = \frac{U_{2N} - U_2}{U_{2N}} \times 100\% = \frac{U_{1N} - U_2'}{U_{1N}} \times 100\% = 1 - U_2^* \tag{3-50}$$

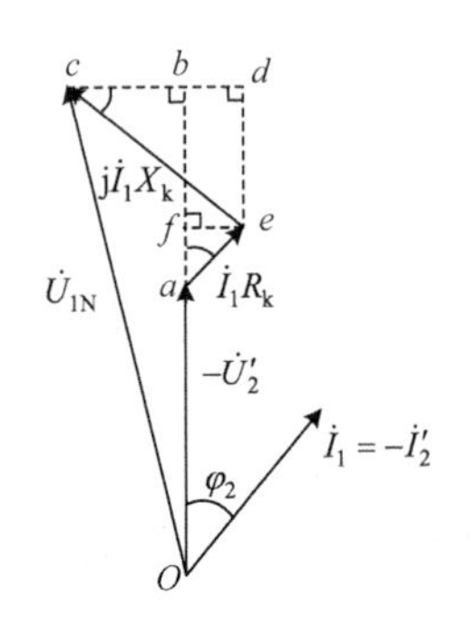

图 3-28　由简化等值电路及相量图确定电压变化率

电压变化率是表征变压器运行性能的重要指标之一，它的大小反映了供电电压的稳定性。下面用简化等值电路对应的相量图来推导电压变化率的计算公式。变压器的相量图如图 3-28 所示。

在图 3-28 中，通过作相量$-\dot{U}_2'$的延长线$\overline{ab}$，再作辅助线$\overline{cd}$、$\overline{ef}$和$\overline{ed}$，使$\overline{cd} \perp \overline{ab}$、$\overline{ef} \perp \overline{ab}$、$\overline{ed} \mathbin{/\!/} \overline{ab}$，根据图中的几何关系可得到

$$\overline{ab} = \overline{af} + \overline{fb} = \overline{af} + \overline{ed} = I_1R_k\cos\varphi_2 + I_1X_k\sin\varphi_2$$

在实际的电力变压器的简化相量图中，$\overline{Oc} \approx \overline{Ob}$，则$U_{1N} = U_2' + \overline{\mathrm{ab}}$。

可以得到

$$\begin{aligned}
\Delta U &= \frac{U_{1N} - U_2'}{U_{1N}} \times 100\% = \frac{\overline{ab}}{U_{1N}} \times 100\% \\
&= \frac{I_1R_k\cos\varphi_2 + I_1X_k\sin\varphi_2}{U_{1N}} \times 100\% \\
&= \beta\left(\frac{I_{1N}R_k\cos\varphi_2 + I_{1N}X_k\sin\varphi_2}{U_{1N}}\right) \times 100\% \\
&= \beta(R_k^*\cos\varphi_2 + X_k^*\sin\varphi_2) \times 100\%
\end{aligned} \tag{3-51}$$

式中，β为负载系数，$\beta = \frac{I_1}{I_{1N}} = I_1^* = \frac{I_2}{I_{2N}} = I_2^*$，可反映负载大小，额定负载时，$\beta = 1$。

式(3-51)表明，变压器的电压变化率ΔU有以下性质。

(1) 电压变化率与变压器短路阻抗有关。负载一定时，短路阻抗标幺值越大，电压变化率也越大。

(2) 电压变化率与负载系数β成正比例关系。当负载为额定负载、功率因数为指定值时(通常为 0.8 滞后)的电压变化率称为额定电压变化率，用ΔU_N表示，约为 5%左右，所以一般电

力变压器的一次侧绕组都有±5%的抽头，用改变一次侧绕组匝数的方法来进行输出电压调节，称为分接头调压。

(3) 电压变化率不仅与负载大小有关，还与负载性质有关。在实际变压器中，$X_k^* \gg R_k^*$，所以纯电阻负载时电压变化率较小；感性负载时，φ_2 为正，电压变化率也为正，表明二次侧电压 U_2 低于二次额定电压；但负载若为容性时，φ_2 为负，$\sin\varphi_2$ 也为负，可能会出现 $\left|X_k^* \sin\varphi_2\right| > R_k^* \cos\varphi_2$ 的情况，则 ΔU 为负值，表明二次侧电压 U_2 可能高于二次额定电压。

当一次侧为额定电压，负载功率因数不变时，二次电压 U_2 与负载电流 I_2 的关系曲线 $U_2=f(I_2)$ 称为变压器的外特性。用标幺值表示的外特性如图 3-29 所示，即 $U_1^*=1$，$\cos\varphi_2=$常数，$U_2^*=f(I_2^*)$ 的关系曲线。从图中可以看出：对于阻性负载和感性负载，随着负载系数的增大，变压器输出电压降低；对于容性负载，随着负载系数增大，变压器输出电压有可能增大，高于额定电压。因此，外特性反映了当负载变化时，变压器二次侧的供电电压能否保持恒定的特性。显然，Z_k^* 越小，特性曲线越平，变压器输出电压稳定性越好。

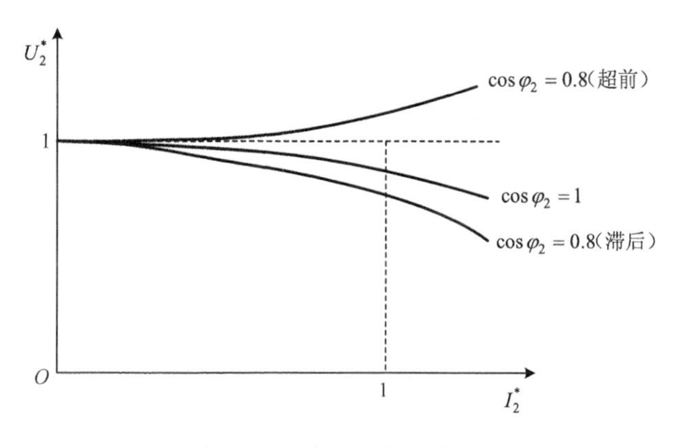

图 3-29　变压器的外特性

3.5.2　损耗、效率和效率特性

1. 变压器的损耗

变压器是利用电磁感应作用来传递交流电能的。在能量的传递过程中，必然伴随着能量的损耗。

利用 T 形等值电路，可以分析变压器稳态运行时的功率平衡关系。其有功功率平衡关系如下：一次侧输入的有功功率 P_1，将在一次绕组的电阻上产生铜耗 P_{Cu1}，在励磁电阻上产生铁耗 P_{Fe}，剩下的功率就是传递到二次侧的有功功率，即二次侧得到的电磁功率 P_M；此电磁功率扣除二次绕组的铜耗 P_{Cu2}，剩下的就是变压器输出的有功功率 P_2，即负载获得的有功功率，如图 3-30 所示。其中，铜耗 P_{Cu} 与负载电流的平方成正比，因而也称为可变损耗。但由于与绕组的温度有关，一般都用 75°时的电阻值来计算。铁耗 P_{Fe} 实际上

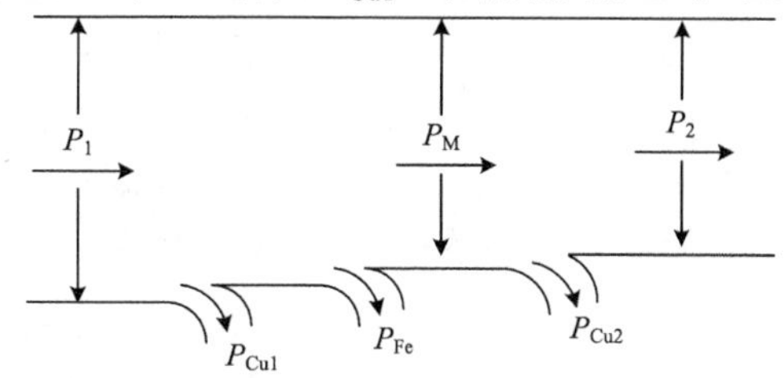

图 3-30　变压器有功功率平衡图

就是变压器的空载损耗 P_0，它与 U_1^2 成正比，由于变压器的一次侧电压通常保持不变，故铁耗可视为不变损耗。由图 3-30 可得变压器总的损耗为

$$\Sigma P = P_{\text{Cu}} + P_{\text{Fe}} = P_{\text{Cu1}} + P_{\text{Cu2}} + P_{\text{Fe}} \tag{3-52}$$

设变压器短路损耗为 P_k，则铜耗为

$$P_{\text{Cu}} = I_1^2 R_k = (\beta I_{1\text{N}})^2 R_k = \beta^2 I_{1\text{N}}{}^2 R_k = \left(\frac{I_2}{I_{2\text{N}}}\right)^2 P_k = I_2^{*2} \cdot P_k = \beta^2 \cdot P_k \tag{3-53}$$

由式(3-53)可知，变压器的铜耗与变压器短路损耗 P_k 有固定关系。式(3-52)可改写成

$$\Sigma P = P_0 + I_2^{*2} \cdot P_k \tag{3-54}$$

变压器中无功功率也满足功率平衡，其无功功率平衡关系如下：一次侧吸收的无功功率，扣除一次绕组漏电抗所需的无功功率和励磁所需的无功功率，就是传递到二次侧的无功功率，再扣除二次绕组漏电抗所需的无功功率，剩下的就是变压器向负载输出的无功功率。

2. 变压器的效率和效率特性

变压器效率是指变压器的输出有功功率 P_2 与输入有功功率 P_1 之比，用 η 表示

$$\eta = \frac{P_2}{P_1} \times 100\% = \frac{P_2}{P_2 + \Sigma P} \times 100\% \tag{3-55}$$

忽略负载二次侧电压变化，有

$$P_2 = U_2 I_2 \cos\varphi_2 \approx U_{2\text{N}} I_2 \cos\varphi_2 = \beta U_{2\text{N}} I_{2\text{N}} \cos\varphi_2 = \beta S_{\text{N}} \cos\varphi_2 \tag{3-56}$$

则变压器效率为

$$\eta = \frac{\beta S_{\text{N}} \cos\varphi_2}{\beta S_{\text{N}} \cos\varphi_2 + P_0 + \beta^2 P_k} \times 100\% \tag{3-57}$$

当负载功率因数 $\cos\varphi_2$ 一定时，效率与负载系数 $\beta(I_2^*)$ 有关。根据式(3-57)，将其对 β 求导，并使导数等于零，可得到变压器最大效率时的负载系数 β_m 和最大效率 $\eta_{\max}$，分别为

$$\beta_m = \sqrt{\frac{P_0}{P_k}} \tag{3-58}$$

$$\eta_{\max} = \frac{\beta_m S_{\text{N}} \cos\varphi_2}{\beta_m S_{\text{N}} \cos\varphi_2 + 2P_0} \times 100\% \tag{3-59}$$

当变压器的铁耗和铜耗相等时，有最大效率。由于变压器实际运行时，其一次绕组常接在电源电压上，所以其铁耗总是存在，而铜耗随负载大小而改变。因为接在电网上的变压器不可能长期满载运行，铁耗却常年存在，所以铁耗小一些对变压器全年运行的平均效率有利。一般变压器最高效率 $\eta_{\max}$ 发生在负载系数 $\beta = 0.5 \sim 0.6$ 的范围内。

负载功率因数 $\cos\varphi_2$ 一定时，效率 η 与负载系数 β 的关系曲线 $\eta = f(\beta)$ 称为效率特性，如图 3-31 所示。额定负载时的效率称为额定效率，用 η_{N} 表示。

效率是变压器运行时的又一个重要性能指标，它反映了变压器运行的经济性。中小型变压器的效率一般为 95%～98%，大型变压器可达 99%。

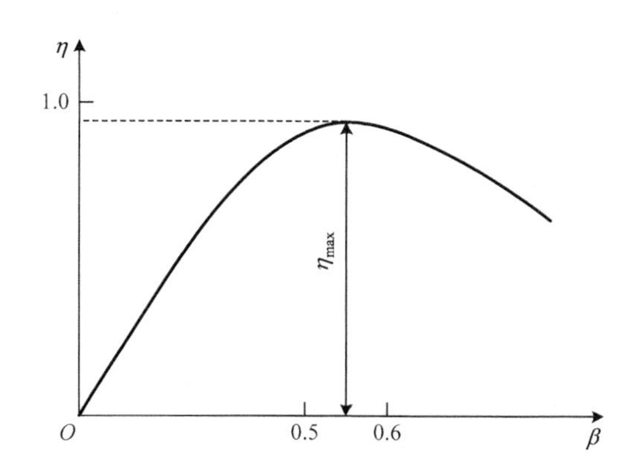

图 3-31　变压器的效率特性

例 3-6　有一台三相电力变压器，容量 $S_N = 100kV·A$，额定电压为 $U_{1N}/U_{2N} = 6000V/400V$，$I_{1N}/I_{2N} = 9.63A/144.5A$，Yyn0 连接，$f_N = 50Hz$，在 25℃时的空载和短路试验数据如下：

试验名称	U/V	I/A	P/W	备注
空载	400	9.37	600	电压加在二次侧
短路	325	9.63	2014	电压加在一次侧

试求：

(1)折算到一次侧的励磁参数和短路参数；

(2)短路电压的标幺值及其各分量；

(3)额定负载及 $\cos\varphi_2 = 0.8$，$\cos(-\varphi_2) = 0.8$ 时的效率，电压调整率及二次电压；

(4)当 $\cos\varphi_2 = 0.8$ 时，产生最大效率时的负载系数β及最高效率η_{max}。

解　(1)折算到一次侧的参数：

额定相电压为

$$U_{\varphi 1N} = \frac{6000}{\sqrt{3}} = 3464(V)$$

$$U_{\varphi 2N} = \frac{400}{\sqrt{3}} = 231(V)$$

变比为

$$k = \frac{3464}{231} = 15$$

空载相电压为

$$U_{\varphi 20} = 231V$$

空载相电流为

$$I_{\varphi 20} = I_{20} = 9.37A$$

每相空载损耗为

$$P_{\varphi 0}=\frac{600}{3}=200(\mathrm{W})$$

励磁参数为

$$Z'_{\mathrm{m}}=Z_0=\frac{231}{9.37}=24.6(\Omega)$$

$$R'_{\mathrm{m}}=R_0=\frac{200}{9.37^2}=2.28(\Omega)$$

$$X'_{\mathrm{m}}=\sqrt{24.6^2-2.28^2}=24.5(\Omega)$$

折算到一次侧时

$$Z_{\mathrm{m}}=15^2\times 24.6=5535(\Omega)$$

$$R_{\mathrm{m}}=15^2\times 2.28=513(\Omega)$$

$$X_{\mathrm{m}}=15^2\times 24.5=5513(\Omega)$$

短路相电压为

$$U_{\varphi \mathrm{k}1}=\frac{325}{\sqrt{3}}=188(\mathrm{V})$$

短路相电流为

$$I_{\varphi \mathrm{k}1}=I_{\mathrm{k}1}=I_{\mathrm{N}1}=9.63\mathrm{A}$$

短路相损耗为

$$P_{\varphi \mathrm{k}}=\frac{2014}{3}=671(\mathrm{W})$$

短路参数为

$$Z_{\mathrm{k}}=\frac{188}{9.63}=19.5(\Omega)$$

$$R_{\mathrm{k}}=\frac{671}{9.63^2}=7.24(\Omega)$$

$$X_{\mathrm{k}}=\sqrt{19.5^2-7.24^2}=18.1(\Omega)$$

折算到 75℃时

$$R_{\mathrm{k}75^{\circ}\mathrm{C}}=7.24\times\frac{235+75}{235+25}=8.63(\Omega)$$

$$Z_{\mathrm{k}75^{\circ}\mathrm{C}}=\sqrt{8.63^2+18.1^2}=20(\Omega)$$

额定短路损耗为

$$P_{\mathrm{kN}}=3I_{\varphi \mathrm{k}1}^2R_{\mathrm{k}75^{\circ}\mathrm{C}}=3\times 9.63^2\times 8.63=2400(\mathrm{W})$$

额定短路相电压为

$$U_{\mathrm{kN}}=I_{\varphi\mathrm{k}1}Z_{\mathrm{k}75^{\circ}\mathrm{C}}=9.63\times20=192.6(\mathrm{V})$$

(2) 短路电压的标幺值及其各分量：

短路电压的标幺值为

$$U_{\mathrm{kN}}^{*}=\frac{U_{\mathrm{kN}}}{U_{\varphi1\mathrm{N}}}=\frac{192.6}{3464}=0.0556$$

短路电压有功分量的标幺值为

$$U_{\mathrm{kP}}^{*}=\frac{I_{\varphi\mathrm{k}1}R_{\mathrm{k}75^{\circ}\mathrm{C}}}{U_{\varphi1\mathrm{N}}}=\frac{9.63\times8.63}{3464}=0.024$$

短路电压无功分量的标幺值为

$$U_{\mathrm{kQ}}^{*}=\frac{I_{\varphi\mathrm{k}1}X_{\mathrm{k}}}{U_{\varphi1\mathrm{N}}}=\frac{9.63\times18.1}{3464}=0.0503$$

(3) 额定负载及 $\cos\varphi_2=0.8$， $\cos(-\varphi_2)=0.8$ 时的效率，电压调整率及二次电压：

① 额定负载及 $\cos\varphi_2=0.8$ 时

效率为

$$\eta=\left(1-\frac{\Sigma P}{P_2+\Sigma P}\right)=\left(1-\frac{0.6+1^2\times2.4}{1\times100\times0.8+0.6+1^2\times2.4}\right)\times100\%=96.4\%$$

电压调整率为

$$\begin{aligned}\Delta U&=I^{*}(U_{\mathrm{kP}}^{*}\cos\varphi_2+U_{\mathrm{kQ}}^{*}\sin\varphi_2)\times100\%\\&=1\times(2.4\times0.8+5.03\times0.6)\%=4.94\%\end{aligned}$$

二次侧电压为

$$U_2=U_{2\mathrm{N}}(1-\Delta U)=400\times(1-0.0494)=380(\mathrm{V})$$

② 额定负载在 $\cos(-\varphi_2)=0.8$ 时

效率为

$$\eta=96.4\%$$

电压调整率为

$$\Delta U=1\times(2.4\times0.8-5.03\times0.6)\%=-1.10\%$$

二次侧电压为

$$U_2=U_{2\mathrm{N}}(1-\Delta U)=400\times[1-(-0.011)]=404.4(\mathrm{V})$$

(4) 当 $\cos\varphi_2=0.8$ 时，产生最大效率时的负载系数为

$$\beta=\sqrt{\frac{P_0}{P_{\mathrm{kN}}}}=\sqrt{\frac{600}{2400}}=0.5$$

最高效率为

$$\eta_{\max}=\frac{\beta_{\mathrm{m}}S_{\mathrm{N}}\cos\varphi_2}{\beta_{\mathrm{m}}S_{\mathrm{N}}\cos\varphi_2+2P_0}\times100\%=\frac{0.5\times100\times0.8}{0.5\times100\times0.8+2\times0.6}\times100\%=97.1\%$$

3.6 三相变压器

现在电力系统均采用三相制，故三相变压器应用最为广泛。三相变压器可以用三个单相变压器组成，这种三相变压器称为三相组式变压器，还有一种由铁轭把三个铁心柱连在一起的三相变压器，称为三相心式变压器。从运行原理来看，三相变压器在对称负载下运行时，各相的电压、电流大小相等，相位上彼此相差 120°，就其一相来说，和单相变压器没有什么区别。因此单相变压器的基本方程式、等值电路和运行特性的分析等完全适用于三相变压器，本节将分析三相变压器的磁路、三相绕组的连接方式及连接组别、三相变压器的并联运行等问题。

3.6.1 三相变压器的磁路

根据铁心结构的不同，可把三相变压器磁路系统分为两类：一类是三相磁路彼此独立，另一类是三相磁路彼此相关。

如图 3-32 所示是由三个结构完全相同的单相变压器绕组按一定方式作三相连接，构成三相组式变压器，其每相主磁通各自有自己的磁路，彼此相互独立，互不相关。若将三相绕组接三相对称电源，则三相主磁通对称，三相空载电流也对称。这种三相变压器组由于结构松散、使用不方便，一般不用，只有大容量的巨型变压器，为便于运输和减少备用容量才使用三相组式变压器。我国电力系统中使用最多的是三相心式变压器，如图 3-33 所示，三相心式变压器磁路彼此相关，其中图 3-33(a)相当于三个单相心式铁心合在一起。由于三相绕组接对称电源，三相主磁通也是对称的，故三相主磁通之和 $\Sigma\dot{\Phi}=\dot{\Phi}_{\mathrm{A}}+\dot{\Phi}_{\mathrm{B}}+\dot{\Phi}_{\mathrm{C}}=0$，这样中间心柱无磁通通过，便可以省去，形成图 3-33(b)所示的结构。实际使用时为减少体积、便于制造，通常将铁心柱做在同一平面内，形成如图 3-33(c)所示的结构，常用的三相心式变压器都是这种结构。

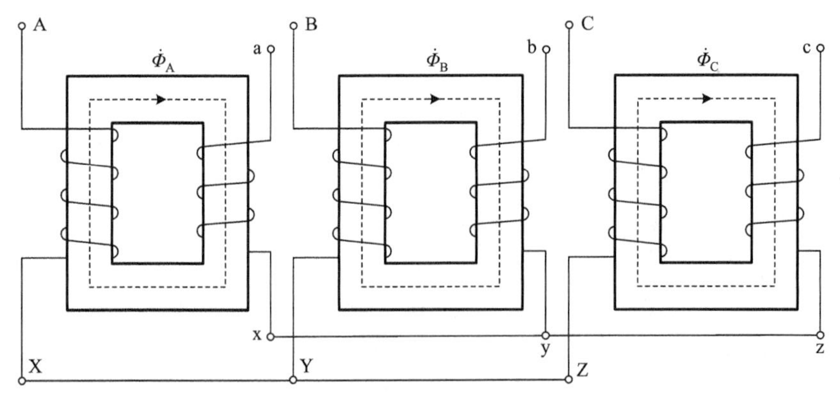

图 3-32 三相组式变压器

从图 3-33(c)可见，三相磁路长度不等，中间一相较短，且各相磁路彼此相关，即任何一相磁路必须通过其他另外两相磁路才能构成闭合回路。当外施三相对称电压时，三相磁通相同，但由于三相磁路的磁阻不相等，因此三相励磁电流 I_0 不对称，但因为励磁电流 I_0 很小，故变压器负载运行时影响非常小，可忽略不计。

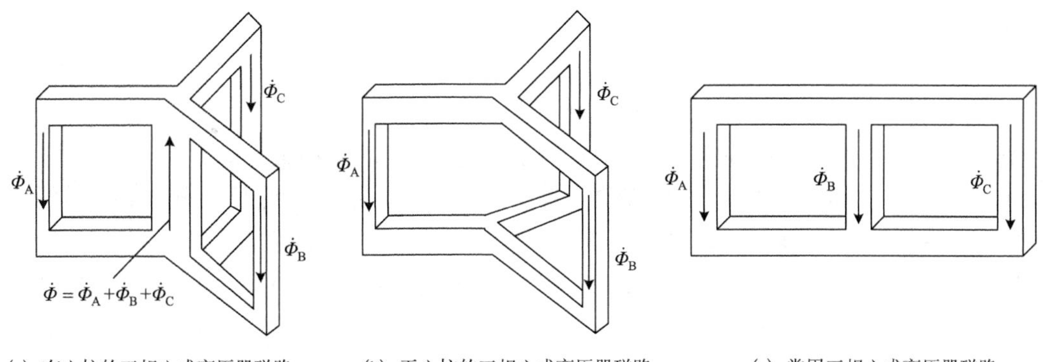

(a) 有心柱的三相心式变压器磁路　　(b) 无心柱的三相心式变压器磁路　　(c) 常用三相心式变压器磁路

图 3-33　三相心式变压器磁路

与三相变压器组相比，三相心式变压器耗材少、价格低、占地面积小、维护方便，因而应用最为广泛。无论是三相组式变压器还是心式变压器，各相基波主磁通通过的路径都是铁心磁路，磁阻很小。

3.6.2　三相变压器的连接组别

1. 三相变压器绕组的接法

三相心式变压器的三个心柱上分别套有 A 相、B 相和 C 相的一次和二次侧绕组，三相共六个绕组。为绝缘方便，常把二次侧绕组套装在里面，靠近心柱，一次侧绕组套装在二次侧绕组外面。三相绕组常用星形连接(用 Y 或 y 表示)或者三角形连接(用 D 或 d 表示)。星形连接是把三相绕组的三个首端 A、B、C 引出，把三个尾端 X、Y、Z 连接在一起作为中点，如图 3-34(a)所示。三角形连接是把一相绕组的首端和另一相绕组的尾端相连，顺次连成一个闭合的三角形回路，最后把首端 A、B、C 引出，如图 3-34(b)所示。

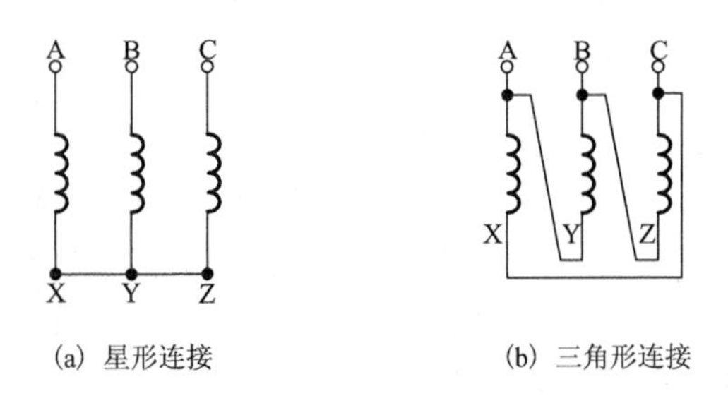

(a) 星形连接　　(b) 三角形连接

图 3-34　三相绕组的连接法

因此，三相变压器可以连接成如下几种形式：①Yy 或 YNy 或 Yyn；②Yd 或 YNd；③Dy 或 Dyn；④Dd。其中大写表示一次侧绕组接法，小写表示二次侧绕组接法，字母 N、n 是星形接法的中性点引出标志。

在实际应用中，某些负载不仅对变压器二次侧电压等级有要求，还对二次侧电压与一次侧电压相位关系提出要求。变压器一、二次侧相位关系是通过其连接组别来表示的。另外，两台以上电力变压器的并联运行，其连接组别必须相同。连接组别在变压器铭牌上有标注。

1) 一次、二次侧绕组相电压的相位关系

三相变压器一次侧绕组的首端通常用大写的 A、B、C(或 U_1、V_1、W_1)表示，末端用大写的 X、Y、Z(或 U_2、V_2、W_2)表示；二次侧绕组的首端通常用小写的 a、b、c(或 u_1、v_1、w_1)表示，末端用小写的 x、y、z(或 u_2、v_2、w_2)表示。现以 A 相来分析。

同一相的一次和二次侧绕组套装在同一心柱上，被同一主磁通 $\dot{\Phi}_m$ 所交链。当主磁通 $\dot{\Phi}_m$ 交变时，在同一瞬间，一次侧绕组的某一端点相对于另一端点的电位为正时，二次侧绕组必有一端点其电位相对于另一端点也为正，这两个对应的端点称为同名端，同名端在对应的端点旁用圆点“• ”来标注。同名端取决于绕组的绕制方向，如一次、二次侧绕组的绕向相同，则两个绕组的上端(或下端)就是同名端；若绕向相反，则一次侧绕组的上端与二次侧绕组的下端为同名端，如图 3-35(a)和(b)所示。

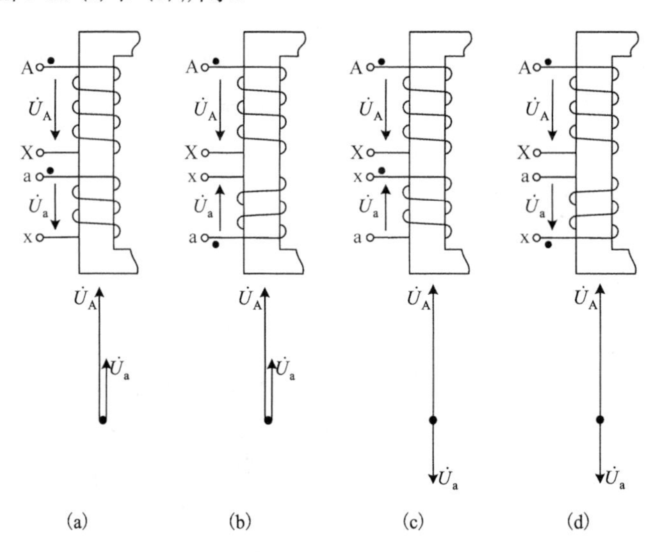

图 3-35 一次、二次侧绕组的同名端和相电压的相位关系

(a)和(b)首端为同名端，$\dot{U}_A$ 与 $\dot{U}_a$ 同相；(c)和(d)首端为非同名端，$\dot{U}_A$ 与 $\dot{U}_a$ 反相

为了确定一次、二次侧相电压的相位关系，一次和二次侧绕组相电压的正方向统一规定为从绕组的首端指向尾端。一次和二次侧绕组的相电压既可能是同相位，也可能是反相位，取决于绕组的同名端是否同在首端和尾端。若一次和二次侧绕组的首端同为同名端，则相电压 $\dot{U}_A$ 与 $\dot{U}_a$ 同相，如图 3-35(a)和(b)所示；若一次和二次侧绕组的首端为非同名端，则相电压 $\dot{U}_A$ 与 $\dot{U}_a$ 反相，如图 3-35(c)和(d)所示。

2) 一次、二次侧绕组线电压的相位关系

三相绕组采用不同的连接时，一次侧的线电压与二次侧对应的线电压之间(如 $\dot{U}_{AB}$ 与 $\dot{U}_{ab}$)可以形成不同的相位。为了表明一次、二次侧对应的线电压之间的相位关系，通常采用“时钟表示法”，即把一次、二次侧绕组的两个线电压三角形的重心 A 和 a 重合，把一次侧线电压三角形的一条中线作为时钟的长针，指向钟面的 12，再把二次侧线电压三角形中对应的中线作为短针，它所指的钟点就是该连接组的组号。例如，Yd11 就表示一次侧绕组为星形连接，二次侧绕组为三角形连接，二次侧线电压滞后于一次侧线电压 330°。这样从 0 到 11 共计 12 个组号，每个组号相差 30°。

2. 变压器的连接组别

三相变压器的连接组标号很多，下面通过具体的例子来说明如何通过相量图确定变压器的连接组标号。

1) Yy0 连接组

图 3-36 为 Yy0 连接组变压器的绕组接线图和相量图，下面具体说明确定三相变压器连接组标号的步骤。

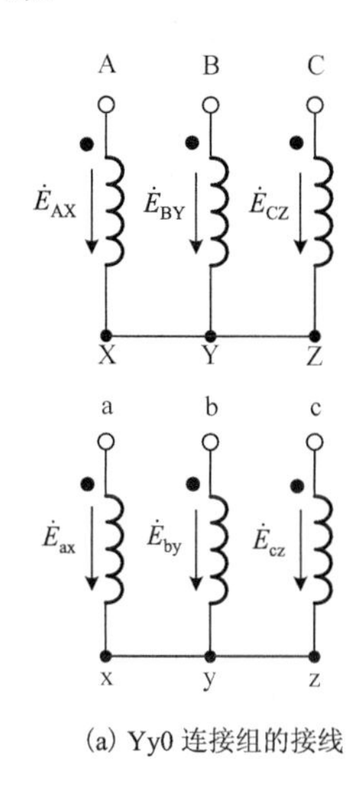

(a) Yy0 连接组的接线

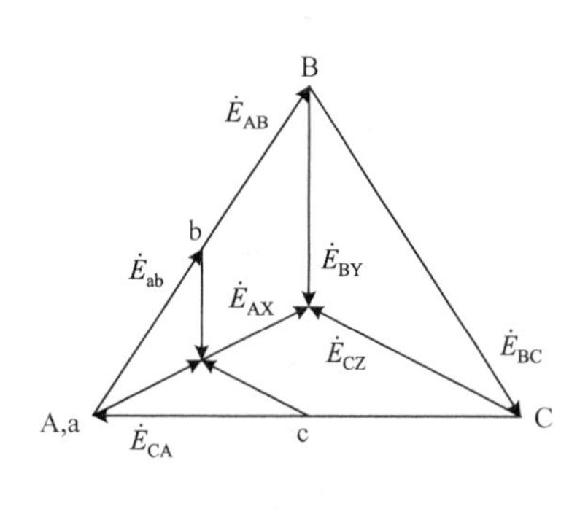

(b) 相量图

图 3-36 Yy0 连接组

(1) 在绕组接线图上标出各相电动势的方向，如图 3-36(a) 中的 $\dot{E}_{AX}$、$\dot{E}_{BY}$、$\dot{E}_{CZ}$ 及 $\dot{E}_{ax}$、$\dot{E}_{by}$、$\dot{E}_{cz}$ 的电动势方向，注意电动势参考方向定义为从首端指向末端。

(2) 画出一次侧绕组电动势相量图，如图 3-36(b) 所示。

(3) 根据同一铁心上一次、二次侧绕组的相位关系(同相或反相)，画出二次侧绕组相量图，如图 3-36(b) 所示。

注意：画二次侧绕组相量图时，将一次、二次侧绕组的 A 点和 a 点重合，使相位关系更加直观。

(4) 比较一次、二次侧绕组线电动势 $\dot{E}_{AB}$ 和 $\dot{E}_{ab}$ 的相位，根据钟点数确定连接组标号。

图 3-36 中，一次、二次侧绕组对应线电动势同相位，所以钟点数为 0，变压器的连接组标号为 Yy0。

2) Yy6 连接组

如图 3-37 所示为 Yy6 连接组变压器的接线图及相量图。与图 3-36 的接线方式比较，一次、二次侧绕组的首端不再是同名端，而是非同名端。对应的线电动势 $\dot{E}_{AB}$ 和 $\dot{E}_{ab}$ 反相，则连接组标号为 Yy6。

3) Yd11 连接组

图 3-38 所示的二次侧绕组接成三角形，一次、二次侧绕组首端为同名端，因此一次、二次侧绕组相电动势同相位，此时，$\dot{E}_{ab}$ 滞后 $\dot{E}_{AB}$ 330°，连接组标号为 Yd11。

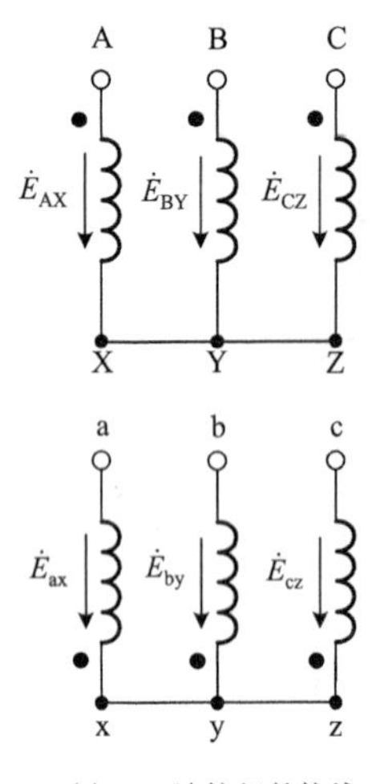

(a) Yy6 连接组的接线

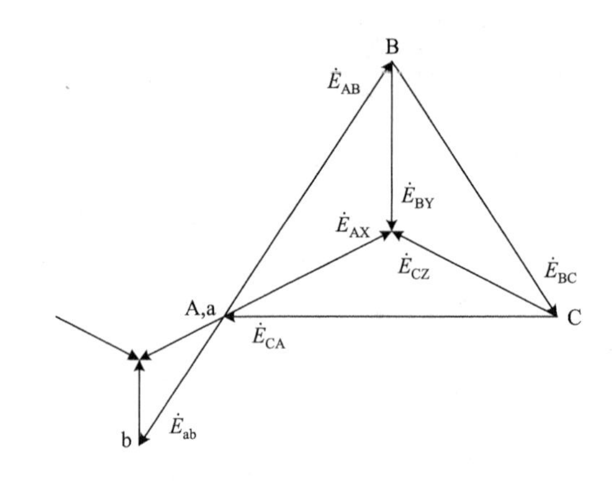

(b) 相量图

图 3-37　Yy6 连接组

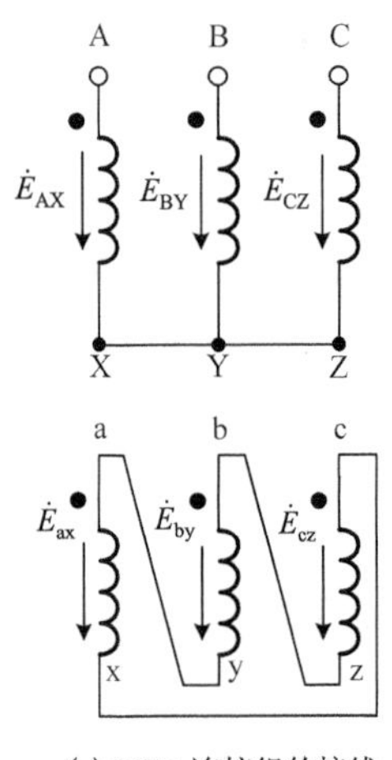

(a) Yd11 连接组的接线

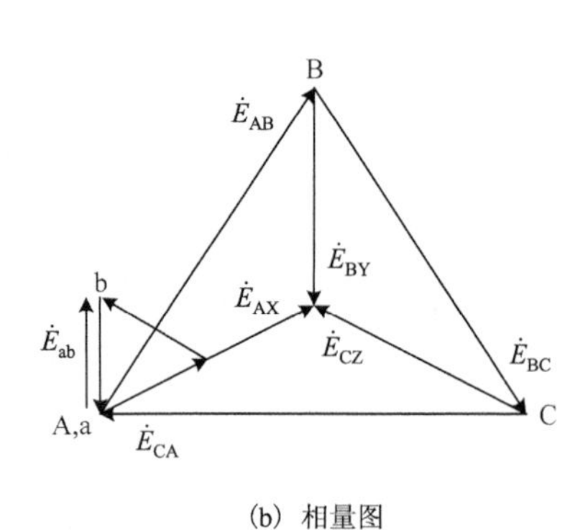

(b) 相量图

图 3-38　Yd11 连接组

对变压器绕组连接组的几点认识：

(1) 当变压器的绕组标志(同名端或首末端)改变时，其连接组标号也改变。

(2) Yy 连接的变压器连接组标号均为偶数，Yd 连接的变压器连接组标号均为奇数。

(3) Dd 连接可得到与 Yy 连接相同的连接组标号；同样，Dy 连接也可得到与 Yd 连接相同的连接组标号。但是为了制造和并联运行时的方便，国家标准规定，同一铁心柱上的一次、二次侧绕组为同一相绕组，并采用相同的字母符号为端头标记。根据此规定，电力变压器有 5 种连接组，如下所示。

Yd11 连接组：用于二次侧电压超过 400V，一次侧电压在 35kV 以下，容量 6300kV·A 以下的场合。

YNd11 连接组：用于一次侧中性点接地，电压一般在 35～110kV 以上的一次输电场合。

Yyn0 连接组：用于二次侧为 400V 的配电变压器中，其二次侧可引出中性线，成为三相四线制，供给三相负载和单相照明负载，一次侧电压不超过 35kV，容量不超过 1800kV·A。

YNy0 连接组：用于一次侧中性点需要接地的场合。

Yy0 连接组：用于只供三相动力负载的场合。

最常用的连接方式是前三种。

3.6.3 三相变压器的并联运行

现代电力系统中，发电厂和变电站的容量越来越大，一台变压器往往不能担负起全部容量的传输或配电任务，为此电力系统中常采用两台或多台变压器并联运行的方式。变压器并联运行是指，一次绕组和二次绕组分别并联到一次侧和二次侧的公共母线上运行，共同向负载供电，如图 3-39 所示。变压器并联运行有以下优点：

(1) 提高供电的可靠性。并联运行的变压器，如果其中一台发生故障或需要检修时，可从电网上切除，而另外的变压器仍正常工作，供电给部分重要负载，保证正常供电。

(2) 提高运行效率。并联运行变压器可根据负载变化来调整投入运行的变压器台数，尽可能使变压器接近满载，从而减小能量损耗，提高运行效率。

(3) 减少备用容量。因为并联运行的变压器容量小于总容量，并可随用电量的增加，分批安装变压器，减少初次投资。

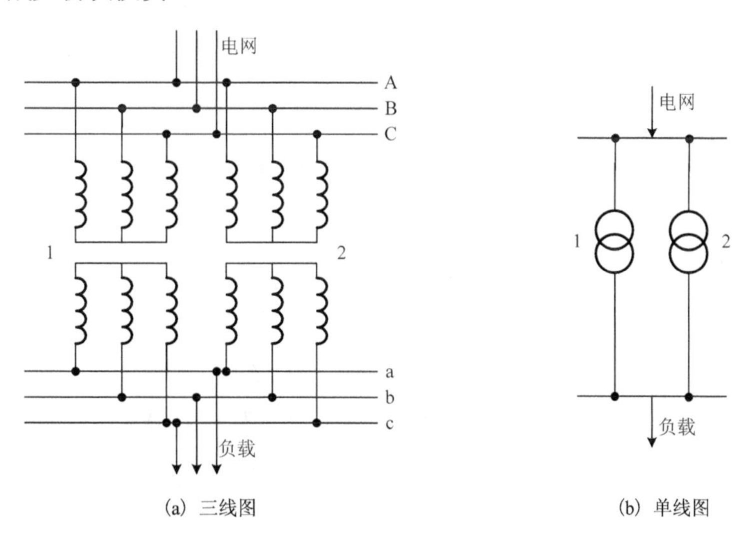

(a) 三线图　　(b) 单线图

图 3-39　三相 Yy 连接变压器的并联运行

1. 变压器理想的并联条件

变压器并联运行的理想情况是：

(1) 空载时，各变压器彼此不相干，并联运行的各台变压器之间无环流，即一次侧仅有空载电流，有较小的铜耗，二次侧无铜耗；

(2) 负载时，并联运行各变压器的负载分配与各自的容量成正比，各变压器均满载运行，使各变压器能得到充分利用；

(3) 负载时，各变压器负载电流同相位，以保证负载电流一定时，各变压器分担的电流最小。

为了达到上述的理想运行情况，变压器并联运行时必须满足以下条件：

(1) 各并联变压器的一、二次额定电压相等，即各变压器电压对应相等；

(2) 各并联变压器的一、二次线电压的相位差相同，即各变压器连接组标号相同；

(3) 各并联变压器的阻抗电压标幺值相等，短路阻抗也相等。

实际并联运行中，上述条件的第一条和第三条不可能绝对满足，但第二条必须严格保证。下面分析不满足并联运行条件下变压器的运行情况。

2. 电压比不相等时变压器的并联运行

以两台变压器并联运行为例，如图 3-40 所示。这两台变压器连接组别相同，短路阻抗标幺值相等，设电压比分别为 k_1 和 k_2，且 $k_1 < k_2$。图 3-40 中，两台变压器的一次绕组接同一电源，一次电压相等。由于电压比不等，变压器二次电压不相等，忽略励磁电流两台变压器二次电压分别为

$$\dot{U}_{201} = \frac{\dot{U}_1}{k_1}, \quad \dot{U}_{202} = \frac{\dot{U}_1}{k_2}$$

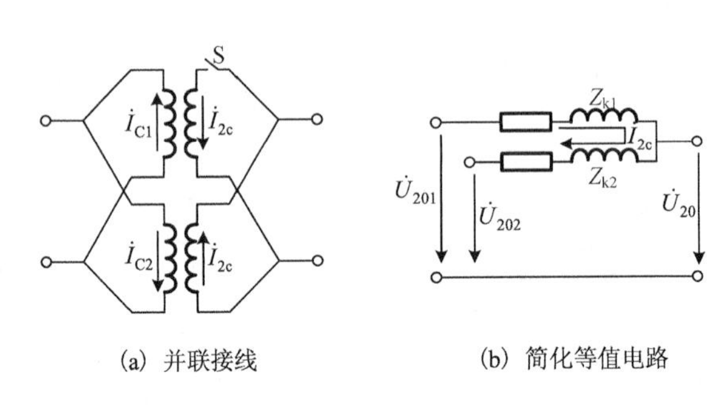

(a) 并联接线　　(b) 简化等值电路

图 3-40　电压比不相等时变压器的并联运行

变压器并联运行前，开关 S 两端有电位差 $\Delta\dot{U}_{20}$，为

$$\Delta\dot{U}_{20} = \dot{U}_{201} - \dot{U}_{202} = \frac{\dot{U}_1}{k_1} - \frac{\dot{U}_1}{k_2}$$

开关 S 闭合后，变压器空载运行时，由于二次侧回路电位差 $\Delta\dot{U}_{20}$ 的存在，二次回路中产生环流 $\dot{I}_{2c}$，大小为

$$\dot{I}_{2c} = \frac{\Delta\dot{U}_{20}}{Z_{k1} + Z_{k2}} = \frac{\dfrac{\dot{U}_1}{k_1} - \dfrac{\dot{U}_1}{k_2}}{Z_{k1} + Z_{k2}} = \frac{k_1 - k_2}{k_1 k_2} \frac{\dot{U}_1}{Z_{k1} + Z_{k2}} \tag{3-60}$$

式中，Z_{k1}，Z_{k2} 为两台并联变压器折算到二次侧的短路阻抗。

根据磁动势平衡关系，变压器一次侧也会出现环流，由于电压比不相等，一次侧的环流也不相等。所以，并联变压器一次绕组中此时不仅有空载电流，还有与二次侧环流相平衡的一次侧环流。

并联变压器即使有很小的电位差 $\Delta\dot{U}_{20}$ 存在，由于短路阻抗很小，也会在并联变压器中产生很大的环流。如变压器电压比差 1%时，环流可达额定值的 10%。环流不同于负载电流，在变压器空载时，环流就已经存在，它的存在将占用变压器的一部分容量，使变压器空载损耗增加，带负载能力降低。因此，变压器制造时，应对电压比误差加以严格控制，一般要求 $(k_1 - k_2)/\sqrt{k_1 k_2}$ 小于 1%。

3. 连接组标号不同时的并联运行

变压器连接组标号不同时并联运行，由于一、二次绕组线电压相位差不同，在一次绕组接同一电源时，二次侧线电压相位不相等，其电位差$\Delta\dot{U}_{20}$较电压比不等时要大得多。图 3-41 所示为连接组标号分别为 Yy0 和 Yd11 的变压器并联运行时二次侧线电压相量图。从图中可以看出，由于变压器二次侧线电压相位差 30°，则有以下公式

$$\Delta\dot{U}_{20}=\dot{U}_{201}-\dot{U}_{202}$$

$$\Delta U_{20}=2U_{20}\sin\frac{30^\circ}{2}\approx 0.52U_{2\mathrm{N}}$$

可见，此时的电压差将在变压器中引起很大的环流，约为额定电流的 5.2 倍，可能烧坏变压器绕组。并联运行的变压器相位差越大，$\Delta\dot{U}_{20}$也越大，环流也越大。最严重的情况是，两者相位差 180°，$\Delta\dot{U}_{20}$达到线电压的 2 倍，产生很大的环流。所以，连接组标号不同的变压器绝对不允许并联运行。

4. 阻抗电压标幺值不等时的并联运行

如果变压器电压比和连接组标号都相同，而阻抗电压标幺值不相等，将不会在变压器中引起环流，但影响变压器负载分配，使其负载分配不合理。下面对这种情况进行讨论。

如图 3-42 所示为两台变压器并联运行时的简化等值电路(不考虑励磁电流)。由于并联运行变压器一、二次电压相等，所以各并联变压器的阻抗压降被强制相等，对每台变压器有

$$\dot{I}_1Z_{\mathrm{k}1}=\dot{I}_2Z_{\mathrm{k}2}$$

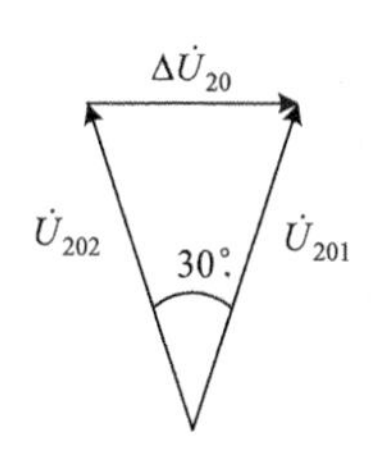

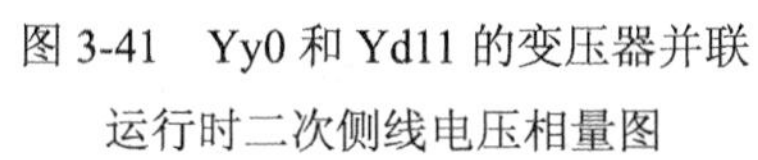
图 3-41　Yy0 和 Yd11 的变压器并联运行时二次侧线电压相量图

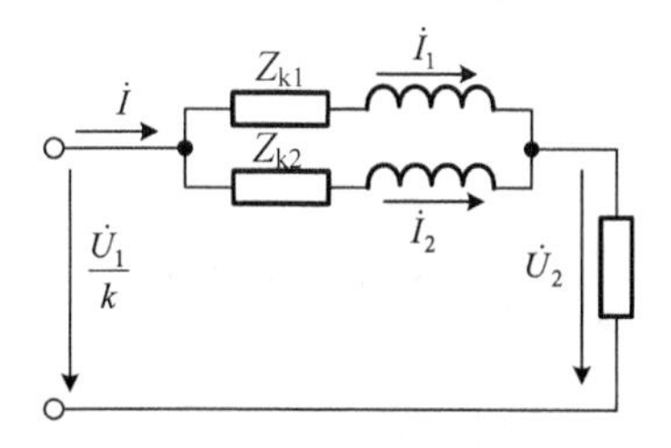

图 3-42　变压器并联运行时的简化等值电路

从上式可以得到各并联变压器电流与阻抗的关系为

$$\dot{I}_1:\dot{I}_2=\frac{1}{Z_{\mathrm{k}1}}:\frac{1}{Z_{\mathrm{k}2}}$$

若采用标幺值表示，有

$$\dot{I}_1^*:\dot{I}_2^*=\frac{1}{Z_{\mathrm{k}1}^*}:\frac{1}{Z_{\mathrm{k}2}^*} \tag{3-61}$$

式(3-61)表明，各变压器负载电流分配与它们的短路阻抗标幺值成反比。阻抗电压标幺值不等的变压器并联运行时，各变压器负载率不相同，阻抗电压标幺值大的变压器满载运行，阻抗电压标幺值小的变压器已经过载；而阻抗电压标幺值小的变压器满载运行时，阻抗电压标幺值大的变压器又处于欠载运行。

由于容量相近的变压器阻抗值也相近，所以一般并联运行变压器的容量比不超过 3 : 1。在计算多台变压器并联运行时的负载分配问题时，可使用下面的计算方法。

(1)根据式(3-61)，可以得到 n 台并联运行变压器各分担的负载电流分别为

$$\begin{cases} \dot{I}_1 = \dfrac{1}{Z_{k1}}\left(\dfrac{\dot{U}_1}{k} - \dot{U}_2\right) \\ \dot{I}_2 = \dfrac{1}{Z_{k2}}\left(\dfrac{\dot{U}_1}{k} - \dot{U}_2\right) \\ \quad \vdots \\ \dot{I}_n = \dfrac{1}{Z_{kn}}\left(\dfrac{\dot{U}_1}{k} - \dot{U}_2\right) \end{cases} \tag{3-62}$$

把上面各式相加，得到 n 台并联变压器总的负载电流为

$$\dot{I} = \left(\frac{\dot{U}_1}{k} - \dot{U}_2\right)\sum_{i=1}^{n}\frac{1}{Z_{ki}}$$

从而可以得到第 i 台变压器负载电流的计算公式，为

$$\dot{I}_i = \frac{\dfrac{1}{Z_{ki}}}{\displaystyle\sum_{i=1}^{n}\frac{1}{Z_{ki}}}\dot{I} \tag{3-63}$$

(2)第 i 台变压器负载系数为

$$\beta_i = \frac{I_i}{I_{Ni}} = \frac{I}{Z_{ki}^*\displaystyle\sum_{i=1}^{n}\frac{I_{Ni}}{Z_{ki}^*}} \tag{3-64}$$

式中，I 为二次侧每相的总负载电流；Z_{ki}^* 为第 i 台变压器的阻抗电压标幺值。

实际运行时，为了充分利用变压器容量，要求各并联运行变压器负载电流标幺值不超过 10%，所以各变压器的短路阻抗标幺值相差也不能超过 10%，阻抗角允许有一定的偏差。

例 3-7 有两台三相变压器并联运行，其连接组别、额定电压和电压比均相同，第一台为 3200kV·A，$Z_{k1}^* = 7\%$；第二台为 5600kV·A，$Z_{k2}^* = 7.5\%$；试求：

(1)第一台变压器满载时，第二台变压器的负载是多少？

(2)并联组的利用率是多少？

解 (1)根据式(3-61)易得负载电流的标幺值与短路阻抗的标幺值成反比，故

$$\frac{I_1^*}{I_2^*} = \frac{Z_{k2}^*}{Z_{k1}^*} = \frac{7.5}{7} = 1.07$$

当第一台满载时，即 $I_1^* = 1$，第二台的负载为

$$I_2^* = \frac{1}{1.07} = 0.935$$

第二台变压器的输出容量为

$$S_2 = 0.935 \times 5600 = 5236(\text{kV}\cdot\text{A})$$

(2) 总输出容量为

$$S = S_1 + S_2 = 3200 + 5236 = 8436(\text{kV} \cdot \text{A})$$

并联组的利用率为

$$\frac{S}{S_N} = \frac{8436}{3200 + 5600} = 95.9\%$$

3.7 特种变压器

前面以普通双绕组电力变压器为例，阐述了变压器的基本理论，尽管变压器的种类、规格很多，但基本理论都是相同或相似的，不再一一讨论。本节主要介绍较常用的自耦变压器和仪用互感器。

3.7.1 自耦变压器

近年来，一次输电系统中，自耦变压器用得较多。例如，电力系统中用作连接不同电压等级系统的母线联络变压器，在电压变化不是很大时，采用自耦变压器比较经济。

所谓自耦变压器(图 3-43)就是铁心上只有一个绕组，把它作为一次侧绕组，而将其一部分作为二次侧绕组，使其一、二次绕组之间既有磁的耦合，又有电的联系。与普通双绕组变压器一样，自耦变压器也有单相和三相之分，下面以单相自耦变压器为例简要分析运行过程中的电压、电流关系，其结论也适用于对称运行的三相自耦变压器的每一相。

图 3-43 自耦变压器

1. 结构特点

自耦变压器可看作由一台双绕组变压器改接而成，如图 3-44 所示为一台普通的 N_1/N_2 匝的单相变压器作为降压自耦变压器时的连接图。在每相铁心上仍套两个同心绕组，二次侧引出线为 ax，一次侧引出线为 AX。可以看出，一次侧由 Aa 绕组和 ax 绕组串联组成，二次侧绕组为 ax，其中 ax 绕组为一次、二次侧绕组两侧共用，称为公共绕组，Aa 绕组称为串联绕组。Aa 绕组的匝数一般比 ax 绕组的少。自耦变压器也可作为升压或降压变压器使用。

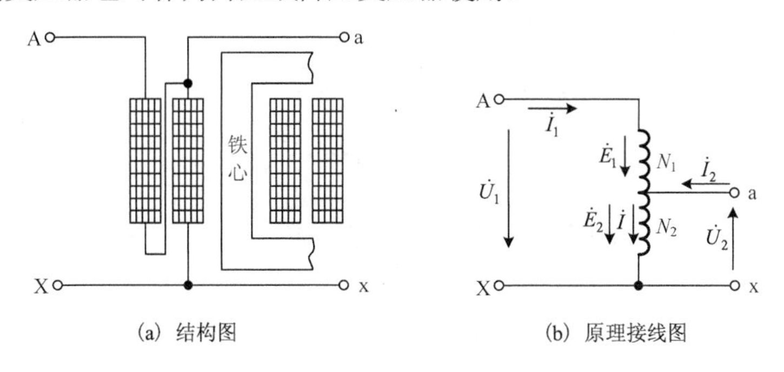

(a) 结构图　　(b) 原理接线图

图 3-44 单相自耦变压器

2. 基本方程式

忽略励磁电流时，有磁动势平衡方程

$$\dot{I}_1(N_1+N_2)+\dot{I}_2N_2=0$$

也可表示为

$$\dot{I}_1=-\frac{N_2}{N_1+N_2}\dot{I}_2=-\frac{1}{k_a}\dot{I}_2 \tag{3-65}$$

公共绕组 ax 中的电流为

$$\dot{I}=\dot{I}_1+\dot{I}_2=-\frac{1}{k_a}\dot{I}_2+\dot{I}_2=\left(1-\frac{1}{k_a}\right)\dot{I}_2 \tag{3-66}$$

从式(3-65)可以看出，$\dot{I}_1$与$\dot{I}_2$相位总是相差180°，根据式(3-66)可以看出，$\dot{I}$与$\dot{I}_2$总是同相位，也即$\dot{I}_1$与$\dot{I}$实际方向相反，自耦变压器为降压变压器时$I_1<I_2$，所以$\dot{I}_1$、$\dot{I}_2$、$\dot{I}$的大小关系为

$$I_2=I_1+I \tag{3-67}$$

即二次侧相电流有效值等于串联绕组和公共绕组的相电流有效值之和。

自耦变压器的输出电流$\dot{I}_2$由两部分组成，其中串联绕组的电流$\dot{I}_1$是由于一次、二次侧绕组之间有电的联系，从一次侧直接接入二次侧的；公共绕组流过的电流$\dot{I}$是通过电磁感应作用传递到二次侧的。

3. 等值电路

把自耦变压器二次侧的量折算到一次侧，则折算到一次侧的二次侧电动势方程为

$$\dot{U}_2'=k_a\dot{U}_2=k_a\dot{E}_2-k_a\dot{I}Z_{ax} \tag{3-68}$$

根据电压比的定义，有$k_a\dot{E}_2=\dot{E}_1+\dot{E}_2$，而电流有关系$\dot{I}=\dot{I}_1+\dot{I}_2=\dot{I}_1+k_a\dot{I}_2'$，则式(3-68)可表示为

$$\dot{U}_2'=(\dot{E}_1+\dot{E}_2)-k_a(\dot{I}_1+k_a\dot{I}_2')Z_{ax} \tag{3-69}$$

同样，考虑电流关系$\dot{I}=\dot{I}_1+\dot{I}_2=\dot{I}_1+k_a\dot{I}_2'$，式(3-69)可表示为

$$\dot{U}_1=-(\dot{E}_1+\dot{E}_2)+\dot{I}_1Z_{Aa}+(\dot{I}_1+k_a\dot{I}_2')Z_{ax} \tag{3-70}$$

将式(3-69)和式(3-70)相加，得到

$$\dot{U}_1+\dot{U}_2'=\dot{I}_1[Z_{Aa}+Z_{ax}(1-k_a)]+\dot{I}_2'(1-k_a)k_aZ_{ax} \tag{3-71}$$

根据式(3-71)，可得自耦变压器简化等值电路如图 3-45 所示。

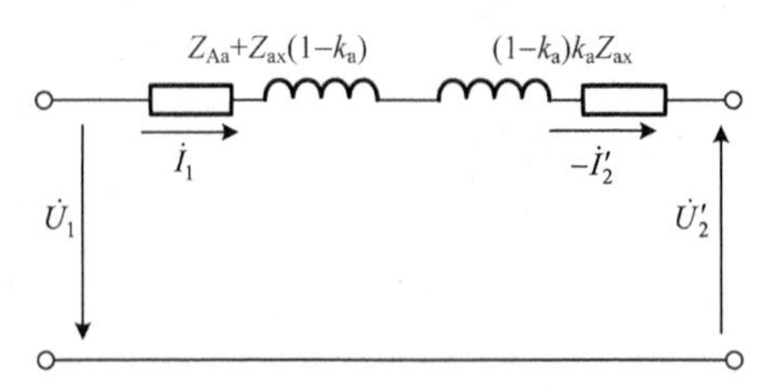

图 3-45 自耦变压器简化等值电路

4. 短路阻抗

从图 3-45 可以看出，自耦变压器的短路阻抗为

$$Z_{\mathrm{ka}}=Z_{\mathrm{Aa}}+Z_{\mathrm{ax}}(1-k_{\mathrm{a}})^2=Z_{\mathrm{Aa}}+Z_{\mathrm{ax}}k^2=Z_{\mathrm{k}} \tag{3-72}$$

式(3-72)表明，自耦变压器一次侧的短路阻抗 Z_{ka} 与该变压器作为双绕组变压器时的短路阻抗 Z_{k} 相等。但两者的标幺值不相等，因为接成自耦变压器和双绕组变压器运行时，阻抗基值不同。

接成自耦变压器时

$$Z_{\mathrm{ka}}^{*}=\frac{Z_{\mathrm{ka}}}{U_{1\mathrm{Na}}/I_{1\mathrm{N}}}=Z_{\mathrm{k}}\frac{I_{1\mathrm{N}}}{U_{1\mathrm{Na}}}$$

式中，$U_{1\mathrm{Na}}$ 为自耦变压器一次侧额定电压。

接成双绕组变压器时

$$Z_{\mathrm{k}}^{*}=\frac{Z_{\mathrm{k}}}{U_{1\mathrm{N}}/I_{1\mathrm{N}}}=Z_{\mathrm{k}}\frac{I_{1\mathrm{N}}}{U_{1\mathrm{N}}}$$

式中，$U_{1\mathrm{N}}$ 为接成双绕组变压器时一次侧额定电压。

则

$$\frac{Z_{\mathrm{ka}}^{*}}{Z_{\mathrm{k}}^{*}}=\frac{U_{1\mathrm{N}}}{U_{1\mathrm{Na}}}=\frac{N_1}{N_1+N_2}=\frac{1}{1+1/k}=\frac{k}{k_{\mathrm{a}}}=1-\frac{1}{k_{\mathrm{a}}}$$

所以

$$Z_{\mathrm{ka}}^{*}=\left(1-\frac{1}{k_{\mathrm{a}}}\right)Z_{\mathrm{k}}^{*} \tag{3-73}$$

式(3-73)表明，当一台双绕组变压器接成自耦变压器运行时，短路阻抗标幺值减小了。电压比 k_{a} 越小，阻抗标幺值下降越多。所以，自耦变压器的电压变化率较双绕组变压器时减小，宜用于一次输电线路中作为补偿线路电压损耗的变压器。同时，由于阻抗标幺值减小，短路电流与阻抗标幺值成反比，因此自耦变压器较同容量的双绕组变压器短路电流增大。

5. 容量关系

自耦变压器的额定容量(铭牌容量)和绕组容量(电磁容量)不相等，前者比后者大。额定容量用 S_{NA} 表示，指的是自耦变压器总的输入或输出容量，为

$$S_{\mathrm{NA}}=U_{1\mathrm{N}}I_{1\mathrm{N}}=U_{2\mathrm{N}}I_{2\mathrm{N}} \tag{3-74}$$

绕组容量指的是绕组电压和电流的乘积。对于双绕组变压器，变压器的容量就是绕组容量。

串联绕组 Aa 的电磁容量为

$$U_{\mathrm{Aa}}I_{1\mathrm{N}}=\frac{N_1}{N_1+N_2}U_{1\mathrm{N}}I_{1\mathrm{N}}=\left(1-\frac{1}{k_{\mathrm{a}}}\right)S_{\mathrm{NA}}=k_{\mathrm{xy}}S_{\mathrm{NA}} \tag{3-75}$$

公共绕组 ax 的电磁容量为

$$U_{\mathrm{ax}}I_{\mathrm{N}}=U_{2\mathrm{N}}(I_{2\mathrm{N}}-I_{1\mathrm{N}})=\left(1-\frac{1}{k_{\mathrm{a}}}\right)U_{2\mathrm{N}}I_{2\mathrm{N}}=k_{\mathrm{xy}}S_{\mathrm{NA}} \tag{3-76}$$

式中，k_{xy}为效益系数，$k_{xy}=1-\frac{1}{k_a}$。

式(3-75)和式(3-76)表明，公共绕组和串联绕组的绕组容量相等。自耦变压器的额定容量$S_{NA}=U_{1N}I_{1N}=U_{2N}I_{2N}=U_{Aa}I_{1N}+U_{ax}I_{1N}$，所以自耦变压器的额定容量包含两部分：一是$U_{Aa}I_{1N}$，为绕组容量，它实际上是以串联绕组 Aa 为一次侧，以公共绕组 ax 为二次侧的一个双绕组变压器，通过电磁感应作用从一次侧传递到二次侧的容量；二是$U_{ax}I_{1N}$，它是通过电路上的连接，从一次侧直接传递到二次侧的容量，称为传导容量。传导容量不需要利用电磁感应来传递，所以自耦变压器的绕组容量小于额定容量。也就是说，在额定容量相等的情况下，自耦变压器的绕组容量较双绕组变压器的绕组容量要小。

6. 特点

自耦变压器与双绕组变压器比较，具有以下特点：

(1) 由于自耦变压器绕组容量较额定容量小，双绕组变压器的绕组容量与额定容量相等，所以，在额定容量相等的情况下，自耦变压器绕组容量小，则变压器的体积小，重量轻，节省材料，成本较低；

(2) 自耦变压器有效材料(硅钢片和铜线)和结构材料(钢材)消耗较双绕组变压器少，所以铜耗和铁耗较小，效率较高，可达 99%以上；

(3) 自耦变压器体积小，可减小变电站占地面积，运输和安装也更加方便；

(4) 自耦变压器的短路阻抗与双绕组变压器相等，但阻抗标幺值较小，带负载运行时二次电压变化率较小；

(5) 自耦变压器一次、二次侧回路没有隔离，一次侧故障会直接影响到二次侧，给二次侧的绝缘及安全用电带来一定困难，为了解决这个问题，中性点必须可靠接地，一、二次侧都要安装避雷器等，同时，自耦变压器由于阻抗标幺值较小，所以短路电流较大。

例 3-8 一台单相双绕组变压器，容量$S_N=10\text{kV·A}$，一、二次侧电压$U_{1N}/U_{2N}=220\text{V}/110\text{V}$，短路阻抗标幺值$Z_k^*=0.04$。现将其改接为额定电压为 220V/330V 的升压自耦变压器。求：

(1) 该自耦变压器一、二次额定电流和额定容量；

(2) 该自耦变压器的短路阻抗标幺值。

解 (1) 根据题意可知，双绕组变压器的一次、二次侧绕组分别是自耦变压器的公共绕组和串联绕组，所以，自耦变压器二次(一次侧)额定电流 I_{2Na} 等于双绕组变压器二次侧绕组的额定电流I_{2N}，即

$$I_{2Na}=I_{2N}=\frac{S_N}{U_{2N}}=\frac{10\times10^3}{110}=90.91(\text{A})$$

根据式(3-76)，该自耦变压器一次额定电流I_{1Na}(即公共绕组额定电流)应为双绕组变压器的一次、二次侧绕组额定电流之和，为

$$I_{1Na}=I_{1N}+I_{2N}=\frac{S_N}{U_{1N}}+I_{2N}=\frac{10\times10^3}{220}+90.91=136.36(\text{A})$$

自耦变压器的额定容量为

$$S_{Na}=U_{1Na}I_{1Na}=U_{2Na}I_{2Na}=30\text{kV}\cdot\text{A}$$

(2)将该自耦变压器二次侧(公共绕组)短路，从一次侧看，短路阻抗实际值与双绕组变压器从二次侧看时的短路阻抗实际值相等，即

$$Z_{ka}=Z_k^*\cdot\frac{U_{2N}}{I_{2N}}=0.04\times\frac{110}{90.91}=0.0484(\Omega)$$

自耦变压器短路阻抗标幺值为

$$Z_{ka}^*=Z_{ka}\frac{I_{2Na}}{U_{2Na}}=0.0484\times\frac{90.91}{330}=0.01333$$

可见，自耦变压器短路阻抗标幺值比构成它的双绕组变压器短路阻抗标幺值小。

3.7.2 仪用互感器

在一次、大电流的电力系统中，为了测量线路上的电压和电流，需要采用互感器。它们的工作原理与变压器基本相同。

使用互感器有三个目的：

(1)扩大常规仪表的量程，可以使用小量程的电流表测量大电流，用低量程的电压表测量高电压；

(2)使测量回路与被测系统隔离，以保障工作人员和测试设备的安全；

(3)由互感器直接带动继电器线圈，为各类继电保护提供控制信号，也可以经过整流变换成直流电压，为控制系统或微机控制系统提供控制信号。

互感器有多种规格，但测量系统使用的电压互感器二次侧额定电压都统一设计成100V，电流互感器二次侧额定电流都统一设计成5A或1A。也就是说，配合互感器使用的仪表的量程，电压应该是100V，电流应该是5A或1A。作为控制用途的互感器，通常由设计人员自行设计，没有统一的规格。

互感器主要性能指标是测量精度，要求转换值与被测量值之间有良好的线性关系。因此，互感器的工作原理虽与普通变压器相同，但结构上还是有其特殊的要求。这里简单介绍电磁式电压互感器和电流互感器的工作原理以及提高测量精度的措施。

1. 电压互感器

电压互感器实物如图3-46(a)所示，原理如图3-46(b)所示。它的一、二次绕组套在同一个闭合的铁心上，一次侧绕组直接接到被测的一次线路上，二次侧绕组接到测量仪表的电压线圈上。若仪表个数不止一个，则各仪表并联接在电压互感器的二次绕组上。

电压互感器的工作原理和普通变压器相同。由于二次绕组所接的仪表电压线圈阻抗很大，所以，电压互感器运行时相当于一台空载运行的降压变压器。不考虑漏阻抗压降，并认为二次电压线圈阻抗很大，互感器处于空载状态时，有

$$\dot{U}_1\approx-\dot{E}_1,\quad \dot{U}_2=\dot{E}_{20}$$

则一、二次电压之比约等于电压比，也即匝数比

$$k=\frac{U_1}{U_2}\approx\frac{E_1}{E_2}=\frac{N_1}{N_2}$$

(a) 实物图

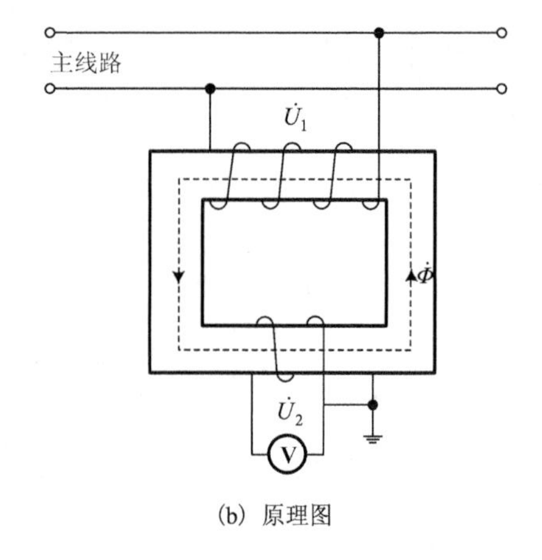

(b) 原理图

图 3-46　电压互感器

这样，根据一、二次绕组的匝数比，可以将高电压转化为低电压进行测量。

由于只有在理想情况下，一、二次电压比才等于绕组匝数比，而实际情况是互感器既存在漏阻抗压降，二次侧又不是空载运行，所以互感器总是存在测量误差。

为了减小测量误差，在电压互感器设计和制造时，应减小励磁电流和一、二次绕组的漏阻抗。为此，铁心采用导磁性能好、铁耗小的硅钢片，并使铁心工作磁通密度选择低一些，使磁路处于不饱和状态。铁心加工时，尽可能减小磁路中铁心叠片接缝处的气隙，使励磁电流减小。此外，还可以增大绕组导线截面积，改进线圈结构和绝缘，尽量减小绕组漏阻抗。为了保证测量精度，互感器使用时，也要求二次侧所接测试仪表具有高阻抗，并联的测量仪表数不能太多，以保证互感器二次电流较小，接近空载状态。所以，电压互感器的额定容量，与普通电力变压器不同，不是按发热极限来规定，而是按互感器所能并联的仪表数量来规定的，以满足互感器的测量精度。

互感器的准确等级可分为 0.2、0.5、1、3 和 10 五个等级，准确级的选择与所用电压表、功率表的精度有关。

使用电压互感器时的注意事项如下：

(1) 电压互感器二次侧绝对不允许短路，否则会产生很大的短路电流，引起绕组发热甚至烧坏绕组绝缘，使一次回路的高电压侵入二次低压回路，危及人身和设备安全；

(2) 为安全起见，电压互感器的二次绕组和铁心必须可靠接地；

(3) 使用时，二次侧所接阻抗不能太小，即二次绕组不能并联过多的仪表，以免影响互感器测量精度。

2. 电流互感器

电流互感器主要结构和工作原理也与普通变压器相似，实物如图 3-47(a) 所示，原理如图 3-47(b) 所示。它的一次绕组串联在一次侧线路中，二次绕组与各种仪表的电流线圈串联。

由于仪表的电流线圈阻抗很小，所以电流互感器正常工作时相当于变压器的短路运行状态。如果不考虑励磁电流和测量仪表的线圈阻抗，即认为互感器二次侧短路，则有 $I_1/I_2=N_2/N_1$，这样，根据一、二次绕组的匝数比，可以将大电流转化为小电流测量。通常，电流互感器二次绕组的额定电流设计为 5A 或 1A。

(a) 实物图

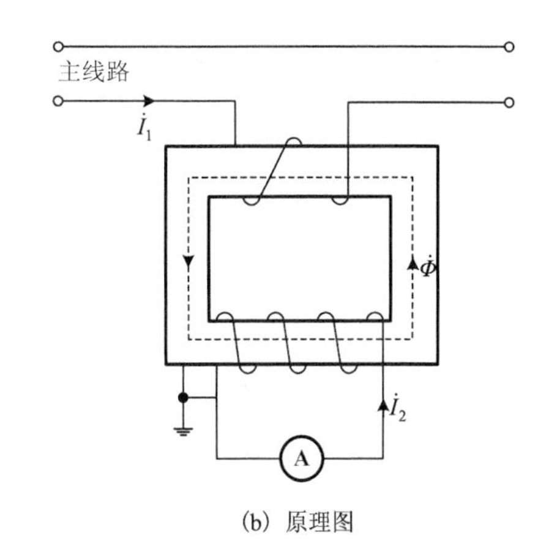

(b) 原理图

图 3-47　电流互感器

实际上电流互感器总是存在励磁电流的，仪表线圈的阻抗也不为零，所以根据匝数比计算出的电流总会存在误差。

为了使电流互感器在运行时更接近理想状态，以提高测量精度，在设计和制造时，其铁心一般采用磁导率高的冷轧硅钢片制成，磁通密度控制在较电压互感器更低的水平，因为电流互感器励磁电流受负载电流变化的影响较电压互感器更为严重；而互感器绕组的结构设计也要尽可能减小电阻和漏抗。从使用角度考虑，电流互感器的二次侧串联仪表数目不能太多(受额定容量限制)，否则，随着测量仪表数目增加，互感器二次端电压增大，不再近似为二次短路状态，相应一次端电压也增大，使励磁电流增加，一次电流中励磁分量部分所占比重增大，不能忽略，从而影响测量精度。

电流互感器的误差按国家标准规定用$(I_1 - I_2')/I_1 \times 100\%$来计算。按照电流比误差的大小，电流互感器的准确级可分为 0.2、0.5、1、3 和 10 等几级。实际使用中，互感器准确级的选择与所用电流表或功率表的精度有关。

使用电流互感器时的注意事项如下：

(1) 运行过程或仪表切换时，电流互感器二次绕组绝不允许开路。因为，当二次绕组开路时，电流互感器成为空载运行，而此时一次绕组电流由被测电路决定，全部的一次电流成为励磁电流，使铁心内的磁通密度剧增，铁耗大大增加，铁心过热。另外，二次绕组中将产生很高的过电压，危及操作人员和仪表安全。

(2) 电流互感器铁心和二次绕组需可靠接地，以防止由于绝缘损坏后，一次侧的高电压传到二次侧，发生人身事故。

(3) 二次绕组不宜接过多负载，以免影响测量精度。

3. 电焊变压器

交流电弧焊机在生产实际中应用很广泛，主要是结构简单、成本较低、制造容易、维修方便、经久耐用。它的主要部分是一台特殊的降压变压器，称为电焊变压器，也通常称为交流弧焊机(图 3-48)。为了保证电焊的质量和电弧燃烧的稳定性，对电焊变压器有以下几点要求：

(1) 电焊变压器具有 60～75V 的空载电压，以保证容易起弧，为了操作者的安全，电压一般不超过 85V；

(2) 电焊变压器应具有迅速下降的外特性，如图 3-49 所示，即当负载电流增大时，二次绕组输出电压应急剧下降，通常额定运行时的输出电压 U_{2N} 为 30V 左右，以适应电弧特性的要求；

(3) 为了适应不同的加工材料、工件大小和焊条，要求能够调节焊接电流的大小；

(4) 短路电流不应过大，以免损坏电焊机，一般不超过额定电流的两倍，在工作中电流要比较稳定。

为了使电焊变压器具有陡降的外特性(图 3-49)，常用的方法有两个：一是使二次绕组工作时为电感性负载，使二次回路具有相当大的电抗以限制短路电流和使输出电压随电流的增加而迅速下降；二是使电焊变压器具有较大且可以调节的漏磁通，以限制短路电流和保证陡降的外特性。改变漏磁通的方法很多，常用的有磁分路法和串联可变电抗法。

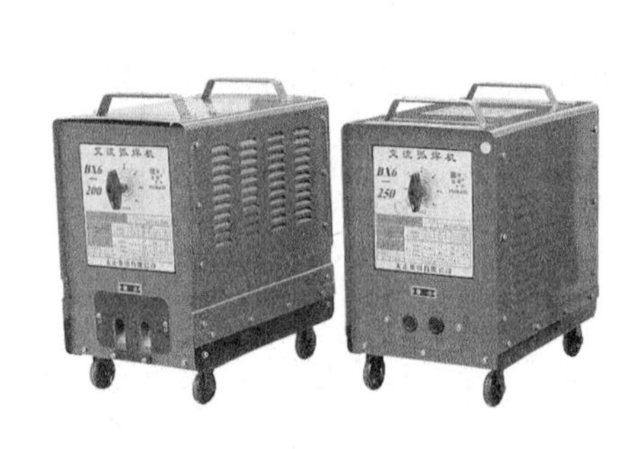

图 3-48 交流弧焊机(电焊变压器)

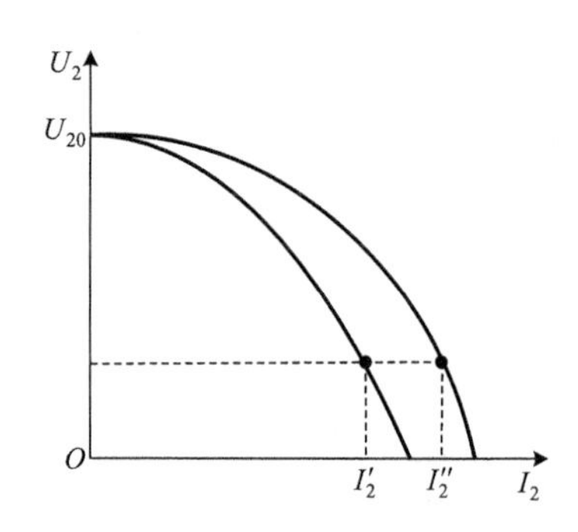

图 3-49 电焊变压器的外特性

磁分路电焊变压器如图 3-50(a)所示。在一次绕组与二次绕组的两个铁心柱之间，有一个分路磁阻(动铁心)，它通过螺杆可以来回调节。当磁分路铁心移出时，一、二次绕组的漏抗减小，电焊变压器的工作电流增大。当磁分路铁心移入时，一、二次绕组的漏磁通经过磁分路而自己闭合，使漏抗增大，负载时电流迅速下降，工作电流比较小。这样，通过调节分路磁阻，即可调节漏抗大小和工作电流的大小，以满足焊件和焊条的不同要求。在二次绕组中还备有分接头，以便调节空载起弧电压。

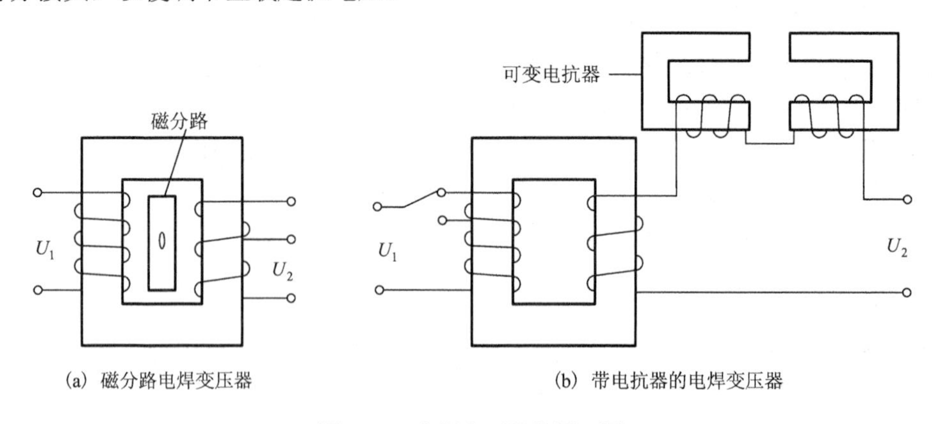

(a) 磁分路电焊变压器 (b) 带电抗器的电焊变压器

图 3-50 电焊变压器的原理图

带电抗器的电焊变压器如图 3-50(b)所示，它是在二次绕组中串联一个可变电抗器，电抗器中的气隙可以用螺杆调节，当气隙增大时，电抗器的电抗减小，电焊工作电流增大；反之，当气隙减小时，电抗器的电抗增大，电焊工作电流减小。另外，在一次绕组中还备有分接头，以调节起弧电压的大小。

3.8 变压器的应用

3.8.1 变压器的特点

变压器是将某一种电压等级的交流电能转换成同频率另一种电压等级交流电能的静止电器。主要功能有：电压变换、电流变换、阻抗变换、隔离、稳压(磁饱和变压器)等。按用途可以分为：电力变压器和特殊变压器(电炉变压器、整流变压器、工频试验变压器、调压器、矿用变压器、音频变压器、中频变压器、高频变压器、冲击变压器、仪用变压器、电子变压器、电抗器、互感器等)。

3.8.2 变压器的应用

随着中国经济持续健康高速发展，电力需求持续快速增长。2011 年全国用电量4.69 万亿kW·h，比上年增长 11.7%，消费需求依然旺盛。人均用电量 3483kW·h，比上年增加 351kW·h，超过世界平均水平。

中国电力建设的迅猛发展带动了中国变压器制造行业的发展。2011 年，全国变压器的产量达 14.3 亿 kV·A，同比增长 6.86%。根据规划，国家电网“十二五”期间投资约 2.55 万亿用于电网建设，相比“十一五”期间的 1.5 万亿元，“十二五”电网投资额同比提升了 68%。细分来看，2.55 万亿中将有 5000 亿用于特高压电网投资，5000 亿用于配电网投资，另外约 1.55 万亿用于其他电压等级的电网线路投资。

在特高压电网投资中，特高压交流的投资额约为 2700 亿元。特高压交流的主要设备包括特高压变压器、电抗器、GIS组合开关、互感器等设备。在特高压投资中，设备投资约占 45%，其中变压器(含电抗器)占设备投资约 30%，“十二五”期间，变压器的市场容量超过 360 亿元。

近几年，为适应国家在城乡电网改造的需求，发展了一批新型、优质的配电变压器，使配电网络的变压器装备更趋先进，供电更可靠，农村用电更趋低价。

变压器近年发展的配电变压器的损耗值在不断下降，尤其空载损耗值下降更多，这主要归功于磁性材料导磁性能的改进，其次是导磁结构铁心形式的多样化。在降低损耗的同时也注意噪声水平的降低。在干式配电变压器方面又将局部放电试验列为例行试验，用户又对局部放电量有要求，作为干式配电变压器运行可靠性的一项考核指标，这比国际电工委员会规定的现行要求要严格。因此，在现有基础上预测我国各类配电变压器的发展趋势，推动配电变压器进一步发展应是一件比较重要工作。

要求防火、防爆的场所，如商业中心、机场、地铁、高层建筑、水电站等，常选用干式配电变压器。目前，国内已有几十个工厂能生产传统的环氧树脂浇注型干式配电变压器。既有无励磁调压，又有有载调压。在国内，最大三相单台容量可达 20000kV·A，最高电压等级可达 110kV(单相 10500kV·A)。干式变压器的年产量已占整个配电变压器年产量的 20%。

自耦变压器在不需要初、次级隔离的场合都有应用，具有体积小、耗材少、效率高的优点。常用于交流(手动旋转)调压器、家用小型交流稳压器内的变压器、三相电机自耦降压启动箱内的变压器等。

仪用互感器包括电流互感器和电压互感器，它是一种特殊用途的变压器。它将一次侧高电压或大电流变换为二次侧低电压和小电流，一次侧与二次侧之间通过电磁感应传递信号，并且相互之间电气隔离，二次侧低电压和小电流方便用于测量仪器或继电保护自动装置使用，并且使二次设备与高压隔离，保证设备和人身安全。

我国变压器行业主要有两个发展方向：一是向高压、超高压方向发展，尤其是 750kV、1100kV；二是向节能化、小型化方向发展，前者主要应用在长距离的输变电线路上，后者主要应用在城市输变电线路上。所以变压器行业的前景是很光明的。

3.9 变压器故障分析及维护

电力变压器是电力系统工作的核心设备，结构负载，工作环境恶劣，若发生故障将对电网和供电系统有很大影响。为了保证变压器可靠安全地工作，在变压器发生异常情况时，要求及时发现故障，正确分析，及时处理，能将故障消除在萌芽状态，达到防止故障扩大的目的。

3.9.1 变压器运行中声音异常

正常运行的变压器，会发出均匀的电磁交流声；在变压器运行不正常时，有时会出现声音异常或声音不均匀。声音异常可能的原因是：

(1)未压紧铁心最外层硅钢片。

若判断属于机械噪声，则是由于铁心没有压紧，在运行时硅钢片产生机械振动所致，应压紧铁心。

(2)变压器过负荷过重或短路、接地引起振动。

变压器负荷过重运行时，内部会发出很沉重的声音，在内部零件发生松动的情况下，会有不均匀的强烈噪声发出；若发生短路或接地，将有较大的短路电流出现在变压器绕组中，使其发出大且异常的声音。应当减轻负载或排除短路、漏电故障。

(3)电源电压过高。

变压器内部过电压时，会导致铁心接地线断路，或一、二次绕组对外壳闪络，在外壳及铁心感应出高电压，使变压器内部发出噪声。可检查电源电压，作相应处理。

3.9.2 变压器铁心带电

因为变压器一、二次侧绕组间只有磁的联系，没有电的联系，变压器铁心只是导磁介质，所以，变压器铁心是不带电的。若变压器铁心带电，说明出现故障，可能的原因是：

(1)一次或二次绕组对地短路。

该故障多发生在无骨架绕组两边的沿口处、绕组最内层的四角处，绕组最外层也会发生。

通常由于绕组外形尺寸过大而与铁心配合过紧，或内绝缘包裹得不好，或由于机械碰撞等原因造成。应根据故障点进行修复或更换。

(2) 引出线头触碰铁心。

应认真检查各引出线对铁心的绝缘情况，排除引出线与铁心的短路点。

(3) 长期运行的绕组对铁心绝缘老化。

绝缘严重老化会造成绕组对铁心之间出现漏电现象，应重新浸绝缘漆或更换绕组。

(4) 绕组受潮或环境温度过高。

由绕组受潮引起的漏电可使铁心带电，应烘干绕组并加强绝缘，或将变压器置于通风干燥的环境中使用。

3.9.3 变压器油温过高或着火

变压器温度过高，说明有过载现象，变压器一定要在额定容量以下运行，一般在 70%～90%。如果变压器长时间在温度很高的情况下运行，会缩短内部绝缘纸板的寿命，使绝缘纸板变脆，容易发生破裂，失去应有的绝缘作用，造成击穿等事故；绕组绝缘严重老化，并加速绝缘油的劣化，影响使用寿命，严重者烧毁变压器。此时要限负荷运行还要采取通风散热降温等措施。

变压器起火的主要原因有：

(1) 变压器超负荷运行，引起温度升高，铁损增加，绝缘老化，造成变压器过热；

(2) 变压器线圈受机械损伤或受潮引起层间或匝间短路，产生高热；

(3) 变压器油箱、套管等渗油、漏油，形成表面污垢，遇明火燃烧；

(4) 变压器接线、分接开关等处接触不良，造成局部过热等。

变压器一旦着火，应按以下方法进行处理：

(1) 立即断开各侧电源，停用冷却器，迅速使用灭火装置进行灭火，并将备用变压器投入运行。

(2) 若油溢在变压器盖上而着火时，则应打开下部油门放油到适当油位；若是变压器内部故障引起着火时，则不能放油以防变压器发生严重爆炸；如果油箱炸裂，应迅速将油箱中的油全部排出，使之流入储油坑或储油槽，并将残油燃烧的火焰扑灭。

(3) 室内变压器着火时，不得打开变压器室门，以防火焰喷出伤人或扩大事故。

3.9.4 变压器自动跳闸故障

为了变压器的安全运行及操作，变压器高、中、低压各侧都装有断路器，同时还装设了必要的继电保护装置。当变压器的断路器自动跳闸后，运行人员应立即清楚、准确地向值班调度员报告情况；不应慌乱、匆忙或未经慎重考虑即行处理。待情况清晰后，要迅速详细向调度员汇报事故发生的时间及现象、跳闸断路器的名称、编号、继电保护和自动装置的动作情况及表针摆动、频率、电压、潮流的变化等。并在值班调度员的指挥下沉着、迅速、准确地进行处理。

3.9.5 变压器气体(瓦斯)继电器故障

气体继电器是变压器保护中的重要检测设备，通过检测变压器内部气压变化，轻者向运行人员提出报警信号，重者则直接参与控制，切除工作电源，起到保护作用。表 3-3 列举了气体继电器动作的故障原因。

表 3-3　气体继电器动作分析

气体实质	可能事故原因	动作起因	动作类型
没有气体	接地故障、短路	在260～400℃下绝缘油气化	重瓦斯动作
仅有空气或惰性气体	油箱、配管、瓦斯继电器等故障	由机械故障引起漏气，故障大	轻瓦斯动作 放去气体后又立即重复动作
		由机械故障引起漏气，故障中等	轻瓦斯动作 放去气体几分钟后重复动作
		由机械故障引起漏气，故障小	轻瓦斯动作 放去气体后可长期保持动作
	虽有上述故障，但很轻微或瓦斯继电器玻璃损坏	轻微故障	轻瓦斯动作 或瓦斯继电器有少量气体
仅有氢气而无一氧化碳	因局部过电流使端子之间及端子与对地之间发生闪络，但没有固体绝缘材料烧坏	只有油的分解，400℃以上	轻瓦斯动作 重瓦斯动作
	电流小，如早期接触不良		轻瓦斯动作
	情况更轻微		轻瓦斯动作
氢气和一氧化碳	因局部过电流引起包括绝缘材料在内的绝缘破坏，即绝缘对地短路，绕组间短路	油及固体材料热分解	轻瓦斯动作 重瓦斯动作
	绝缘导线间高阻短路故障，电弧引起绝缘破坏，绕组间的高阻短路等		轻瓦斯动作
	与上述相似，但极轻微，或绝缘材料氧化		轻瓦斯动作

变压器运行中若发生局部发热，在很多情况下，没有表现为电气方面的异常，而首先表现出的是油气分解的异常，即油在局部高温作用下分解为气体，逐渐集聚在变压器顶盖上端及瓦斯继电器内。区别气体产生的速度和产气量的大小，实际上是区别过热故障的大小。

(1)轻瓦斯动作后的处理：轻瓦斯动作发出信号后，首先应停止音响信号，并检查瓦斯继电器内气体的多少，判明原因。

(2)重瓦斯保护动作后的处理：运行中的变压器发生瓦斯保护动作跳闸，或者瓦斯信号和瓦斯跳闸同时动作，则首先考虑该变压器有内部故障的可能。对这种变压器的处理应十分谨慎。

故障变压器内产生的气体是由于变压器内不同部位判明瓦斯继电器内气体的性质、气体集聚的数量及速度程度是至关重要的。因此，对判断变压器故障的性质及严重程度是至关重要的。

变压器瓦斯保护动作是一种内部事故的前兆，或本身就是一次内部事故。因此，对这类变压器的强送、试送、监督运行，都应特别小心，事故原因未查明前不得强送。

本节对变压器的声音、温度、外观及其他现象对电力变压器故障的判断，只能作为现场直观的初步判断。因为，变压器的内部故障不仅是单一方面的直观反映，它涉及诸多因素，有时甚至会出现假象。必要时必须进行变压器特性试验及综合分析，才能准确可靠地找出故障原因，判明事故性质，提出较完备的合理的处理方法。最重要的是重视日常维护，加强管理和建立正常的巡视检查制度，重视安全教育，提高安全意识。

3.10 本章小结

本章主要研究变压器的结构及工作原理、运行状态、参数测定方法、运行特性和三相变压器等，并对电力系统中常用的自耦变压器和互感器进行简单介绍。主要知识点如下：

(1) 单相变压器的磁通按实际分布和所起作用不同，分成主磁通和漏磁通两部分。前者以铁心作闭合磁路，由于铁心具有饱和特性，在一、二次绕组中均感应电动势，起着传递能量的媒介作用；而漏磁通主要以非铁磁性材料闭合，它只起电抗压降的作用，不能传递能量。为了分析计算的方便，计算变压器时一般采用绕组折算的方法，注意折算时不能改变变压器的电磁关系。

(2) 分析变压器内部电磁关系有基本方程式、等效电路和相量图三种方法，三者是一致的。等效电路是从基本方程式出发，用电路形式来模拟实际电路的方法，等效电路中各元件参数是通过变压器的空载试验和短路试验来测定的。相量图能直观地反映各物理量的大小和相位关系，故常用于定性分析。

(3) 变压器的主要运行性能指标是电压变化率和效率。变压器的电压变化率与变压器的阻抗参数、负载的大小及性质有关，容性负载时副边电压可能高出额定电压。变压器的效率由空载损耗和短路损耗及负载系数决定。当可变损耗等于不变损耗时，变压器有最大效率。

(4) 三相变压器从结构上可分为三相变压器组和三相心式变压器，三相变压器组每相有独立的磁路，三相心式变压器各相磁路彼此相关。

(5) 三相变压器的一、二次绕组可以采用星形或三角形连接，一、二次绕组的线电压间可以有不同的相位差，因而分成不同的连接组别。在连接组中，相位差用时钟法表示。变压器共有 12 种连接组别，国家规定三相变压器有 5 种标准连接组。

(6) 在实际应用中，常采用变压器并联运行，并联运行的条件是：变比相等；组别相同；短路电压(短路阻抗)标幺值相等。前两个条件保证了空载运行时变压器绕组之间不产生环流，后一个条件是保证并联运行变压器的容量得以充分利用。

(7) 自耦变压器的特点是一、二次绕组间不仅有磁的耦合，而且还有电的直接联系，故其一部分功率不通过电磁感应而直接由一次侧传递到二次侧，因此和同容量普通变压器相比，自耦变压器具有省材料、损耗小、体积小等优点。

(8) 仪用互感器是测量用的变压器，使用时应注意将其二次绕组接地，电流互感器二次侧绝不允许开路，而电压互感器二次侧绝不允许短路。

(9) 电焊变压器的特点是具有较大的漏阻抗，有串电抗器和磁分路两种形式。具有磁分路式的电焊变压器，可以用改变可调铁心的位置调节焊接电流的大小，还可以改变绕组抽头的连接进行焊接电流的粗调。

习　题

3-1　简述变压器的分类。

3-2　分别简述心式铁心和壳式铁心的结构特点。

3-3　简述一次、二次侧绕组在铁心柱上排列方式的两种形式。

3-4　变压器能否用来直接改变直流电压的大小？

3-5　额定电压为220V/110V的变压器，若将二次侧110V绕组接到220V电源上，主磁通和励磁电流将怎样变化？

3-6　若抽掉变压器的铁心，一、二次侧绕组保持不变，变压器能正常工作吗？为什么？

3-7　变压器铁心为什么要做成闭合的？如果铁心回路有间隙，对变压器有什么影响？

3-8　变压器的额定值有哪些？分别代表什么含义？

3-9　变压器中各正方向是如何规定的？

3-10　变压器负载运行时的主磁通由什么建立的？

3-11　变压器一次侧漏阻抗的大小是由哪些因素决定的？是常数吗？

3-12　变压器励磁阻抗与磁路饱和程度有关系吗？变压器正常运行时，其值可视为常数吗？为什么？

3-13　变压器空载运行时，电源送入什么性质的功率？消耗在哪里？

3-14　为什么变压器空载运行时的功率因数很低？

3-15　变压器负载为纯电阻时，变压器的输入和输出功率是什么性质？

3-16　变压器负载为电容性负载时，输入的无功功率是否一定为容性、超前性质？

3-17　将变压器的二次绕组折算到一次绕组时哪些量要改变？如何改变？哪些量不变？

3-18　什么是变压器的电压变化率？

3-19　变压器的额定电压变化率是一个固定的数值吗？与哪些因素有关？

3-20　变压器在负载运行时，其效率是否为定值？在什么条件下变压器的效率最高？

3-21　简述连接组别的时钟表示法。

3-22　单相变压器的连接组别标号可能有几个？

3-23　在三相变压器中连接组别标号YNd6的含义是什么？

3-24　变压器并联运行的条件有哪些？哪个条件要绝对严格？

3-25　自耦变压器的额定容量、绕组容量、传导容量各自的定义及相互关系是怎样的？为什么绕组容量小于额定容量？

3-26　电流互感器与电压互感器为何要接地？

3-27　现有一台三相油浸自冷铝线变压器，$S_N = 280\text{kV·A}$，Yd 接法，$U_{1N}/U_{2N} = 10\text{kV}/0.4\text{kV}$，求一、二次绕组的额定电流。

3-28　计算下列变压器的变比：

(1) 额定电压 $U_{1N}/U_{2N} = 3.3\text{kV}/220\text{V}$ 的单相变压器；

(2) 额定电压 $U_{1N}/U_{2N} = 10\text{kV}/0.4\text{kV}$，Yy 接法的三相变压器；

(3) 额定电压 $U_{1N}/U_{2N} = 10\text{kV}/0.4\text{kV}$，Yd 接法的三相变压器。

3-29　已知3300V/220V的单相降压变压器，$R_1 = 0.435\Omega$，$X_1 = 2.96\Omega$，$R_2 = 0.002\Omega$，$X_2 = 0.014\Omega$，求二次侧的 R_2，X_2 折算到一次侧的数值和短路阻抗值。

3-30　SFZ-100/6型三相铜线电力变压器，$S_N = 100\text{kV·A}$，$U_{1N}/U_{2N} = 6\text{kV}/0.4\text{kV}$，$I_{1N}/I_{2N} = 9.63\text{A}/144.5\text{A}$，Yy 接法，在室温25ºC时做空载试验和短路试验，数据记录如下：

空载试验(二次侧接电源)，电压为400V，电流为9.73A，功率为600W；

短路试验(一次侧接电源)，电压为325V，电流为9.63A，功率为2014W。

求折算到一次侧的励磁参数和短路参数。

3-31　一台三相变压器，Yy 接法，$S_N = 200\text{kV·A}$，$U_{1N}/U_{2N} = 1\text{kV}/0.4\text{kV}$。一次侧接额定电压，二次侧接三相对称负载，每相负载阻抗为 $Z_L = 0.96+\text{j}0.48\Omega$，变压器每相短路阻抗为 $Z_k = 0.15+\text{j}0.35\Omega$，求：

(1) 变压器一次侧电流、二次侧电流、二次侧电压为多少？

(2) 输入的视在功率、有功功率和无功功率为多少？

(3) 输出的视在功率、有功功率和无功功率为多少？

3-32　一台三相变压器，$S_N = 5600\text{kV·A}$，$U_{1N}/U_{2N} = 6\text{kV}/3.3\text{kV}$，Yy 接法，空载损耗 $P_0 = 18\text{kW}$，短路损耗 $P_{kN} = 56\text{kW}$，短路阻抗电压 $u_k = 5.5\%$，求当输入电流 $I_2 = I_{2N}$，$\cos\varphi_2 = 0.8$ 时的效率。

3-33　SJ-1000/35 型三相铜线电力变压器，$S_N = 1000\text{kV·A}$，$U_{1N}/U_{2N} = 25\text{kV}/0.4\text{kV}$，Yy 接法。在室温 25℃时做空载试验和短路试验，数据如下：

空载试验（二次侧接电源），$U_0 = 400\text{V}$，$I_0 = 72.2\text{A}$，$P_0 = 8300\text{W}$；

短路试验（一次侧接电源），$U_k = 2270\text{V}$，$I_k = 16.5\text{A}$，$P_k = 24000\text{W}$。

试求：

(1) 折算到一次边的 T 形等值电路的参数；

(2) 额定负载且 $\cos\varphi_2 = 0.8$（滞后）时的电压变化率、二次侧电压和效率；

(3) 额定负载且 $\cos\varphi_2 = 1$ 时的电压变化率、二次侧电压和效率；

(4) 额定负载且 $\cos\varphi_2 = 0.8$（超前）时的电压变化率、二次侧电压和效率；

(5) $\cos\varphi_2 = 0.8$ 和 $\cos\varphi_2 = 1$ 时的负载系数 β 和效率。

3-34　变压器一、二次绕组按题图 3-1 连接，试分别画出它们的电动势相量图并标出连接组。

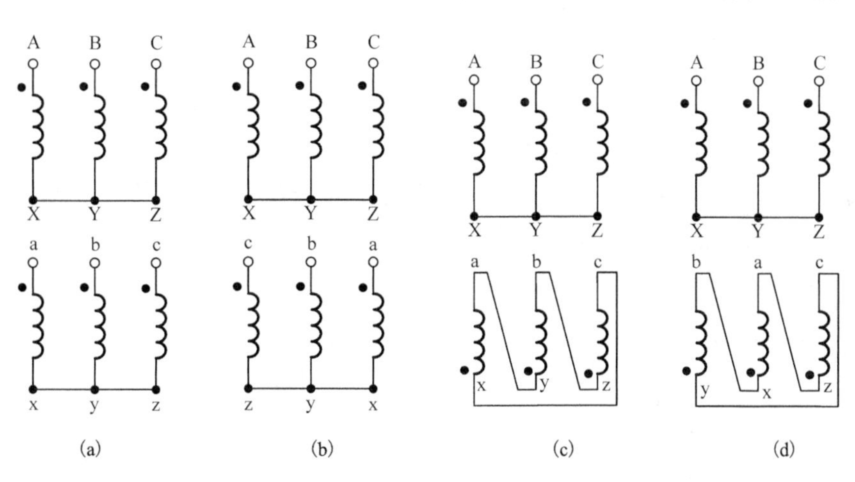

题图 3-1

3-35　画出下列连接组别的绕组接线图：

(1) Y，d3；

(2) D，y1；

(3) Y，d7；

(4) Y，y4。

3-36　有两台三相变压器并联运行，其连接组别、额定电压和电压比均相同，第一台为 30kV·A，$Z_{k1}^* = 3\%$；第二台为 50kV·A，$Z_{k2}^* = 5\%$。当输出 70kV·A 的视在功率时，求两台变压器各输出多少视在功率？各自的负载系数是多少？

第 4 章　三相异步电动机

和直流电动机相比，三相异步电动机具有结构简单，制造维护方便，价格便宜，运行可靠及效率较高等优点。特别是近年来，随着电力电子技术、先进自动控制技术以及各种控制方法、控制策略的发展和推广，三相异步电动机的调速性能有了实质性的进展，在各种场合得到了广泛的应用。本章首先介绍了三相异步电动机的工作原理和基本结构，然后通过分析三相异步电动机的运行原理及工作特性，最终得到三相异步电动机的等值电路及基本方程式。

4.1　三相异步电动机的结构和工作原理

4.1.1　三相异步电动机的基本工作原理

如图 4-1(a)所示，假设有一对磁极的移动速度为 v，在磁极磁场中，有一根垂立于磁场方向的导体，根据右手定则导体切割磁力线将产生感应电动势，其方向如图所示。如果导体是闭合的，则导体中有感应电流流过。于是，根据左手定则导体就会受到电磁力的作用，电磁力的方向如图所示，它与磁极移动方向一致为 v，这就是异步电动机的基本电磁作用过程。

异步电动机定子绕组接三相对称交流电源后，产生一个如图 4-1(b)所示恒定转速的旋转磁场，转速为 n_1，该旋转磁场切割转子，相当于转子反向切割磁场，根据右手定则转子会产生感应电动势。又因为转子闭合，故在闭合的转子绕组中产生电流，再根据左手定则会产生与磁极旋转方向一致的电磁转矩，如图 4-1(b)所示。转子在电磁转矩的作用下沿旋转磁场的方向旋转起来，这就是异步电动机的工作原理，也是“感应电动机”的由来。

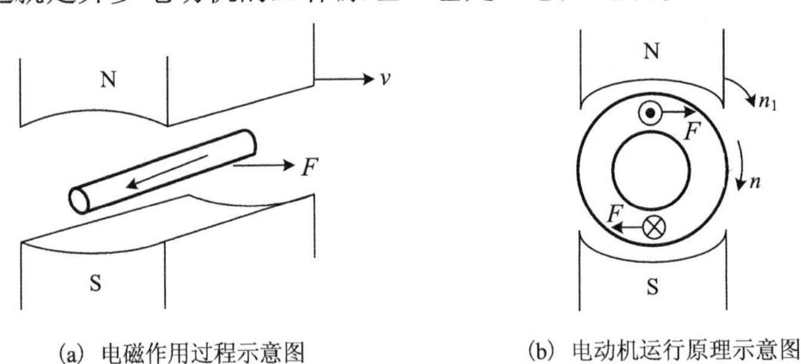

(a) 电磁作用过程示意图　　(b) 电动机运行原理示意图

图 4-1　异步电动机工作原理示意图

特别需要注意的是，转子的转速 n 总是低于旋转磁场转速 n_1。假若转子的转速等于旋转磁场转速 n_1，那么磁场与转子相对静止，就不会出现磁场切割转子的情况，不会产生感应电动势，也不会有力矩产生，转子在阻力的作用下会减速至磁场转速以下。故转子的转速 n 总是低于旋转磁场转速 n_1，两者不可能同步，这就是“异步电动机”的来历。

另外，如果想改变电动机的旋转方向，根据其工作原理，必须改变磁场的旋转方向，需要任意调换定子两相相序即可。

不加证明地给出，异步电动机旋转磁场转速 n_1 与定子绕组极对数 p 及电源频率 f_1 之间有固定关系，即

$$n_1 = \frac{60f_1}{p} \tag{4-1}$$

式中，n_1 称为同步转速，因为 p 一定为正整数，故 n_1 的取值只能为 3000r/min、1500r/min、1000r/min 等几个固定常数。

通常异步电动机转子转速 $n < n_1$，且 n 与 n_1 同方向，此时称为异步电动机的电动运行状态。但是在某些情况下，异步电动机转子在高于同步转速旋转或逆着同步转速旋转时均会产生与转速相反的电磁转矩，称为异步电动机发电运行状态和制动运行状态，分别解释如下：

(1)异步电动机发电运行状态。

当有外力拖着异步电动机转子以大于同步转速 n_1，顺着旋转磁场方向旋转时，转子导体切割旋转磁场，其感应电动势和电流方向如图 4-2(a)所示，产生的电磁转矩方向与转子转向相反，为制动转矩。为了使转子转速保持 $n > n_1$ 继续旋转下去，必须克服电磁转矩的制动作用，原动机(外力)就必须不断向电动机输入机械功率，而电动机则把输入的机械功率转换为输出的电功率。此时，异步电动机作为发电运行。

(2)异步电动机制动运行状态。

如果在外力作用下，迫使转子逆着旋转磁场方向旋转，这时转子导体反向切割旋转磁场，其感应电动势和电流方向也会反向，如图 4-2(b)所示，用左手定则可判定电磁转矩方向与旋转磁场同向，但却与转子转向相反，起了阻止转子旋转的作用，即电磁转矩为制动转矩，此时，异步电动机处于制动运行状态。因此异步电动机既从电网吸收电功率，同时又有转轴输入的机械功率，这两部分功率均消耗在电动机内部。

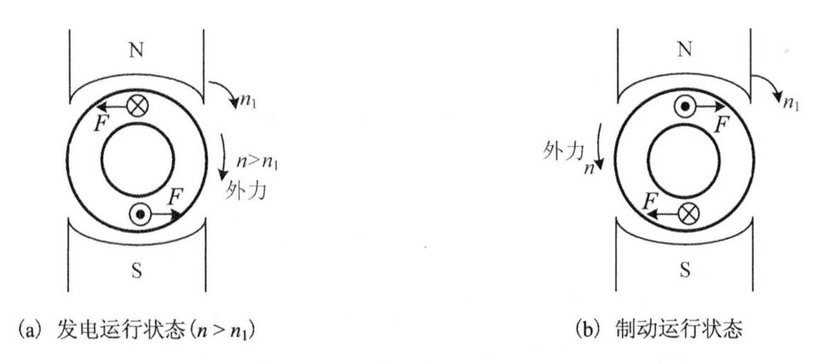

(a) 发电运行状态($n > n_1$)　　(b) 制动运行状态

图 4-2　异步电动机发电运行制动运行示意图

异步电动机的各种运行状态可以通过转差率 s 来表征。

同步转速 n_1 与转子转速 n 之间的差值与同步转速 n_1 的比值称为转差率 s，即

$$s = \frac{n_1 - n}{n_1} \tag{4-2}$$

转差率 s 是异步电动机的一个重要参数，它反映异步电动机的各种运行情况。对于一般电动机，在启动瞬间时，$n = 0$，此时转差率 $s = 1$；当转子转速接近同步转速(空载运行)时，$n \approx n_1$，此时转差率 $s \approx 0$。可见，异步电动机的转速在 0～n_1 变化，其转差率 s 在 1～0 变化。

异步电动机负载越大，转速就越慢，其转差率就越大；反之，负载越小，转速就越快，其转差率就越小。故转差率的大小同时也反映了转子转速的快慢或电动机负载的大小。由式(4-2)可得异步电动机的转速 n 为

$$n=(1-s)n_1 \tag{4-3}$$

在正常运行时，异步电动机的转差率很小，一般在 0.015～0.05。异步电动机转速变化和转差率范围与电动机运行状态关系如表 4-1 所示。

表 4-1　异步电动机转速和转差率对应表

电动机状态	制动状态	启动	电动状态	空载运行	发电状态
转速 n	$n<0$	$n=0$	$0<n<n_1$	$n\approx n_1$	$n>n_1$
转差率 s	$s>1$	$s=1$	$0<s<1$	$s\approx 0$	$s<0$

在生产实际中，电动状态应用最为广泛；制动状态是异步电动机用于吊车等设备中的一种特殊的运行状态；异步发电状态作为异步电动机的一种可逆运行状态仅用于风力发电等特殊场合。

例 4-1　已知一台异步电动机的额定转速为 $n_N=980\text{r/min}$，试求该电动机的极对数和额定转差率。

解　因为 $n_N=980\text{r/min}$，则

$$n_1=1000\text{r/min}$$

由 $n_1=\dfrac{60f_1}{p}$，得

$$p=3$$

其额定转差率为

$$s_N=\frac{n_1-n_N}{n_1}=\frac{1000-980}{1000}=0.02$$

4.1.2　三相异步电动机的结构

异步电动机的形式很多，按照不同的特征可有不同的分类法。

(1) 按照转子结构形式可分为鼠笼式异步电动机和绕线式异步电动机。

(2) 按照机壳的防护形式可分为：防护式(能防止水滴、尘土、铁屑或其他物体垂直落入电动机内部)；封闭式(电动机由机壳把内部与外部完全隔开)；开启式(电动机除必要的支撑结构外，没有专门的防护措施)。

(3) 按照机座号大小可分为：小型电动机(容量从 0.6kW 到 99kW)；中型电动机(容量从 100kW 到 1250kW)；大型电动机(容量在 1250kW 以上)。

除以上分类外，还有单相电动机和三相电动机；立式电动机和卧式电动机；空气冷却电动机和液体冷却电动机等。下面以三相异步电动机为例，介绍其基本结构。

鼠笼式三相异步电动机的结构如图 4-3 所示，和直流电动机一样，异步电动机主要有定子和转子两大部分组成，定子和转子之间有一个很小的空气间隙。

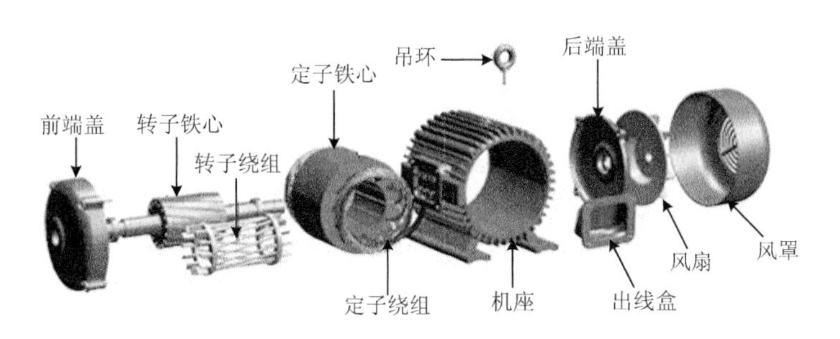

图 4-3　鼠笼式三相异步电动机的结构图

1. 定子部分

异步电动机的定子主要包括定子铁心、定子绕组和机座三部分。

1) 定子铁心

定子铁心的作用是放置并固定定子绕组(也称电枢绕组)，同时也是电动机主磁通磁路的一部分。为了减小旋转磁场在铁磁材料中产生的铁耗(磁滞损耗和涡流损耗)，因此定子铁心须采用导磁性能较好的铁磁材料，通常由 0.5mm 厚的硅钢片叠成，在较大容量的电动机中铁心叠片两面涂有绝缘漆。为了放置并固定定子绕组，在铁心叠片内圆中冲有若干相同的槽。定子铁心叠片用冲床冲制而成，故又称为冲片，如图 4-4 所示。对于中小型电动机，定子铁心直径小于 1m 时，采用整圆的冲片；大型电动机铁心直径大于 1m 时，往往采用扇形冲片拼接而成。

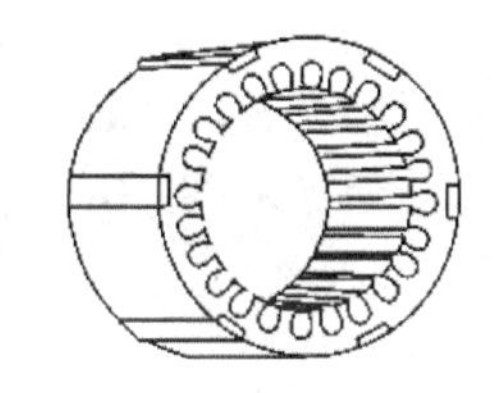

(a) 定子铁心形状

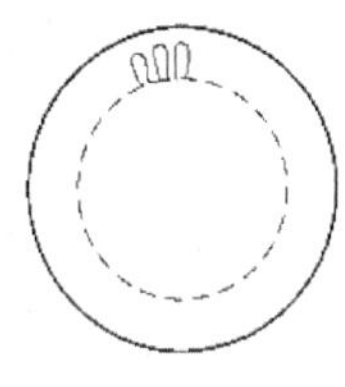

(b) 定子冲片形状

图 4-4　定子铁心与冲片

2) 定子绕组

定子绕组是异步电动机定子部分的电路，也是异步电动机最重要结构之一。它是由许多线圈按一定规律分别嵌入铁心槽内并连接而成。绕组与铁心槽壁之间有“槽绝缘”，以免电动机在运行时绕组对铁心出现击穿或短路故障。按定子绕组的嵌放方法，绕组可分为单层和双层绕组。10kW 以下的小容量异步电动机通常采用单层绕组；容量较大的异步电动机大都采用双层短距叠绕组或波绕组，优点是可以灵活选择节距以改善电动势和磁动势波形。

三相异步电动机的定子绕组是一个三相对称绕组，它由三个完全相同的绕组组成，每个绕组为一相，三个绕组在空间互差 120°，每个绕组的两端分别用 U_1-U_2、V_1-V_2、W_1-W_2 表示。高压大、中型电动机定子绕组常常接成 Y 形，只有三根引出线。中小型低压异步电动机将三相绕组的六个出线都引到接线盒上，按需要接成 Y 形或△形，如图 4-5 所示，实物接线如图 4-6 所示。

3) 机座

机座要有足够的机械强度用以固定和支撑定子铁心，另外还要考虑通风和散热的需要。小型及微型电动机采用铸铝机座，中小型异步电动机一般都采用铸铁机座，对较大容量的异步电动机一般采用钢板焊接机座。为了加强散热，小型封闭式电动机的机座外表面铸有许多均匀分布的散热筋，以增大散热面积。

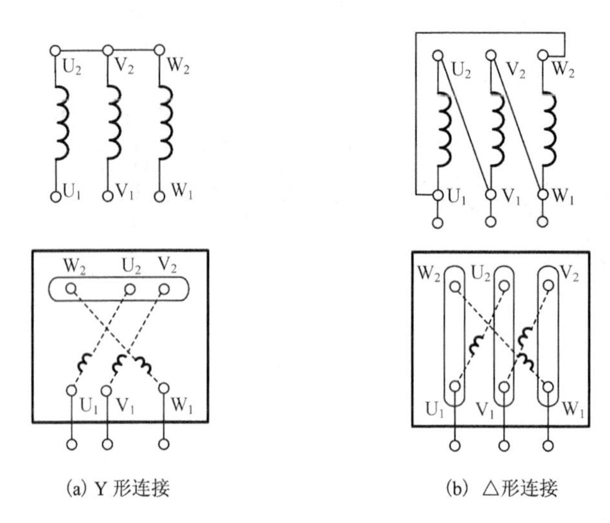

(a) Y 形连接　　(b) △形连接

图 4-5　异步电动机 Y 形和△形连接

(a) Y 形连接

(b) △形连接

图 4-6　异步电动机出线盒接线

2. 转子部分

异步电动机转子主要由转子铁心、转子绕组和转轴等组成。

1) 转子铁心

异步电动机转子铁心和定子铁心以及气隙共同构成电动机的完整磁路，也是电动机主磁路的一部分。转子铁心外圆冲有均匀的槽，以供嵌置或浇铸转子绕组。与定子铁心一样，为减少铁耗，转子铁心一般用 0.5mm 厚的硅钢片叠压而成，如图 4-7 所示。在小型异步电动机中，转子铁心直接套在转轴上，在较大容量的异步电动机中转子铁心套在转子支架上。

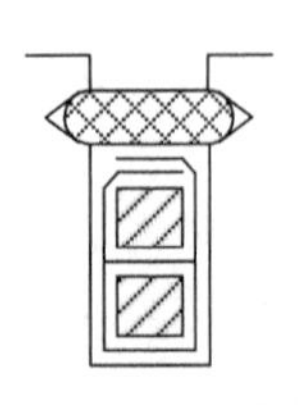

(a) 绕线转子槽形

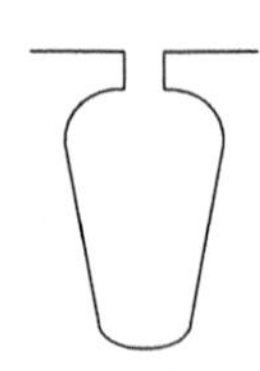

(b) 单笼型转子槽形

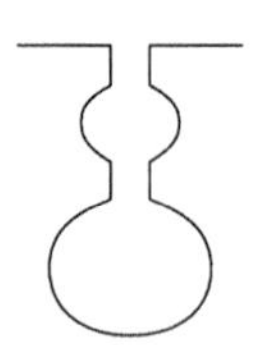

(c) 双笼型转子槽形

图 4-7　转子槽形

2) 转子绕组

根据转子绕组形式的不同，异步电动机的转子分为鼠笼式转子绕组和绕线式转子绕组两种结构。

(1) 鼠笼式转子绕组。

整个鼠笼式转子绕组外形就像一个“笼子”，在转子铁心的每一槽中均有一根导条，这些导条两端用短路环短路，如图 4-8 所示。小型电动机的鼠笼式转子一般都采用铸铝转子，导条、端环以及端环上的风叶铸在一起，如图 4-8 (a) 所示。而对于 100kW 以上的大中型电动机则采用铜条两端焊上端环的鼠笼式绕组，以提高机械强度，如图 4-8 (b) 所示。鼠笼式绕组可以认为是对称绕组，它的相数等于它的导体数，亦等于转子铁心的槽数。特别需要注意的是，鼠笼式转子绕组的极数是由定子旋转磁场感生的，因此自动地与定子绕组的极数相同，这个特性对于变极调速是十分有用的。

(a) 铸铝鼠笼式绕组

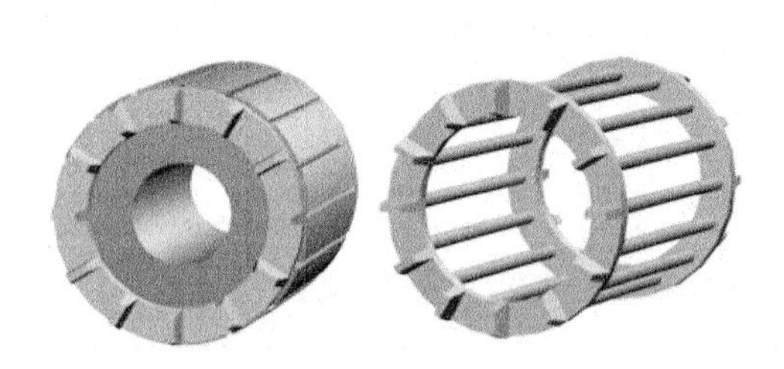

(b) 铜条鼠笼式绕组

图 4-8　鼠笼式转子

鼠笼式转子异步电动机具有结构简单、制造方便、价格低廉、运行安全可靠的优点，故工业上应用范围十分广泛。

(2) 绕线式转子绕组。

和定子绕组绕制方法一样，在转子铁心上连接一个三相对称绕组，就构成绕线式转子。绕线式转子一般都接成星形，三个首端分别接到转轴上的三个集电环上，通过三个电刷与外电路相连，如图 4-9 所示。

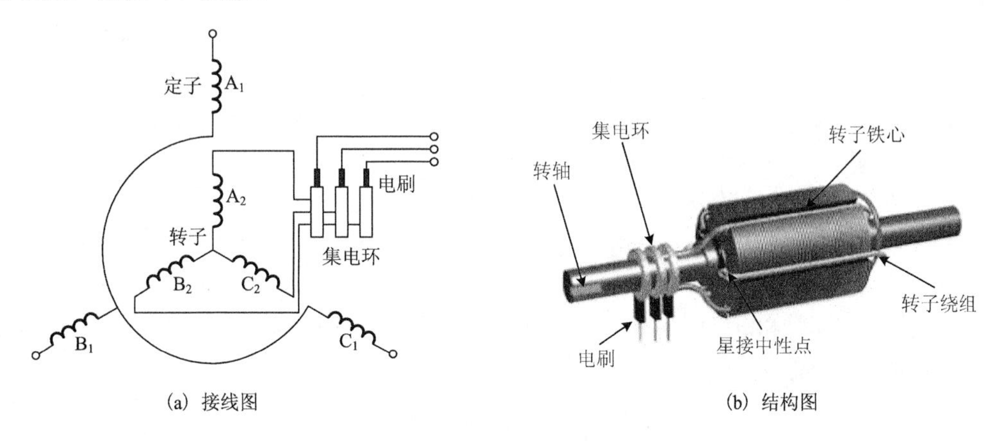

(a) 接线图　　(b) 结构图

图 4-9　绕线式转子

绕线转子异步电动机的优点是可以通过集电环在转子绕组中串接电阻、频敏变阻器、电极等外部装置，以改善电动机启动、制动和调速性能(详见第 5 章内容)；缺点是结构复杂、价格较贵、运行可靠性相对较差。

3)气隙与其他部件

异步电动机的气隙是电动机磁路的一部分，气隙的大小与电动机的性能关系很大：气隙越大，磁路阻抗越大，励磁电流也越大，则电动机的功率因数变坏；而气隙过小，会使装配困难和运行不可靠。一般在机械条件容许的情况下，气隙越小越好。异步电动机的比同容量直流电动机的气隙小得多，一般为 0.2～1.5mm。

除了定子转子外，还有端盖、轴承、风扇等。端盖对电动机起防护作用，轴承可以支撑转子轴，风扇用来通风冷却。需要特别注意的是，虽然轴承的作用较为直接简单，在本章没有展开叙述，但是在现场轴承的温度、磨损情况、润滑油的型号和老化情况对电机温升、振动等运行情况影响较大，必须按规定巡检和维护。

4.1.3 三相异步电动机的铭牌数据和主要系列

1. 三相异步电动机的铭牌数据

异步电动机的铭牌标出了电动机的型号、主要额定值和有关技术数据。铭牌数据是选择使用电动机时的重要参考数据。图 4-10 所示是某台三相异步电动机的铭牌。

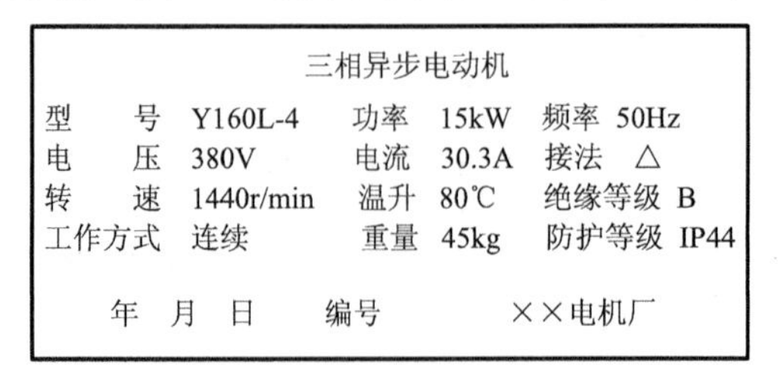

图 4-10 三相异步电动机的铭牌

(1)型号，电动机型号通常由汉语拼音字母和阿拉伯数字组成，注明了电动机的类型、规格、结构特征和使用范围等。如 Y160L-4，第一个字母 Y 表示异步电动机，160 代表机座中心高，L 表示铁心长度代号(短、中、长铁心分别用 S、M、L 表示)，4 表示极数。Y160L-4 是一台机座中心高 160mm、长机座、4 极(2 对极)的鼠笼式异步电动机。

(2)额定电压 U_N(V 或 kV)，指电动机在额定运行时加在定子绕组上的线电压。

(3)额定电流 I_N(A)，指电动机在额定运行时流过定子绕组的线电流。

(4)额定频率 f_N(Hz)，我国的工频频率为 50 Hz。

(5)接法(Y 或△)，表示定子绕组的连接方式。

(6)额定功率 P_N(kW)，指在电动机定子外接额定电压 U_N、额定频率 f_N，拖动额定负载，按额定方式连接，在额定状态运行时电动机转轴上输出的机械功率。三相异步电动机的额定功率可用下式进行计算

$$P_N = \sqrt{3} U_N I_N \eta_N \cos\varphi_N \times 10^{-3} (\text{kW}) \tag{4-4}$$

式中，η_N、$\cos\varphi_N$ 分别为异步电动机的额定效率和额定功率因数。

(7)额定转速 n_N(r/min)，指异步电动机在额定运行时转子的转速。

铭牌上还标有电动机的额定温升、绝缘等级和重量等其他一些技术数据。

2. 三相异步电动机的主要系列

我国目前生产的异步电动机种类繁多，约有100个系列，500多个品种和5000多个规格。现有老系列和新系列之分，新系列电动机符合国际电工协会(IEC)标准，具有国际通用性，表4-2是几种常用系列电动机新老代号对照表。

表4-2 异步电动机新老产品代号对照表

产品名称	新代号	汉字意思	老代号
异步电动机	Y	异步	J、JO、JS、JK
绕线转子异步电动机	YR	异步绕线	JR、JRO
高启动转矩异步电动机	YQ	异步启动	JQ、JQO
多速异步电动机	YD	异步多速	JD、JDO
精密机床用异步电动机	YJ	异步精密	JJO
大型绕线转子高速异步电动机	YRK	异步绕线快速	YRG

Y系列是小型全封闭自冷式三相异步电动机。额定电压为380V，功率范围为0.55～315kW，同步转速为600～3000r/min，外壳防护形式有IP44和IP23两种，绝缘等级为B级。该系列异步电动机主要用于金属切削机床、通用机械、矿山机械和农业机械等，也可用于拖动静止负载或惯性负载大的机械，如压缩机、传送带、磨床、粉碎机、小型起重机和运输机械等。

Y2系列是Y系列电动机的升级换代产品，与Y系列相比，具有效率和转矩高、噪声低、启动性能好、结构紧凑、使用维修方便等特点，能广泛应用于机床、风机、泵类、压缩机等各类机械传动设备。

Y3系列是Y2系列电动机的升级产品，与Y2系列相比具有以下特点：采用冷轧硅钢片作为导磁材料，重金属使用量、噪声都低于Y2系列。

YR系列是三相绕线式转子异步电动机。该系列电动机用在电源容量小、不能用鼠笼式异步电动机启动的生产机械上，如20/5T行车，主钩电动机因需要转子串电阻调速，必须使用YR系列绕线式异步电动机。

YQ系列是高启动转矩异步电动机。该系列电动机用在启动静止负载或惯性负载较大的机械上，如压缩机、粉碎机等。

YD系列是变极多速三相异步电动机。YD系列电动机是通过改变绕组的接线方式来改变电动机转速和功率的(具体方法和特点详见5.3.1节)，属于有级变速电动机，该系列产品采用变极方法实现速度的变换，分为双速和三速电动机。因为笼型电动机转子极数可自动跟随定子极数变化，故YD系列通常为笼型电动机。YD系列具有适用范围广、启动性能好、运行可靠、维护方便等优点。该系列产品适用于各类需要有级变速的机械设备(不适用于风机和泵类机械)，结构简单、体积小、噪声低、价格便宜。

其他类型异步电动机可参阅产品目录。

例4-2 已知一台三相异步电动机的额定功率 $P_N = 5.5\text{kW}$，额定电压 $U_N = 380\text{V}$，额定效率 $\eta_N = 0.86$，额定功率因数 $\cos\varphi_N = 0.86$，额定转速 $n_N = 1460\text{r/min}$，求额定电流 I_N 为多少？

解 额定电流为

$$I_N = \frac{P_N}{\sqrt{3}U_N \cos\varphi_N \eta_N} = \frac{5.5\times 10^3}{\sqrt{3}\times 380\times 0.86\times 0.86} = 11.3(\mathrm{A})$$

通过该例说明，在实际应用中，一般情况下 380V 三相异步电动机的额定电流 I_N(A)在数值上近似等于 2 P_N(kW)的数值，即 $I_N \approx 2P_N$ (数值)，通常该结论用来估算三相异步电动机的额定电流(一个千瓦，两个电流)。

4.2 三相异步电动机的运行原理

与变压器相似，三相异步电动机的定子和转子之间只有磁耦合关系，而没有电的直接联系，它是靠电磁感应作用，将能量从定子传递到转子的。所以，三相异步电动机的定子绕组非常类似于变压器的一次绕组，转子绕组类似于变压器的二次绕组，因此本节分析三相异步电动机电磁关系的基本方法(电压方程式、等值电路和相量图)参照了第 3 章变压器电磁关系的分析方法。

4.2.1 三相异步电动机的定子感应电动势和磁动势

1. 三相异步电动机的定子感应电动势

根据三相异步电动机运行原理，定子通入三相交流电时定子产生旋转磁场，气隙中的磁场旋转时，定子绕组相对切割旋转磁场将产生感应电动势，不加证明地给出每相定子绕组的感应电动势为

$$\dot{E}_1 = -\mathrm{j}4.44 f_1 N_1 k_{N1} \dot{\Phi}_m \tag{4-5}$$

同理，可得转子转动时每相转子绕组的感应电动势为

$$\dot{E}_{2s} = -\mathrm{j}4.44 f_2 N_2 k_{N2} \dot{\Phi}_m \tag{4-6}$$

式中，Φ_m 为主磁通(Wb)；f_1 为定子绕组通入的电源频率(Hz)，f_2 为转子绕组的转子电流频率(Hz)；N_1 为每相定子绕组的串联匝数，N_2 为每相转子绕组的串联匝数；k_{N1} 为定子绕组的基波绕组系数，k_{N2} 为转子绕组的基波绕组系数；下标 s 表示转子旋转。

与变压器电动势公式相比，形式基本一致，但实质是不同的：

(1)变压器的主磁通为脉动磁场，而异步电动机的主磁通为旋转磁场；

(2)变压器为集中绕组，而异步电动机为分布短距绕组，故要乘上绕组系数。

2. 三相异步电动机的定子磁动势

三相异步电动机的三相对称绕组彼此在空间上相差 120°，当通以三相对称正弦电流时，三相绕组将产生三相脉动磁动势，彼此在空间和相位上都相差 120°，这三个脉动磁动势合成产生一个旋转的磁场，即三相对称绕组通入三相对称电流会产生一个沿空间正弦分布，幅值恒定的旋转合成磁动势，其转速与幅值分别为

$$n_1 = \frac{60 f_1}{p} \tag{4-7}$$

$$F_1 = \frac{m_1}{2} \times 0.9 \frac{N_1 k_{N1}}{p} I_1 = 1.35 \frac{N_1 k_{N1}}{p} I_1 \tag{4-8}$$

式中，n_1 为同步转速(r/min)；f_1 为电源频率(Hz)；p 为磁极对数；m_1 为定子绕组的相数，在这里 $m_1 = 3$；I_1 为定子电流幅值。

合成磁动势的旋转方向由定子电流相序决定。如果通入三相异步电动机的定子绕组的电流相序为 U-V-W 变为 U-W-V，就改变了合成磁场的旋转方向。所以要改变电动机的旋转方向，只要调换任意两根电源引线即可。

4.2.2 三相异步电动机空载运行时的电磁过程

三相异步电动机定子绕组接在对称的三相电源上，转子转轴上不加任何负载，称为空载运行状态。

1. 主磁通

当三相异步电动机定子绕组通入三相对称交流电时，将产生旋转磁动势，该磁动势产生的磁通绝大部分穿过气隙，并同时铰链于定、转子绕组，这部分磁通称为主磁通，其路径为：定子铁心→气隙→转子铁心→气隙→定子铁心，构成闭合磁路，一般用 $\dot{\Phi}_m$ 表示。

由于主磁通同时铰链定子、转子绕组，故在定子、转子上分别产生感应电动势。转子绕组为闭合绕组，在电动势的作用下，转子绕组中有电流通过。根据右手定则，转子电流与主磁通磁场相互作用产生电磁转矩，拖动转子旋转，实现异步电动机的能量转换，即将电能转化为机械能从电动机轴上输出。因此，主磁通是能量转换的媒介。

2. 漏磁通

电机实际运行时，定子绕组的槽内和端部等会有很少的“电磁泄漏”，故定义除主磁通以外的磁通统称为漏磁通，用 $\dot{\Phi}_{1\sigma}$ 表示，漏磁通虽然很小，但通常不能忽略，其具有以下特性：

(1) 因为漏磁通沿空气气隙形成闭合回路，而空气中的磁阻很大，所以漏磁通比主磁通小得多；

(2) 漏磁通仅在定子和空气气隙中铰链，故不能像主磁通一样起能量转化作用，但在定子绕组上将产生漏感电势，因此只起电抗压降的作用。

3. 空载运行时的电压平衡方程式和等值电路

异步电动机在空载运行情况下，电动机转速 n 非常接近同步转速 n_1，如果近似认为 $n = n_1$，即为理想空载运行情况。理想空载运行的重要特征就是转子与磁场无相对切割，故转子绕组无感应电动势和电流，也不形成转子磁动势。因此，电动机沿气隙的旋转磁场(主磁通 $\dot{\Phi}_m$)由定子磁动势 $\dot{F}_0$ 单独建立。这个旋转磁场切割静止的定子绕组，并在定子中感应出电动势 $\dot{E}_1$，其值为

$$\dot{E}_1 = -\mathrm{j}4.44 f_1 N_1 k_{N1} \dot{\Phi}_m \tag{4-9}$$

定子绕组流过电流 $\dot{I}_0$ (空载电流)时，还要产生定子漏磁通 $\dot{\Phi}_{1\sigma}$，它将在定子绕组中感应漏电动势 $\dot{E}_{1\sigma}$，漏电势 $\dot{E}_{1\sigma}$ 可用漏抗压降的形式表示为

$$\dot{E}_{1\sigma} = -\mathrm{j}\dot{I}_0 X_1 \tag{4-10}$$

设定子每相绕组的电阻为 R_1，根据基尔霍夫电压定律可写出定子绕组的电压平衡方程式：

$$\dot{U}_1 = -\dot{E}_1 - \dot{E}_{1\sigma} + \dot{I}_0 R_1 = -\dot{E}_1 + \mathrm{j}\dot{I}_0 X_1 + \dot{I}_0 R_1 = -\dot{E}_1 + \dot{I}_0 Z_1 \tag{4-11}$$

式中，$Z_1 = R_1 + \mathrm{j}X_1$ 为定子每相漏阻抗。一般漏阻抗压降数值很小，可近似地认为 $U_1 = E_1$，即 $U_1 \approx E_1 = 4.44 f_1 N_1 k_{\mathrm{N1}} \Phi_{\mathrm{m}}$，由此可知异步电动机外加电压的大小决定了电动机主磁通 Φ_{m} 的大小。

和变压器处理方法相同，$\dot{E}_1$ 也可以写成

$$\dot{E}_1 = -\dot{I}_0 (R_{\mathrm{m}} + \mathrm{j}X_{\mathrm{m}}) = -\dot{I}_0 Z_{\mathrm{m}} \tag{4-12}$$

式中，R_{m} 为励磁电阻，它对应定子铁耗的等效电阻；X_{m} 为励磁电抗，它对应定子绕组对主磁通的等效电抗；Z_{m} 称为励磁阻抗。

同理转子也会感应出电动势 $\dot{E}_{20}$，但异步电动机空载运行时，$n \approx n_1$ 相对切割较小，可以认为 $\dot{I}_2 \approx 0$，$\dot{E}_{20} \approx 0$。

由以上分析可得出三相异步电动机空载运行时的电磁关系，如图 4-11 所示。

由式(4-11)和式(4-12)可画出异步电动机空载时的等值电路，如图 4-12 所示。

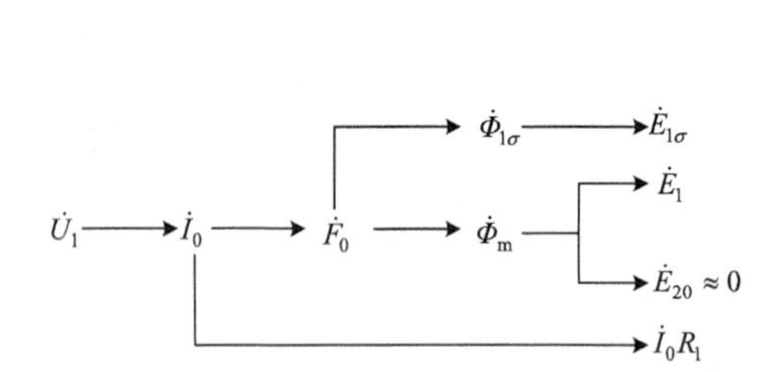

图 4-11　异步电动机空载运行时的电磁关系

R_1　X_1　$\dot{I}_0$　$\dot{U}_1$　$\dot{E}_1$　R_{m}　X_{m}

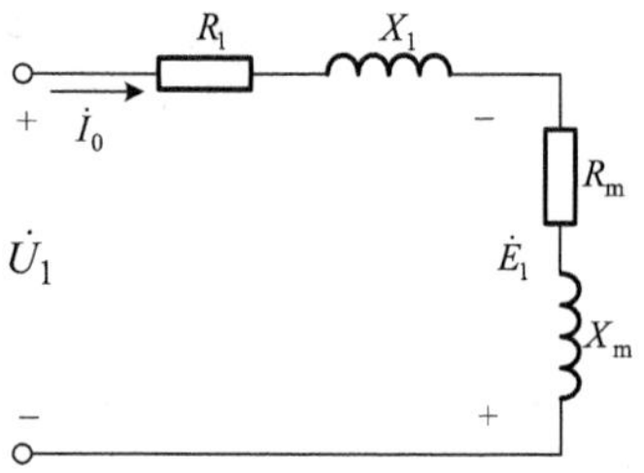

图 4-12　异步电动机空载运行时的等值电路

异步电动机空载运行具有和变压器空载运行非常类似的电磁关系，不同之处有以下几点：

(1) 变压器主磁通为脉动磁通，而异步电动机主磁通为旋转磁通。

(2) 主磁通在异步电动机定子绕组中感应电动势为“速度电动势”，而变压器一次侧感应电动势为“静止电动势”。

(3) 在变压器中，主磁通所经过的磁路气隙很小，因此变压器的空载电流很小，仅为额定电流的 2%～10%；而异步电动机主磁通磁路有空气隙存在，其空载电流比变压器大很多，大容量电动机 $I_0 = (20\%～30\%) I_{\mathrm{N}}$，小容量电动机 $I_0 = 50\% I_{\mathrm{N}}$。

4.2.3　三相异步电动机负载运行时的电磁过程

所谓负载运行，是指电动机的定子绕组接入对称三相电压，转子带上机械负载时的运行状态。

1. 负载运行时的电磁关系

1) 转子磁动势的分析

异步电动机在电动机轴上增加负载，电动机转速 n 降低，这样以同步转速 n_1 旋转的气隙磁场和以转速 n 旋转的转子绕组会有相对切割，并在转子绕组中感应电动势和感应电流。且

因转子绕组为对称多相绕组(绕线式转子为对称三相绕组)，旋转磁场依次切割转子每相绕组，感应出对称的多相电流，并形成旋转的转子磁动势 $\dot{F}_2$，下面首先讨论转子磁动势 $\dot{F}_2$ 的转向和转速，以及与定子磁动势 $\dot{F}_1$ 的关系。

转子磁动势 $\dot{F}_2$ 的转向：转子磁动势 $\dot{F}_2$ 与定子磁动势 $\dot{F}_1$ 同方向旋转。

转子磁动势 $\dot{F}_2$ 的转速：异步电动机负载时转子转速为 n，而旋转磁场的转速为 n_1，两者方向相同，所以旋转磁场以 (n_1-n) 的相对转速切割转子绕组，则在转子绕组中感应电动势和电流的频率为

$$f_2=\frac{p(n_1-n)}{60}=\frac{pn_1}{60}\frac{n_1-n}{n_1}=sf_1 \tag{4-13}$$

式中，p 为电动机定子的极对数。

需要注意的是：在转子不转时，$s=1$，转子中电动势和电流的频率最大；当转子转动时，转子电动势和电流的频率随转子转速的增大而减小，即转子转得越快，频率越小，此特性在电动机串频敏变阻器调速时会凸显出(详见本书 5.2.2 节)。

转子磁动势 $\dot{F}_2$ 相对转子本身的转速 Δn 与转子感应电动势频率 f_2、极对数 p 的关系为

$$\Delta n=\frac{60f_2}{p}=\frac{60sf_1}{p}=n_1-n \tag{4-14}$$

于是，转子磁动势 $\dot{F}_2$ 的转速(相对定子铁心)等于转子磁动势 $\dot{F}_2$ 相对于转子的转速 Δn 加上转子本身的转速 n，即

$$\Delta n+n=n_1-n+n=n_1 \tag{4-15}$$

转子磁动势 $\dot{F}_2$ 与定子磁动势 $\dot{F}_1$ 的关系：转子磁动势 $\dot{F}_2$ 与定子磁动势 $\dot{F}_1$ 的转速相同，均为同步转速 n_1，即 $\dot{F}_1$ 与 $\dot{F}_2$ 保持相对静止，两者之间无相对运动。

2) 磁动势平衡方程式

两个沿气隙正弦分布，以同步转速 n_1 旋转的磁动势 $\dot{F}_1$ 和 $\dot{F}_2$ 可以合成起来，其合成磁动势仍沿气隙正弦分布，以同步转速 n_1 旋转的合成磁动势记为 $\dot{F}_0$，则

$$\dot{F}_0=\dot{F}_1+\dot{F}_2 \tag{4-16}$$

电动机从空载到负载运行时，由于电源的电压和频率都不变，即 $U_1\approx E_1=4.44f_1N_1k_{\mathrm{N1}}\Phi_{\mathrm{m}}$，因此主磁通几乎不变，故合成磁动势 $\dot{F}_0$ 基本不变，即负载时的合成磁动势等于空载时的合成磁动势。从空载到负载运行时转子磁动势 $\dot{F}_2$ 变化，定子磁动势 $\dot{F}_1$ 也会自动相应变化，以保持励磁磁动势 $\dot{F}_0$ 大小不变，将这种平衡作用称为异步电动机的磁动势平衡，式(4-16)称为磁动势平衡方程式。

设异步电动机空载励磁电流为 $\dot{I}_0$，则有

$$0.9\frac{m_1}{2}\frac{N_1k_{\mathrm{N1}}}{p}\dot{I}_1+0.9\frac{m_2}{2}\frac{N_2k_{\mathrm{N2}}}{p}\dot{I}_2=0.9\frac{m_1}{2}\frac{N_1k_{\mathrm{N1}}}{p}\dot{I}_0 \tag{4-17}$$

$$\dot{I}_1+\frac{1}{k_{\mathrm{i}}}\dot{I}_2=\dot{I}_0 \tag{4-18}$$

式(4-18)为电流形式表示的磁动势平衡方程式。式中 m_1、m_2 为定、转子绕组的相数，这

里 $m_1=m_2=3$； $k_{\mathrm{i}}=\dfrac{m_1N_1k_{\mathrm{N1}}}{m_2N_2k_{\mathrm{N2}}}$ 称为定、转子绕组电流变比。可以看出，异步电动机空载运行时 $I_2\approx0$，随着电动机轴上负载的增加，转速 n 降低，转速差（n_1-n）增大，相对切割速度增大，转子电流 I_2 变大，由式(4-18)可知定子电流 I_1 也随着增大，电网输入电功率增大，实现电能到机械能的转换。

3)电压平衡方程式

主磁通 $\dot{\Phi}_{\mathrm{m}}$ 同时切割定、转子绕组，并在其中分别感应电动势 $\dot{E}_1$ 和 $\dot{E}_{2\mathrm{s}}$，其值分别为

$$\dot{E}_1=-\mathrm{j}4.44f_1N_1k_{\mathrm{N1}}\dot{\Phi}_{\mathrm{m}} \tag{4-19}$$

$$\dot{E}_{2\mathrm{s}}=-\mathrm{j}4.44f_2N_2k_{\mathrm{N2}}\dot{\Phi}_{\mathrm{m}}=-\mathrm{j}4.44sf_1N_2k_{\mathrm{N2}}\dot{\Phi}_{\mathrm{m}}=s\dot{E}_2 \tag{4-20}$$

转子绕组有电流 $\dot{I}_2$ 流过，也要产生转子漏磁通 $\dot{\Phi}_{2\sigma}$，感应转子漏磁电动势 $\dot{E}_{2\sigma}$，转子漏磁电动势 $\dot{E}_{2\sigma}$ 的漏抗压降表示形式可写为

$$\dot{E}_{2\sigma}=-\mathrm{j}\dot{I}_2X_{2\mathrm{s}}=-\mathrm{j}\dot{I}_2 2\pi f_2L_{2\sigma}=-\mathrm{j}\dot{I}_2sX_2 \tag{4-21}$$

式中，X_2 为电动机静止时的转子漏电抗；$X_{2\mathrm{s}}=sX_2$ 为电动机旋转时的转子漏电抗，从式(4-20)、式(4-21)可以看出：

(1)转子绕组的感应电动势 $\dot{E}_{2\mathrm{s}}$ 是随转差率变化的，转速越低，s 越大，转子绕组切割磁场的相对速度越大，转子电动势也越大。

(2)当额定转速时，s 较小，转子绕组切割磁场的相对速度较小，转子电动势 $\dot{E}_{2\mathrm{s}}$ 也并不大。

(3)转子漏电抗 $X_{2\mathrm{s}}=sX_2$，即转子漏电抗也是随转差率变化的。在转子不转时，$s=1$，转子漏电抗最大；当转子转动时，转子漏电抗随转子转速的增大而减小，即转子转得越快，漏电抗越小。

设转子每相等效电阻为 R_2，因为异步电动机转子是闭合的，可写出定、转子每相绕组电压方程式为

$$\begin{cases}\dot{U}_1=-\dot{E}_1-\dot{E}_{1\sigma}+\dot{I}_1R_1=-\dot{E}_1+\dot{I}_1Z_1\\ \dot{E}_1=-\dot{I}_1(R_{\mathrm{m}}+\mathrm{j}X_{\mathrm{m}})=-\dot{I}_1Z_{\mathrm{m}}\\ \dot{E}_{2\mathrm{s}}=s\dot{E}_2=\dot{I}_2(R_2+\mathrm{j}sX_2)\end{cases} \tag{4-22}$$

综上所述，异步电动机负载运行时的电磁关系可用图 4-13 表示。

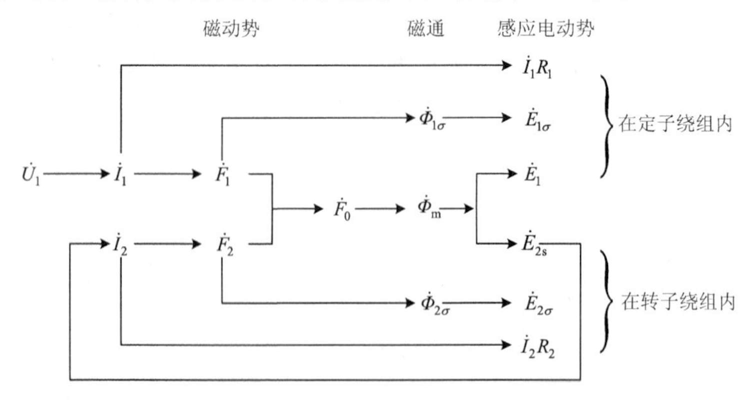

图 4-13　异步电动机负载运行时的电磁关系

2. 异步电动机的转子折算

由异步电动机负载运行时的电压方程式可分别画出定、转子电路，如图4-14所示。存在的问题是，在电动机旋转时定子电动势、定子电流的频率是 f_1，而转子电动势、转子电流的频率是 $f_2 = s f_1$。定、转子两方面的频率是不同的，对不同频率的电量列出的方程组不能联立求解，定、转子电路图相互独立，只有磁联系而没有电的联系。显然，要推导出异步电动机的等值电路，不仅要进行绕组折算，还必须要进行频率折算(变压器等值电路只需要绕组折算)。频率折算的原则是折算前后保持电动机转子磁动势 $\dot{F}_2$、各种损耗、有功功率、无功功率等均保持不变，把转子频率折算到定子一方，使它们有相同的频率，使定子电路和转子电路具有电的联系。

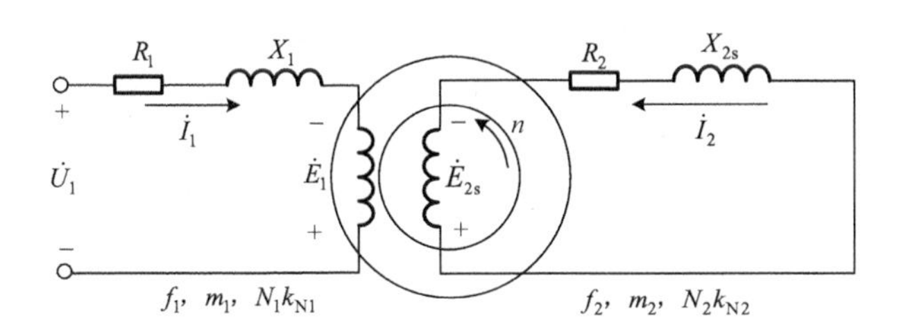

图4-14　异步电动机实际电路

1) 频率折算

由转子绕组电动势平衡方程式，可写出转子电流表达式相应为

$$\dot{I}_2 = \frac{\dot{E}_{2s}}{R_2 + \mathrm{j}sX_2} = \frac{\dot{E}_{2s}/s}{\dfrac{R_2}{s} + \mathrm{j}X_2} = \frac{\dot{E}_2}{\dfrac{R_2}{s} + \mathrm{j}X_2} = \frac{\dot{E}_2}{R_2 + \dfrac{1-s}{s}R_2 + \mathrm{j}X_2} \tag{4-23}$$

式(4-23)表明：

(1) 转子绕组感应电动势由 $\dot{E}_{2s}$ 变成了 $\dot{E}_2$，相应地转子漏电抗由 X_{2s} 变为 X_2，而 $\dot{E}_2$、X_2 隐含的频率是 f_1，这样转子电量就具有和定子绕组相同的频率 f_1，同时又保持了转子电流的大小和相位在折算前后不变。可以看出频率折算的物理含义就是：用一个等效的静止不动的转子代替一个实际的旋转转子，在保持代替前后转子电流的大小和相位不变的情况下，使转子绕组感应电动势具有和定子绕组一样的频率 f_1。

(2) 同时应当特别注意到，转子绕组每相总电阻折算后变为 $\dfrac{R_2}{s}$，相当于在实际转子绕组中每相串入大小为 $\dfrac{1-s}{s}R_2$ 的附加电阻。

(3) 还要特别注意到，频率折算前转子是旋转的，轴上有机械功率输出。频率折算后，转子被等效为静止不动，轴上无机械功率输出，但转子绕组附加了一个电阻 $\dfrac{1-s}{s}R_2$，因此在附加电阻 $\dfrac{1-s}{s}R_2$ 上消耗的电功率实际上表征了电动机轴上的机械功率，称为总机械功率，$\dfrac{1-s}{s}R_2$ 也被称为机械功率电阻。由此可见，频率折算不仅保持了电动机转子对定子的电磁效应，而且就功率而言也是等效的。

经过频率折算后的定、转子等值电路如图 4-15 所示。

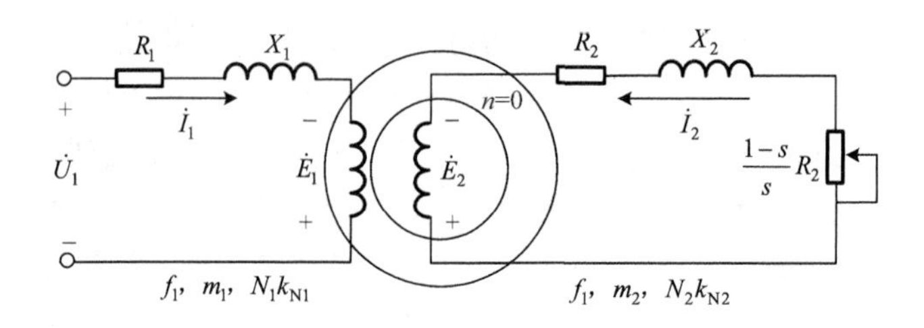

图 4-15　异步电动机频率折算后的定、转子电路

2) 绕组折算

和变压器的绕组折算类似，就是用一个和定子绕组具有同样相数 m_1，匝数 N_1 和绕组系数 k_{N1} 的等效绕组去代替原来具有相数 m_2，匝数 N_2 和绕组系数 k_{N2} 转子绕组。同变压器绕组折算表示方法一样，转子绕组的折算值均在右上角加“′”表示。

(1) 电流的折算。

由转子磁动势保持不变，即

$$0.9\frac{m_1}{2}\frac{N_1k_{N1}}{p}\dot{I}_2'=0.9\frac{m_2}{2}\frac{N_2k_{N2}}{p}\dot{I}_2 \tag{4-24}$$

得出折算后的转子电流为

$$\dot{I}_2'=\frac{m_2N_2k_{N2}}{m_1N_1k_{N1}}\dot{I}_2=\frac{1}{k_i}\dot{I}_2 \tag{4-25}$$

式中，$k_i=\dfrac{m_1N_1k_{N1}}{m_2N_2k_{N2}}$ 称为定、转子绕组电流变比。

电流形式表示的磁动势平衡方程式变为

$$\dot{I}_1+\dot{I}_2'=\dot{I}_0 \tag{4-26}$$

(2) 电动势的折算。

由于转子绕组折算后与定子绕组具有相同形式，则有

$$\dot{E}_2'=-j4.44f_1N_1k_{N1}\dot{\Phi}_m=\frac{N_1k_{N1}}{N_2k_{N2}}(-j4.44f_1N_2k_{N2}\dot{\Phi}_m)=k_e\dot{E}_2=\dot{E}_1 \tag{4-27}$$

式中，$k_e=\dfrac{N_1k_{N1}}{N_2k_{N2}}$ 称为定、转子绕组的电压变比。

(3) 阻抗的折算。

将电动势、电流的折算值代入转子绕组电动势平衡方程式 (4-23) 中，则

$$k_e\dot{E}_2=\frac{\dot{I}_2}{k_i}\left(\frac{R_2}{s}+jX_2\right)k_ek_i \tag{4-28}$$

$$\dot{E}_2'=\dot{I}_2'\left(\frac{R_2'}{s}+jX_2'\right) \tag{4-29}$$

可得转子绕组的阻抗折算值为

$$R_2' = k_{\mathrm{e}} k_{\mathrm{i}} R_2 \tag{4-30}$$

$$X_2' = k_{\mathrm{e}} k_{\mathrm{i}} X_2 \tag{4-31}$$

经过绕组折算后，可得到如图 4-16 所示的异步电动机定、转子等值电路。

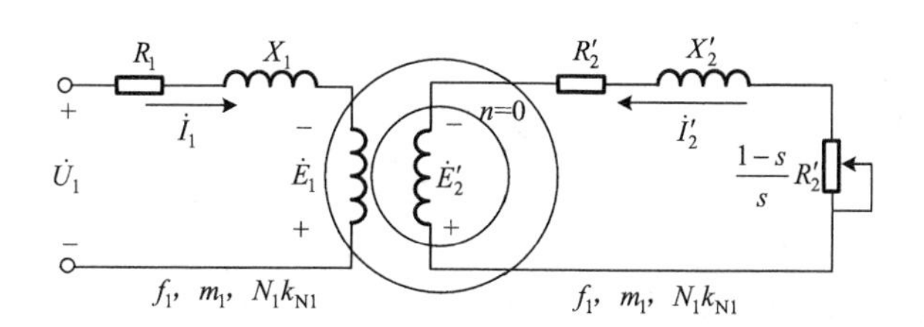

图 4-16　异步电动机绕组折算后的定、转子电路

3. 异步电动机的等值电路和相量图

1) T 形等值电路

经过频率折算和绕组折算后，异步电动机转子绕组的频率、相数、每相串联匝数以及绕组系数都和定子绕组一样，三相异步电动机的基本方程式变为

$$\begin{cases} \dot{U}_1 = -\dot{E}_1 + \dot{I}_1(R_1 + \mathrm{j}X_1) = -\dot{E}_1 + \dot{I}_1 Z_1 \\ \dot{E}_2' = \dot{E}_1 = -\dot{I}_0(R_{\mathrm{m}} + \mathrm{j}X_{\mathrm{m}}) \\ \dot{E}_2' = \dot{I}_2'\left(\dfrac{R_2'}{s} + \mathrm{j}X_2'\right) \\ \dot{I}_1 + \dot{I}_2' = \dot{I}_0 \end{cases} \tag{4-32}$$

根据基本方程式，再根据变压器的分析方法，可画出异步电动机的 T 形等值电路，如图 4-17 所示。

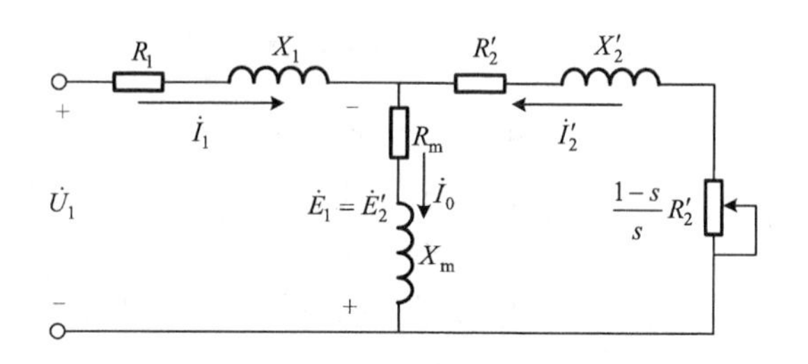

图 4-17　异步电动机的 T 形等值电路

与变压器 T 形等值电路相比较，可以看出以下几点。

(1) 一台以转差率 s 运行的异步电动机，与一台二次侧接有纯电阻 $\dfrac{1-s}{s}R_2'$ 负载的变压器相同。异步电动机堵转运行相当于变压器的短路运行；异步电动机理想空载运行相当于变压器的二次侧开路。

(2) 等值电路中，$\dfrac{1-s}{s}R_2'$ 是模拟总机械功率的等效电阻，当转子堵转时，$s=1$，

$\frac{1-s}{s}R_2'=0$，此时无机械功率输出；而当转子旋转且转轴上带有机械负载时，$s\neq 1$，$\frac{1-s}{s}R_2'\neq 0$，此时有机械功率输出。故异步电动机可以看成一台“广义变压器”，不仅实现电压、电流变换，更重要的是可以进行机电能量变换。

(3) 等值电路中 s 的变化体现了机械负载的变化。例如，当转子轴上负载增大时，转速减慢，转差率 s 增大，因此转子电流增大，以产生较大的电磁转矩与负载转矩平衡。按磁动势平衡关系，定子电流也将增大，电动机从电源吸收更多的电功率来供给电动机本身的损耗和轴上输出的机械功率，以达到功率平衡。

(4) 和变压器一样，异步电动机等值电路中的各个参数可以用实验的方法求得。参数已知后，依据等值电路，可以方便地求解异步电动机的各种运行特性。

2) 异步电动机的简化等值电路

异步电动机的 T 形等值电路是一个混联电路，计算起来比较复杂。因此，工程计算可以把励磁支路移至等值电路的输入端点上而得到简化等值电路，使电路变为一个简单的并联电路，如图 4-18 所示。依照电路图可以写出简化等值电路的定、转子平衡方程式为

$$\begin{cases}\dot{U}_1=\dot{I}_0(R_m+jX_m)=-\dot{I}_2'\left[\left(R_1+\frac{R_2'}{s}\right)+j(X_1+X_2')\right]\\ \dot{I}_1+\dot{I}_2'=\dot{I}_0\end{cases} \tag{4-33}$$

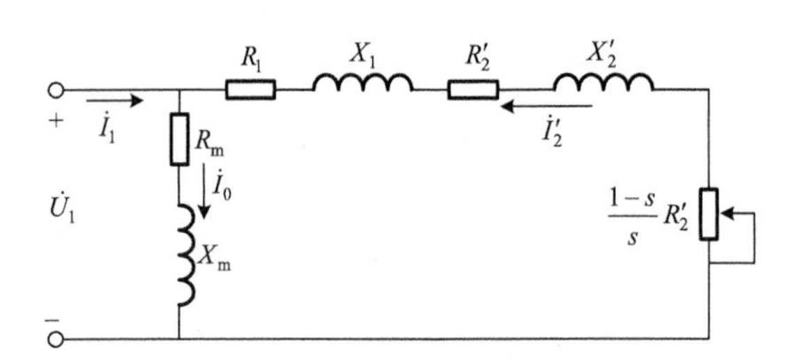

图 4-18　异步电动机简化等值电路

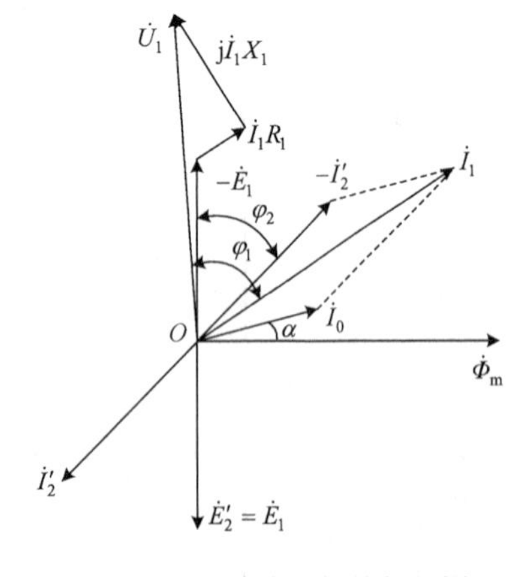

图 4-19　异步电动机的相量图

3) 异步电动机的相量图

根据 T 形等值电路平衡方程式可绘制出异步电动机的相量图如图 4-19 所示，其绘制步骤如下所示：

(1) 定义主磁通相量 $\dot{\Phi}_m$ 为参考相量，画在水平方向；

(2) 励磁电流 $\dot{I}_0$ (产生主磁通) 超前 $\dot{\Phi}_m$ 一个电角度 α；

(3) 定子绕组中的感应电动势 $\dot{E}_1(\dot{E}_2')$ 滞后 $\dot{\Phi}_m$ 90°，画出相量 $\dot{E}_1$ 及 $\dot{E}_2'$；

(4) 画出相量 $-\dot{E}_1$；

(5) 由于 $\dot{I}_2'$ 滞后 $\dot{E}_2'$ 的电角度 $\varphi_2=\arctan(sX_2'/R_2')$，由转子电路参数计算出 φ_2 后，画出 $\dot{I}_2'$；

(6) 根据四边形法则，由 $\dot{I}_0$ 和 $\dot{I}_2'$ 确定 $\dot{I}_1$ 相量；

(7) 相量 $\dot{I}_1R_1$ 与 $\dot{I}_1$ 同方向，$jX_1\dot{I}_1$ 超前 $\dot{I}_1R_1$ 90°；

(8) 再按定子电压平衡方程式$\dot{U}_1 = -\dot{E}_1 + \dot{I}_1(R_1 + \mathrm{j}X_1)$，画出异步电动机外加电压相量$\dot{U}_1$。$\dot{U}_1$与$\dot{I}_1$的夹角为$\varphi_1$，$\cos\varphi_1$便是电动机在相应负载下运行的功率因数。

从异步电动机相量图可以看出，定子电流相量$\dot{I}_1$和转子电流相量$\dot{I}_2$方向基本相反，即$\dot{I}_2$增大，$\dot{I}_1$亦增大，从而实现电动机内部能量的传递。还可看出定子电流$\dot{I}_1$滞后电源电压$\dot{U}_1$，即异步电动机具有滞后的功率因数。

例 4-3 有一台三相四极鼠笼式异步电动机，参数为：$U_\mathrm{N} = 380\mathrm{V}$，$P_\mathrm{N} = 17\mathrm{kW}$，定子△接法，$n_\mathrm{N} = 1472\mathrm{r/min}$，$R_1 = 0.715\Omega$，$X_1 = 1.74\Omega$，$R_2' = 0.416\Omega$，$X_2' = 3.03\Omega$，$R_\mathrm{m} = 6.2\Omega$，$X_\mathrm{m} = 75\Omega$。试求额定运行时的定子电流、转子电流、励磁电流、功率因数、输入功率及效率。

解 额定运行时的转差率为

$$s_\mathrm{N} = \frac{n_1 - n_\mathrm{N}}{n_1} = \frac{1500 - 1472}{1500} = 0.019$$

$$\frac{R_2'}{s_\mathrm{N}} = \frac{0.416}{0.019} = 21.89(\Omega)$$

(1) 用 T 形等值电路计算

$$Z_2' = \frac{R_2'}{s_\mathrm{N}} + \mathrm{j}X_2' = 21.89 + \mathrm{j}3.03 = 22.10\angle 7.88^\circ(\Omega)$$

$$Z_\mathrm{m} = R_\mathrm{m} + \mathrm{jX_m} = 6.2 + \mathrm{j}75 = 75.26\angle 82.27^\circ(\Omega)$$

Z_2'与Z_m'的并联值为

$$\begin{aligned} Z_2' \parallel Z_\mathrm{m} &= \frac{Z_2' Z_\mathrm{m}}{Z_2' + Z_\mathrm{m}} = \frac{22.10\angle 7.88^\circ \times 75.26\angle 82.27^\circ}{21.89 + \mathrm{j}3.03 + 6.2 + \mathrm{j}75} \\ &= \frac{1663.25\angle 90.15^\circ}{82.93\angle 70.20^\circ} = 20.06\angle 19.95^\circ(\Omega) \end{aligned}$$

总阻抗为

$$\begin{aligned} Z &= Z_1 + Z_2' \parallel Z_\mathrm{m} = 0.715 + \mathrm{j}1.74 + 18.86 + \mathrm{j}6.86 \\ &= 19.58 + \mathrm{j}8.6 = 21.39\angle 23.71^\circ(\Omega) \end{aligned}$$

计算定子电流$\dot{I}_1$，设$\dot{U}_1 = 380\angle 0^\circ\mathrm{V}$

$$\dot{I}_1 = \frac{\dot{U}_1}{Z} = \frac{380\angle 0^\circ}{21.39\angle 23.71^\circ} = 17.77\angle -23.71^\circ(\mathrm{A})$$

定子线电流有效值为

$$I_\mathrm{1L} = \sqrt{3} \times 17.77 = 30.78(\mathrm{A})$$

定子功率因数为

$$\cos\varphi_1 = \cos(-23.71^\circ) = 0.92 \quad （滞后）$$

定子输入功率为

$$P_1 = 3U_1 I_1 \cos\varphi_1 = 3 \times 380 \times 17.77 \times 0.92 = 18637(\mathrm{W})$$

转子电流$\dot{I}_2'$和励磁电流$\dot{I}_\mathrm{m}$分别为

$$\dot{I}_2' = (-\dot{I}_1)\frac{Z_m}{Z_2' + Z_m} = 17.77\angle(-23.71^\circ + 180^\circ) \times \frac{75.26\angle 82.27^\circ}{82.93\angle 70.20^\circ}$$
$$= 16.13\angle 168.36^\circ(\text{A})$$

$$\dot{I}_m = \dot{I}_1\frac{Z_2'}{Z_2' + Z_m} = 17.77\angle -23.71^\circ \times \frac{22.10\angle 7.88^\circ}{82.93\angle 70.20^\circ}$$
$$= 4.74\angle -86.03^\circ(\text{A})$$

效率为

$$\eta = \frac{P_2}{P_1} = \frac{17000}{18637} = 91.2\%$$

(2)用近似等值电路计算

$$Z_1 + Z_2' = 0.715 + \text{j}1.74 + 21.89 + \text{j}3.03 = 23.10\angle 11.92^\circ(\Omega)$$
$$Z_m = R_m + \text{j}X_m = 6.2 + \text{j}75 = 75.26\angle 82.27^\circ(\Omega)$$

定子电流 $\dot{I}_1$ 为

$$\dot{I}_1 = \dot{I}_m - \dot{I}_2' = 5.05\angle -82.27^\circ - 16.45\angle 168.08^\circ$$
$$= (0.68 - \text{j}5.00) - (-16.10 + \text{j}3.40)$$
$$= 16.78 - \text{j}8.40 = 18.77\angle -26.60^\circ(\text{A})$$

定子线电流有较值为

$$I_{1L} = \sqrt{3} \times 18.77 = 32.47(\text{A})$$

定子功率因数为

$$\cos\varphi_1 = \cos(-26.60^\circ) = 0.89 \quad （滞后）$$

定子输入功率为

$$P_1 = 3U_1I_1\cos\varphi_1 = 3 \times 380 \times 18.77 \times 0.89 = 19044(\text{W})$$

效率为

$$\eta = \frac{P_2}{P_1} = \frac{17000}{19044} = 89.3\%$$

从两种等值电路计算结果可见，用近似等值电路计算出的定、转子电流及励磁电流比用 T 形等值电路的计算结果要大。

4.3 异步电动机的功率和转矩平衡

异步电动机的 T 形等值电路反映了异步电动机定、转子电磁关系和功率传递关系。本节将根据 T 形等值电路分析异步电动机的功率平衡关系，进一步推导出转矩平衡关系和电磁转矩的表达式。

4.3.1 异步电动机的功率平衡

三相异步电动机是将电能转化成机械能的机电装置，其从电源吸收的功率要通过电磁场经过定子、转子后输出到转轴，期间存在各种损耗。电能到机械能的传输和变换大致流程为：电动机从电源吸收电功率 P_1，减去定子绕组产生的铜损耗 P_{Cu1}，再减去定子铁心中的铁耗 P_{Fe}(涡流和磁滞损耗)，进而得到转子上的电磁功率 P_M。接着，去掉转子绕组产生的转子铜耗 P_{Cu2} 后，得到机械功率 P_m。最后，克服掉因电动机旋转产生的各种机械摩擦损耗 P_{mec} 和杂散损耗 P_s 后，得到电动机轴上输出的机械功率 P_2。异步电动机功率流程如图 4-20 所示。

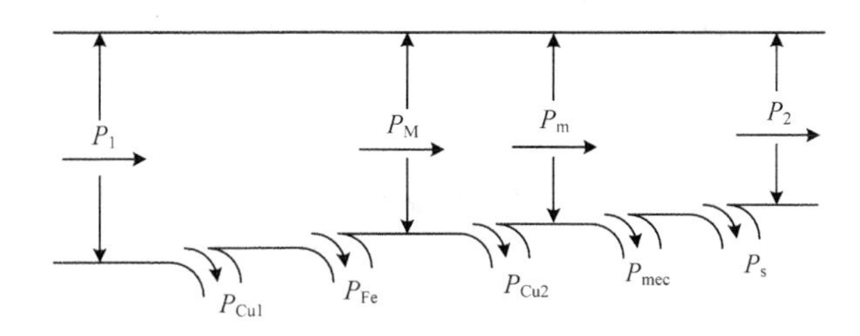

图 4-20　异步电动机功率流程图

定子绕组铜耗为 $P_{Cu1}=3I_1^2R_1$ 。

定子铁心中的涡流和磁滞损耗，称为铁耗，其值为 $P_{Fe}=3I_0^2R_m$ 。

转子铜耗为 $P_{Cu2}=3I_2'^2R_2'$ 。

一般把机械损耗 P_{mec} 和杂散损耗 P_s 统称为异步电动机的空载损耗，用 P_0 表示。杂散损耗 P_s 无法精确计算，通常用经验数据选取，异步电动机满载运行时，对于铜条鼠笼式转子的杂散损耗取为 $P_s=0.5\%P_N$，对于铸铝鼠笼式转子取为 $P_s=(1\%\sim3\%)P_N$。于是

$$P_m=P_2+P_{mec}+P_s=P_2+P_0 \tag{4-34}$$

由图 4-20 可知电磁功率 P_M 表示为

$$P_M=P_2+P_{Cu2}+P_0=P_m+P_{Cu2} \tag{4-35}$$

同时由等值电路也可得到

$$P_M=3E_2'I_2'\cos\varphi_2=3I_2'^2\frac{R_2'}{s}=\frac{P_{Cu2}}{s} \tag{4-36}$$

即

$$\begin{cases}P_{Cu2}=sP_M\\P_m=P_M-P_{Cu2}=3I_2'^2\dfrac{(1-s)R_2'}{s}=(1-s)P_M\end{cases} \tag{4-37}$$

式(4-37)说明：

(1) 电磁功率减去转子铜耗后，就是机械功率电阻 $\frac{1-s}{s}R_2'$ 上的损耗，正如前面所描述的，这项损耗代表了转子所输出的全部机械功率；

(2) 电磁功率 P_M、机械功率 P_m、转子铜耗 P_{Cu2} 之间的比例为 $P_M:P_m:P_{Cu2}=1:(1-s):s$ ；

(3) 电机负载越大，转速越低，转差率越大，转子铜耗越大，所以有时 P_{Cu2} 也称为转差功率。

输入功率 P_1 的表达式为

$$P_1=\sqrt{3}U_1I_1\cos\varphi \tag{4-38}$$

式中，U_1、I_1分别为定子绕组线电压和线电流，$\cos\varphi_1$为定子绕组功率因数。

综上，异步电动机功率平衡关系式为

$$P_1 = P_2 + P_{\mathrm{Cu1}} + P_{\mathrm{Cu2}} + P_{\mathrm{Fe}} + P_{\mathrm{mec}} + P_{\mathrm{s}} = P_2 + \sum P \tag{4-39}$$

需要注意的是，$\sum P$称为异步电动机的损耗，可分为可变损耗和不变损耗：一般情况下，由于主磁通和转速变化很小，铁耗P_{Fe}和机械损耗P_{mec}近似不变，称为不变损耗；而定子铜耗P_{Cu1}、转子铜耗P_{Cu2}、附加损耗P_{s}是随负载变化而变化的，称为可变损耗。

4.3.2 异步电动机的转矩平衡

式(4-34)是异步电动机转轴上的机械功率平衡方程式，将方程式的两边同除以转子的机械角速度Ω便得到转矩平衡方程式

$$\begin{cases} \dfrac{P_{\mathrm{m}}}{\Omega} = \dfrac{P_2}{\Omega} + \dfrac{P_0}{\Omega} \\ T = T_2 + T_0 \end{cases} \tag{4-40}$$

式中，$\Omega = \dfrac{2\pi n}{60}$为机械角速度；$T = \dfrac{P_{\mathrm{m}}}{\Omega}$为电磁转矩；$T_2 = \dfrac{P_2}{\Omega}$为异步电动机轴上产生的拖动转矩；$T_0 = \dfrac{P_0}{\Omega}$为空载转矩。

由于$P_{\mathrm{m}} = (1-s)P_{\mathrm{M}}$，则

$$T = \frac{P_{\mathrm{m}}}{\Omega} = \frac{(1-s)P_{\mathrm{m}}}{(1-s)\Omega} = \frac{P_{\mathrm{M}}}{\Omega_1} \tag{4-41}$$

式中，Ω_1称为同步角速度，$\Omega_1 = \dfrac{2\pi n_1}{60}$。

式(4-41)说明电磁转矩T等于电磁功率P_{M}除以同步角速度Ω_1，也等于总机械功率P_{m}除以转子机械角速度Ω。这是一个很重要的概念，前者是以旋转磁场对转子做功来表示的，后者则是以转子本身产生机械功率来表示的。

例 4-4 一台三相六极异步电动机，额定数据为$U_{1\mathrm{N}} = 380\mathrm{V}$，$P_{\mathrm{N}} = 55\mathrm{kW}$，$n_{\mathrm{N}} = 960\mathrm{r/min}$，$P_0 = 1\mathrm{kW}$，在额定转速下运行时，求额定运行时额定转差率$s_{\mathrm{N}}$、电磁功率$P_{\mathrm{M}}$、电磁转矩$T$、转子铜损耗$P_{\mathrm{Cu2}}$、额定输出转矩$T_2$、空载转矩$T_0$。

解 同步转速为

$$n_1 = \frac{60 f_1}{p} = \frac{60 \times 50}{3} = 1000(\mathrm{r/min})$$

额定转差率为

$$s_{\mathrm{N}} = \frac{n_1 - n_{\mathrm{N}}}{n_1} = \frac{1000 - 960}{1000} = 0.04$$

电磁功率为

$$P_{\mathrm{M}} = P_2 + P_{\mathrm{Cu2}} + P_0$$

因为$P_{\mathrm{Cu2}} = sP_{\mathrm{M}}$，求得

$$P_M=\frac{P_2+P_0}{1-s_N}=\frac{55+1}{1-0.04}=58.3(\text{kW})$$

电磁转矩为

$$T=\frac{P_M}{\Omega_1}=\frac{P_M}{\frac{2\pi n_1}{60}}=9550\frac{P_M}{n_1}=9550\times\frac{58.3}{1000}=556.8(\text{N}\cdot\text{m})$$

转子铜损耗为

$$P_{Cu2}=s_N P_M=0.04\times 58.3=2.3(\text{kW})$$

额定输出转矩为

$$T_2=\frac{P_N}{\Omega_N}=9550\frac{P_N}{n_N}=9550\times\frac{55}{960}=547.1(\text{N}\cdot\text{m})$$

空载转矩为

$$T_0=\frac{P_0}{\Omega_N}=9550\frac{P_0}{n_N}=9550\times\frac{1}{960}=9.95(\text{N}\cdot\text{m})$$

4.4 异步电动机的工作特性

异步电动机的工作特性是指电动机在额定电压和额定频率下运行时，电动机的转速 n(或转差率 s)，定子电流 I_1、功率因数 $\cos\varphi_1$、效率 η、输出转矩 T_2 与输出功率 P_2 之间的关系，即 n、I_1、$\cos\varphi_1$、η、$T_2=f(P_2)$ 的关系曲线。异步电动机工作特性可通过做负载试验或者通过等值电路计算获得，其工作特性曲线大致形状如图 4-21 所示，下面对各个特性曲线分别进行讨论。

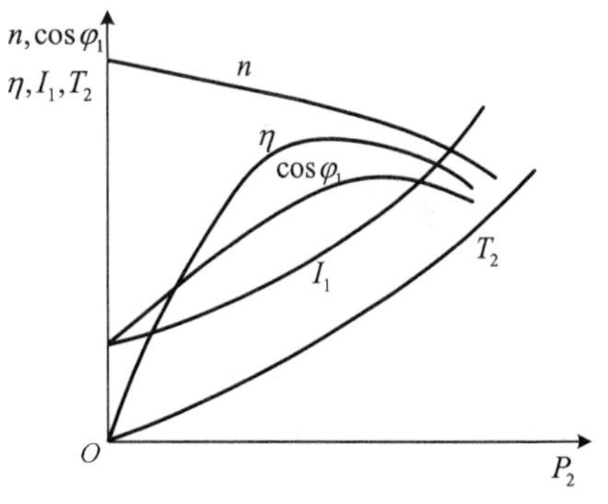

图 4-21　异步电动机工作特性

1. 转速特性

根据式 $n=n_1(1-s)$，随着机械负载的增加，异步电动机的转速略有下降，s 增大，这样旋转磁场和转子的相对切割速度转差 $\Delta n=n_1-n$ 略有增大，转子导体中的感应电动势和电流增大，用以产生较大的电磁转矩与机械负载的阻力转矩相平衡，因此转速特性 $n=f(P_2)$ 是一条向下微倾的曲线。

一般异步电动机的转差率都很小，在额定负载时速度降低并不严重，转差率 $s_N=0.015$～0.06，故异步电动机的转速特性具有较硬的机械特性。

2. 转矩特性

根据 $T_2=\frac{P_2}{\Omega}$ 可知，如果 n 为常数，则 T_2 正比于 P_2，即 $T_2=f(P_2)$ 应该是通过原点的一根直线。但是输出功率 P_2 的增加表示机械负载的增加，由转速特性知 n 略有下降，Ω 略有下降，故转矩特性向上微翘。

3. 效率特性

异步电动机效率为

$$\eta = \frac{P_2}{P_1} \times 100\% = \left(1 - \frac{\sum P}{P_1}\right) \times 100\%$$

式中，$\sum P = P_{\mathrm{Cu1}} + P_{\mathrm{Cu2}} + P_{\mathrm{s}} + P_{\mathrm{Fe}} + P_{\mathrm{mec}}$。由 4.3 节内容可知铁耗 P_{Fe}、机械损耗 P_{mec} 为不变损耗，近似不变；定子铜耗 P_{Cu1}、转子铜耗 P_{Cu2}、附加损耗 P_{s} 是可变损耗，随负载变化而变化。异步电动机的效率曲线类似于变压器，当可变损耗与不变损耗相等时，出现最大效率，且电动机容量越大，额定效率就越高。对于中小型异步电动机，最大效率一般出现在 $0.8P_{\mathrm{N}}$ 左右。额定负载时，$\eta_{\mathrm{N}} = 75\%$～95%。

4. 定子电流特性

当电动机空载时 $P_2 = 0$，此时定子电流就是空载电流，因为转子电流 $I_2' \approx 0$，所以 $\dot{I}_1 = \dot{I}_{10} + (-\dot{I}_2') \approx \dot{I}_{10}$，即定子电流几乎全部为励磁电流。当负载增加时，转速下降，磁场和转子的相对切割增大，转子导体中的感应电流增大，相应定子电流 I_1 增大，从图 4-21 看出 I_1 几乎随 P_2 成正比例增大。

5. 定子功率因数特性

异步电动机的功率因数总是滞后的。空载运行时，异步电动机的定子电流几乎全部是无功的励磁电流，因此功率因数很低，通常 $\cos\varphi_1 < 0.2$。随着负载的增加，输出功率 P_2（有用功）增大，同时由定子电流特性知定子电流中的有功分量 I_2' 也跟着增加，电动机的功率因数逐渐上升。一般电动机在设计制造过程中将功率因数最大数值设定在额定运行工作点附近，额定功率因数 $\cos\varphi_{\mathrm{N}} = 0.75$～$0.95$。

4.5 异步电动机的参数测定

异步电动机的等值电路中有两类参数：一类是表示空载状态的励磁参数，即励磁电阻 R_{m} 和励磁电抗 X_{m}。R_{m}、X_{m} 随着磁路的饱和程度而变化，因此它们是非线性参数，可通过空载试验来测定；另一类是表示短路状态的短路参数，即 R_1、X_1、R_2' 和 X_2'。短路参数基本与电动机的饱和程度无关，是线性参数，可通过短路试验来测定。下面分别讨论这两种参数的测定方法以及数据处理方法。

4.5.1 空载试验

空载试验是通过测定铁耗 P_{Fe} 和机械损耗 P_{mec}，最终目的是确定励磁参数 R_{m} 和 X_{m}。

空载试验时，电动机轴上不带任何负载，即电动机处于空载运行状态，定子接到额定频率的对称三相电源上。记录电动机的端电压 U_1、空载电流 I_0、空载功率 P_0 和转速 n，并绘制空载特性曲线 $I_0 = f(U_1)$ 和 $P_0 = f(U_1)$，如图 4-22 所示。

由于异步电动机空载时，转差率 s 很小，转子电流很小，转子铜损耗可以忽略。此时输入功率消耗在定子铜损耗 $P_{\text{Cu1}}=3I_0^2R_1$、铁耗 P_{Fe}、机械损耗 P_{mec} 和杂散损耗 P_{s} 上，杂散损耗 P_{s} 很小，将其忽略后有

$$P_0=3I_0^2R_1+P_{\text{Fe}}+P_{\text{mec}}$$

从空载功率 P_0 中减去 $3I_0^2R_1$，并用 P_0' 表示，得

$$P_0'=P_0-3I_0^2R_1=P_{\text{Fe}}+P_{\text{mec}}$$

因为 P_{Fe} 可认为与磁通密度的平方成正比，可近似地看成与端电压 U_1^2 成正比。而 P_{mec} 与电压 U_1 无关，它只取决于电动机转速的大小，当转速变化不大时，可认为 P_{mec} 为常数。故可将 P_0' 与 U_1^2 的关系画成曲线如图 4-23 所示，延长此近似直线与纵轴交于 O' 点，过 O' 点作一水平虚线将曲线纵坐标分为两部分。显然空载时，$n\approx n_1$，P_{mec} 不变；而当 $U_1=0$ 时，$P_{\text{Fe}}=0$。所以虚线下部纵坐标就表示机械损耗 P_{mec}，其余部分当然就是铁损耗 P_{Fe}。

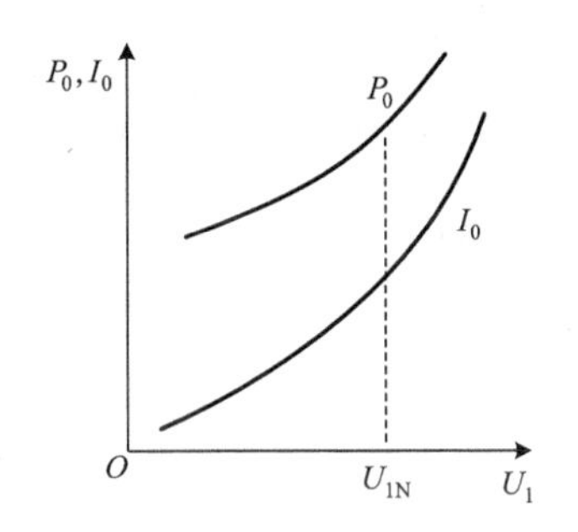

图 4-22　异步电动机空载特性

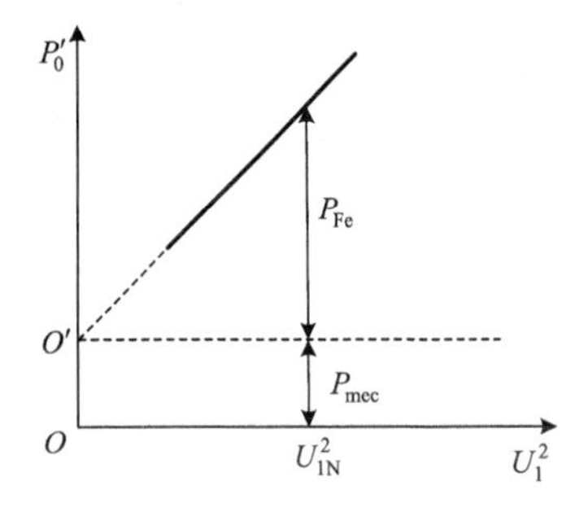

图 4-23　机械损耗分离

定子加额定电压时，根据空载试验测得的数据 I_0 和 P_0 可以算出

$$\begin{cases} Z_0=\dfrac{U_1}{I_0} \\ R_0=\dfrac{P_0'-P_{\text{mec}}}{3I_0^2} \\ X_0=\sqrt{Z_0^2-R_0^2} \end{cases} \tag{4-42}$$

根据图 4-12 所示空载时的等值电路，可知 $X_0 = X_1+X_{\text{m}}$，X_1 可以从 4.5.2 节的短路试验求得，于是励磁电抗和励磁电阻为

$$\begin{cases} X_{\text{m}}=X_0-X_1 \\ R_{\text{m}}=\dfrac{P_{\text{Fe}}}{3I_0^2} \end{cases} \tag{4-43}$$

相同容量和电压等级的异步电动机，空载电流大反映 $\cos\varphi_1$ 低，空载损耗大反映铁耗和机械损耗大，因此希望空载电流和空载损耗越小越好。

试验大致步骤如下：

(1) 电动机轴上不带任何负载，定子接到额定频率、额定电压的电源上，同时定子部分正确连接三相功率表和电流表；

(2) 在额定电压下让电动机运行一段时间，使其机械损耗 P_{mec} 达到稳定值；

(3) 用调压器改变外加电压大小，使其从(1.1～1.3) U_N 开始，逐渐降低电压，直到电动机转速发生明显变化；

(4) 读取功率表和电流表数据，记录空载电流 I_0、空载功率 P_0；

(5) 从空载功率 P_0 中减去 $3I_0^2R_1$，并用 P_0' 表示，得 $P_0' = P_0 - 3I_0^2R_1 = P_{Fe} + P_{mec}$。定子电阻 R_1 可用万用表直接测出；

(6) 调节电压，按上述过程记录多组数据后，按图 4-23 方法进行机械损耗分离；

(7) 按式(4-42)、式(4-43)进行数据处理。

4.5.2 短路试验

短路试验的目的是测定短路阻抗 $Z_k = R_k + jX_k$ 和转子电阻 R_2' 以及定、转子漏抗 X_1、X_2'。

试验时，如果是绕线转子异步电动机，转子绕组应予以短路(鼠笼式电动机转子本身已短路)，并将转子堵住不转，故短路试验又叫堵转试验。为了在做短路试验时不出现过电流，应降低电压。一般从 $U_1 = 0.4U_N$ 开始，然后逐渐降低电压。为避免绕组过热烧坏，试验应尽快进行。试验时，记录电动机的外加电压 U_1、定子短路电流 I_k 和短路功率 P_k。还应测量定子绕组每相电阻 R_1。根据试验数据，即可画出异步电动机的短路特性 $I_k = f(U_1)$ 和 $P_k = f(U_1)$，如图 4-24 所示。

图 4-25 为异步电动机堵转时的等值电路图。因电压低，铁损耗可忽略，为简单起见，可认为 $Z_m \gg Z_2'$，$I_0 \approx 0$，即图 4-25 等值电路中的励磁支路开路。由于试验时，转速 $n = 0$，机械损耗 $P_{mec} = 0$，定子全部的输入功率 P_k 都消耗在定、转子的电阻上，即

$$P_k = 3I_1^2R_1 + 3(I_2')^2R_2'$$

由于 $I_0 \approx 0$，则有 $I_2' \approx I_k = I_1$，所以

$$P_k = 3I_k^2(R_1 + R_2')$$

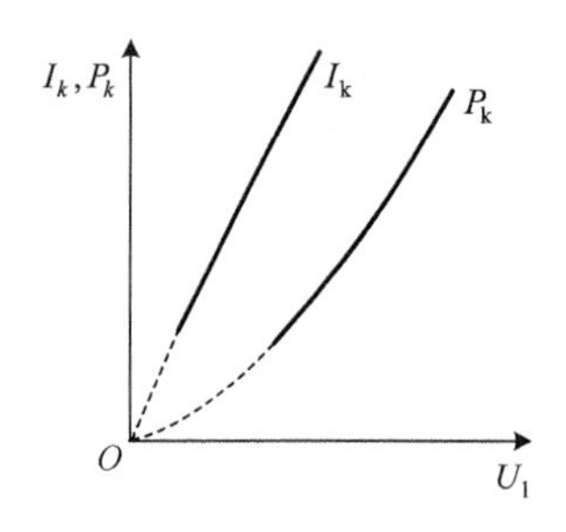

图 4-24　异步电动机短路特性

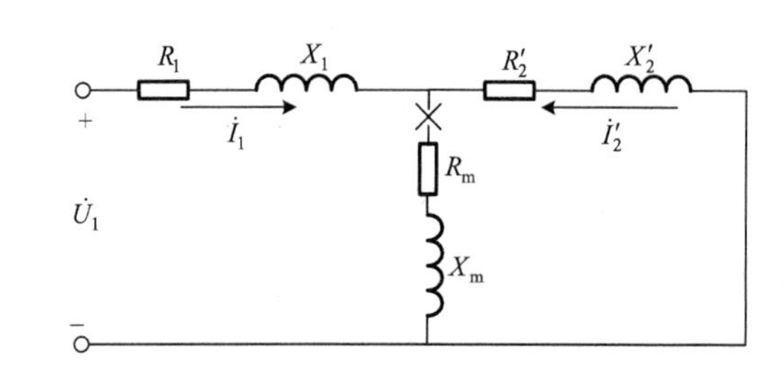

图 4-25　励磁支路开路的等值电路

根据短路试验数据，可求出短路阻抗 Z_k、短路电阻 R_k 和短路电抗 X_k

$$\begin{cases} Z_k = \dfrac{U_1}{I_k} \\ R_k = \dfrac{P_k}{3I_k^2} \\ X_k = \sqrt{Z_k^2 - R_k^2} \end{cases} \tag{4-44}$$

式中，$R_k = R_1 + R_2'$，$X_k = X_1 + X_2'$。

从 R_k 中减去定子电阻 R_1 即得 R_2'，定子电阻可用伏安法或万用表直接测出。对于 X_1 和 X_2' 无法用试验办法分开，对于大、中型异步电动机，可以认为 $X_1 \approx X_2' = 0.5X_k$；对于 100 kW 以下，2、4、6 极小型异步电动机，可取 $X_2' = 0.97X_k$；8、10 极小型异步电动取 $X_2' = 0.57X_k$。

短路电流的大小反映了启动电流的大小，短路损耗的大小反映了启动转矩的大小，因此短路电流和短路损耗不宜过大或过小。

试验大致步骤如下：

(1) 电动机轴上不带任何负载，定子接到额定频率、额定电压的电源上，同时定子部分正确连接三相功率表和电流表；

(2) 可用万用表测出定子电阻 R_1；

(3) 如果是绕线转子异步电动机，将转子绕组短路，同时，使用外力将电机转轴抱死(堵转)；

(4) 用调压器改变外加电压大小 $U_1 = 0.4U_N$ 开始，然后逐渐降低电压，通过功率表和电流表数据，记录短路电流 I_k、短路功率 P_k；

(5) 按式(4-44)进行数据处理，得到 R_k、X_k；

(6) 从 R_k 中减去定子电阻 R_1 即得 R_2'，根据情况确定 X_1 和 X_2'。

需要注意的是，异步电动机的短路参数一般是随电流而变的。因此，根据计算目的不同，应选取不同的工作状态进行计算，例如，在计算工作特性时，应取额定电流时的参数；计算启动性能时，应取额定电压下的短路电流计算短路参数；而计算最大转矩时，则应采用(2～3)倍额定电流时的参数。

4.6 本 章 小 结

本章讨论了交流异步电动机的基本原理及正常运行时的基本工作特性，这些都是进一步学第 5 章电动机调速、启动与制动基础。本章主要知识点如下：

(1) 异步电动机在结构上虽与变压器完全不同，但在其作用原理上却与变压器有许多相似之处：

① 变压器的一次侧和二次侧铰链共同的脉振磁场，产生感应作用；异步机则是在定、转子间的气隙中有一个旋转磁场，同时切割定子和转子绕组，产生感应作用，进行能量转换。

② 异步电动机的定、转子电压平衡方程式、相量图与变压器纯电阻负载时的基本相同。

③ 与变压器相似，异步电动机转子磁动势的转速与定子磁动势同速，没有相对运动，并保持磁动势平衡。

(2) 异步电动机运行时，转子转速与同步转速必须有转差，否则不发生感应作用，转差率同时可表征电动机的运行状态，是异步电动机运行时的重要参量。

(3) 异步电动机转子折算时，首先是将转子转化到静止，即频率折算。频率折算后，将转子的机械功率在电路中用一个等效电阻 $\dfrac{(1-s)R_2'}{s}$ 代替，再作绕组折算，画出等值电路。

(4) 异步电动机的电磁功率、机械功率、转子铜耗之间的比例为 $P_M : P_m : P_{Cu2} = 1 : (1-s) : s$。

(5) 异步电动机的参数包括励磁参数(Z_m、R_m、X_m)和短路参数(Z_k、R_k、X_k)，和变压器一样，可以通过空载和短路(堵转)试验来测定其参数。知道了这些参数，就可用等值电路计算异步电动机的运行特性。

习　题

4-1　异步电动机为什么又称感应电动机？其气隙为何必须做得很小，而直流电动机的气隙可以大一些？

4-2　异步电动机为什么转子的转速 n 总是低于旋转磁场转速 n_1？

4-3　异步电动机在工作原理上与变压器有哪些异同之处？

4-4　异步电动机在等值电路上与变压器有哪些异同之处？

4-5　什么叫转差率？三相异步电动机的额定转差率为多少？

4-6　三相异步电动机的三相对称绕组是如何连接的？在连接的过程中，是否与变压器一样要考虑绕组的同名端？

4-7　当异步电动机运行时，定子电流频率是多少？定子电动势频率是多少？转子电动势频率是多少？

4-8　若将三相异步电动机的外加电源的任意两根引线对调一下，则异步电动机的转子转向如何变化？

4-9　三相异步电动机主磁通和漏磁通是如何定义的？主磁通在定子、转子绕组中产生感应电动势的频率一样吗？两个频率之间的数量关系如何？

4-10　在分析异步电动机时，转子要进行哪些折算？为什么要进行这些折算？折算的原则是什么？

4-11　三相异步电动机转子转动带负载运行时，转子磁动势相对于定子的转速为多少？

4-12　异步电动机的转速变化时，转子磁动势在空间的转速是否改变？其频率是否改变？为什么？

4-13　异步电动机等值电路中电阻 $\frac{1-s}{s}R_2'$ 的物理含义是什么？能否用电抗或电容代替这个电阻？

4-14　一台频率为 60Hz 的三相异步电动机用在 50Hz 电源上，其他不变，电动机空载电流如何变化？若拖动额定负载运行，电源电压不变，因频率降低会出现什么问题？

4-15　一台笼型三相异步电动机转子是插铜条的，损坏后改为铸铝的。如果在额定电压下，仍旧拖动原来额定转矩大小的恒转矩负载运行，那么与原来各额定值比较，电动机的转速、定子电流、转子电流、功率因数、输入功率及输出功率将怎样变化？

4-16　一台三相异步电动机的额定电压为 380V/220V，定子绕组 Y/△接法，试问：

(1) 如果将定子绕组△接法，接三相 380V 电压，能否空载运行？能否负载运行？会发生什么现象？

(2) 如果将定子绕组 Y 接法，接三相 220V 电压，能否空载运行？能否负载运行？会发生什么现象？

4-17　一台三相异步电动机，额定运行时转速为 960r/min，此时传递到转子的电磁功率有百分之几消耗在转子电阻上？有百分之几转化成机械功率？

4-18　什么是异步电动机的不变损耗？什么是可变损耗？在什么条件下异步电动机的效率最大？

4-19　一台异步电动机的 $P_{\text{N}}=55\text{kW}$，$U_{\text{N}}=380\text{V}$，$\cos\varphi_1=0.8$，$\eta_{\text{N}}=90\%$，试求该电动机的额定电流。

4-20　一台异步电动机的 $P_{\text{N}}=75\text{kW}$，$U_{\text{N}}=380\text{V}$，$I_{\text{N}}=140\text{A}$，$\cos\varphi_{\text{N}}=0.87$，试求该电动机的额定效率。

4-21　一台异步电动机，$P_{\text{N}}=4.5\text{kW}$，Y/△接法，380V/220V，$\cos\varphi_{\text{N}}=0.8$，$\eta_{\text{N}}=80\%$，$n_{\text{N}}=1460\text{r/min}$，试计算额定负载时：

(1) Y 接法以及△接法时的额定电流；

(2) 同步转速 n_1 以及极对数；

(3) 额定负载时转差率 s_N。

4-22　一台6极异步电动机，$U_{1N}=380V$，定子△接法，频率50Hz，$P_N=7.5kW$，$n_N=950r/min$，额定负载时 $\cos\varphi=0.8$，定子铜耗 $P_{Cu1}=450W$，铁耗 P_{Fe}=230W，机械损耗 $P_{mec}=40W$，杂散损耗 $P_s=35W$，试计算额定负载时：

(1) 转差率；

(2) 转子电流的频率；

(3) 转子铜耗；

(4) 效率；

(5) 定子电流。

4-23　一台三相异步电动机，额定数据为 $U_{1N}=380V$，$P_N=100kW$，$n_N=960r/min$，在额定转速下运行时，$P_{mec}=0.7kW$，杂散损耗 $P_s=0.3kW$。求额定运行时额定转差率 s_N、电磁功率 P_M、转子铜损耗 P_{Cu2}、额定输出转矩 T_2、空载转矩 T_0 和电磁转矩 T。

4-24　一台三相异步电动机，额定数据为 $U_{1N}=380V$，$I_N=35.5A$，△接法，$R_1=0.7\Omega$，$X_1=1.7\Omega$，$R_2'=0.4\Omega$，$X_2'=3\Omega$，$R_m=6\Omega$，$X_m=75\Omega$。试用T形等值电路分析该电动机运行在 $s=0.04$ 时是否过载。

4-25　一台4极异步电动机，$U_{1N}=380V$，定子△接法，$P_N=10kW$，$n_N=1452r/min$，$R_1=1.33\Omega$，$X_1=2.43\Omega$，$R_2'=1.12\Omega$，$X_2'=4.4\Omega$，$R_m=7\Omega$，$X_m=90\Omega$。试用T形等值电路计算该电动机运行在额定负载时：

(1) 定子额定线电流 I_{1N}；

(2) 转子额定相电流 I_2'；

(3) 励磁电流 I_m；

(4) 定子功率因素 $\cos\varphi$；

(5) 输入功率 P_1；

(6) 效率 η_N。

第 5 章　三相异步电动机的电力拖动

与直流电动机相比，异步电动机具有结构简单、运行可靠、价格低、输出功率大、维护方便等一系列优点，制约其广泛应用的是异步电动机的调速性能稍差。但是，近年来随着电力电子技术的发展和交流调速技术的日益成熟，使得异步电动机在调速性能方面完全可与直流电动机相媲美。目前，异步电动机的电力拖动已成为电力拖动的主流。

本章首先讨论三相异步电动机机械特性的物理表达式、参数表达式和实用表达式，然后阐述了固有机械特性和人为机械特性的特点。在此基础上，着重介绍三相异步电动机在拖动系统中的启动、调速、制动与其各种运行状态。具体内容包括：鼠笼式三相异步电动机的直接启动、降压启动方法及其计算；绕线式三相异步电动机转子串电阻启动及其计算；三相异步电动机的变极调速、变频调速、改变转差率及串级调速等各种调速方法和原理；三相异步电机的电动运行、回馈制动、反接制动、倒拉反转及能耗制动各种运行状态的原理及其计算；最后简要介绍异步电动机的应用、故障分析及维护。

5.1　三相异步电动机的机械特性

三相异步电动机的机械特性是指在电源电压 U_1、电源频率 f_1 以及电机参数固定不变的情况下，转速与电磁转矩间的关系。因为 $s=\dfrac{n_1-n}{n_1}$ 也可用来表征转速，故通常用 s 作为机械特性的参数，所以三相异步电动机的机械特性一般表示为 $T=f(s)$。本节将研究三相异步电动机固有机械特性物理表达式、参数表达式和实用表达式以及机械特性曲线形状及特点，以此为基础讨论人为机械特性的曲线形状及特点。

5.1.1　机械特性表达式

三相异步电动机的机械特性有物理表达式、参数表达式和实用表达式，下面分别予以介绍。

1. 物理表达式

前面已经推导出三相异步电动机电磁转矩表达式有下列形式

$$T=C_{\mathrm{m}}'\Phi_{\mathrm{m}}I_2'\cos\varphi_2' \tag{5-1}$$

式中，$C_{\mathrm{m}}'=\dfrac{m_1pN_1k_{\mathrm{N1}}}{\sqrt{2}}$ 为异步电机的转矩系数；Φ_{m} 为异步电机主磁通；I_2' 为转子电流；$\cos\varphi_2'$ 为转子电路的功率因数。

根据异步电动机 T 形等值电路

$$I_2'=\frac{E_2'}{\sqrt{\left(\dfrac{R_2'}{s}\right)^2+X_2'^2}} \tag{5-2}$$

$$\cos\varphi_2' = \frac{\dfrac{R_2'}{s}}{\sqrt{\left(\dfrac{R_2'}{s}\right)^2 + X_2'^2}} = \frac{R_2'}{\sqrt{R_2'^2 + (sX_2')^2}} \tag{5-3}$$

从式(5-2)和式(5-3)可知，I_2' 及 $\cos\varphi_2'$ 都是转差率 s 的函数，故式(5-1)是机械特性的一种隐函数表达式。可以看出，式(5-1)在形式上与直流电动机的转矩表达式 $T = C_T\Phi_m I_a$ 相似，具有明显的物理含义，因此称为机械特性的物理表达式。但是，表达式(5-1)却没有明显地表示出电动机电源电压 U_1、电源频率 f_1 以及 R_2'、R_1 等电机参数的变化对电机转矩 T 的影响，此类问题的研究需要使用参数表达式。

2. 参数表达式

参数表达式就是电机参数和转差率 s 直接表示异步电动机的电磁转矩 T 的数学表达式，具体推导如下：

已知电磁转矩 T 与转子电流的关系为

$$T = \frac{P_M}{\Omega_1} = \frac{m_1}{\Omega_1} I_2'^2 \frac{R_2'}{s} \tag{5-4}$$

根据简化等值电路

$$I_2' = \frac{U_1}{\sqrt{\left(R_1 + \dfrac{R_2'}{s}\right)^2 + (X_1 + X_2')^2}} \tag{5-5}$$

将式(5-5)代入式(5-4)，得到

$$T = \frac{m_1}{\Omega_1} \frac{U_1^2 \dfrac{R_2'}{s}}{\left(R_1 + \dfrac{R_2'}{s}\right)^2 + (X_1 + X_2')^2} \tag{5-6}$$

又将 $\Omega_1 = \dfrac{2\pi n_1}{60}$，$m_1 = 3$ 代入式(5-6)，得到

$$\begin{aligned} T &= \frac{3}{\dfrac{2\pi n_1}{60}} \frac{U_1^2 \dfrac{R_2'}{s}}{\left(R_1 + \dfrac{R_2'}{s}\right)^2 + (X_1 + X_2')^2} \\ &= \frac{3pU_1^2 \dfrac{R_2'}{s}}{2\pi f_1 \left[\left(R_1 + \dfrac{R_2'}{s}\right)^2 + (X_1 + X_2')^2\right]} \end{aligned} \tag{5-7}$$

式(5-7)是用外加电压幅值、频率、转差率 s 和电机参数表示的机械特性，称为机械特性的参数表达式。根据式(5-7)，可画出机械特性如图 5-1 所示。

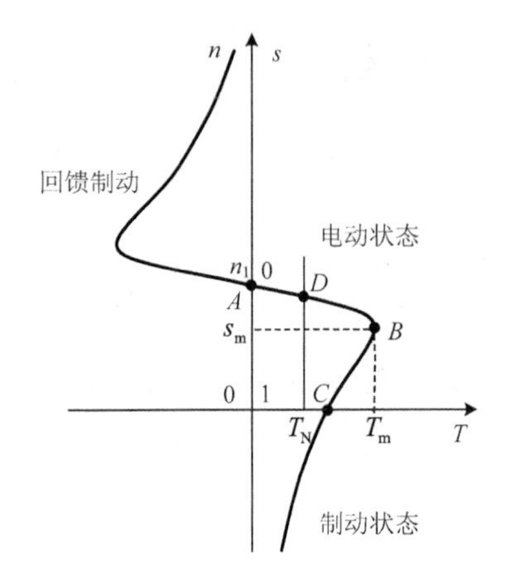

图 5-1 三相异步电动机机械特性曲线

为表述方便，在具体分析之前，有必要强调一下电磁转矩 T、负载转矩 T_L 和转速 n 之间的方向定义：

(1) 电磁转矩 T 和转速 n 同号时，表明两者同方向，电磁转矩 T 为拖动转矩；

(2) 电磁转矩 T 和转速 n 反号时，表明两者反方向，电磁转矩 T 为制动转矩；

(3) 负载转矩 T_L 和转速 n 同号时，表明两者反方向，电磁转矩 T 为制动转矩；

(4) 负载转矩 T_L 和转速 n 反号时，表明两者同方向，电磁转矩 T 为拖动转矩。

下面将图 5-1 的机械特性曲线分为三个象限来分析异步电动机机械特性。

第Ⅰ象限：磁场旋转的方向与转子转向一致，而且 $0<n<n_1$，即转差率 $0<s<1$。电磁转矩 T 及转子转速 n 同方向均为正，电磁转矩 T 为拖动性质，电动机处在正向电动运行状态。

第Ⅱ象限：磁场旋转的方向与转子转向一致，因为 $n>n_1$，故转差率 $s<0$，且图中 $T<0$、$n>0$，电磁转矩 T 与转子转速 n 反号反向，为制动转矩，电动机处在回馈制动状态。

第Ⅳ象限：旋转磁场的转向与转子反向，即 $n_1>0$，$n<0$，$s>1$。因为 $T>0$、$n<0$，电磁转矩 T 与转子转速 n 反号反向，也为制动转矩，故电动机处在制动状态。

下面详细讨论机械特性第一象限的情况。如图 5-1 所示，机械特性有四个特殊点，可划分为 AB 段和 BC 段。

(1) 在 A 点，对应 $T=0$，$n=n_1(s=0)$，称为同步转速点，也称为理想空载点，转速 $n=60f_1/p$，此时电动机不进行机电能量转换。

(2) 在 B 点称为最大转矩点，此时电磁转矩为最大转矩 $T=T_m$，对应的转差率 $s=s_m$。图中可以看出，最大转矩点是机械特性曲线斜率改变符号的分界点，同时也是电动机运行稳定区域和非稳定区域的分界点，因而称 s_m 为临界转差率。

T_m 是异步电动机可能产生的最大转矩，它与额定转矩之比称为异步电动机的过载系数，即 $\lambda_m=T_m/T_N$。它反映了电动机的过载能力。λ_m 可从产品目录中知道，一般异步电动机的 λ_m 在 1.6～2.2，对于起重冶金机械用的特殊电机，其 λ_m 可达 2.2～2.8。

最大转矩 T_m 及临界转差率 s_m 可用数学求极值的方法求得。令 $\dfrac{dT}{ds}=0$，可求得

$$s_m=\pm\frac{R_2'}{\sqrt{R_1^2+(X_1+X_2')^2}} \tag{5-8}$$

将 s_m 代入式(5-7)，化简得到

$$T_m=\frac{3p}{4\pi f_1}\frac{U_1^2}{\left[R_1+\sqrt{R_1^2+(X_1+X_2')^2}\right]} \tag{5-9}$$

通常 $(X_1+X_2')\gg R_1$，可近似认为

$$T_m=\frac{3pU_1^2}{4\pi f_1(X_1+X_2')} \tag{5-10}$$

$$s_m = \frac{R_2'}{X_1 + X_2'} \tag{5-11}$$

从表达式(5-10)和式(5-11)可以得到以下结论：

① 当电动机电源频率f_1以及电机参数固定不变时，最大转矩T_m与定子电压U_1的平方成正比，电压U_1的减少会引起最大转矩T_m的急剧下降；

② 最大转矩T_m与电动机转子电阻R_2'没有关系，该特性在本章后续电动机调速、启动分析中有重要意义；

③ 最大转矩T_m与$(X_1 + X_2')$成反比，该特性会影响电动机定子串电抗启动的性能；

④ 最大转矩T_m与频率f_1成反比；

⑤ 转差率 s_m 与R_2'成正比，与$(X_1 + X_2')$成反比。当电动机转子串电阻时，T_m不变，但s_m变大，即最大转矩所对应的转速降低，便于启动。

(3)在C点对应$s = 1$，$n = 0$，$T = T_{st}$，称为启动点。

将$s = 1$代入式(5-7)，可以求得

$$T_{st} = \frac{3pU_1^2R_2'}{2\pi f_1[(R_1 + R_2')^2 + (X_1 + X_2')^2]} \tag{5-12}$$

从表达式(5-12)可以得到以下结论：

① 启动转矩 T_{st}与定子电压的平方成正比，电压 U_1 的减少会引起启动转矩 T_{st}的急剧下降，此点对于降压启动的电机应特别注意，否则电机可能无法正常启动；

② 启动转矩 T_{st}与转子电阻R_2'有关，在一定范围内增加R_2'，可以提高 T_{st}，改善启动过程，这一点与T_m不同(T_m与R_2'无关)；

③ T_{st}与T_m一样，$(X_1 + X_2')$增大，T_{st}会减少，该特性会影响电动机定子串电抗启动的性能。

鼠笼式异步电动机启动转矩T_{st}与额定转矩T_N的比值为启动转矩系数k_T，即

$$k_T = \frac{T_{st}}{T_N} \tag{5-13}$$

k_T的数值可由产品目录中查到，它反映了鼠笼式异步电动机的启动能力。T_{st}是电动机重要参数之一，只有当$T_{st} > T_L$时，电动机才能启动。

需要强调的是，机械特性中 T_m、s_m和 T_{st}与对应参数关系和电动机的运行性能、调速方法都有直接的影响，在后续内容会仔细分析。

(4)在D点对应$s = s_N$，$n = n_N$，$T = T_N$，称为额定运行点。

一般将异步电动机的机械特性分为两个区域：

① $0 < s < s_m$区域。此区域中，机械特性曲线下斜，T与s近似成正比，T随着s增大而增大，即负载越重，转速越低，电机输出转矩越大。根据电力拖动稳定运行的条件判定，可知该区域是异步电动机的稳定运行区域。只要电动机的最大转矩Tm大于负载转矩TL，电动机就能在该区域中稳定运行。

② $s_m < s < 1$ 区域。此区域中，机械特性曲线上翘，T与s近似成反比，T随着s增大反而减小，即负载越重，转速越高，电机输出转矩越小。根据电力拖动稳定运行的条件判定，可知该区域是异步电动机的不稳定运行区域(特殊负载如通风机类负载可稳定运行)。

3. 实用表达式

上述参数表达式在分析电机参数对机械特性的影响时非常有用，特别是在本章 5.1.2 节中能明显体现出。但是，由于电动机的 R_1、X_1 等参数在电机产品目录中是查找不到的，参数表达式实际应用起来，尤其是在关于电动机计算问题中并不方便。在工程实际中常使用机械特性的另一种表达形式，即机械特性实用表达式。

在式(5-7)与式(5-9)中将 R_1 忽略不计，得到

$$T=\frac{3pU_1^2\frac{R_2'}{s}}{2\pi f_1\left[\left(\frac{R_2'}{s}\right)^2+(X_1+X_2')^2\right]}$$

$$T_{\mathrm{m}}=\frac{3pU_1^2}{4\pi f_1(X_1+X_2')}$$

将上两式相除得到

$$\frac{T}{T_{\mathrm{m}}}=\frac{2}{\frac{R_2'/s}{X_1+X_2'}+\frac{X_1+X_2'}{R_2'/s}}=\frac{2}{\frac{s_{\mathrm{m}}}{s}+\frac{s}{s_{\mathrm{m}}}}$$

于是

$$T=\frac{2T_{\mathrm{m}}}{\frac{s}{s_{\mathrm{m}}}+\frac{s_{\mathrm{m}}}{s}} \tag{5-14}$$

式(5-14)中的 T_{m} 和 s_{m} 可从电机产品目录中查得的数据计算出来。与参数表达式相比，其误差能够满足工程上的精度要求，且形式规范便于应用，式(5-14)称为机械特性实用表达式。

T_{m} 和 s_{m} 具体求法如下：

已知电动机的额定功率 P_{N}，额定转速 n_{N} 及过载系数 λ_{m}，则额定转矩 T_{N} 为

$$T_{\mathrm{N}}=\frac{P_{\mathrm{N}}}{\Omega_{\mathrm{N}}}=9.55\frac{P_{\mathrm{N}}}{n_{\mathrm{N}}}$$

$$s_{\mathrm{N}}=\frac{n_1-n_{\mathrm{N}}}{n_1}$$

$$T_{\mathrm{m}}=\lambda_{\mathrm{m}}T_{\mathrm{N}}$$

将上述三式代入式(5-14)得

$$s_{\mathrm{m}}=s_{\mathrm{N}}(\lambda_{\mathrm{m}}\pm\sqrt{\lambda_{\mathrm{m}}^2-1}) \tag{5-15}$$

实用表达式是关于 s 非线性的，在使用过程中有时仍嫌麻烦。因为电动机在额定负载以下运行时，其转差率 s 很小，有 $\frac{s}{s_{\mathrm{m}}}\ll\frac{s_{\mathrm{m}}}{s}$，忽略掉 $\frac{s}{s_{\mathrm{m}}}$ 后，于是实用表达可进一步近似为

$$\begin{cases}T=\dfrac{2T_{\mathrm{m}}}{s_{\mathrm{m}}}s\\ s_{\mathrm{m}}=2\lambda_{\mathrm{m}}s_{\mathrm{N}}\end{cases} \tag{5-16}$$

式(5-16)是关于 s 线性的，在计算时十分方便，称为简化实用表达式。但是需要特别注意的是，上式忽略掉 s/s_m 后，相当于把机械特性近似为一条直线，它只能适用于 $0 < s < s_m$ 的线性段，而且当 s 越接近 s_m 时其误差越大。若电动机不在 $0 < s < s_m$ 的线性段，只能用式(5-14)实用表达式计算。

5.1.2 三相异步电动机的固有机械特性与人为机械特性

与直流电动机相同，异步电动机的机械特性也分为固有特性和人为特性。固有特性是指异步电动机在额定电压 U_N 及额定频率 f_N 时，按规定接线方式且不改变电机本身任何参数时所获得的机械特性。如图 5-2 所示，曲线 1 是正转时的固有机械特性曲线，曲线 2 是反转时的固有机械特性曲线。

由参数表达式(5-7)可以看出，可以通过改变异步电动机的定子电压 U_1、电源频率 f_1、电动机极对数 p 及电机本身参数 R_1、X_1 等，进而改变电动机的机械特性与机械曲线，称为人为机械特性。下面分析几种常见的人为特性。为了便于分析，将能够反映机械特性大致形状的几个特殊点参数公式重列如下：

$$\begin{cases} n_1 = \dfrac{60 f_1}{p} \\ s_m = \dfrac{R_2'}{\sqrt{R_1^2 + (X_1 + X_2')^2}} \approx \dfrac{R_2'}{X_1 + X_2'} \\ T_m = \dfrac{3p}{4\pi f_1} \dfrac{U_1^2}{\left[R_1 + \sqrt{R_1^2 + (X_1 + X_2')^2}\right]} \\ T_{st} = \dfrac{3pU_1^2 R_2'}{2\pi f_1[(R_1 + R_2')^2 + (X_1 + X_2')^2]} \end{cases} \tag{5-17}$$

1. 降低定子电压 U_1 时的人为特性

由式(5-17)可知，其他参数不变，U_1 减小时，得到人为机械特性曲线如图 5-3 所示，有以下特点：

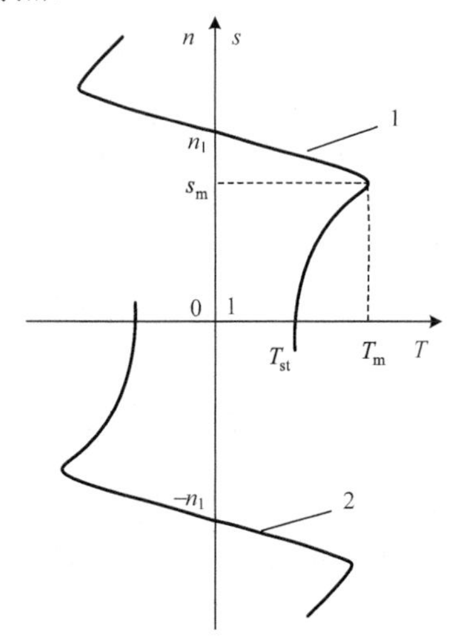

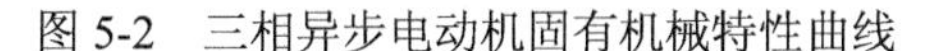

图 5-2 三相异步电动机固有机械特性曲线

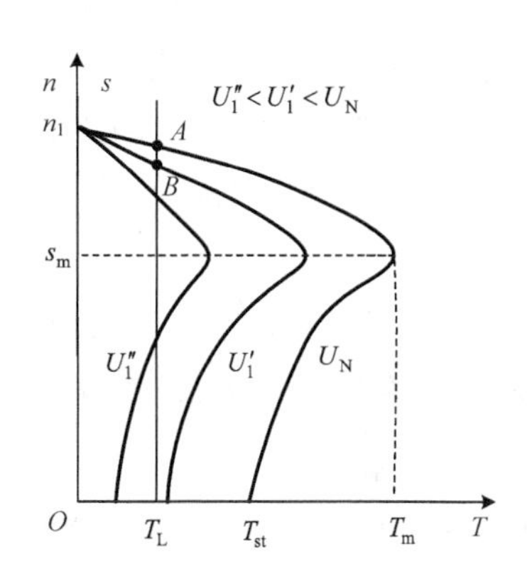

图 5-3 三相异步电动机定子降压人为机械特性曲线

(1) 对应的同步转速 n_1 不变，即不同的定子电压的人为机械特性曲线都通过固有特性上的同步转速点；

(2) 最大转矩 T_m 跟随 U_1^2 成比例下降得很快，过载能力也随之明显降低；

(3) 虽然 T_m 下降，但是 s_m 不变，即电动机在同样的转速下出现最大转矩 T_m；

(4) T_{st} 启动转矩也随 U_1^2 迅速下降，这将严重影响电动机的启动性能，在使用时要格外注意；

(5) 降压后的人为特性曲线变软，若负载转矩保持不变，则降压后转速降低，如图 5-3 中 A、B 两点所示；

(6) 同时经过分析得知，I_2' 增大，I_1 增大，电动机电流将大于额定值，将导致缩短电机寿命，甚至烧坏电机。

以上特点，特别是(2)～(6)，在工程实践中必须重视。

2. 转子回路串对称电阻时的人为特性

对于绕线式异步电动机，可以通过在其转子回路串接对称电阻 R_{st} 得到转子回路串电阻人为机械特性，如图 5-4 所示。根据式(5-17)可知其有如下特点：

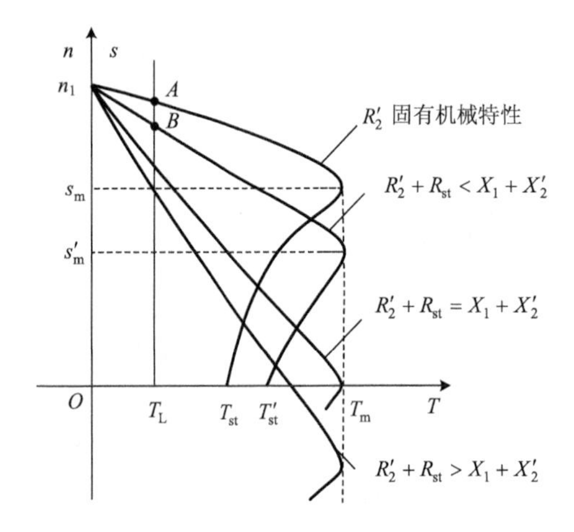

图 5-4　三相异步电动机转子串电阻人为机械特性曲线

(1) 对应的 n_1 不变，即不同的转子串电阻人为机械特性曲线都通过固有特性上的同步转速点。

(2) T_m 大小不变，转子串电阻人为特性没有改变电机的负载能力。

(3) s_m 增大，即虽没有改变电机的负载能力，但最大转矩 T_m 在较低转速下出现，这个特性有利于电机的快速启动。

(4) 在 $s_m < 1$，即 $(R_{st} + R_2') < (X_1 + X_2')$ 范围内，T_{st} 随着 R_{st} 的增大而增大，有利于启动；

在 $s_m = 1$，即 $(R_{st} + R_2') = (X_1 + X_2')$ 时，T_{st} 出现峰值 $T_{st} = T_m$，电机的启动能力最大；

在 $s_m > 1$，即 $(R_{st} + R_2') > (X_1 + X_2')$ 后，T_{st} 随着 R_{st} 的增大反而下降。

(5) 转子串电阻后的人为特性曲线变软，若负载为恒转矩负载，则转速降低，如图中 A、B 两点所示，电机调速性能变差。

(6) 转子串电阻的人为特性曲线的线性段类似于直流电动机电枢串电阻时的人为特性，可用于调速和大转矩启动场合，但是，因为 $P_{Cu2} = sP_M$，随着 s 的增加，电动机的转子损耗也明显地增加。

(7) 该方法只适用于绕线式异步电动机，鼠笼式电动机没有办法在转子上串电阻。

3. 定子电路串接对称电阻或电抗时的人为特性

定子三相绕组串接三相对称电阻 R_{st} 或电抗 X_{st} 时，相当于定子电阻 R_1 或定子电抗 X_1 变大，人为机械特性如图 5-5 所示。根据式(5-17)可知其有如下特点：

(1) n_1 不变，即不同的人为机械特性曲线都通过固有特性上的同步转速点；

(2) T_m 及 T_{st} 均相应变小，影响电机的负载能力和启动能力；

(3) s_m 减小，在较大转速下才出现最大转矩 T_m，不利于电机启动；

(4) 定子电路串接对称电阻或电抗一般用于鼠笼式异步电动机的轻载启动，以限制电动机的启动电流；

(5) 定子串电阻或电抗后的人为特性曲线变软，若负载为恒转矩负载，则转速降低，如图中 A、B 两点所示，电机调速性能变差。

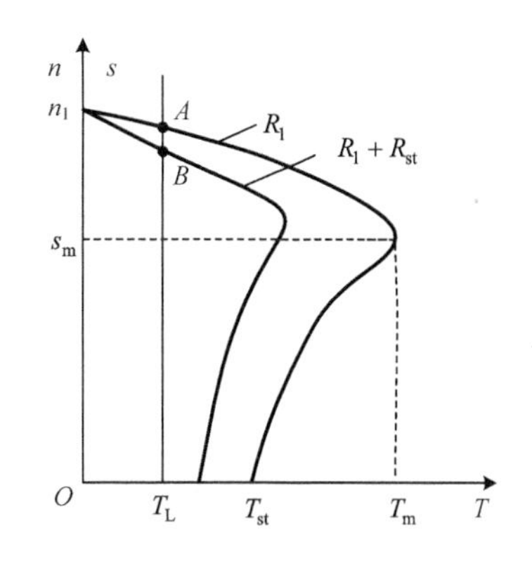

图 5-5　定子串接对称电阻或电抗时的人为特性

除上述三种人为特性外，还有改变定子极对数 p 及改变电源频率 f_1 的人为特性，将在讨论异步电动机的调速问题时专门讨论。

5.2　三相异步电动机的启动

启动问题是三相异步电动机拖动的一个重要内容，因为直接加额定电压启动电动机，其最初启动电流较大，可达额定电流的 4～7 倍。过大的启动电流将使电动机发热，使用寿命降低；同时电机绕组的端部在电动力作用下会发生变形，可能造成短路而烧坏电机；过大的启动电流会使供电变压器输出电压降低，线路压降增大，造成电网供电电压显著下降而影响其他设备的工作。因此本节将介绍鼠笼式三相异步电动机和绕线式三相异步电动机的启动方法。

5.2.1　三相鼠笼式异步电动机的启动

1. 直接启动

直接启动即全压启动，启动时通过一些简易的启动设备，把全部电源电压直接加到电动机的定子绕组，所以是一种最简单的启动方法。

在供电变压器容量较大与电动机容量较小的前提下，可采用直接启动。一般来说，通常 7.5kW 以下的小容量鼠笼式异步电动机都可直接启动。若供电变压器容量较小，而电动机容量能符合下式要求者，也可允许直接启动。

$$\text{电动机容量(kW)} \leqslant \frac{\text{供电变压器容量（kW）}}{4k_i - 3}$$

式中，$k_i = I_{st} / I_N$，即启动电流与额定电流之比，称为启动电流倍数。若不能满足上式的要求，则需采用降压启动的方法，把启动电流限制到允许的数值。

2. 定子串接电阻或电抗启动

电动机启动时，在定子电路串入电阻或电抗，启动电流在电阻或电抗上将产生压降，降低了电动机定子绕组上的电压，从而减小启动电流。

1) 启动方法

图 5-6 为串接电阻启动的接线原理图，图 5-7 为串接电抗启动的接线原理图。启动时，接

触器 KM_2 断开，KM_1 闭合，电阻(或电抗)接入定子电路；启动完成后，接触器 KM_2 再闭合，切除电阻器(或电抗器)，电动机进入正常运行。

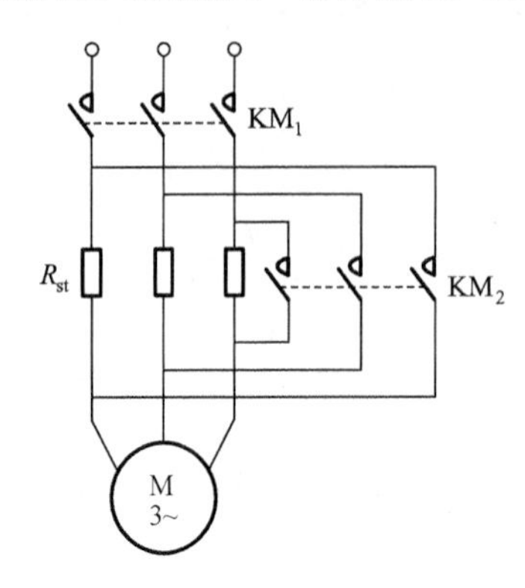

图 5-6　定子串电阻启动接线图

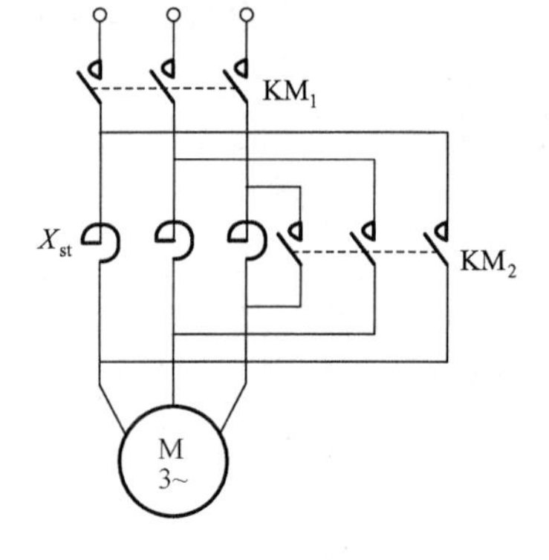

图 5-7　定子串电抗启动接线图

2)启动电流与启动转矩分析

设全压直接启动时，电动机的启动电流为 I_{st}，启动转矩为 T_{st}，有

$$\begin{cases} I_{st} = \dfrac{U_1}{\sqrt{R_k^2 + X_k^2}} = \dfrac{U_1}{Z_k} \approx \dfrac{U_1}{X_k} \\ T_{st} = \dfrac{3pU_1^2 R_2'}{2\pi f_1 (R_k^2 + X_k^2)} \approx \dfrac{3pU_1^2 R_2'}{2\pi f_1 {X_k}^2} \end{cases} \tag{5-18}$$

定子串入 X_{st} 启动时，启动电流为 I_{st}'，启动转矩为 T_{st}'，有

$$\begin{cases} I_{st}' = \dfrac{U_1}{\sqrt{R_k^2 + (X_{st} + X_k)^2}} \approx \dfrac{U_1}{X_{st} + X_k} \\ T_{st}' = \dfrac{3pU_1^2 R_2'}{2\pi f_1 [R_k^2 + (X_{st} + X_k)^2]} \approx \dfrac{3pU_1^2 R_2'}{2\pi f_1 (X_{st} + X_k)^2} \end{cases} \tag{5-19}$$

比较式(5-18)和式(5-19)可得

$$\begin{cases} \dfrac{I_{st}}{I_{st}'} = \dfrac{X_{st} + X_k}{X_k} = k \\ \dfrac{T_{st}}{T_{st}'} = \dfrac{(X_{st} + X_k)^2}{X_k^2} = k^2 \end{cases} \tag{5-20}$$

因为启动时 $s = 1$，令 $k_i I_N$ 为电机直接启动电流，故式(5-18)、式(5-19)、式(5-20)中 $X_k = \dfrac{U_N}{\sqrt{3} k_i I_N}$ (Y 形接法)或 $X_k = \dfrac{\sqrt{3} U_N}{k_i I_N}$ (△形接法)，则 $X_{st} = (k-1) X_k$ 。

由式(5-20)可知如下几点：

(1)定子串电阻或电抗后，启动电流减小，同时启动转矩也将降低，故必须保证降低后的启动转矩 T_{st} 大于负载转矩 T_L，使电动机能启动起来。因此这种启动方法一般用于轻载启动场合。

(2)采用定子串接电阻或电抗启动时，启动电流减小为 $1/k$ 倍，启动转矩减小为 $1/k^2$ 倍。

为保证启动电流安全，希望串入电抗越大越好；为保证启动转矩足够大，希望串入电抗越小越好。实际应用时，串入的电抗应有一个合理的范围。下面以例题方式给出求电抗合理范围的方法。

例 5-1 一台鼠笼式三相异步电动机数据为：$P_N = 60\text{kW}$，$U_N = 380\text{V}$，定子 Y 形接法，$I_N = 130\text{A}$，启动电流倍数 $k_i = 6$，启动转矩倍数 $k_T = 1.1$，供电变压器允许最大电流为 $I_N = 500\text{A}$。

(1) 若空载启动，定子串电抗，求每相串入的电抗最小为多大？

(2) 若拖动 $0.3T_N$ 负载，又不能超过变压器允许最大电流，计算每相串入的电抗范围为多少？

解 (1) 直接启动电流 $I_{st} = k_i I_N = 6 \times 130 = 780(\text{A})$，串入的电抗后启动电流 $I'_{st} = 500\text{A}$ 可以满足要求，即

$$k = \frac{I_{st}}{I'_{st}} = \frac{780}{500} = 1.56$$

则

$$X_{st} = (k-1)X_k = (k-1)\frac{U_N}{\sqrt{3}k_i I_N} = (1.56-1) \times \frac{380}{\sqrt{3} \times 6 \times 130} = 0.158(\Omega)$$

即此值为串入电抗的最小值，小于此值，变压器电流将过大。

(2) 串电抗启动的要求最小转矩为 $T'_{st} = 0.3T_N$，直接启动时 $T_{st} = k_T T_N$，则

$$k^2 = \frac{T_{st}}{T'_{st}} = \frac{1.1T_N}{0.3T_N}$$

故

$$k = 1.915$$

$$X_{st} = (k-1)X_k = (k-1)\frac{U_N}{\sqrt{3}k_i I_N} = (1.915-1) \times \frac{380}{\sqrt{3} \times 6 \times 130} = 0.257(\Omega)$$

即此值为串入电抗的最大值，大于此值电动机无法带负载启动，故电抗的范围是 0.158～0.257Ω。

3. Y-△启动

1) 启动方法

对于运行时定子绕组三角形接法的三相鼠笼式异步电动机，为了减小启动电流，可采用 Y-△降压启动方法，即启动时定子绕组星形连接，启动后接成三角形，其接线图如图 5-8 所示。当启动时将接触器 KM_1、KM_3 闭合，定子绕组接成星形，电动机每相绕组电压为 $U_P = U_N/\sqrt{3}$，电动机降压启动；当电动机转速接近稳定转速时，可将接触器 KM_3 断开，接触器 KM_2 闭合，使定子绕组接成三角形运行，电动机每相绕组电压为 $U_P = U_L = U_N$，启动过程结束。

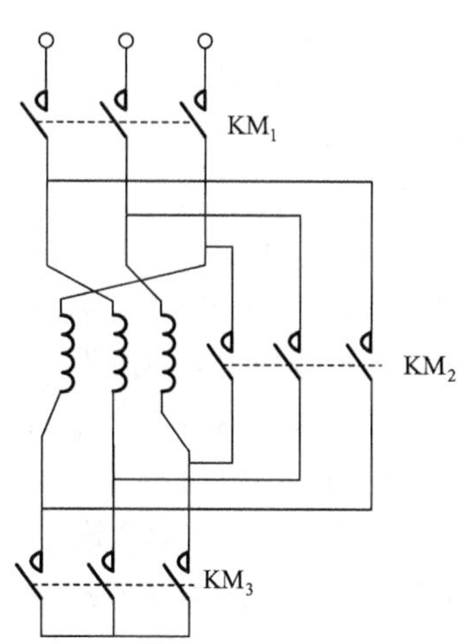

图 5-8 Y-△启动接线原理图

2) 启动电流与启动转矩分析

若采用电动机直接启动，则定子绕组为三角形接法，如图 5-9 所示。每相绕组电压 $U_P = U_L =$

U_N，电动机每相电流为 $I_P = \dfrac{U_P}{Z} = \dfrac{U_N}{Z}$，其启动电流为线电流 $I_{st} = I_L = \sqrt{3}I_P = \dfrac{\sqrt{3}U_N}{Z}$，启动转矩 $T_{st} \propto U_P^2 = U_N^2$；采用星形启动时，每相绕组电压 $U_p' = \dfrac{U_L}{\sqrt{3}} = \dfrac{U_N}{\sqrt{3}}$，电动机每相电流为 $I_P' = \dfrac{U_P'}{Z} = \dfrac{U_N}{\sqrt{3}Z}$，其启动电流为线电流，与相电流相同，即 $I_{st}' = I_L' = I_P' = \dfrac{U_N}{\sqrt{3}Z}$，启动转矩 $T_{st}' \propto U_P^2 = \dfrac{U_N^2}{3}$。

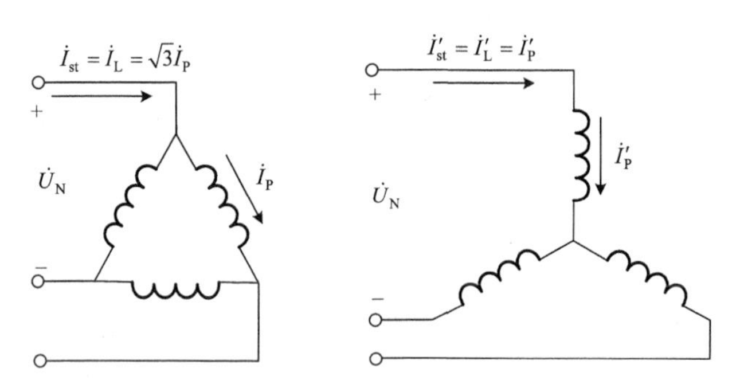

图 5-9　直接启动和 Y-△启动时启动电流、电压关系

3) 特点及应用

比较两种方案的启动电流（即线电流）可知：

(1) Y-△启动时，电流减小至 1/3，但启动转矩也减小至 1/3，故这种启动方法一般用于轻载或空载启动场合。

(2) 整个启动过程实质是定子降压启动，s_m 和 T_m 的特性可以参考定子降电压人为特性特点。

(3) 该方法启动方法简单。只需一般电器开关，故价格便宜，操作方便，在轻载启动条件下应该优先采用。容量在 4kW 以上的新型 Y 系列电动机，运行时其定子绕组均为三角形接法，以便于推广 Y-△启动方法。但是这种启动的电动机定子绕组六个出线端都要引出来，对于高压电动机有一定困难。

(4) 特别要注意的是，该方法只适用于正常△连接的电动机。假如一台电动机标称 380V/220V，Y/△连接，该电机不能使用 Y-△启动。电源线电压为 380V 时，该电机 Y 形连接，电机每相承受电压为 220V；电源线电压为 220V 时，该电机△连接，电机每相承受电压仍为 220V，电源线电压不同，电机连接方式不同，电机每相承受电压却是相同的，都是 220V。但是电源线电压为 380V 时，采用 Y-△启动，Y 形启动时电机每相承受电压为 220V，电机启动，启动完成后转为△连接，电机每相承受电压却是 380V，这是不允许的。所以在使用该方法时一定要注意铭牌数据。

4. 自耦变压器（启动补偿器）降压启动

1) 启动方法

该方法是利用自耦变压器降低加到电动机定子绕组的电压，以减小启动电流的方法，其接线如图 5-10 所示。启动时，接触器 KM_1 断开，KM_2、KM_3 闭合，电动机的定子绕组通过自耦变压器接到三相电源上降压启动。当转速升高到接近稳定值时，接触器触点 KM_2、KM_3 断开，KM_1 闭合，自耦变压器被切除，电动机定子直接接在电源上全压正常运行，启动结束。

2) 启动电流与启动转矩

自耦变压器降压启动的一相电路如图 5-11 所示，设变压器一、二次线圈匝数为 N_1、N_2，则变比 $k=\dfrac{U_N}{U'}=\dfrac{N_1}{N_2}$。

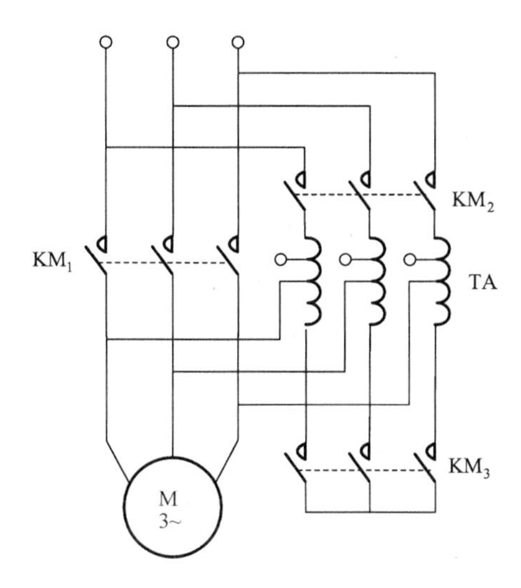

图 5-10　自耦变压器降压启动接线原理图

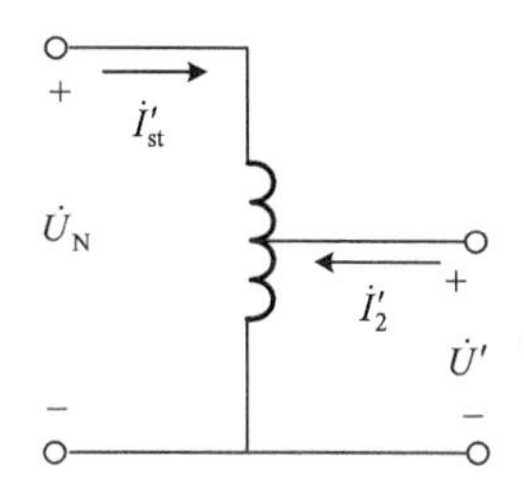

图 5-11　自耦变压器降压启动一相电路图

以单相为例，若直接启动，启动电流 $I_{st}=\dfrac{U_N}{Z_k}$；若采用自耦变压器降压启动，每相电流即变压器二次侧电流 $I'_2=\dfrac{U'}{Z_k}=\dfrac{U_N}{kZ_k}$。又根据变压器原理，变压器一次侧电流即启动电流 $I'_{st}=\dfrac{I'_2}{k}=\dfrac{1}{k}\dfrac{U_N}{kZ_k}=\dfrac{U_N}{k^2Z_k}$，故启动电流减小为 $\dfrac{1}{k^2}$ 倍。

启动转矩减小倍数为 $\dfrac{T'_{st}}{T_{st}}=\left(\dfrac{U'}{U_N}\right)^2=\dfrac{1}{k^2}$，故启动转矩也降低到 $\dfrac{1}{k^2}$ 倍。

3) 特点及应用

(1) 自耦变压器降压启动时，电流减小为 $1/k^2$ 倍，但启动转矩也降低到 $1/k^2$ 倍，故这种启动方法一般用于轻载或空载启动场合。

(2) 整个启动过程实质是定子降压启动，s_m 和 T_m 的特性同样可以参考定子降电压人为特性特点。

(3) 该启动方法适用于启动次数少、容量较大的鼠笼式电动机，故这种启动方法在 10kW 以上的三相异步电动机中得到了广泛应用。缺点是自耦变压器体积大，而且不允许频繁启动。

(4) 自耦变压器二次侧一般有三个抽头，可以根据需要选用。启动用自耦变压器有 QJ_2 和 QJ_3 两个系列。QJ_2 型的三个抽头比 $(1/k)$ 分别为 55%、64%和 73%；QJ_3 型为 40%、60%和 80%，抽头比越大获得的转矩也越大，但是启动电流也相应增大。

5. 延边三角形启动

1)启动方法

延边三角形启动用于三相定子绕组为三角形接法的鼠笼式异步电动机。这种电动机定子绕组每相有三个出线端：首端、尾端和中间抽头，如图 5-12(a)所示。图中出线端 1、2、3 为首端，4、5、6 为尾端，7、8、9 为中间抽头。三相绕组按图 5-12(b)连接时，其 1-7、2-8、3-9 部分为星形接法，7-4、8-5、9-6 部分为三角形接法，整个绕组像每个边都延长了的三角形，故称延边三角形。启动时定子绕组连成延边三角形，加额定电压启动，转速上升接近稳定值后，三相绕组改为三角形接法，电动机正常运行，启动结束。

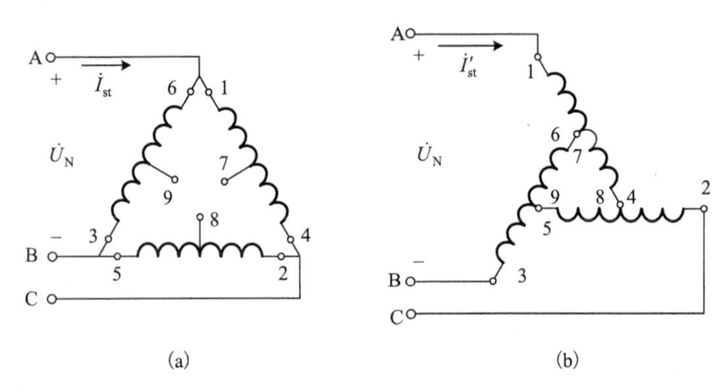

图 5-12　延边三角形启动时电流、电压的关系

2)启动电流及启动转矩

当电源电压一定时，电动机绕组三角形接法比星形接法的相电压要高 $\sqrt{3}$ 倍。延边三角形接法的每相绕组电压要比三角形接法时低一些，抽头越靠近尾端，其每相绕组电压越低。因此采用延边三角形接法启动，实质上也是一种降压启动方法，启动电流与启动转矩都随着相电压降低而减小。当抽头在每相绕组中间时，启动电流 $I'_{st}=0.5I_{st}$，启动转矩 $T'_{st}=0.45T_{st}$。抽头位置越靠近尾端，启动电流与启动转矩将降低得越多。

3)特点与应用

采用延边三角形启动的鼠笼式异步电动机，除了简单的绕组接线切换装置以外，不需其他专门启动设备。但电动机的定子绕组不仅为三角形接法，有抽头，而且需要专门设计，制成后抽头又不能随意变更，因此限制了延边三角形启动方法的使用。

前述几种鼠笼式异步电动机降压启动方法，主要目的都是减小启动电流，但同时又都不同程度地降低了启动转矩，因此只适合空载或轻载启动。为了比较上述几种降压启动方法，现将比较结果列于表 5-1 中。

表 5-1　启动方法比较

启动方法	启动电压相对值（电机相电压）	启动电流相对值（电源线电流）	启动转矩相对值	启动设备
直接启动	1	1	1	最简单
定子串电抗启动	$1/k$	$1/k$	$1/k^2$	一般
Y-△启动	$1/\sqrt{3}$	1/3	1/3	简单，只用于三角形接法 380V 电机
自耦变压器启动	$1/k$	$1/k^2$	$1/k^2$	较复杂，有三种抽头供选用
延边三角形启动	中心抽头	0.5	0.45	简单，但要专门设计电机

对于重载启动，尤其要求启动过程较快时，则常需要较大的启动转矩才能满足，通常采用深槽式异步电动机和双鼠笼式异步电动机。这两种改善启动性能的异步电动机，一般用于启动转矩要求较高的生产机械上。它们与普通鼠笼式异步电动机相比，因转子漏电抗较大，额定功率因数及最大转矩稍低，而且用铜量多，制造工艺(特别是双鼠笼式转子)复杂，价格较高，具体结构和原理请参考有关资料。

例 5-2 一台鼠笼式三相异步电动机数据为：$P_N = 28kW$，$U_N = 380V$（定子△接法），$I_N = 58A$，$\cos\varphi = 0.88$，$n_N = 1455r/min$，启动电流倍数 $k_i = 6$，启动转矩倍数 $k_T = 1.1$，过载倍数$\lambda_m = 2.3$，供电变压器最大允许电流为 150A，负载启动转矩 T_L 为 73.5N·m，要求启动转矩不小于 $1.1T_L$，请选用一种合适的启动方法。(要求：优先使用 Y-△启动；若采用自耦变压器降压启动，抽头有 55%、64%和 73%三种，需要算出采用哪种抽头；若采用定子串电抗启动，需要计算电抗数值。)

解 电动机额定转矩

$$T_N = 9550\frac{P_N}{n_N} = 9550\times\frac{28}{1455} = 183.78(N\cdot m)$$

为保证正常启动，要求启动转矩不小于 $T_{st} = 1.1T_L = 1.1\times 73.5 = 80.85(N\cdot m)$ 。

(1) 校验是否能采用 Y-△启动方法。

Y-△启动时，启动电流为

$$I'_{st} = \frac{I_{st}}{3} = \frac{k_i I_N}{3} = \frac{6\times 58}{3} = 116(A)$$

启动转矩为

$$T'_{st} = \frac{T_{st}}{3} = \frac{k_T T_N}{3} = \frac{1.1\times 183.78}{3} = 67.39(N\cdot m)$$

可以看出，转矩不满足要求，故不能采用 Y-△启动。

(2) 校验是否能采用定子串电抗启动方法。

由

$$\frac{T_{st}}{T'_{st}} = k^2 = \left(\frac{I_{st}}{I'_{st}}\right)^2$$

得到

$$T'_{st} = \left(\frac{I'_{st}}{I_{st}}\right)^2 T_{st} = \left(\frac{I'_{st}}{I_{st}}\right)^2 k_T T_N = \left(\frac{150}{6\times 58}\right)^2 \times 1.1\times 183.78 = 37.4(N\cdot m)$$

因转矩不满足要求，故不能采用定子串电抗启动方法。

(3) 校验能否采用自耦变压器降压启动。

当抽头为 55%时，其启动电流与启动转矩分别为

$$I'_{st} = \frac{I_{st}}{k^2} = 0.55^2\times 6\times 68 = 105.27(A)$$

$$T'_{st} = \frac{1}{k^2}T_{st} = 0.55^2\times 1.1\times 183.78 = 61.15(N\cdot m)$$

此时转矩未达到允许值，不能采用。

当抽头为64%时，其启动电流与启动转矩分别为

$$I'_{st}=\frac{I_{st}}{k^2}=0.64^2\times6\times68=142.5(\text{A})$$

$$T'_{st}=\frac{1}{k^2}T_{st}=0.64^2\times1.1\times183.78=82.8(\text{N}\cdot\text{m})$$

此时电流、转矩都在允许范围内，可以采用。

当抽头为73%时，其启动电流为

$$I'_{st}=\frac{I_{st}}{k^2}=0.73^2\times6\times68=185.45(\text{A})$$

此时电流超过允许范围，不可采用，启动转矩不再进行计算。

6. 三相鼠笼式异步电动机软启动

对于大功率的三相异步电动机，如果采用本节中所介绍的串自耦变压器、Y-△启动等降压启动方法，虽然都能减少启动电流，但仍都存在二次很大的启动冲击电流，二次启动冲击电流甚至可超过6倍的额定电流，如图5-13所示。除此之外，在实际工程中还应综合考虑负载和传动机构等因素。例如，对中等容量以上的异步电动机传动系统，直接启动时很大的突跳转矩冲击会对轴承、齿轮磨损严重，甚至损坏，而且减速箱故障率高，同时过大的机械冲击大大降低了机械设备的寿命，很大的冲击电流将导致电机绕组的绝缘老化，电气设计的寿命下降，设备维护率的提高。

所以，在工业应用中，55～90kW及以上的鼠笼式异步电动机在经济条件允许的情况下尽量采用软启动器。在这种启动方式中可以控制其最大启动电流为2～4倍左右的额定电流，使定子电流既处在最大的容许电流范围之内，又可使电动机以最快的速度启动，缩短启动时间，这种软启动与传统启动方式的启动电流比较如图5-13所示。

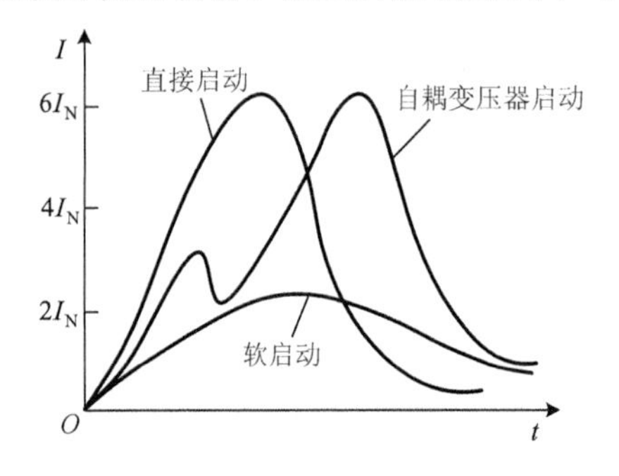

图5-13 软启动器与传统启动方式的电流比较

采用软启动方式有以下的优点：减少启动过程中引起的电网压降，不影响与其共网的其他电气设备的正常运行；减少启动电流，改善电动机局部过热的情况，提高电动机寿命；减少硬启动带来的机械冲力，减少对减速机构的磨损。

目前软启动器主要应用在大功率鼠笼式异步电动机的启动，特别是使用最为广泛的鼓风机和水泵等，一般情况下这些设备都采用软启动方法。

1) 软启动器的工作原理

图5-14为三相平衡调压式软启动器主回路控制原理图，将三对反并联晶闸管串接在电动机的三相电路上，利用晶闸管的开关特性，通过改变晶闸管的触发角来连续平滑地改变加在电动机定子绕组的电压大小，实现对电动机启动特性的控制。当启动结束后，接触器KM_2闭合，所有三相晶闸管短路，以降低在晶闸管上功率消耗，电动机全压运行。熔断器主要用以对晶闸管模块实施短路保护，热继电器用于对电动机的过载保护，有的软启动器自带过载保护，则不要外接热继电器。

2）软启动的启动方法

正如上述，早期的软启动器基本上都是连续平滑的改变启动电压来进行软启动的，现在新型的软启动器一般都带有诸如：限流启动模式、电压斜坡启动模式、突跳启动模式、电流斜坡启动模式和电压限流双闭环启动模式等智能化启动模式供用户选择，以适应各种复杂的应用场合和负载变化。本节只简单介绍限流启动模式、电压斜坡启动模式、突跳启动模式，其他方法请参考相关资料。

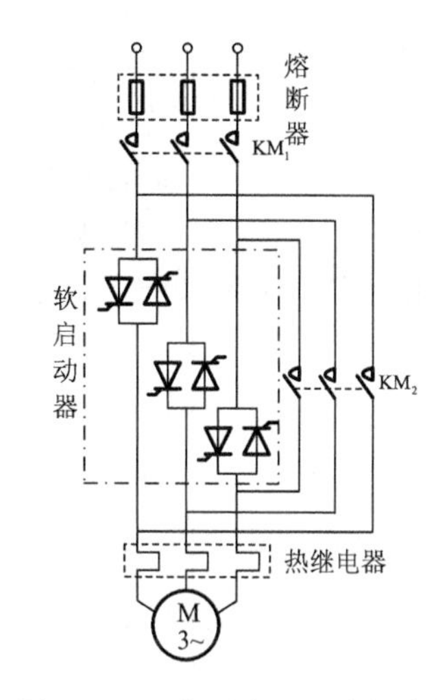

图 5-14 三相平衡调压式软启动器主回路控制原理图

限流启动模式一般用于对电流有严格限制要求的场合。图 5-15 中 I_{stm} 为设定的启动电流的限流值，当电动机启动时，软启动器的输出电压迅速增加，直到定子电流达到设定的限流值 I_{stm}，此后将保持定子电流稳定在此限流值 I_{stm} 上。随着输出电压的上升，电动机逐渐加速，当电动机达到稳定时，退出软启动模式，进入正常运行状态，输出电流迅速下降至电动机所带负载对应的稳定电流(如图中的 I_N)，启动过程完成。

电压斜坡启动模式适用于对启动电流要求不严格，但对启动过程的平稳性要求较高的拖动系统中。图 5-16 给出了这种启动的输出电压波形，图中的 U_1 为启动时的初始电压值。当电动机启动时，在定子电流不超过额定值的 400%范围内，软启动器的输出电压迅速上升至 U_1，然后输出电压按所设定的上升速率连续平滑逐渐上升，电动机随着电压的上升而不断平稳加速，当电压达到额定电压 U_N 时，电动机达到额定转速，启动过程结束。

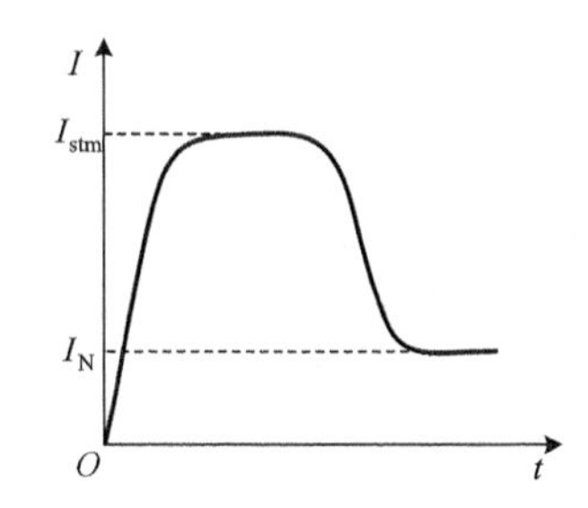

图 5-15 限流启动模式的启动电流

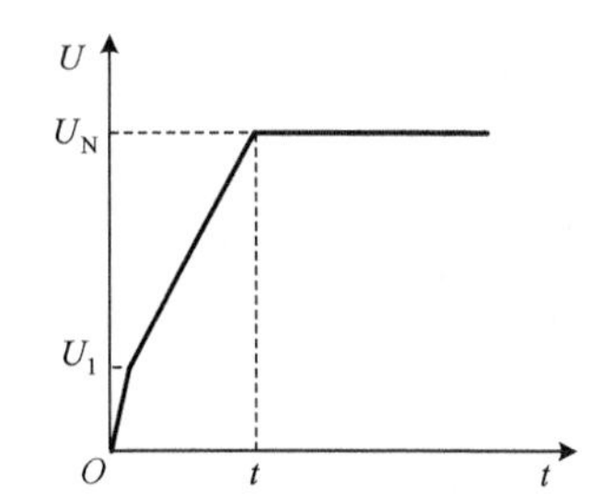

图 5-16 电压斜坡启动模式的启动电压

突跳启动模式用于重负载场合，启动时针对重负载，先给电动机的定子绕组施加一个较高的固定电压(如图 5-17 中的额定电压 U_N)，并使其持续一小段时间(如 120ms)，以克服电动机负载的静摩擦力使电动机启动，然后按图 5-17 所示的电压斜坡突跳启动方式或按图 5-18 所示的限电流突跳方式启动，解决带重负载启动困难的问题。

3）三相异步电动机的其他软启动

异步电动机的软启动除前面介绍的晶闸管软启动外，还有下面几种常用的软启动方法。

(1)变频器软启动。

本章 5.3.2 节和 5.5 节要介绍变频器调速，它是通过改变定子电源的频率而实现调速的，其转速基本正比于频率，变频器的输出频率范围为 0.1～500Hz，调速精度一般不低于 1%，高的可达 0.02%；瞬间过载力矩可达 200%；可与上位控制计算机接口。同时变频器也可以设定为软启动方式，这是因为电动机的启动电流与电源电压成正比(详见本章 5.3.2 节)。同样变频器可以通过逐渐加大频率(电压)的方式减少启动电流，使电动机平稳启动。而变频时，电压与频率成正比，故变频器软启动最主要的优点是节能。另外，变频器还可以实现异步电动机在正常工作时的各种保护，如过电压、欠电压、过载保护、缺相保护和过电流保护，并具有断相与相序检测功能。

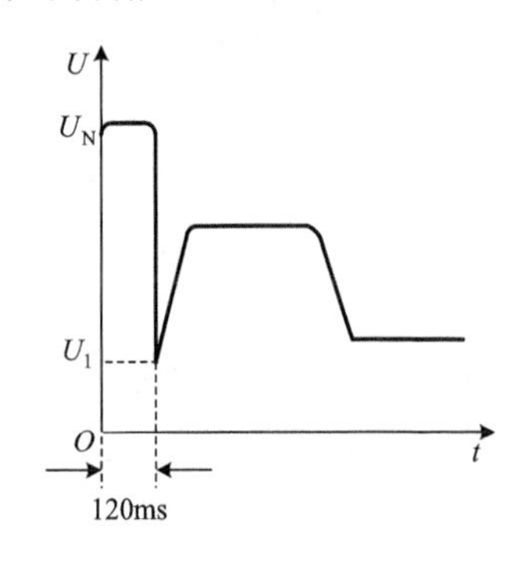

图 5-17　电压斜坡突跳启动方式

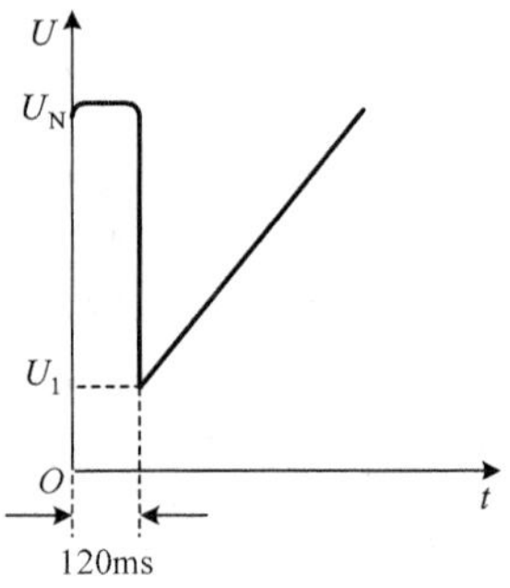

图 5-18　限电流突跳启动方式

目前制约变频器作为软启动装置大范围应用与三相异步电动机调速的原因，仅仅是一次性投资较高。随着电力电子器件和控制器件的迅速发展，其性能价格比已经得到很大的提高。

(2)液阻软启动。

液阻是一种由电解液形成的电阻，启动时串接在电动机定子回路中。液阻阻值正比于两块电极板的距离，反比于电解液的电导率，通过控制极板距离和电导率可以控制定子回路的总电阻。同时，液阻的热容量大，且成本较低，使液阻软启动得到了广泛的应用。但液阻软启动也有如下缺点：基于液阻限流，液阻箱体积大，且一次软启动后电解液通常会有 10～30℃的升温，软启动的重复性差；移动极板需要有一套伺服机构，移动速度较慢，难以实现启动方式的多样化；液阻软启动装置液箱中的水需要定时补充，电极板长期浸泡于电解液中，表面有一定的锈蚀，需要做表面处理。因此，液阻软启动性能不如晶闸管软启动好，其应用受到影响。

(3)磁控软启动。

磁控软启动是在定子串接电抗启动，只是该电抗可以通过控制直流励磁电流，改变铁心的饱和度，进而改变电抗值的变化，所以叫磁控软启动。其特性与将三相电抗器串在电源和电动机定子之间实现降压是一致的。不同点是磁控软启动的主要特点是其电抗值可控，启动开始时电抗值较大，在软启动过程中，通过反馈调节使电抗值逐渐减小，直至软启动完成后被旁路。

5.2.2　三相绕线式异步电动机的启动

绕线式异步电动机的最常见启动方法是：转子串电阻及转子串频敏变阻器两种启动方法。绕线式异步电动机，若转子回路串入适当的电阻，既能限制启动电流，又能增大启动转矩，克服了鼠笼式异步电动机降压启动时启动转矩较小的缺点，这种启动方法适用于大中容量异步电动机重载启动。

1. 转子串电阻启动

为了在整个启动过程中得到较大的加速转矩，并使启动过程比较平滑，可在转子回路中串入多级对称电阻。启动时，随着转速的升高，逐段切除启动电阻，不仅可以减少启动电流，而且可以保持较大启动转矩，使电动机具有良好的启动性能，加快启动过程，这与直流电动机电枢串电阻启动类似，称为串电阻分级启动。图 5-19 为三相绕线式异步电动机三级启动时转子串对称电阻启动的接线图和对应的机械特性曲线。

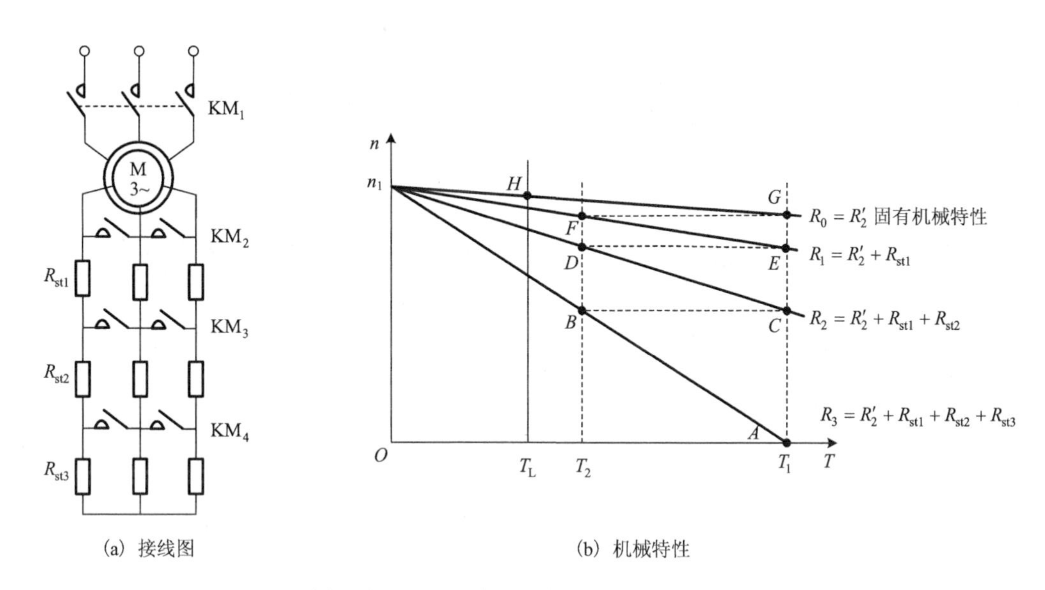

(a) 接线图　　(b) 机械特性

图 5-19　转子串对称电阻启动的接线图和对应的机械特性曲线

1)启动过程

启动开始时(参见图 5-19)，接触器触点 KM_1 闭合，KM_2、KM_3、KM_4 断开，启动电阻全部串入转子回路中，转子每相电阻为 $R_3 = R_2' + R_{st1} + R_{st2} + R_{st3}$，即串最大电阻启动，对应的机械特性如图 5-19 中直线 AB 段。

在启动瞬间，转速 $n = 0$，电磁转矩 $T = T_1$，因 $T_1 > T_L$，电动机开始加速，于是从 A 点沿曲线 AB 逐步上升。由图可以看出，在此过程中转速 n 是不断增加的，电磁转矩 T 随着转速的上升却不断减少，但仍然保持着 $T > T_L$，故此过程为加速度不断减少的正向加速阶段，此过程一直持续到 B 点。

到达 B 点后，电磁转矩 $T = T_2$(T_2 称为切换转矩)，触点 KM_4 闭合，切除 R_{st3}。因切除 R_{st3} 是由接触器瞬间完成的，故电机的机械特性曲线也是瞬间发生了变化，但是由能量守恒定理电机的转速不能发生突变，所以运行点由 B 点跃变到 C 点，即保持转速不变 $n_B = n_C$，由机械特性曲线 AB 段转到机械特性曲线 CD 段。

到达 C 点后，转子每相电阻为 $R_2 = R_2' + R_{st1} + R_{st2}$，对应的机械特性如图 5-19 中直线 CD 段。此时转速 $n_B = n_C$，电动机又重新获得最大转矩 $T = T_1$，电动机又以最大加速度开始加速，从 C 点沿曲线 CD 逐步上升。同样，在此过程中转速 n 是不断增加的，电磁转矩 T 不断减少，进入加速度不断减少的正向加速阶段，此过程一直持续到 D 点。

到达 D 点后，电磁转矩 $T = T_2$，触点 KM_3 闭合，切除 R_{st2}。如此往复，最后在 F 点触点

KM_2闭合，切除R_{st1}，转子绕组直接短路，电动机运行点由F点跃变到G点后沿固有特性加速到H点$T=T_L$，$n=n_H$电机稳定运行，启动结束。

在启动过程中，一般取最大加速转矩$T_1=(0.7\sim0.85)T_m$，切换转矩$T_2=(1.1\sim1.2)T_L$。

2) 启动电阻的计算

由图 5-19 可见，要完成整个启动过程，串入电阻是需要精心设计的。因为在整个过程中电动机的运行点在每条机械特性的线性段上$(0<s<s_m)$变化，因此可以采用机械特性的简化实用表达式$T=\dfrac{2T_m}{s_m}s$来计算启动电阻。由人为机械特性分析的结论可知，转子串电阻时，电动机的最大转矩T_m不变，而且电动机临界转差率$s_m=\dfrac{R_2'}{X_1+X_2'}$与转子电阻成正比，即

$$T\propto\frac{2T_m}{R}s \tag{5-21}$$

特别注意，式中R不仅包括了电机自身转子电阻R_2'，还包括了人为串入电阻R_{st1}、R_{st2}等之和。

在B点时，电机运行在BA机械特性曲线上，电机转子电阻$R_3=R_2'+R_{st1}+R_{st2}+R_{st3}$，由式(5-21)得到

$$T_B=T_2\propto\frac{2T_m}{R_3}s_B$$

在C点时，电机运行在DC机械特性曲线上，$R_2=R_2'+R_{st1}+R_{st2}$，由式(5-21)得到

$$T_C=T_1\propto\frac{2T_m}{R_2}s_C$$

因为B、C两点转速相同，同步转速n_1不变，故$s_B=s_C$，将上述两式相除得到

$$\frac{T_1}{T_2}=\frac{R_3}{R_2}$$

同理，在D、E两点和F、G两点可得

$$\frac{T_1}{T_2}=\frac{R_2}{R_1},\quad \frac{T_1}{T_2}=\frac{R_1}{R_2'}$$

因此

$$\frac{T_1}{T_2}=\frac{R_3}{R_2}=\frac{R_2}{R_1}=\frac{R_1}{R_2'}=\beta \tag{5-22}$$

式中，β称为启动转矩比，也称相邻启动电阻比。在已知β和R_2'时，各级电阻为

$$\begin{cases}R_1=R_2'+R_{st1}=\beta R_2'\\ R_2=R_2'+R_{st1}+R_{st2}=\beta^2R_2'\\ R_3=R_2'+R_{st1}+R_{st2}+R_{st3}=\beta^3R_2'\\ \quad\vdots\\ R_m=R_2'+R_{st1}+R_{st2}+R_{st3}+R_{stm}=\beta^mR_2'\end{cases} \tag{5-23}$$

式(5-23)给出的是每次切换后电机转子串入的总电阻值，而需要得到是各分段电阻值，即 R_{st1}、 R_{st2} 等，对式(5-23)进行简单数学变化可得

$$\begin{cases} R_{st1}=R_1-R_2'=\beta R_2'-R_2'=(\beta-1)\ R_2' \\ R_{st2}=R_2-R_1=\beta^2 R_2'-\beta R_2'=(\beta^2-\beta)\ R_2' \\ R_{st3}=R_3-R_2=(\beta^3-\beta^2)\ R_2' \\ \qquad\vdots \\ R_{stm}=(\beta^m-\beta^{m-1})\ R_2' \end{cases} \tag{5-24}$$

一般电机转子串电阻启动有两种情况：第一种限定了启动级数 m 和最大加速转矩 T_1，要求求得各分级电阻 R_{st1}、 R_{st2} 等；第二种情况是启动级数 m 根据实际情况选择，要求求得各分级电阻 R_{st1}、 R_{st2} 等。为总结以上两种计算方法，首先进行一些公式推导准备。

当启动级数为 m 时，最大串入电阻为

$$R_m=\beta^m R_2' \tag{5-25}$$

在图5-19中的 H 点(额定点 $s=s_N$)和 A 点(启动点 $s=1$)同样满足公式(5-21)，由公式(5-21)可写出以下两式：

$$T_N\propto\frac{2T_m}{R_2'}s_N$$

$$T_1\propto\frac{2T_m}{R_m}\cdot 1$$

联立两式可得

$$\frac{T_N}{s_N T_1}=\frac{R_m}{R_2'} \tag{5-26}$$

由式(5-25)可得

$$\beta=\sqrt[m]{\frac{R_m}{R_2'}}=\sqrt[m]{\frac{T_N}{s_N T_1}} \tag{5-27}$$

$$m=\frac{\lg\left(\dfrac{T_N}{s_N T_1}\right)}{\lg\beta} \tag{5-28}$$

假若是限定了启动级数 m，要求求得各分级电阻 R_{st1}、R_{st2} 等，方法如下：

(1)按要求选取 T_1；

(2)计算 $\beta=\sqrt[m]{\dfrac{T_N}{s_N T_1}}$；

(3)校验 T_2，应满足 $T_2=T_1/\beta=(1.1-1.2)T_L$，若不满足，应选取较大的 T_1 或增加级数 m；

(4)计算 $R_2'=\dfrac{s_N E_{2N}}{\sqrt{3}I_{2N}}$；

(5)计算各级启动电阻和各分段电阻

$$\begin{cases} R_1 = \beta R_2' \\ R_2 = \beta^2 R_2' \\ R_3 = \beta^3 R_2' \\ \quad\vdots \\ R_m = \beta^m R_2' \end{cases}$$

$$\begin{cases} R_{st1} = R_1 - R_2' = (\beta - 1)R_2' \\ R_{st2} = R_2 - R_1 = (\beta^2 - \beta)R_2' \\ R_{st3} = R_3 - R_2 = (\beta^3 - \beta^2)R_2' \\ \quad\quad\vdots \\ R_{stm} = (\beta^m - \beta^{m-1})R_2' \end{cases}$$

当启动级数 m 未知时，按以下方法计算：

(1) 预选 T_1、T_2；

(2) 计算 $\beta = \dfrac{T_1}{T_2}$；

(3) 计算启动级数 $m = \dfrac{\lg\left(\dfrac{T_N}{s_N T_1}\right)}{\lg\beta}$；

(4) 启动级数 m 取整后，按式 $\beta = \sqrt[m]{\dfrac{T_N}{s_N T_1}}$ 修正 β；

(5) 按式 $T_2 = \dfrac{T_1}{\beta}$ 修正 T_2；

(6) 计算 $R_2' = \dfrac{s_N E_{2N}}{\sqrt{3} I_{2N}}$；

(7) 计算各级启动电阻和各分段电阻

$$\begin{cases} R_1 = \beta R_2' \\ R_2 = \beta^2 R_2' \\ R_3 = \beta^3 R_2' \\ \quad\vdots \\ R_m = \beta^m R_2' \end{cases}$$

$$\begin{cases} R_{st1} = R_1 - R_2' = (\beta - 1)R_2' \\ R_{st2} = R_2 - R_1 = (\beta^2 - \beta)R_2' \\ R_{st3} = R_3 - R_2 = (\beta^3 - \beta^2)R_2' \\ \quad\quad\vdots \\ R_{stm} = (\beta^m - \beta^{m-1})R_2' \end{cases}$$

例 5-3 一台绕线式三相异步电动机，$P_N = 30\text{kW}$，$n_N = 1440\text{r/min}$，$E_{2N} = 260\text{V}$，$I_{2N} = 70\text{A}$，$m = 3$，负载转矩 $T_L = 0.5T_N$，求各分段电阻。

解

$$s_N = \frac{1500 - 1440}{1500} = 0.04$$

选取 $T_1 = 1.7T_N$，则

$$\beta = \sqrt[m]{\frac{T_N}{s_N T_1}} = \sqrt[3]{\frac{1}{0.04 \times 1.7}} = 2.45$$

$$T_2 = \frac{T_1}{\beta} = \frac{1.7T_N}{2.45} = 0.694T_N > (1.1 - 1.2)T_L$$

满足要求

$$R_2' = \frac{s_N E_{2N}}{\sqrt{3} I_{2N}} = \frac{0.04 \times 260}{\sqrt{3} \times 70} = 0.086(\Omega)$$

计算各级启动电阻和各分段电阻

$$R_1 = \beta R_2' = 2.45 \times 0.086 = 0.21(\Omega)$$
$$R_2 = \beta^2 R_2' = 2.45^2 \times 0.086 = 0.51(\Omega)$$
$$R_3 = \beta^3 R_2' = 2.45^3 \times 0.086 = 1.26(\Omega)$$

$$R_{st1} = R_1 - R_2' = 0.21 - 0.086 = 0.124(\Omega)$$
$$R_{st2} = R_2 - R_1 = 0.51 - 0.21 = 0.30(\Omega)$$
$$R_{st3} = R_3 - R_2 = 1.26 - 0.51 = 0.75(\Omega)$$

2. 转子串接频敏变阻器启动

绕线式异步电动机采用转子串接电阻启动时，为有级启动，同时在切换点出现了转矩与电流的跃变，启动过程不够平稳。若要在启动过程中保持有较大的启动转矩且启动平稳，则必须采用较多的启动级数，这必然导致启动设备复杂化。

为了克服这个问题，可以采用频敏变阻器启动。频敏变阻器是一个铁损耗很大的三相电抗器，它的铁心是用较厚的钢板叠成，三个绕组分别绕在三个铁心柱上并作星形连接，然后接到转子滑环上，其接线原理如图 5-20 所示。图 5-21 为频敏变阻器每相的等效电路，其中 X_m 为铁心绕组的电抗，R_m 为反映铁损耗的等效电阻。因为频敏变阻器的铁心用厚钢板制成，所以铁损耗较大，对应的 R_m 也较大。

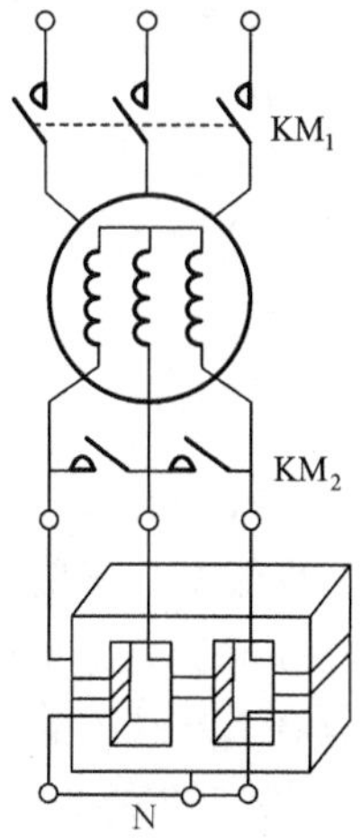

图 5-20 转子串频敏变阻器启动接线原理图

用频敏变阻器启动的过程如下：启动时（图 5-20）接触器 KM_1 闭合、KM_2 断开，转子串入频敏变阻器，定子接通电源开始启动。启动瞬间，$n = 0$，$s = 1$，转子电流频率 $f_2 = sf_1$（最大），因频敏变阻器的铁心串接在电机转子中，故频敏变阻器中与转子频率 f_2 平方成正比的涡流损耗最大，即铁损耗大，反映铁损耗大小的等效电阻 R_m 也最大，此时相当于转子回路中串入一个较大的电阻。启动过程中，随着 n 上升，s 减小，$f_2 = sf_1$ 也逐渐减小，频敏变阻器的铁损耗逐渐减小，R_m 也随之逐渐减小，这相当于在启动过程中逐渐平滑地切除转子回路串入的电阻。启动结束后，触点 KM_2 闭合，切除频敏变阻器，转子电路直接短路，电机在固有机械特性曲线上正常运行。

因为频敏变阻器的等效电阻 R_m 是随转子频率 f_2 的变化而自动变化的，因此称为“频敏”变阻器，它相当于一种无触点的变阻器，实际应用时有以下特点：

(1) 频敏变阻器的结构简单，运行可靠，使用维护方便，最适用于需要频繁启动的生产机械。

(2) 如果参数选择适当，可以在启动过程中保持转矩近似不变，即所谓的恒转矩特性，使启动过程平稳、快速。这时电动机的机械特性如图 5-22 曲线 2 所示。曲线 1 是电动机的固有机械特性。

(3) 在启动过程中，它能自动、无级地减小电阻，启动转矩和电流不会出现跃变的情况。

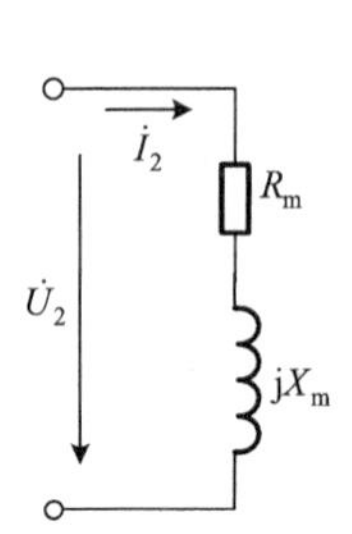

图 5-21　频敏变阻器每相等效电路

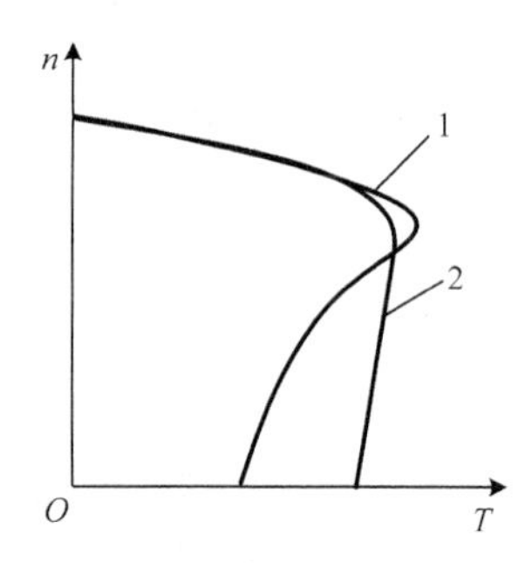

图 5-22　转子串频敏变阻器启动机械特性

5.3　三相异步电动机的调速

和直流电动机相比，交流电动机具有价格低、容量大、运行可靠、维护方便等一系列优点，特别是在宽调速和快速可逆拖动系统中希望尽可能采用交流电动机拖动。近年来，电力电子技术的发展和控制器相关软、硬件的发展，使得交流调速技术日益成熟，交流调速装置的容量不断扩大，性能不断提高，目前交流调速系统已经开始逐步取代直流调速系统。

根据异步电动机的转速公式

$$n = n_1(1-s) = \frac{60 f_1}{p}(1-s) \tag{5-29}$$

可知，异步电动机有下列三种基本调速方法：

(1) 改变定子极对数 p 调速；

(2) 改变电源频率 f_1 调速；

(3) 改变转差率 s 调速。

其中改变转差率 s 调速，包括绕线式电动机的转子串电阻调速、变极调速及定子调压调速。本节介绍上述各种调速方法的基本原理、运行特性、调速性能和基本计算方法，同时要特别注意各种调速方法的使用场合。

5.3.1 变极调速

根据表达式(5-29)可知，在电源频率 f_1 不变的条件下，改变电动机的极对数 p，电动机的同步转速 n_1 就会成倍的变化，电动机的转速也会相应变化。例如，极对数增加一倍，同步转速就降低一半，电动机的转速也几乎下降一半，从而实现转速的调节。

要改变电动机的极数，当然可以在定子铁心槽内嵌放两套不同极数的三相绕组，从制造的角度看，这种方法很不经济。通常是利用改变定子绕组接法来改变极数，这种电机称为多速电机，在第 4 章介绍的 YD 系列就是变极多速三相异步电动机。

由电机学原理可知，只有定子和转子具有相同的极数时，电动机才具有恒定的电磁转矩，才能实现机电能量的转换。因此，在改变定子极数的同时，也必须同时改变转子的极数，而鼠笼式电动机的转子极数能自动地跟随定子极数的变化而变化，所以变极调速只用于鼠笼式电动机，该方法不适用于绕线式电动机。

1. 变极原理

下面以 4 极变 2 极为例说明定子绕组的变极原理。图 5-23 画出了 4 极电机 U 相绕组的两个线圈，每个线圈代表 U 相绕组的一半，称为半相绕组。两个半相绕组顺向串联(头尾相接)时，根据线圈中的电流方向，可以看出定子绕组产生 4 极磁场，即 $2p = 4$。

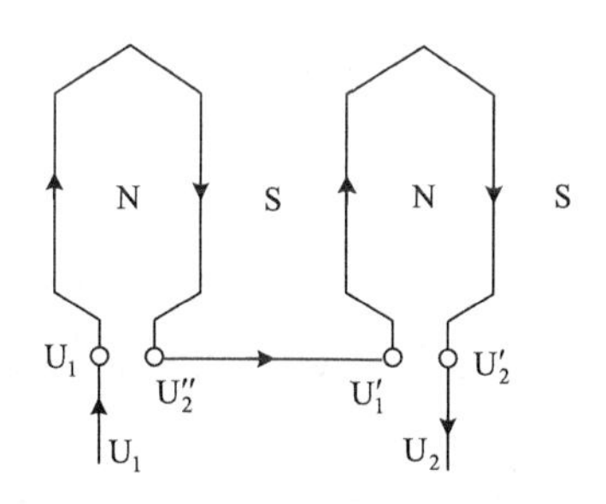

图 5-23 绕组顺向串联变极原理图($2p = 4$)

如果将两个半相绕组的连接方式改为图 5-24 所示，使其中的一个半相绕组 U_2、U_2' 中电流反向，这时定子绕组便产生 2 极磁场，即 $2p = 2$。由此可见，使定子每相的一半绕组中电流改变方向，就可改变磁极对数。

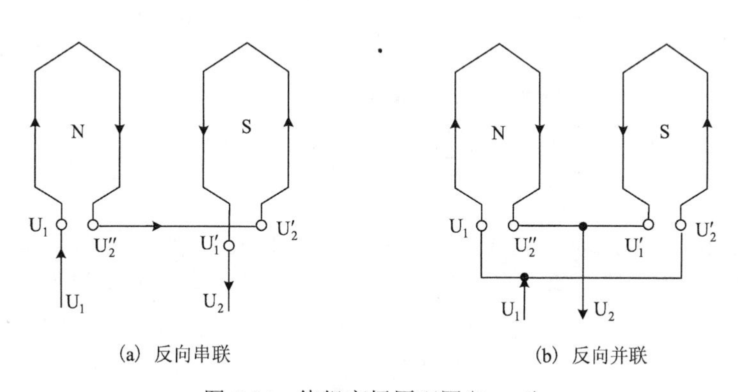

(a) 反向串联 (b) 反向并联

图 5-24 绕组变极原理图($2p = 2$)

2. 三种常用的变极接线方式

三种常用的变极接线方式的原理图如图 5-25 所示，其中图(a)表示由单星形连接改接成并联的双星形连接；图(b)表示由单星形连接改接成反向串联的单星形连接；图(c)表示由三角形连接改接成双星形连接。由图可见，这三种接线方式都是使每相的一半绕组内的电流改变了方向，因而定子磁场的极对数减少一半。

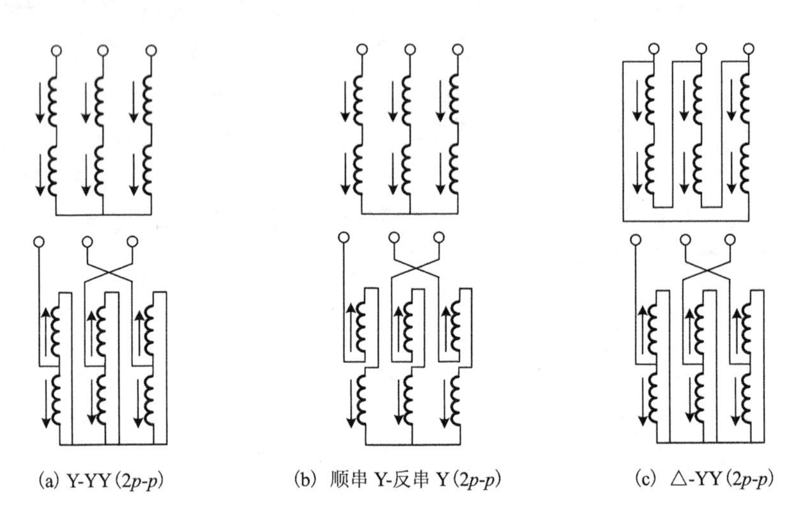

(a) Y-YY(2*p*-*p*)　(b) 顺串 Y-反串 Y(2*p*-*p*)　(c) △-YY(2*p*-*p*)

图 5-25 三种常用的变极接线方式

3. Y-YY 变极调速的特性分析

外施电压为 U_N，绕组每相额定电流为 I_N，当 Y 连接时，线电流等于相电流，转矩、电动机的最大转矩 T_m、临界转差率 s_m、启动转矩 T_{st} 和输出功率的表达式为

$$\begin{cases} T_{mY} = \dfrac{3pU_1^2}{4\pi f_1\left[R_1 + \sqrt{R_1^2 + (X_1 + X_2')^2}\right]} \\ s_{mY} = \dfrac{R_2'}{\sqrt{R_1^2 + (X_1 + X_2')^2}} \\ T_{stY} = \dfrac{3pU_1^2 R_2'}{2\pi f_1[(R_1 + R_2')^2 + (X_1 + X_2')^2]} \\ P_Y = \sqrt{3}U_N I_N \eta_N \cos\varphi_N \\ T_Y = 9550\dfrac{P_Y}{n_N} \end{cases} \tag{5-30}$$

由 Y 连接改成 YY 连接时，两个半相绕组由一路串联改为两路并联，所以 YY 连接时的阻抗参数为 Y 连接时的 1/4，再考虑改接后电压不变，极数减半，转速增大一倍，若保持绕组电流不变，则线电流为 $2I_N$，假定改接前后效率和功率因数近似不变，则输出功率、转矩、电动机的最大转矩 T_m、临界转差率 s_m 和启动转矩 T_{st} 的表达式可以根据式(5-30)得到

$$
\begin{cases}
T_{\mathrm{mYY}} = \dfrac{3\dfrac{p}{2}U_1^2}{4\pi f_1\left[\dfrac{R_1}{4}+\sqrt{\left(\dfrac{R_1}{4}\right)^2+\left(\dfrac{X_1}{4}+\dfrac{X_2'}{4}\right)^2}\right]} = 2T_{\mathrm{mY}} \\
s_{\mathrm{mYY}} = \dfrac{R_2'/4}{\sqrt{\left(\dfrac{R_1}{4}\right)^2+\left(\dfrac{X_1}{4}+\dfrac{X_2'}{4}\right)^2}} = s_{\mathrm{mY}} \\
T_{\mathrm{stYY}} = \dfrac{3\dfrac{p}{2}U_1^2\dfrac{R_2'}{4}}{2\pi f_1\left[\left(\dfrac{R_1}{4}+\dfrac{R_2'}{4}\right)^2+\left(\dfrac{X_1}{4}+\dfrac{X_2'}{4}\right)^2\right]} = 2T_{\mathrm{stY}} \\
P_{\mathrm{YY}} = \sqrt{3}U_{\mathrm{N}}(2I_{\mathrm{N}})\eta_{\mathrm{N}}\cos\varphi_{\mathrm{N}} = 2P_{\mathrm{Y}} \\
T_{\mathrm{YY}} = 9550\dfrac{P_{\mathrm{Y}}}{n_{\mathrm{N}}} = T_{\mathrm{Y}}
\end{cases}
\tag{5-31}
$$

由 Y 连接改成 YY 连接时特点如下：

(1) YY 连接时电动机的最大转矩 T_{m} 和启动转矩均 T_{st} 为 Y 连接时的 2 倍，有利于电机的负载能力和启动能力；

(2) 虽然临界转差率的大小不变，但因为同步转速变为 $2n_1$，故对应最大转矩的转速是不同的，这点要特别注意；

(3) 电动机的转速增大一倍，容许输出功率增大一倍，而容许输出转矩保持不变，所以这种连接方式的变极调速属于恒转矩调速，它适用于恒转矩负载。其机械特性如图 5-26(a) 所示。

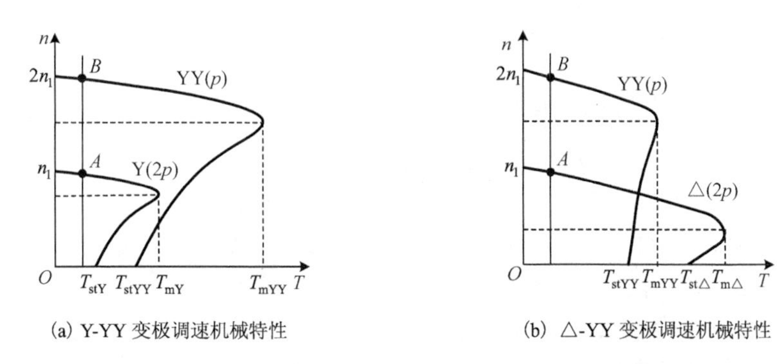

(a) Y-YY 变极调速机械特性　　(b) △-YY 变极调速机械特性

图 5-26　变极调速机械特性

4. △-YY 变极调速的特性分析

由△连接改成 YY 连接时，阻抗参数也是变为原来的 1/4，极数减半，线电流变为 $2/\sqrt{3}$ 倍，根据式(5-30)可以得到

$$
\begin{cases}
T_{\mathrm{mYY}} = \dfrac{2}{3} T_{\mathrm{m}\triangle} \\
s_{\mathrm{mYY}} = s_{\mathrm{m}\triangle} \\
T_{\mathrm{stYY}} = \dfrac{2}{3} T_{\mathrm{st}\triangle} \\
P_{\mathrm{YY}} = 1.15 P_{\triangle} \\
T_{\mathrm{YY}} = 0.58 T_{\triangle}
\end{cases}
\tag{5-32}
$$

从式(5-32)可见，△-YY 连接方式时，YY 连接时的最大转矩和启动转矩均为△连接时的 2/3，电动机的转速提高一倍；容许输出功率近似不变，容许输出转矩近似减小一半；这种连接方式的变极调速可认为是近似恒功率调速，它适用于恒功率负载，如 T68 镗床主轴电机采用的就是△-YY 变极调速。其机械特性如图 5-26(b)所示。

变极调速电动机，有倍极比(如 2/4 极、4/8 极等)双速电动机、非倍极比(如 4/6 极、6/8 极等)双速电动机，还有单绕组三速电动机，这种电动机的绕组结构复杂一些。

变极调速时，转速几乎是成倍变化，所以调速的平滑性差。但它在每个转速等级运转时，机械特性曲线斜率和固有机械特性斜率基本一样，具有较硬的机械特性，稳定性较好。变极调速既可用于恒转矩负载，又可用于恒功率负载，所以对于不需要无级调速的生产机械，如金属切削机床、通风机、升降机等都采用多速电动机拖动。

5.3.2　变频调速

根据转速公式(5-29)可知，当转差率 s、极对数 p 不变时，异步电动机的转速与电源频率 f_1 成正比，若连续平滑的调节电源频率 f_1，就可以平滑地改变电动机的转速。异步电动机的额定频率为基频，即 50Hz。变频调速时可以从基频往上调，也可以从基频往下调，这两种方式是不同的。

1. 基频以下变频调速

三相异步电动机定子每相 U_1 近似等于 E_1，气隙磁通为

$$
\Phi_{\mathrm{m}} = \frac{E_1}{4.44 f_1 N_1 k_{\mathrm{N1}}} \approx \frac{U_1}{4.44 f_1 N_1 k_{\mathrm{N1}}} \tag{5-33}
$$

变频时不能只降低频率 f_1，必须同时降低定子电压 U_1 或定子感应电动势 E_1，保持 E_1/f_1 或 U_1/f_1 为常数。这是因为如果只降低频率 f_1，而保持定子感应电动势 E_1 不变，则主磁通 Φ_{m} 将增大，会引起电动机铁心磁路饱和，从而导致励磁电流急剧增大，铁耗增大，$\cos\varphi$ 下降。严重时会因绕组过热而损坏电机，这是不允许的。因此，在基频以下变频调速时，定子电压必须和频率配合控制，保持 E_1/f_1 或 U_1/f_1 为常数，使主磁通 Φ_{m} 为常数。配合控制的方式主要有两种，分别叙述如下。

1)保持 E_1/f_1 为常数

降低电压频率 f_1 时，保持 E_1/f_1 为常数，则主磁通 Φ_{m} 不变，是恒磁通方式。此时电动机的电磁转矩为

$$
\begin{aligned}
T &= \frac{P_{\mathrm{M}}}{\Omega_1} = \frac{3I_2'^2\dfrac{R_2'}{s}}{\dfrac{2\pi n_1}{60}} = \frac{3p}{2\pi f_1}\left(\frac{E_2'}{\sqrt{\left(\dfrac{R_2'}{s}\right)^2 + X_2'^2}}\right)^2 \frac{R_2'}{s} \\
&= \frac{3pf_1}{2\pi}\left(\frac{E_1}{f_1}\right)^2 \frac{\dfrac{R_2'}{s}}{\left(\dfrac{R_2'}{s}\right)^2 + X_2'^2} = \frac{3pf_1}{2\pi}\left(\frac{E_1}{f_1}\right)^2 \frac{1}{\dfrac{R_2'}{s} + \dfrac{sX_2'^2}{R_2'}}
\end{aligned}
\tag{5-34}
$$

式(5-34)是变频调速时保持磁通为常数的机械特性方程，下面分析该方程的特点。

由于 s 较小，可以近似认为 $\dfrac{R_2'}{s} \gg X_2'$，则有

$$
T \approx \frac{3p}{2\pi}\left(\frac{E_1}{f_1}\right)^2 \frac{f_1 s}{R_2'} = K \cdot f_1 \cdot s \tag{5-35}
$$

$$
\Delta n = n_1 - n = sn_1 = \frac{T}{K \cdot f_1} \cdot \frac{60 f_1}{p} = \frac{60T}{Kp} \tag{5-36}
$$

式中，$K = \dfrac{3p}{2\pi R_2'}\left(\dfrac{E_1}{f_1}\right)^2$。对式(5-34)进行求导，可得到最大转矩 T_{m} 和 s_{m} 为

$$
\begin{cases}
T_{\mathrm{m}} \approx \dfrac{3p}{8\pi^2 (L_1 + L_2')}\left(\dfrac{E_1}{f_1}\right)^2 \\
T_{\mathrm{st}} \approx \dfrac{3pR_2'}{8\pi^3 (L_1 + L_2')^2}\left(\dfrac{E_1}{f_1}\right)^2 \dfrac{1}{f_1} \\
\Delta n_{\mathrm{m}} = s_{\mathrm{m}} n_1 \approx \dfrac{R_2'}{2\pi f_1 (L_1 + L_2')} \dfrac{60 f_1}{p} = \dfrac{60R_2'}{2\pi p (L_1 + L_2')}
\end{cases}
\tag{5-37}
$$

由式(5-35)、式(5-36)、式(5-37)可以得出如下结论：

(1)若转矩 T 不变，即恒转矩负载情况下，转差率 s 反比于频率 f_1；

(2)若转矩 T 不变，即恒转矩负载情况下，频率降低，转速下降，属于降速调速；

(3)若转矩 T 不变，即恒转矩负载情况下，不管 f_1 如何变化，转差率 s 和转速变化，但转速降 $\Delta n = n_1 - n$ 都相等；

(4)机械特性曲线线性段向下平移，如图 5-27(a)所示，机械特性曲线硬度不变，使用该特性可以大大简化基频以下调速的计算问题；

(5)基频以下调速时，最大转矩 T_{m} 不变，启动转矩 T_{st} 变大，有利于启动；

(6)基频以下调速时，调速范围很宽且稳定性好；由于频率可以连续平滑调整，因此为无级调速，平滑性好；转差率 s 较小，效率较高；

(7)电动机的电磁转矩不变，属于恒转矩调速方式，也属于恒磁通调速方式。

2)保持 U_1/f_1 为常数

因为定子感应电动势 E_1 不便于测量和控制，通常是对定子电压 U_1 进行测量和控制，即保持 U_1/f_1 为常数。这种控制方式是常用的一种方式，属于近似恒磁通方式，此时电动机的电磁转矩为

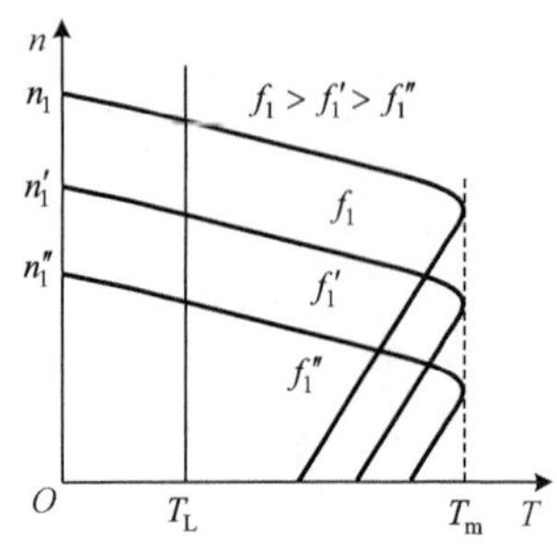

(a) 保持 E_1/f_1 为常数变频调速特性

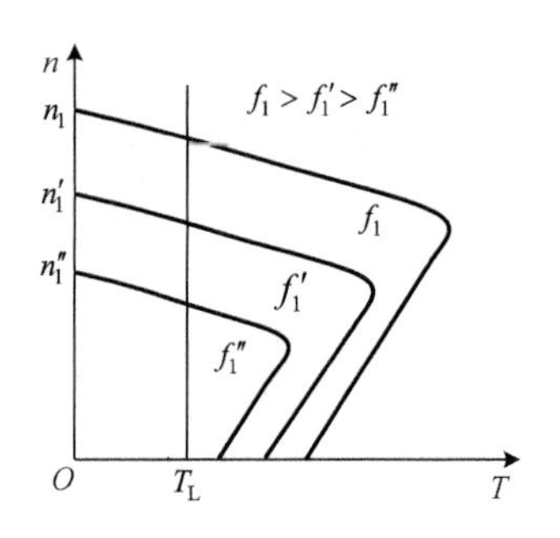

(b) 保持 U_1/f_1 为常数变频调速特性

图 5-27　基频以下变频调速机械特性

$$T = \frac{3p}{2\pi}\left(\frac{U_1}{f_1}\right)^2 \frac{\frac{R_2'}{s}f_1}{\left(R_1 + \frac{R_2'}{s}\right)^2 + (X_1 + X_2')^2} \tag{5-38}$$

式(5-38)是在基频以下保持 U_1/f_1 为常数，不同频率下的机械特性方程。在不同频率下的最大转矩和临界转差率为

$$\begin{cases} T_m = \dfrac{3p}{4\pi}\left(\dfrac{U_1}{f_1}\right)^2 \dfrac{f_1}{R_1 + \sqrt{R_1^2 + (X_1 + X_2')^2}} \\ s_m = \dfrac{R_2'}{\sqrt{R_1^2 + (X_1 + X_2')^2}} \end{cases} \tag{5-39}$$

由式(5-39)可以得出如下结论。

(1)此时 T_m 不再是常数，它随着 f_1 的下降而降低。在 f_1 较高时，即接近额定频率时，因为 $R_1 \ll (X_1 + X_2')$，随着 f_1 的降低，T_m 减少得不多；当在 f_1 较低时，$(X_1 + X_2')$ 较小，R_1 相对变大，随着 f_1 的降低，T_m 明显减少。

(2)保持 U_1/f_1 为常数的变频调速时，过载能力随频率下降而降低，特别是在低频运行时，有可能无法拖动负载。

(3)该方式属于近似恒磁通方式，也是恒转矩调速方式。

(4)为保证电动机在低速时有足够大的 T_m 值，U_1 应比 f_1 降低的比例小一些，使 U_1/f_1 的值随 f_1 的降低而略有增加，这样能获得图 5-27(b)中所示的机械特性，电动机实现降速。

(5)和 E_1/f_1 为常数方式一样，若转矩 T 不变，即恒转矩负载情况下，转差率 s 反比于频率 f_1；转速下降，属于降速调速；转速降 $\Delta n = n_1 - n$ 都相等；机械特性曲线线性段向下平移，机械特性曲线硬度不变。

2. 基频以上变频调速

在基频以上调速时，频率从 f_N 往上增高，但电压 U_1 却不能增加的比额定电压 U_N 还大，最多只能保持 $U_1 = U_N$，这将迫使磁通与频率成反比降低。这是降低磁通升速的调速方式，相当于直流电动机弱磁升速的情况。

当f_1大于50Hz升频时，(X_1+X_2')随之增大，此时$R_1 \ll (X_1+X_2')$可忽略。则最大转矩、临界转差率和转速降为

$$
\begin{cases}
T_{\mathrm{m}} \approx \dfrac{3pU_{\mathrm{N}}^2}{4\pi f_1} \dfrac{1}{2\pi f_1(L_1+L_2')} \propto \dfrac{1}{f_1^2} \\
s_{\mathrm{m}} \approx \dfrac{R_2'}{2\pi f_1(L_1+L_2')} \propto \dfrac{1}{f_1} \\
\Delta n_{\mathrm{m}} = s_{\mathrm{m}} n_1 \approx \dfrac{R_2'}{2\pi f_1(L_1+L_2')} \dfrac{60 f_1}{p} = \dfrac{60R_2'}{2\pi p(L_1+L_2')}
\end{cases}
\tag{5-40}
$$

由式(5-40)可知，当$U_1 = U_{\mathrm{N}}$不变，f_1大于额定频率时，T_{m}将与f_1^2成比例减少；Δn_{m}保持不变，机械特性曲线线性段向下平移，如图5-28所示；该方式属于恒功率调速方式。

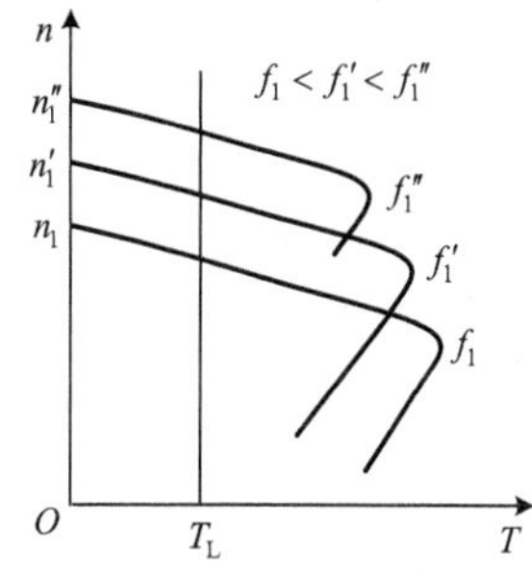

图5-28　基频以上变频调速机械特性

3. 变频调速的特点和性能

(1)实现变频调速的关键是如何获得一个可连续平滑变频且经济可靠电源，目前在变频调速系统中广泛使用的是变频器作为电动机的变频电源。它利用大功率电力电子器件，通过整流环节将50Hz的工频交流电整流成直流，然后再经过逆变环节转换成频率、电压均可调节的交流电输出给异步电动机，这种系统成为交—直—交变频系统。也可以将50Hz的工频交流电直接经变频器转换成变频电源，这种系统成为交—交变频系统。变频器随着电力电子技术的发展向着简单可靠、性能优异、价格便宜、操作方便等趋势发展。

(2)变频调速具有优异的性能：其机械特性硬，调速范围大，f_1可连续调节、平滑性好，可实现无级调速，转速稳定性好，运行时s小、效率高。

(3)可以证明，变频调速时，基频以下调速为恒转矩调速方式，电机降速；基频以上调速为恒功率调速方式，电机升速。

(4)对于鼠笼式异步电动机，都是基频向下调，一般不采用基频以上调速方法。

(5)变频器调速也同时可以应用于电动机的启动、调速和制动的全过程之中。

(6)变频调速时，无论是基频以下，还是基频以上调速，机械特性曲线线性段只是进行了平移，如果只从几何角度观察机械特性曲线，总会出现全等或相似三角形，这个特性对于变频调速的计算是十分有帮助的，具体见例5-4。

例5-4　一台三相鼠笼式异步电动机数据为：$P_{\mathrm{N}} = 11\mathrm{kW}$，$n_{\mathrm{N}} = 1450\mathrm{r/min}$，$U_{\mathrm{N}} = 380\mathrm{V}$，$f_{\mathrm{N}} = 50\mathrm{Hz}$，$\lambda_{\mathrm{m}} = 2$，若采用变频调速，当负载转矩为$T_{\mathrm{L}} = 0.8T_{\mathrm{N}}$时，要使$n' = 1000\mathrm{r/min}$，求$f_1'$、$U_1'$应为多少？

解　方法1：

$$s_{\mathrm{N}} = \frac{n_1 - n_{\mathrm{N}}}{n_1} = \frac{1500-1450}{1500} = 0.033$$

$$s_{\mathrm{m}} = s_{\mathrm{N}}(\lambda_{\mathrm{m}} + \sqrt{\lambda_{\mathrm{m}}^2 - 1}) = 0.027 \times (2 + \sqrt{2^2-1}) = 0.12$$

当$T_{\mathrm{L}} = 0.8T_{\mathrm{N}}$时，在固有特性上运行点的转差率和转速分别为

$$s = s_m\left[\frac{\lambda_m T_N}{0.8T_N} - \sqrt{\left(\frac{\lambda_m T_N}{0.8T_N}\right)^2 - 1}\right] = 0.12\times\left[\frac{2}{0.8} - \sqrt{\left(\frac{2}{0.8}\right)^2 - 1}\right] = 0.025$$

$$n = (1-s)n_1 = (1-0.025)\times 1500 = 1462.2(\text{r/min})$$

转速降落

$$\Delta n = n_1 - n = 1500 - 1462.2 = 37.8(\text{r/min})$$

降频后的人为机械特性曲线对应的同步转速为

$$n_1' = n' + \Delta n = 1000 + 37.8 = 1037.8(\text{r/min})$$

根据频率与同步转速正比关系有

$$f' = f_N\frac{n_1'}{n_1} = 50\times\frac{1037.8}{1500} = 34.6(\text{Hz})$$

恒转矩负载变频调速时，保持电压与频率同比下降，即

$$U_1' = U_N\frac{f'}{f_N} = 380\times\frac{34.6}{50} = 262.9(\text{V})$$

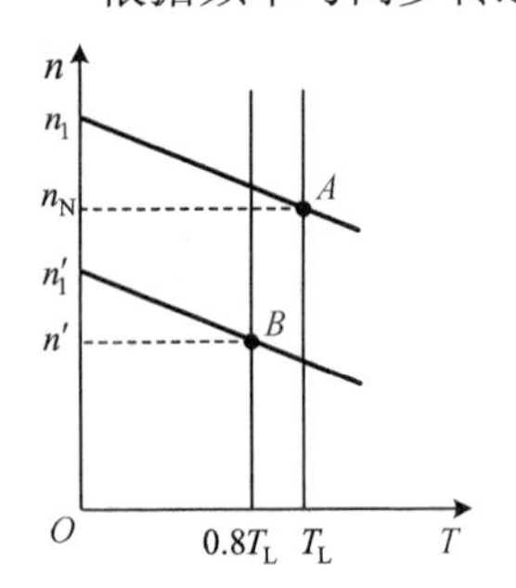

图 5-29　变频调速机械特性

方法 2：

变频调速机械特性如图 5-29 所示，抛开物理特性，只从几何角度观察机械特性曲线，发现 $\Delta n_1 A n_N$ 与 $\Delta n_1' B n'$ 为相似三角形，利用相似三角形有关定理有

$$\frac{n_1 - n_N}{n_1' - n'} = \frac{T_N}{0.8T_N} \Rightarrow n_1' = (n_1 - n_N)\frac{0.8T_N}{T_N} + n' = (1500 - 1450)\times 0.8 + 1000 = 1040(\text{r/min})$$

根据频率与同步转速正比关系，以及电压与频率同比下降性质有

$$f' = f_N\frac{n_1'}{n_1} = 50\times\frac{1040}{1500} = 34.7(\text{Hz})$$

$$U_1' = U_N\frac{f'}{f_N} = 380\times\frac{34.7}{50} = 263.7(\text{V})$$

对比方法 1 和方法 2，可以看出利用几何特性计算此类问题是十分方便的。

5.3.3　变转差率调速

异步电动机变转差率调速包括绕线式异步电动机转子串接电阻调速、绕线式异步电动机转子串级调速及异步电动机定子调压调速等。

1. 绕线式电动机转子串电阻调速

绕线式电动机的转子回路串接对称电阻时的机械特性曲线如图 5-30 所示。从机械特性曲线上看，转子串入附加电阻时，n_1、T_m 不变，但 s_m 增大，特性曲线斜率增大，机械特性变软。当负载转矩一定时，工作点的转差率随转子串接电阻的增大而增大，电动机的转速随转子串接电阻 R 的增大而减小。

若T'_{m}、s'_{m}、s'、T'分别表示串入电阻后的机械特性对应值，根据实用表达式，串电阻前后有

$$\begin{cases} T=\dfrac{2T_{\mathrm{m}}}{s_{\mathrm{m}}}s=\dfrac{2T_{\mathrm{m}}}{s_{\mathrm{m}}}\dfrac{n_1-n}{n_1}=\dfrac{2T_{\mathrm{m}}}{s_{\mathrm{m}}}\dfrac{\Delta n}{n_1} \\ T'=\dfrac{2T'_{\mathrm{m}}}{s'_{\mathrm{m}}}s'=\dfrac{2T'_{\mathrm{m}}}{s'_{\mathrm{m}}}\dfrac{n_1-n'}{n_1}=\dfrac{2T'_{\mathrm{m}}}{s'_{\mathrm{m}}}\dfrac{\Delta n'}{n_1} \end{cases} \tag{5-41}$$

因为n_1、T_{m}不变，又由于s_{m}正比于转子电阻，则由式(5-41)可以得到

$$\frac{(n_1-n')/T'}{(n_1-n)/T}=\frac{s'_{\mathrm{m}}}{s_{\mathrm{m}}}=\frac{R'_2+R}{R'_2} \tag{5-42}$$

抛开物理特性，该表达式表示图 5-30 中$\Delta n_1 \mathrm{A} n_{\mathrm{N}}$与$\Delta n_1 \mathrm{B} n'$的斜率之比等于电阻之比，对于转子串电阻调速计算是很实用的。假如拖动恒转矩负载$T=T'$，则式(5-42)可写成$\dfrac{n_1-n'}{n_1-n}=\dfrac{R'_2+R}{R'_2}$，使用更加方便，详见例 5-5。

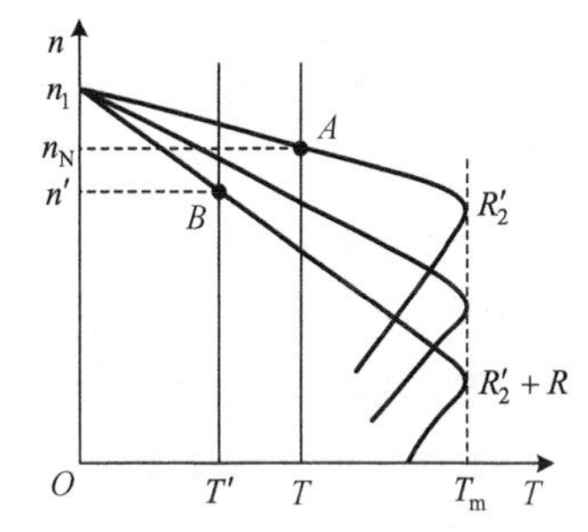

图 5-30　转子串电阻调速机械特性

转子串电阻调速方法的优点是：设备简单、易于实现。缺点是：调速是有级的，不平滑；低速时转差率较大，造成转子铜损耗增大，运行效率降低，机械特性变软，低速时静差率较大，所以当负载转矩波动时将引起较大的转速变化。

这种调速方法多应用在如 20/5T 行车等起重机一类对调速性能要求不高的恒转矩负载上。

例 5-5　一台三相绕线式异步电动机数据为：$P_{\mathrm{N}}=22\mathrm{kW}$，$n_{\mathrm{N}}=1450\mathrm{r/min}$，$I_{\mathrm{N}}=40\mathrm{A}$，$E_{2\mathrm{N}}=355\mathrm{V}$，$I_{2\mathrm{N}}=40\mathrm{A}$，$\lambda_{\mathrm{m}}=2$，如果采用转子串电阻调速，要使$n'=1000\mathrm{r/min}$，求每相应串入电阻$R$为多少？

解　方法 1：

$$s_{\mathrm{N}}=\frac{n_1-n_{\mathrm{N}}}{n_1}=\frac{1500-1450}{1500}=0.033$$

$$R'_2=\frac{s_{\mathrm{N}}E_{2\mathrm{N}}}{\sqrt{3}I_{2\mathrm{N}}}=\frac{0.033\times 355}{\sqrt{3}\times 40}=0.169(\Omega)$$

$n'=1000\mathrm{r/min}$时转差率为

$$s=\frac{n_1-n'}{n_1}=\frac{1500-1000}{1500}=0.33$$

因为负载转矩不变，电磁转矩不变，即$\dfrac{R'_2}{s}=$常数，所以

$$\frac{R'_2}{s_{\mathrm{N}}}=\frac{R'_2+R}{s}$$

转子回路应串电阻为

$$R=\left(\frac{s}{s_{\mathrm{N}}}-1\right)R'_2=\left(\frac{0.33}{0.033}-1\right)\times 0.169=1.52(\Omega)$$

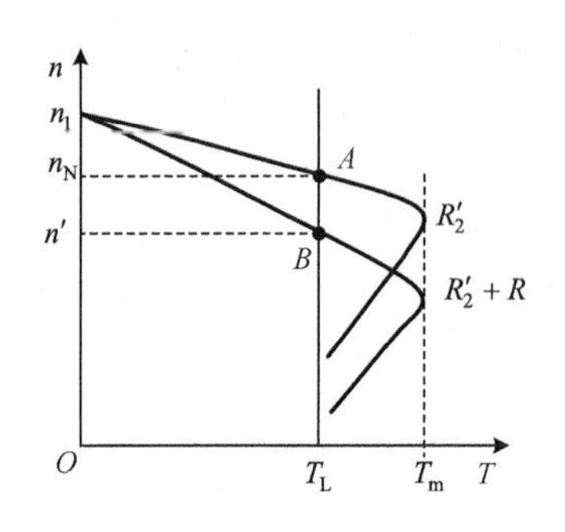

图 5-31 转子串电阻调速的机械特性

方法 2：

转子串电阻调速机械特性曲线如图 5-31 所示，直接代入公式(5-42)有

$$\frac{n_1 - n'}{n_1 - n_N} = \frac{R_2' + R}{R_2'}$$

$$R = \left(\frac{n_1 - n'}{n_1 - n_N}\right) R_2' - R_2' = \left(\frac{1500 - 1000}{1500 - 1450}\right) \times 0.169 - 0.169 = 1.52(\Omega)$$

对比方法 1 和方法 2 可知，在机械特性曲线线性段使用推论公式(5-42)计算此类问题是十分方便的。

2. 绕线式电动机的串级调速

在负载转矩 T_L 不变的条件下，异步电动机的电磁功率 $P_M = T_L\Omega_1$ 是不变的，而转子铜损耗 $P_{Cu2} = sP_M$ 与 s 成正比，所以转子串接电阻调速时，转速调得越低，s 越大，转差功率(即转子铜损耗 P_{Cu2})越大，并且这部分转差功率全部消耗到转子电阻上，变为热能耗散，输出功率越小、效率就越低，故绕线式异步电动机转子串接电阻调速很不经济。

绕线式异步电动机转子回路串级调速可以提高电机的效率，大致思路是：如果在转子回路中不串接电阻，而是串接一个与转子电动势 $\dot{E}_{2s}$ 同频率的附加电动势 $\dot{E}_{add}$，通过改变 $\dot{E}_{add}$ 幅值大小和相位，同样也可实现调速，如图 5-32(a)、(b)所示。这样，电动机在低速运行时，转子中的转差功率 $P_{Cu2} = sP_M$ 只有小部分被转子绕组本身电阻所消耗，而其余大部分被附加电动势 $\dot{E}_{add}$ 所吸收，如果产生 $\dot{E}_{add}$ 的装置可以把这部分转差功率回馈到电网，这样电动机在低速运行时仍具有较高的效率。这种在绕线式异步电动机转子回路串接附加电动势的调速方法称为串级调速。

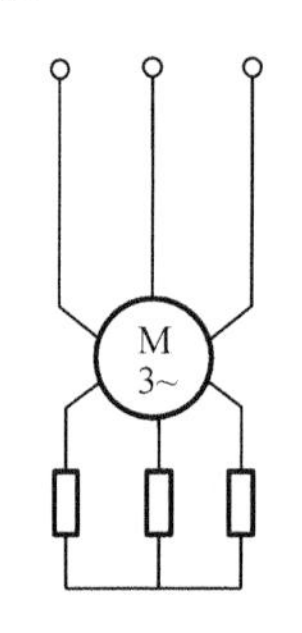

(a) 转子回路串接电阻

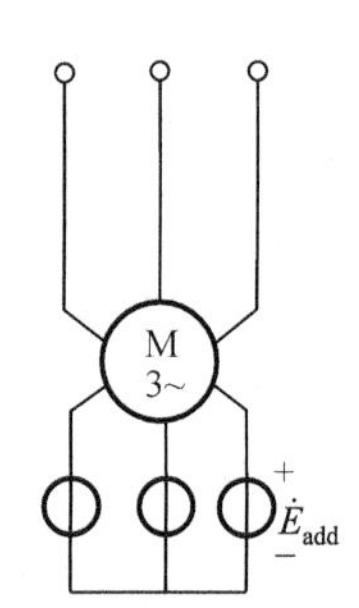

(b) 转子回路串附加电动势

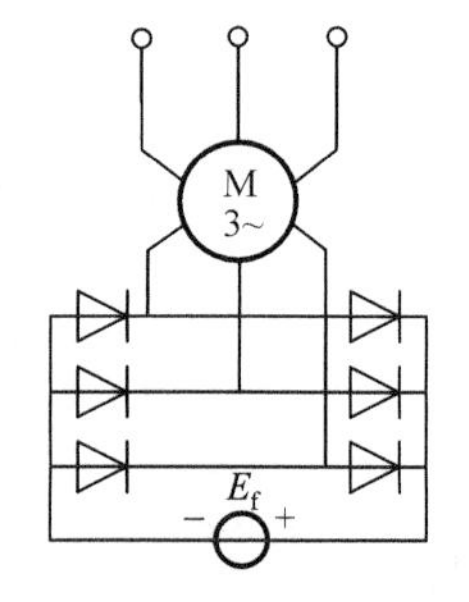

(c) 转子回路串直流电动势

图 5-32 电动机的串级调速原理图

串级调速的基本原理可分析如下：

已知

$$I_2' = \frac{sE_2}{\sqrt{R_2'^2 + (sX_2')^2}} \tag{5-43}$$

当转子串入的 $\dot{E}_{add}$ 与 $\dot{E}_{2s} = s\dot{E}_2$ 反相位时，电动机的转速将下降。因为反向的 $\dot{E}_{add}$ 串入后，立即引起转子电流 I_2' 的减少，即

$$I_2' = \frac{sE_2 - E_{add}}{\sqrt{R_2'^2 + (sX_2')^2}} = \frac{E_2 - \dfrac{E_{add}}{s}}{\sqrt{\left(\dfrac{R_2'}{s}\right)^2 + X_2'^2}} \tag{5-44}$$

而电动机产生的电磁转矩$T = C_m' \Phi_m I_2' \cos\varphi_2'$也随$I_2'$而减小，于是电动机开始减速，转差率$s$增大，由式(5-44)可知，随着$s$增大，转子电流$I_2'$开始回升，$T$也相应回升，直到转速降至某个值，$I_2'$回升到使得$T$复原到与负载转矩平衡时，减速过程结束，电动机便在此低速下稳定运行，这就是向低于同步转速方向调速的原理。串入反相位$\dot{E}_{add}$的幅值越大，电动机的稳定转速就越低。

由上面分析可知，当$\dot{E}_{add}$与$\dot{E}_{2s}$反相位时，可使电动机在同步转速n_1以下调速，称为低同步串级调速。定子传递到转子的电磁功率P_M，一部分变成机械功率$P_m=(1-s)P_M$，另一部分变成转差功率sP_M。和转子串电阻调速不同，转子串级调速时转差功率一部分消耗到转子电阻上，另一部分由提供$\dot{E}_{add}$的装置通过整流器等能重新将电能回馈到电网，提高了调速系统的效率。提供$\dot{E}_{add}$的装置一般为有源逆变器，具体实现方法可参考电力电子技术等相关资料。

同样，当$\dot{E}_{add}$与$\dot{E}_{2s}$同相位时，可使电动机朝着同步转速n_1方向加速，$\dot{E}_{add}$幅值越大，电动机的稳定转速越高，当$\dot{E}_{add}$幅值足够大时，电动机的转速将达到甚至超过同步转速n_1，这称为超同步串级调速，这时不仅电源要向定子电路输入电能，提供$\dot{E}_{add}$的装置也同时向转子电路输入电能，因此超同步串级调速又称为电动机的双馈运行。若要求系统能实现双馈运行方式，提供$\dot{E}_{add}$的装置不再是有源逆变器，而要采用变频调速系统那样的交—直—交变频器或交—交变频器。

串级调速时的机械特性(推导略)如图 5-33 所示。由图可见，当$\dot{E}_{add}$与$\dot{E}_{2s}$同相位时，机械特性基本上是向右上方移动；当$\dot{E}_{add}$与$\dot{E}_{2s}$反相位时，机械特性基本上是向左下方移动。因此机械特性的硬度基本不变，但低速时的最大转矩和过载能力降低，启动转矩也减小。

在实际生产中因为要求串入的附加电动势$\dot{E}_{add}$频率与转子频率电流f_2相同，而f_2是随转速变化的，故$\dot{E}_{add}$的频率跟随转子频率电流f_2变化是比较困难的。为了避免这样的麻烦，通常采用晶闸管串极调速系统，即先用逆变器将$\dot{E}_{2s}$整流成直流，再串入直流电动势E_f，如图 5-32(c)所示，这样就解决了频率问题。同时，逆变器的交流侧通过变压器 TP 接入电网，直流侧接入转子整流回路，只要平滑地改变逆变器的逆变角β，就可以连续改变逆变器电压U_β，也就是改变了E_f的大小，从而实现连续平滑调速，同时逆变器将直流电能逆变为交流电能回馈电网，有效地提高了系统效率，如图 5-34 所示。

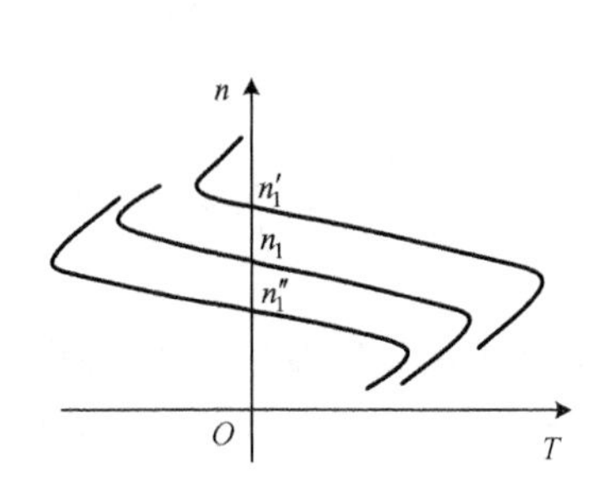

图 5-33　电动机的串级调速机械特性

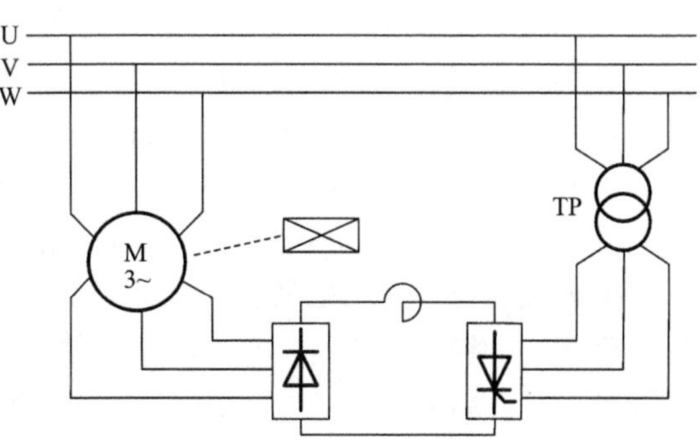

图 5-34　晶闸管串极调速系统

串级调速和转子串电阻调速相比效率高、无级调速平滑、低速机械特性较硬，但串级调速，获得附加电动势$\dot{E}_{add}$的装置比较复杂，成本较高，且在低速时电动机的过载能力较低，因此串级调速最适用于调速范围不太大(一般为2～4)的场合，如通风机和提升机等。

3. 调压调速

改变异步电动机定子电压时的机械特性如图5-35所示，其重要特点如下：

(1)当定子电压U_1降低时，电动机的同步转速n_1和临界转差率s_m均不变，但电动机的最大电磁转矩T_m和启动转矩T_{st}均与定子电压的平方成正比，故会有较大幅度的下降，对于起重设备采用该调速方式时，要特别注意，防止意外发生。

(2)对于通风机负载，电动机在全段机械特性上都能稳定运行，在不同电压下的稳定工作点分别为A_1、B_1、C_1，所以改变定子电压可以获得较低的稳定运行速度。

(3)对于恒转矩负载，电动机只能在机械特性的线性段($0 < s < s_m$)稳定运行，在不同电压时的稳定工作点分别为A、B、C，显然电动机的调速范围很窄。

异步电动机的调压调速通常应用在专门设计的具有较大转子电阻的高转差率异步电动机上，这种电动机的机械特性如图5-36所示。由图可见，即使恒转矩负载，改变电压也能获得较宽的调速范围。但是，这种电动机在低速时的机械特性太软，其静差率和运行稳定性往往不能满足生产工艺的要求。

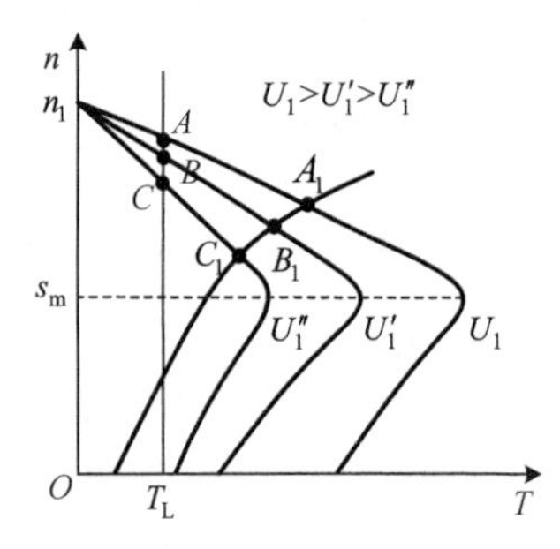

图5-35　改变定子电压时的机械特性

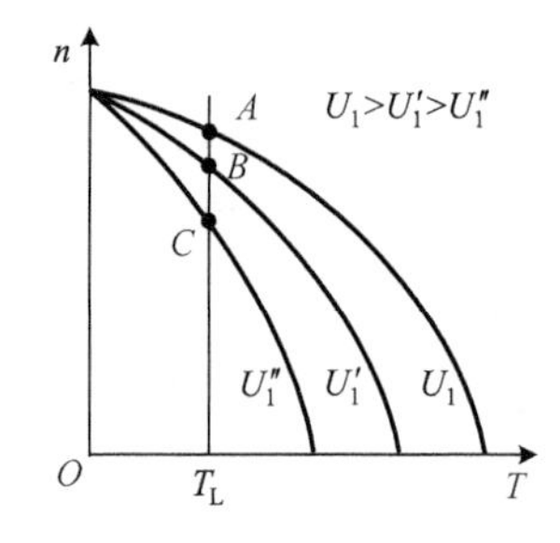

图5-36　高转差率电动机改变定子电压时的机械特性

因此，现代的调压调速系统通常采用速度反馈的闭环控制。如图5-37所示，主电路有六只晶闸管，每两只反并联，组成三相移相调压器。控制方式为：直流测速发电机TG发出与电动机转速成正比的电压信号，经速度反馈装置SF转换为反馈信号U_{fn}，与给定电压U_{gn}相比较(即负反馈)，得到转速差信号ΔU_n，该信号通过转速调节器ASR去控制触发装置CF，来调节晶闸管的控制角α，改变电动机定子电压，从而控制转速。若要升速，只要增大给定电压U_{gn}，ΔU_n就会增大，使得晶闸管的控制角α前移，调节器输出电压升高，电动机转速上升；反之，若要降速，只要减少给定电压U_{gn}即可。采用转速反馈的闭环控制系统，调压调速过程简便灵活，提高低速时机械特性的硬度，在满足一定的静差率条件下，既能获得较宽的调速范围，又能同时保证电动机具有一定的过载能力。

对应于不同的转速给定值，机械特性曲线如图5-38所示，当电网电压或负载转矩出现波动时，转速不会因扰动而出现大的波动。例如，电动机外接电源电压U_1、带负载T_{L1}时稳定运行于图中的A点，当负载转矩由T_{L1}变为T_{L2}时，若系统为开环控制系统，电动机的转速n必然会沿与U_1对应的机械特性曲线下降到图中的B点，转速下降过大，系统稳定性差；若系统为闭环控制，只要转速 n 下降，转速负反馈信号电压 U_{fn} 也下降，而 U_{gn} 不变，转速差信号 ΔU_n 变大，调压器的控制角前移，输出电压从 U_1 上升到 U_2，电动机的转速沿闭环机械特性曲线右移至 C 点，转速下降较小，系统稳定性好。

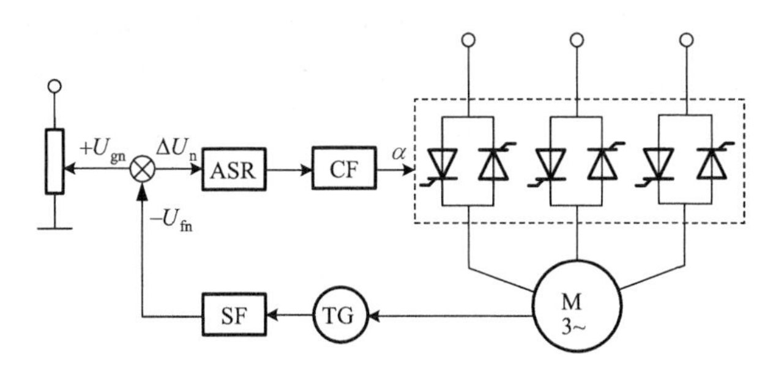

图 5-37 具有速度负反馈的调压调速系统

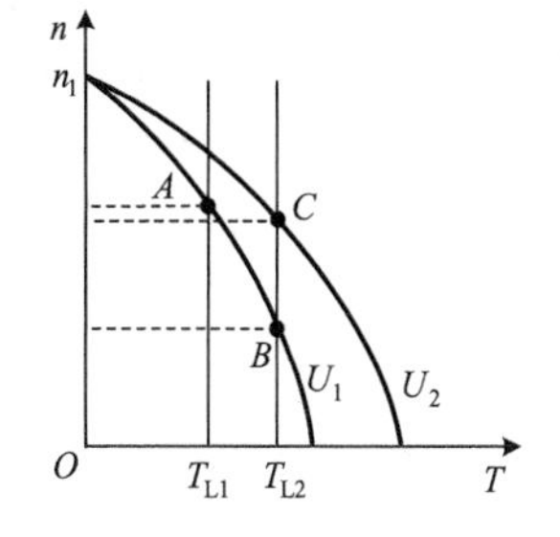

图 5-38 闭环系统的机械特性

可以证明，调压调速既非恒转矩调速，也非恒功率调速，它最适用于转矩随转速降低而减小的负载(如通风机负载)，也可用于恒转矩负载，最不适用于恒功率负载。

本章介绍了各种调速方法，其特点汇总于表 5-2 中。

表 5-2 调速方法及特点汇总表

调速方法	调速特点
Y-YY 变极调速	恒转矩调速方式
△-YY 变极调速	恒功率调速方式
保持 E_1/f_1 为常数的基频以下变频调速	恒转矩调速方式
保持 U_1/f_1 为常数的基频以下变频调速	近似恒磁通方式，恒转矩调速方式
基频以上变频调速	恒功率调速方式
绕线式电动机的转子串接电阻调速	恒转矩调速方式
调压调速	既非恒转矩调速，也非恒功率调速，可用于恒转矩负载

5.4 三相异步电动机的制动

三相异步电动机除了运行于电动状态外，还时常运行于制动状态。运行于电动状态时，电动机从电网吸收电能并转换成机械能从轴上输出，其机械特性位于第一象限($T > 0, n > 0$)，或机械特性位于第三象限($T < 0, n < 0$)，总之 T 与 n 同号同方向，T 是驱动转矩；运行于制动状态时，电动机从轴上吸收机械能并转换成电能，该电能或消耗在电机内部，或反馈回电网，其机械特性位于第二象限($T < 0, n > 0$)，或机械特性位于第四象限($T > 0, n < 0$)，总之 T 与 n 反号反方向，T 是制动转矩。

异步电动机制动的目的是使电力拖动系统快速停车或者使拖动系统尽快减速，对于位能性负载，制动运行还可获得稳定的下放速度。

异步电动机制动的方法有能耗制动、反接制动和回馈制动三种。

5.4.1 能耗制动

异步电动机的能耗制动接线图如图 5-39(a)所示。制动时，接触器 KM_1 断开，电动机脱离电网，同时接触器 KM_2 闭合，在定子绕组中通入直流电流(称为直流励磁电流)，于是定子绕组便产生一个恒定的磁场，电动机转子因惯性继续旋转并切割该恒定磁场，转子导体中便产生感应电动势及感应电流。由 5-39(b) 可以判定，转子感应电流与恒定磁场作用产生的电磁转矩 T 与 n 反号反方向，为制动转矩，因此转速迅速下降，当转速下降至零时，转子感应电动势和感应电流均为零，电磁转矩 T 与 n 也均为零，电机自然停车，制动过程结束。制动期间转子的动能由焦耳定律转变为热能，耗散在转子回路的电阻上，故称为能耗制动，图中 R 用于调节直流励磁电流。

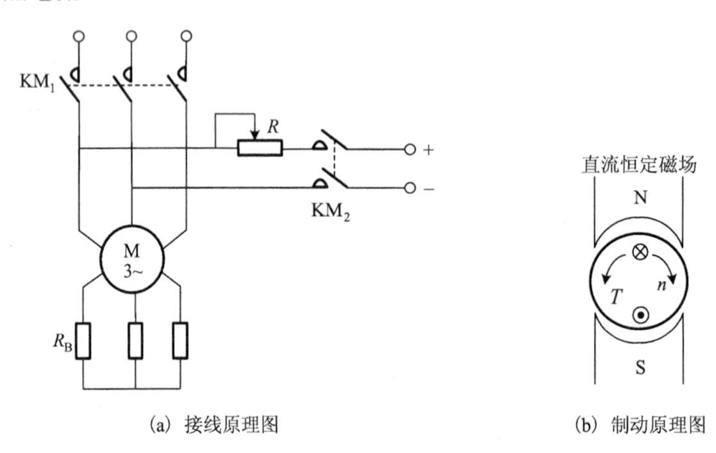

(a) 接线原理图　　(b) 制动原理图

图 5-39　异步电动机的能耗制动

异步电动机能耗制动机械特性表达式的推导比较复杂，其曲线形状与接到交流电网上正常运行时的机械特性曲线是大致相似的，只是它要通过坐标原点，如图 5-40 所示(本章不加证明的给出，推导分析过程可参考相关资料)。

曲线 1、2、3 的定性分析如下：

(1) 图中曲线 1 和曲线 2 具有相同的直流励磁电流，但曲线 2 比曲线 1 具有较大的转子电阻，曲线斜率更陡，而最大转矩不变，但出现最大转矩的转速升高，制动初期制动转矩更大，制动效果更好。

(2) 曲线 1 和曲线 3 具有相同的转子电阻，但曲线 3 比曲线 1 具有较大的直流励磁电流，即最大转矩增加，但出现最大转矩的转速不变。同样，制动初期制动转矩更大，制动效果更好。

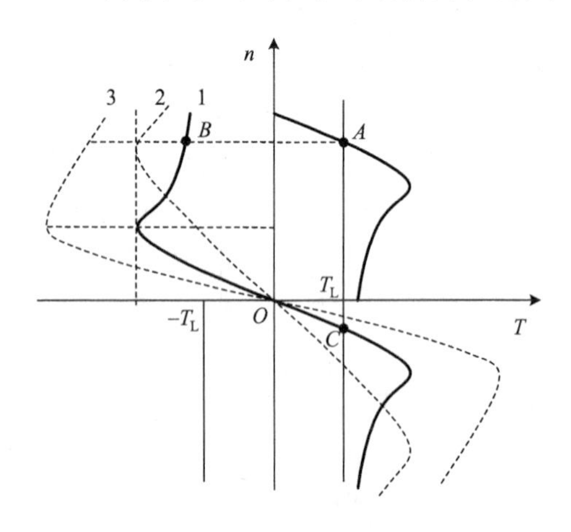

图 5-40　异步电动机能耗制动机械特性

(3) 由图 5-40 可见，转子电阻较小时(曲线 1)，初始制动转矩比较小。对绕线式异步电动机，可以采用转子串电阻的方法来增大初始制动转矩(曲线 2)。对于鼠笼式异步电动机，为了增大初始制动转矩，就必须增大直流励磁电流(曲线 3)。

1) 制动过程分析

首先以反抗性负载为例分析能耗制动动态过程。

设电动机原来工作在固有特性曲线上的 A 点(图 5-40)，$T = T_L > 0$，$n > 0$，电动机处在正向稳定状态。制动瞬间，接触器瞬间动作，电机的机械特性曲线也是瞬间发生了变化，但是电机的转速不能发生突变，故运行点由 A 点跃变到 B 点，由固有机械特性曲线转跃变到机械特性曲线 1 上。

在 B 点，$n > 0$、电磁转矩 $T < 0$ 为制动力，负载转矩 $T_L > 0$ 也为制动力，故电机在总制动力 $T = |T| + |T_L|$ 的作用下开始减速，工作点沿曲线 1 下降。故整个过程电机处在正向减速过程，直到原点。

到达原点后，$n = 0$，电磁转矩 $T = 0$，由反抗性负载特性可知负载转矩 $T_L = 0$，故实现了快速制动，电机也可以自然停车。

如果拖动的是位能性负载，电动机运行状态由 A 点跃变到 B 点，再由 B 点沿机械特性曲线 1 滑到原点的过程和上述反抗性负载没有区别，但却不能自然停车于原点，具体分析如下。

电机带位能性负载到达原点后，$n = 0$，电磁转矩 $T = 0$，由负载特性可知负载转矩 $T_L > 0$，现实情况是电机被反向拉动，即重物拖动电机反转，开始下放重物。在机械特性曲线上的表现是电机沿曲线 1 继续下滑，进入第四象限。

在第四象限 $n < 0$、电磁转矩 $T > 0$ 为制动力，负载转矩 $T_L > 0$ 为下放动力，且 $|T| < |T_L|$，故电机在总下放动力 $T = |T_L| - |T|$ 的作用下开始反向加速，工作点沿曲线 1 继续下降。同时，在下降的过程中电磁转矩的绝对值 $|T|$ 是不断增大的，总下放动力 $T = |T_L| - |T|$ 也不断减少，故整个过程电机处在增幅变缓的反向加速下放过程，直到 C 点。

到达 C 后，$n < 0$，电磁转矩制动力与负载转矩下放动力大小相等，即 $|T| = |T_L|$，达到平衡条件，电机处在匀速下放状态。

故如果是反抗性负载电机可以自然停车；如果是位能性负载，当转速过零时，若要停车必须立即用机械抱闸将电动机轴刹住，并切断电源，否则电动机将在位能性负载转矩的倒拉下反转，直到进入第四象限中的 C 点。

2) 制动电阻计算

对于绕线式异步电动机采用能耗制动时，按照最大制动转矩为 $(1.25 \sim 2.2)\,T_N$ 的要求，可用下列两式计算直流励磁电流和转子应串接电阻的大小为

$$I = (2 \sim 3)I_0 \tag{5-45}$$

$$R_B = (0.2 \sim 0.4)\frac{E_{2N}}{\sqrt{3}I_{2N}} - R_2' \tag{5-46}$$

式中，I_0 为异步电动机的空载电流。

能耗制动广泛应用于要求平稳准确停车的场合，也可应用于起重机一类带位能性负载的机械上，用来限制重物下降的速度，使重物保持匀速下降。

5.4.2 反接制动

当异步电动机转子的旋转方向与定子磁场的旋转方向相反时，电动机便处于反接制动状态。它有两种情况：一是在电动状态下突然将电源两相反接，使定子旋转磁场的方向由原来的顺转子转速方向改为逆转子转速方向，这种情况下的制动称为定子两相反接的反接制动；二是保持定子磁场的转向不变，转子回路串入较大的电阻，使得转子在位能负载作用下进入倒拉反转，这种情况下称为倒拉反转的反接制动。

1. 电源两相反接的反接制动

设电动机处于电动状态运行，其工作点为固有特性曲线上的 A 点，如图 5-41(b)所示。当把电源任意两相对调时(即接触器 KM_1 断开，接触器 KM_2 闭合，如图 5-41(a)所示)，由于改变了定子电压的相序，所以定子旋转磁场方向改变了，由原来的顺转子转速方向改为逆转子转速方向，电磁转矩 T 方向也随之改变，而电机转速 n 由于惯性仍保持原方向，这样电磁转矩 T 与电机转速 n 方向相反，由原来的动力变为制动力性质，其机械特性曲线变为图 5-41(b)中曲线 2，电动机会实现减速制动。

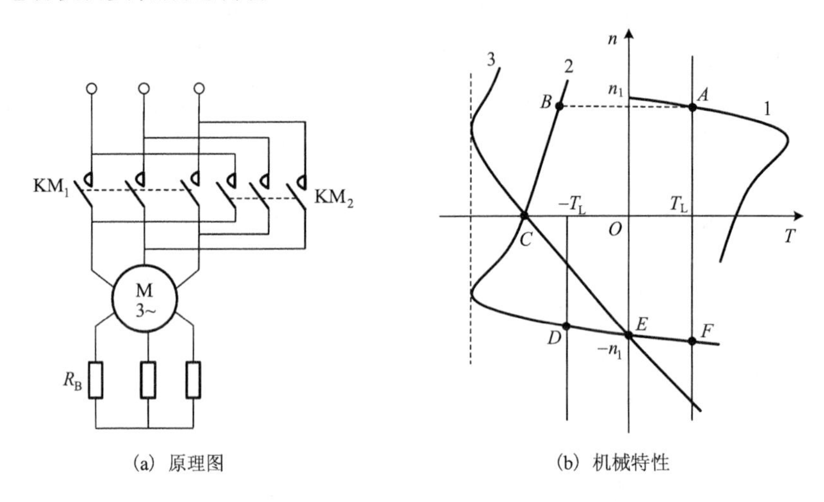

(a) 原理图　　(b) 机械特性

图 5-41　异步电动机电源两相反接制动

以反抗性负载为例分析反接制动动态过程。

电动机带反抗性负载处在固有特性曲线上的 A 点，$T=T_L>0$，$n>0$，电动机处在正向稳定状态。制动瞬间，由于定子电压的相序改变，电机的机械特性曲线变成了曲线 2，电机保持转速不变由 A 点跃变到 B 点。

在 B 点，$n>0$、电磁转矩 $T<0$ 为制动力，负载转矩 $T_L>0$ 也为制动力，故电机在总制动力 $T=|T|+|T_L|$ 的作用下开始减速，工作点沿曲线 2 下降。故整个过程电机处在正向减速过程，直到 C 点。

到达 C 点后，$n=0$，电磁转矩 $T<0$，由反抗性负载特性可知负载转矩 $T_L=0$，现实情况是电机开始反转，在机械特性曲线上的表现是电机沿曲线 2 继续下滑，进入第Ⅲ象限。

在第Ⅲ象限 $n<0$、电磁转矩 $T<0$ 为反向动力，负载转矩 $T_L<0$ 为阻碍电机反转的制动力，且 $|T|>|T_L|$，故电机在总反向动力 $T=|T|-|T_L|$ 的作用下开始反向加速，工作点沿曲线 2 继续下降，直到 D 点。

在 D 点 $n<0$，电磁转矩动力与负载转矩制动力相等，即 $|T|=|T_L|$，达到平衡条件，电机处在匀速下放状态。故带反抗性负载电机不能自然停车，需在 C 点立即切断电源，并使用机械抱闸制动。

如果拖动的是位能性负载，电动机运行状态由 A 点跃变到 B 点，再由 B 点沿机械特性曲线 2 滑到 C 点的过程和反抗性负载没有区别，但进入第Ⅲ象限后略有不同，具体分析如下：

进入第Ⅲ象限后，$n<0$、电磁转矩 $T<0$ 为反转动力，负载转矩 $T_L>0$ 也为反转动力，故

电机在总反向动力 $T=|T|+|T_L|$ 的作用下开始反向加速下放重物，工作点沿曲线 2 继续下降，直到 E 点。

到达 E 点后，$n<0$、电磁转矩 $T=0$，负载转矩 $T_L>0$ 仍为反转动力，故电机仍会继续反向加速下放重物，工作点沿曲线 2 继续下降进入第Ⅳ象限。

进入第Ⅳ象限后，$n<0$、电磁转矩 $T>0$ 为制动力，负载转矩 $T_L>0$ 为反转动力，$|T_L|>|T|$，故电机在总反向动力 $T=|T_L|-|T|$ 的作用下仍然继续反向加速下放重物，工作点沿曲线 2 下降，直到 F 平衡点。此时电动机的转速高于同步转速，电磁转矩与转向相反，这是后面要介绍的回馈制动状态。故带位能性负载电机也不能自然停车，同样需要在 C 点切断电源并使用机械抱闸制动。

从以上分析可知，定子两相反接的反接制动是指从反接开始至转速为零这一段制动过程，即图 5-41(b)中曲线 2 的 BC 段。定子两相反接的反接制动有以下特点：

(1)电源反接制动的优点是制动速度快，缺点是能量损耗大。因为电源反接制动时，电源依然是输出功率的，则全部转差功率和电源输出功率以热能形式消耗在转子电阻上，电机发热较大，需要在使用时注意。

(2)无论位能性负载还是反抗性负载，都不能自然停车。如果只是为了快速制动，则在转速接近零时，应立即切断电源。

(3)对于绕线式电动机，为了限制制动瞬间电流以及增大电磁制动转矩，通常在定子两相反接的同时，在转子回路中串接制动电阻 R_B，减轻电动机的发热，这时对应的机械特性如图 5-41(b)中的曲线 3 所示。

(4)对于鼠笼式电动机因转子无法串电阻，故电源反接制动不能过于频繁，否则电动机发热严重。

(5)观察电源反接制动和电动机正常运行时机械特性曲线会发现两曲线是关于原点对称的，故在机械特性曲线的线性段上会出现全等或相似三角形，利用几何特性计算是十分方便快捷的。

2. 倒拉反转的反接制动

这种反接制动适用于绕线式异步电动机拖动位能性负载的情况，它能够使重物获得稳定的下放速度，现以起重机为例来说明。

图 5-42 是绕线式电动机倒拉反转反接制动时的机械特性。设电动机原来工作在固有特性曲线上的 A 点提升重物，当在转子回路串入电阻 R_B 时，其机械特性变为曲线 2。

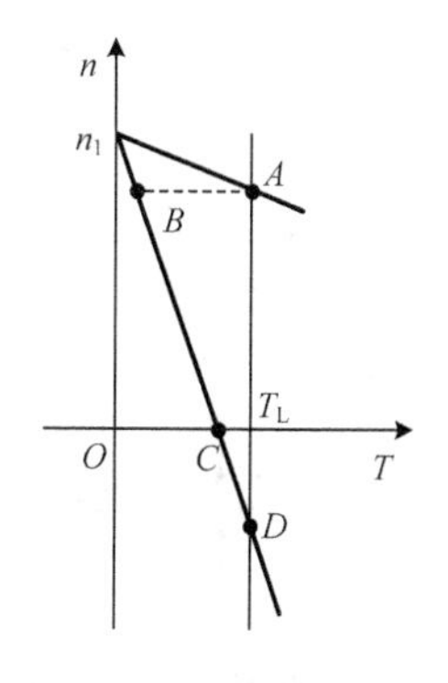

图 5-42 倒拉反转的反接制动机械特性

串入 R_B 瞬间，转速来不及变化，工作点由 A 跃变到 B 点。此时，$n>0$、电磁转矩 $T>0$ 为动力，负载转矩 $T_L>0$ 为制动力，$|T_L|>|T|$，故电机在总制动力 $T=|T_L|-|T|$ 的作用下开始减速，工作点沿曲线 2 下降。在此过程中电磁转矩的绝对值 $|T|$ 是不断增加的，总制动力 $T=|T_L|-|T|$ 也不断减少，故电机处在减幅变缓的正向减速过程，直到 C 点。

到达 C 点后，$n=0$、电磁转矩 $T=0$，负载转矩 $T_L>0$ 为反向动

力，电机开始反向进入第Ⅳ象限。在第Ⅳ象限，$n<0$，$T>0$ 为制动力，$T_{\mathrm{L}}>0$ 为反向动力，电动机开始反向加速，但电磁转矩 T(制动力)随着电动机的反向加速是不断增加的，总反向动力 $T=|T_{\mathrm{L}}|-|T|$ 也不断减少，故电机处在增幅变缓的反向加速过程，直到 D 平衡点。在 D 点，负载转矩成为拖动转矩，拉着电动机反转，而电磁转矩起制动作用，如图 5-42 所示，故把这种制动称为倒拉反转的反接制动。

由图 5-42 可见，要实现倒拉反转反接制动，转子回路必须串接足够大的电阻，使工作点位于第Ⅳ象限，这种制动方式的目的主要是限制重物的下放速度。

另外，倒拉反转反接制动实质上也是转子串电阻调速，只要工作点在线性区间，仍可以使用式(5-42)，计算会变得方便简单。

以上介绍的电源两相反接的反接制动和倒拉反转的反接制动具有一个相同特点，就是定子磁场的转向和转子的转向相反，即转差率 s 大于 1。因此，异步电动机等效电路中表示机械负载的等效电阻与 $\frac{1-s}{s}R_2'$ 是个负值，其机械功率为

$$P_{\mathrm{m}}=3I_2'^2\frac{1-s}{s}R_2'<0 \tag{5-47}$$

定子传递到转子的电磁功率为

$$P_{\mathrm{M}}=3I_2'^2\frac{R_2'}{s}>0 \tag{5-48}$$

P_{m} 为负值，表明电动机从轴上输入机械功率；P_{M} 为正值，表明定子从电源输入电功率，并由定子向转子传递功率。即轴上输入的机械功率和定子传递给转子的电磁功率一起全部消耗将在转子回路电阻上，所以反接制动时的能量损耗较大，所消耗的总能量为 P_{m} 与 P_{M} 之和，即

$$P_{\mathrm{M}}+P_{\mathrm{m}}=3I_2'^2\frac{1-s}{s}R_2'+3I_2'^2\frac{R_2'}{s}=3I_2'^2R_2'$$

5.4.3 回馈制动

若异步电动机在电动状态运行时，由于某种原因，电动机的转速超过了同步转速，这时电动机便处于回馈制动状态。在机械特性曲线上有两种表现：$n>n_1>0$，T 与 n 反方向，其机械特性是第一象限正向电动状态特性曲线在第二象限的延伸，如图 5-43 中的曲线 1；或是 $-n>-n_1>0$，处在第三象限反向电动状态特性曲线在第四象限的延伸，如图 5-43 中曲线 2、3 所示。

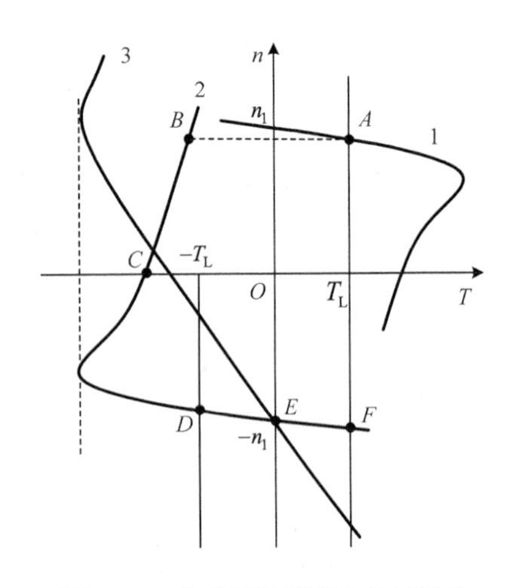

图 5-43　电动机回馈制动机械特性

在生产实践中，有以下两种情况异步电动机可能出现回馈制动：一种是出现在位能负载下放时；另一种是出现在电动机变极调速或变频调速的过程中。

1. 下放重物时的回馈制动

在图 5-43 曲线 2、3 是 5.4.2 节电动机带位能性负载时电源两相反接制动的机械特性曲线，A 点是电动状态提升重物稳定工作点。将电动机定子两相反接瞬间，同步转速

变为负值，转速不突变，机械特性如图 5-43 中曲线 2。工作点由 A 跃变到 B，然后电机经过反接制动过程(电动机正向减速)，工作点沿曲线 2 由 B 变到 C，若是要求电动机停车，则应立即切断电源。否则，电动机经过反向电动加速过程，工作点由 C 经过反向同步点 E，最后在位能负载作用下反向加速到 F 点保持稳定运行，即匀速下放重物。整个过程中只有在 EF 阶段，电动机的转速超过了同步转速，即 $n > n_1 > 0$，电动机便处于回馈制动状态。这种现象是因为存在外力(负载重力)，拉动电动机转速超过同步转速而形成的。

2. 变极或变频调速过程中的回馈制动

这种制动情况可用图 5-44 来说明。设电动机原来在机械特性曲线 1 上的 A 点稳定运行，当电动机采用变极(如增加极数)或变频(如降低频率)进行调速时，其机械特性变为曲线 2，同步转速变为 n_1'。在调速瞬间，转速不突变，工作点由 A 跃变到 B。在 B 点，转速 $n > 0$，$T < 0$ 为制动转矩，$T_L > 0$ 为制动转矩，电动机开始正向减速，沿曲线 2 一直下降到新的同步点 n_1'。进入第一象限后，$T > 0$ 为动力转矩，$T_L > 0$ 仍为制动转矩，但由于 $T_L > T$ 电动机继续正向减速，直至稳定工作点 C。整个过程中只有在 $B \sim n_1'$ 阶段出现 $n > n_1' > 0$ 的情况，电动机处于回馈制动状态。这种现象是因为机械特性曲线的改变，使得 $n > n_1 > 0$，而形成的回馈制动状态。

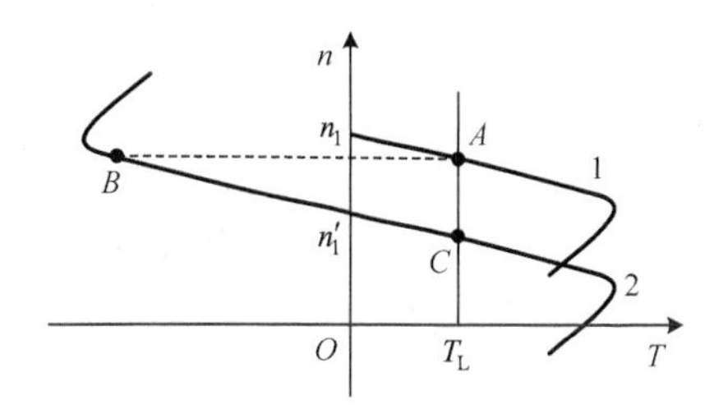

图 5-44　变极或变频调速过程中的回馈制动机械特性

以上介绍了三相异步电动机的三种制动方法，为了便于掌握，现将这三种制动方法及其能量关系、优缺点、应用场合作一比较，列于表 5-3 中。

表 5-3　三相异步电动机各种制动方法的比较

	能耗制动	定子两相反接的反接制动	倒拉反转的反接制动	回馈制动
方法(条件)	断开交流电源的同时，在定子两相中通入直流电流，建立恒定磁场	突然改变定子电源相序，使定子旋转磁场方向改变	转子串入较大电阻，电机被重物拖动反转	在某一转矩作用下，使电动机转速超过同步转速；或使机械特性曲线下移，使得 $n > n_1'$
能量关系	吸收系统储存的动能并转换成热能，消耗在转子电路电阻上	吸收系统储存的动能，连同定子传递给转子的电磁功率一起，全部消耗在转子电阻上		轴上输入机械能量转换成电能，由定子回馈到电网
优点	制动平稳、便于实现准确停车	制动效果好	能使位能负载在 $n < n_1$ 下稳定下放	能向电网回馈电能，比较经济
缺点	制动较慢，需要一套直流电源	能量损耗大，控制较复杂，不易实现准确停车	能量损耗大	只有在特定阶段($n > n_1$)时出现回馈制动状态
应用场合	要求平稳、准确停车的场合；也可以限制提升机负载的下降速度	要求迅速停车和需要反转的场合	限制位能负载的下放速度，并在 $n < n_1$ 的情况下采用	限制位能负载的下放速度，并在 $n > n_1$ 的情况下采用

例 5-6　一台绕线式异步电动机额定数据为：$P_N = 60\text{kW}$，$n_N = 577\text{r/min}$，$E_{2N} = 253\text{V}$，$I_{2N} = 160\text{A}$，$\lambda_m = 2.9$。求：

(1) 当该电动机以 200r/min 的转速提升 $T_L = 0.8T_N$ 的重物时，转子回路应串接电阻 R_B 为多大?

(2) 若带位能性负载 $T_L = T_N$ 以转速 200r/min 下放重物时，转子回路应串接电阻 R_B 为多大?

(3) 若电动机原来以额定转速稳定运行，为了快速停车，拟采用反接制动，要求瞬时制动转矩不超过 $2T_N$，则此时转子回路应串接电阻 R_B 为多大?

解 方法 1:

$$s_N = \frac{n_1 - n_N}{n_1} = \frac{600-577}{600} = 0.038$$

$$T_N = 9550\frac{P_N}{n_N} = 9550 \times \frac{60}{577} = 993(\mathrm{N \cdot m})$$

$$s_m = s_N(\lambda_m + \sqrt{\lambda_m^2 - 1}) = 0.038 \times (2.9 + \sqrt{2.9^2 - 1}) = 0.214$$

$$R_2' = \frac{s_N E_{2N}}{\sqrt{3} I_{2N}} = \frac{0.038 \times 253}{\sqrt{3} \times 160} = 0.035(\Omega)$$

(1) 根据题意，该情况对应在图 5-45 中人为机械特性 A 点，为正向电动运行状态，该点的转矩和转差率分别为

$$T_A = 0.8T_N$$

$$s_A = \frac{n_1 - n_A}{n_1} = \frac{600-200}{600} = 0.667$$

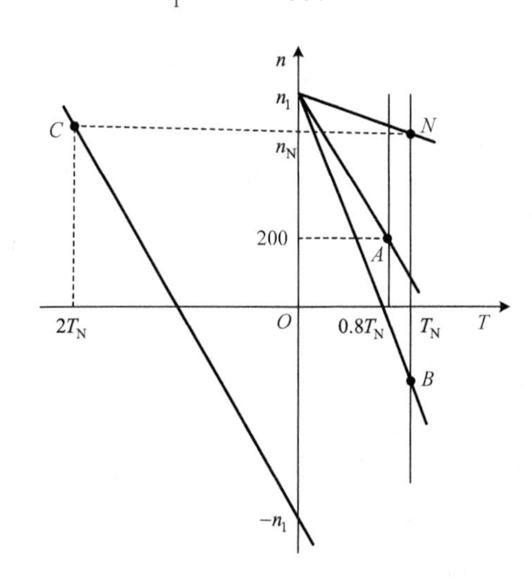

图 5-45 异步电动机机械特性

串入电阻 R_B 的临界转差率为

$$s_{mA} = s_1\left[\frac{\lambda_m T_N}{T_A} \pm \sqrt{\left(\frac{\lambda_m T_N}{T_A}\right)^2 - 1}\right] = 0.667 \times \left[\frac{2.9}{0.8} \pm \sqrt{\left(\frac{2.9}{0.8}\right)^2 - 1}\right] = 4.74 \text{、} 0.09\text{(弃去)}$$

转子串入电阻 R_B 的值为

$$R_B = \left(\frac{s_{mA}}{s_m} - 1\right)R_2' = \left(\frac{4.74}{0.214} - 1\right) \times 0.035 = 0.74(\Omega)$$

(2)根据题意，该情况对应在图 5-45 中人为机械特性 B 点，为倒拉反接制动状态，该点的转矩和转差率分别为

$$T_B = T_{\mathrm{N}}$$

$$s_B = \frac{n_1 - n_B}{n_1} = \frac{600-(-200)}{600} = 1.33$$

串入电阻 R_B 的临界转差率为

$$s_{\mathrm{m}B} = s_B\left[\frac{\lambda_{\mathrm{m}}T_{\mathrm{N}}}{T_B} \pm \sqrt{\left(\frac{\lambda_{\mathrm{m}}T_{\mathrm{N}}}{T_B}\right)^2 - 1}\right] = 1.33\times(2.9\pm\sqrt{2.9^2-1}) = 7.48\text{、}0.24(\text{弃去})$$

转子串入电阻 R_{B} 的值为

$$R_{\mathrm{B}} = \left(\frac{s_{\mathrm{m}B}}{s_{\mathrm{m}}} - 1\right)R_2' = \left(\frac{7.48}{0.214} - 1\right)\times 0.035 = 1.19(\Omega)$$

(3)根据题意，该情况对应在图 5-45 中人为机械特性 C 点，对应的同步转速为−600r/min，该点的转矩和转差率分别为

$$T_C = -2T_{\mathrm{N}}$$

$$s_C = \frac{n_1 - n_C}{n_1} = \frac{-600-577}{-600} = 1.96$$

人为机械特性最大转矩 $T_{\mathrm{m}} = -\lambda_{\mathrm{m}} T_{\mathrm{N}}$，串入电阻 R_{B} 的临界转差率为

$$s_{\mathrm{m}C} = s_C\left[\frac{-\lambda_{\mathrm{m}}T_{\mathrm{N}}}{T_C} \pm \sqrt{\left(\frac{-\lambda_{\mathrm{m}}T_{\mathrm{N}}}{T_C}\right)^2 - 1}\right] = 1.96\times\left[\frac{-2.9}{-2} \pm \sqrt{\left(\frac{-2.9}{-2}\right)^2 - 1}\right] = 4.9\text{或}0.78$$

转子串入电阻 R_{B} 的值为

$$R_{\mathrm{B}} = \left(\frac{s_{\mathrm{m}C}}{s_{\mathrm{m}}} - 1\right)R_2' = 0.77\Omega\text{或}0.09\Omega$$

方法 2：

(1)根据题意，该情况为串电阻调速，直接代入式(5-42)有

$$\frac{\dfrac{n_1 - n_A}{0.8T_{\mathrm{N}}}}{\dfrac{n_1 - n_{\mathrm{N}}}{T_{\mathrm{N}}}} = \frac{R_2' + R_{\mathrm{B}}}{R_2'}$$

$$R_{\mathrm{B}} = \frac{\dfrac{n_1 - n_A}{0.8T_{\mathrm{N}}}}{\dfrac{n_1 - n_{\mathrm{N}}}{T_{\mathrm{N}}}}R_2' - R_2' = \frac{(600-200)/0.8}{600-577}\times 0.035 - 0.035 = 0.73(\Omega)$$

(2)根据题意，该情况为倒拉反接制动状态，实质为串电阻调速，代入式(5-42)有

$$\frac{\dfrac{n_1 - n_B}{T_N}}{\dfrac{n_1 - n_N}{T_N}} = \frac{R_2' + R_B}{R_2'}$$

$$R_B = \frac{\dfrac{n_1 - n_B}{T_N}}{\dfrac{n_1 - n_N}{T_N}} R_2' - R_2' = \frac{600 - (-200)}{600 - 577} \times 0.035 - 0.035 = 1.18(\Omega)$$

(3) 根据题意，该情况为电动机反接时的串电阻调速，代入式(5-42)有

$$\frac{\dfrac{-n_1 - n_C}{-2T_N}}{\dfrac{n_1 - n_N}{T_N}} = \frac{R_2' + R_B}{R_2'}$$

$$R_B = \frac{\dfrac{-n_1 - n_C}{-2T_N}}{\dfrac{n_1 - n_N}{T_N}} R_2' - R_2' = \frac{(600 + 577)/2}{600 - 577} \times 0.035 - 0.035 = 0.86(\Omega)$$

以上介绍了多种启动、调速和制动方法，电动机处在多种运行状态，这些运行状态都是人为通过改变电机的参数而得到的，为便于对比理解和记忆，将主要的机械特性汇总，如图 5-46 所示。

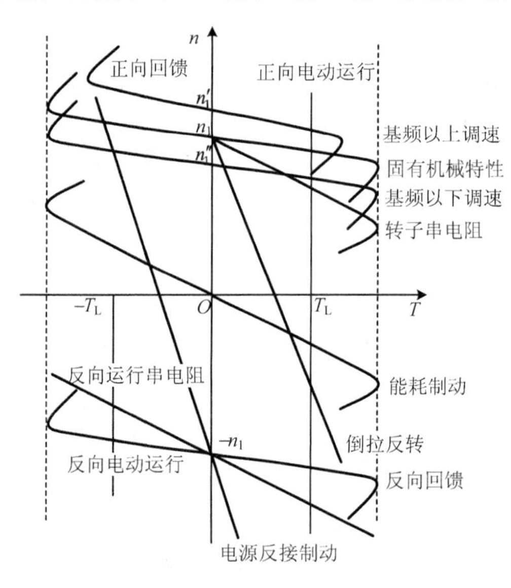

图 5-46　电动机运行特性曲线

5.5 变　频　器

从 5.3 节三相异步电动机的调速讨论中已经知道，变频调速是三相异步电动机最好的调速方法之一，因此专门用于三相异步电动机调速的控制电路已做出独立的产品，即变频器。

早年由于三相异步电动机的变频器调速技术无法实现，其他调速方法无法与直流电动机优良的调速和启动性能相比，故高性能调速系统都采用直流电动机。但是，约占电气传动总容量80%的无变速传动都采用异步电动机，20世纪70年代变频器的问世，经过近半个世纪的发展，变频器已广泛地应用于异步电动机的调速控制，极大地提高了交流电动机的应用范围和调速性能。目前变频器调速的机械特性硬度已经能满足速度精确控制的调速要求，作为现场级器件与自动化系统连在一起。

变频技术从晶闸管（SCR）发展到如今的大功率的晶体管（IGBT、IGCT）和耐高压大功率晶体管（HT-IGBT），控制技术也发展到今天的变压变频控制（VVVF）和矢量控制（SVPWM）等多种方式，且已数字化，应用灵活，对供电系统也可实现无干扰，应用范围几乎涉及整个工业领域。目前的通用型变频器，根据结构可分为普通的开环变压变频控制（VVVF）型和高性能的闭环矢量控制型；根据变频电源的性质，变频器可分为电压源型变频器和电流源型变频器，其主要区别在于中间直流环节采用哪种滤波器。电压源型变频器采用大容量电容滤波（如图5-47主电路中的电容C），直流电压波形比较平直；直流源型变频器采用大电感滤波，直流电流波形比较平直。电压源型变频器比电流源型变频器性能优越，采用电压源型变频器能使变频器的性能（包括输出波形、功率因数、效率、可靠性、动态性能等）进一步提高。下面简要介绍开环电压源型VVVF变频器基本软硬件的原理结构、主要功能及应用情况。

5.5.1 变频器的基本原理和结构

变频调速原理已在本章5.3节中做了介绍，这种调速方法是通过同时改变定子三相绕组的电源电压和频率，实现恒转矩调速的一种方法。在交流调速领域中，大量的负载如风机、水泵等，对调速的要求并不高，使用不带速度反馈的开环型变频器完全可以满足要求。目前的通用电压源型变频器的基本原理结构如图5-47所示。

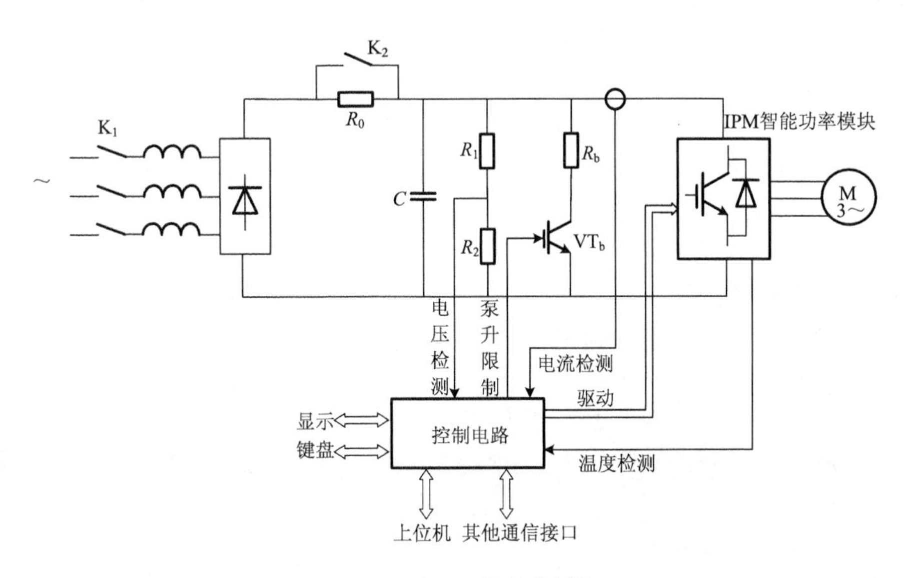

图5-47　变频器的基本结构

1. 主电路

通用变频器的主电路由整流电路、中间直流滤波电路、制动电路和逆变电路组成。

整流电路可以把交流电压变为直流电压。大容量的变频器一般都采用 380V 交流电源，其整流部分采用三相桥式不可控整流电路；小容量的变频器采用单相 220V 交流电源，其整流部分采用单相桥式不可控整流电路。

中间滤波电路采用大电容滤波。为了限制变频器刚接通时过大的冲击电流，在整流电路和滤波电路之间串接了一个限流电阻 R_0。

逆变电路一般采用智能功率模块 IPM，它由六只 IGBT 组成三相桥式结构，每个桥臂上反并联了反馈二极管。

制动电路由能耗制动电阻 R_b 和 VT_b 组成。能耗制动电路简单、经济，但能源利用率低。在再生回馈能量大的情况下，可采用能量回馈制动电路，将中间直流电路再生回馈能量回馈给电网。

2. 控制电路

变频器的控制电路主要完成 IGBT 的驱动、控制电压和频率的协调、输入输出信号的处理、通信处理和各种检测等功能。目前，微处理器(CPU)是控制电路的核心。它通过输入和通信接口将频率给定、频率上升与下降、速度大小、外部通断控制以及变频器内部各种保护和反馈信号综合，通过检测电路取得电压、电流、温度等运行状态参数，根据设置的运行要求，产生输出逆变器所需的各种驱动信号，达到变频器的控制运行要求。

5.5.2 变频器的主要控制参数介绍

通用变频器有很多控制参数供用户设置，这些参数涉及频率指令信号的选择、升降频率时间的设定、频率和电压范围的设定、V/F 曲线的选择、防止过电压失速功能的设定、防止过电流失速功能的设定和停电后再运行情况的选择。下面分别介绍这些参数的意义。

(1) 变频指令信号的选择。

变频器频率给定信号的来源一般有三种选择：第一种设由变频器的键盘设定；第二种是频率由外接的 0～5V 模拟信号控制，方向由外接的一位开关控制；第三种是频率控制信号由上位机通过串口通信的方式输入。

(2) 频率和电压范围的选择。

变频器的输出频率和输出电压的范围是可以设定的，设定的内容包括最低输出频率、最高输出频率、最低输出电压和最高输出电压等。

(3) V/F 曲线的选择。

5.3 节已介绍过，为了实现恒磁通调速，必须在变频的同时调整电压。对于不同的电动机和负载状况，需要不同规律的 V/F 曲线与之适配，变频器中一般存有数十种不同规律的 V/F 曲线，可以通过设置参数来选择。

(4) 电动机停止方式的选择。

在变频器控制电动机运行的情况下，电动机一般采用两种方式停止：一种是以制动的方式立即停止，另一种方式是以自由运转的方式停止，前者一般伴随产生较大的泵升的电压。这两种停止方式可以通过设置参数来选择。

(5) 防止过电压失速功能的设定。

当电动机执行减速时，由于负载惯量的影响，电动机会把负载上的动能转换成为电能储存在变频器的直流母线滤波电容 C 上，造成直流母线电压升高，有可能导致过电压保护的发生，从而造成“失速”。在选择了防止过电压失速功能的情况下，当变频器检测到直流侧的母线电压过高，但还没有导致过电压保护动作时，变频器会自动暂停减速，输出的频率暂时保持在当前值不变，直到直流母线电压降低后，再继续减速。

(6) 防止过电流失速功能的设定。

当电动机在加速时，由于加速过快或负载比较重，电动机的电流可能会上升到很大，导致过电流保护动作，造成电动机的“失速”。在选择了防止过电流失速功能的情况下，当变频器检测到电流过大，但还没有导致过电流保护动作时，变频器会自动暂停加速，输出的频率暂时保持在当前值不变，直到电流降低后再继续加速。

(7) 停电后再运行情况的选择。

在停电后，根据不同的负载工况，应该对再来电以后的情况作出不同的选择。通过参数的设定，一般可以选择再来电后继续运行和再来电后停车不运行。

5.5.3 变频器的应用

变频器使用 VVVF 等方式可以很方便地实现三相异步电动机的节能调速。这种节能调速目前普遍使用在控制精度不高，动态性能要求低的通风机负载上(见 2.2 节)，如风机、水泵。风机和水泵等机械容量几乎占工业电气传动总容量的一半，是耗能大户，例如，一个日产 500t 的水泥厂，其窑尾高温风机可达 2500kW，全部风机的耗电量约占整个厂用电量的 30%；而大的水厂，2500kW 以上容量的水泵就有若干台。过去这些交流传动系统都不能调速，风量和水的流量靠挡板和阀门来调节，当要减少流量时，异步电动机因不能调速只能保持转速不变。而挡板和阀门的关小相当于增加管道的阻力，使大量电能消耗在挡板和阀门上，负载下降又使异步电动机的功率因数降低。如果采用变频器，电动机能够连续平滑调速，由于风机和水泵属于泵类负载，负载转矩与转速的二次方成反比，当负载转矩降低时，电机转速可相应下降，则电动机的电磁转矩以与转速成二次方的比例大幅下降，电动机的功率同样下降。这样就把原来消耗在挡板和阀门上的能量节省下来，节能效果很可观，平均节能约为 20%。

目前变频器已在我国各行各业中得到广泛应用，特别在数控机床、石化、冶金、汽车、造纸、热电、食品、纺织、包装和电器等领域。

在应用时应注意以下几点：

(1) 交流变频调速系统对电网会产生谐波干扰，应按国家谐波标准 GB/T 14549—1993 要求加谐波滤波器或电抗器，使其对电网干扰最小；

(2) 为使变频调速器受外界干扰最小，在布线时各种电缆间须相互隔离，采用各种屏蔽方法减少受干扰的可能，根据需要还考虑加隔离变压器和进线电抗器，使其受干扰影响最小；

(3) 在低速运行时，须防止传动轴系的振荡；在高速运行时，须防止系统超速。

5.6 异步电机的应用

作电动机运行的异步电机因其转子绕组电流是感应产生的，又称感应电动机。异步电动机是各类电动机中应用最广、需要量最大的一种。各国以电为动力的机械中，约有 90%左右为异步电动机，其中小型异步电动机约占 70%以上。在电力系统的总负荷中，异步电动机的用电量占相当大的比重。在中国，异步电动机的用电量约占总负荷的 60%多。

5.6.1 异步电机的特点

异步电机的基本特点是，转子绕组不需与其他电源相连，其定子电流直接取自交流电力系统；与其他电机相比，异步电动机的结构简单，制造、使用、维护方便，运行可靠性高，重量轻，成本低。以三相异步电动机为例，与同功率、同转速的直流电动机相比，前者重量只有后者的二分之一，成本仅为三分之一。异步电动机还容易按不同环境条件的要求，派生出各种系列产品。它还具有接近恒速的负载特性，能满足大多数工农业生产机械拖动的要求。其局限性是，它的转速与其旋转磁场的同步转速有固定的转差率，因而调速性能较差，在要求有较宽广的平滑调速范围的使用场合(如传动轧机、卷扬机、大型机床等)，不如直流电动机经济、方便。此外，异步电动机运行时，从电力系统吸取无功功率以励磁，这会导致电力系统的功率因数变坏。因此，在大功率、低转速场合(如拖动球磨机、压缩机等)不如用同步电动机合理。

由于异步电动机生产量大，使用面广，要求其必须有繁多的品种、规格与各种机械配套。因此，异步电动机的设计、生产特别要注意标准化、系列化、通用化。在各类系列产品中，以产量最大、使用最广的三相异步电动机系列为基本系列；此外还有若干派生系列、专用系列。

5.6.2 异步电机的应用

普通异步电机的定子绕组接交流电网，转子绕组不需与其他电源连接。因此，它具有结构简单，制造、使用和维护方便，运行可靠以及质量较小，成本较低等优点。异步电机有较高的运行效率和较好的工作特性，从空载到满载范围内接近恒速运行，能满足大多数工农业生产机械的传动要求。异步电机还便于派生成各种防护形式，以适应不同环境条件的需要。异步电机运行时，必须从电网吸取无功励磁功率，使电网的功率因数变坏。因此，对驱动球磨机、压缩机等大功率、低转速的机械设备，常采用同步电机。由于异步电机的转速与其旋转磁场转速有一定的转差关系，其调速性能较差(交流换向器电动机除外)。对要求较宽广和平滑调速范围的交通运输机械、轧机、大型机床、印染及造纸机械等，采用直流电机较经济、方便。但随着大功率电子器件及交流调速系统的发展，适用于宽调速的异步电机的调速性能及经济性已可与直流电机的相媲美。

异步电机主要用作电动机，其功率范围从几瓦到上万千瓦，是国民经济各行业和人们日常生活中应用最广泛的电动机，为多种机械设备和家用电器提供动力。如机床、中小型轧钢设备、风机、水泵、轻工机械、冶金和矿山机械等，大都采用三相异步电动机拖动；电风扇、洗衣机、电冰箱、空调器等家用电器中则广泛使用单相异步电动机。异步电机也可作为发电机，用于风力发电厂和小型水电站等。

5.7 三相异步电动机故障及维护

当电动机出现故障时，对电动机的正常运行将带来不利影响。通过对电动机在运行中出现的各种不正常现象进行分析，找到故障部位或故障点，是电动机故障处理的关键。因此掌握三相异步电动机的基本故障检测、分析及处理方法，是电动机运行人员的必备技能。本节介绍三相异步电动机运行中常见故障的诊断、检查及处理，能为实际故障处理提供一定的帮助。

5.7.1 三相异步电动机故障处理的一般方法

三相异步电动机在使用前要做很多项检查，如检查电源、绝缘电阻、启动保护设备、安装情况等；三相异步电动机在运行过程中，要通过听、看、闻实时监控电动机。即听电动机运行时的声音是否平稳、均匀、有节奏；看电动机运行时的情况，有无振动、传动是否流畅、防护是否松散或脱落、火花是否正常等；闻电动机运行时的气味，是否有烧焦味。同时还要保持电动机的清洁，定期测量电动机的绝缘电阻。

三相异步电动机的故障可分为机械故障和电气故障两类。机械故障一般比较容易发现，如轴承铁心、风叶、机座、转轴等的故障；电气故障则较难判定，如定子绕组、转子绕组、电刷等部分的故障。如果电动机出了故障，则要先调查，即先了解电动机的型号、规格、使用条件及使用年限，以及电动机在发生故障前的运行情况，如所带负荷的多少、温升的高低、有无不正常的声音及操作使用情况等，并认真听取工作人员的反映；再查看故障现象并根据现象解决故障部位或故障点。

5.7.2 三相异步电动机绕组故障及维护

三相异步电动机工作的核心是定子绕组，它不但要产生旋转磁场，还要提供能量交换过程中的交流电能，其性能、工作状态的变化都将影响电动机的工作。

1. 鼠笼式异步电动机的断笼故障及维护

铸铝鼠笼式转子的常见故障是断笼，其中包括断条与断环。断条是指鼠笼式异步电动机中的转子的一根或数根导条断裂，断环是指端环一处或几处断开。

造成断笼的主要原因有：转子笼型的短路环与铜条焊接处，由于焊接质量不好而引起开焊；转子铜条在槽内松动，电动机运行时，铜条受电动力和离心力作用，引起交变应力疲劳断裂。

转子断笼后，会因为转子电阻增大，电流减小，电磁力矩不对称，而使负载运行时其转速比正常低，机身振动且伴有噪声，随着负载的增大，情况更为严重，同时启动转矩和额定转矩降低。

当检测出现断笼故障时，应停机对断条进行维修或更换。可以用焊接法或冷接法将断条重新接上；若断条较多时，可用重新铸铝法将转子笼条全部清除，重新铸铝。

2. 三相异步电动机定子绕组接地故障及维护

异步电动机定子绕组接地，是指绕组与铁心或绕组与机壳的绝缘破坏而引起接地现象。绕组接地后，会使机壳带电，绕组发热，甚至引起绕组短路，使电动机无法正常运行。

绕组接地可能由以下原因造成：

(1)绕组受潮，长期备用的电动机，常常由于受潮而使绝缘电阻值降低，甚至失去绝缘作用；

(2)绝缘老化，电动机使用过久或长期过载运行，使绕组绝缘长期受热焦脆，以致开裂、分层、脱落；

(3)绕组工艺缺陷或由于操作疏忽，使绕组绝缘擦伤破裂，导致导线与铁心接触；

(4)铁心硅钢片凸出，或有尖刺等损坏绕组绝缘；

(5)绕组端部过长或线圈在槽内松动，绕组端部绑扎不良，使绝缘磨损或折断；

(6)引出线绝缘损坏，与机壳相碰；

(7)绕组绝缘因受雷击或电力系统过电压击穿而损坏等。

维修方法：

用绝缘电阻表逐相测量定子绕组与外壳的绝缘电阻，当转动摇柄时，指针为零，说明定子绕组接地。有时指针摇摆不定，也说明绝缘已被击穿破坏。

仔细观察绕组损伤情况，除绝缘老化外都可局部修补。若接地点在槽口处或槽底出口处，且只有少数几根导线绝缘损伤，则可将其认真加热，待绝缘物软化后，用划线板撬开接地点的槽绝缘，垫入云母片等绝缘物，或将导线局部包扎后，涂上绝缘漆即可；如果故障点在槽底，只有更换槽衬，此时应特别小心，以免碰伤匝间绝缘。

3. 三相异步电动机定子绕组短路故障及维护

三相异步电动机定子绕组短路主要是相间短路和匝间短路。短路原因可能是受潮、电流过大、电压过高及机械损伤等。

只要没有因短路造成绕组烧毁，都可以采用恢复局部绝缘的方法修复。若短路点在槽内，则将该绕组加热软化后翻出，换上新的槽绝缘，将导线的短路部位用绝缘材料包好，重新嵌入槽内；若短路的匝数较少，可将短路线圈切断，用跨接法将断路线圈两边完好的部分重新连接；若烧损严重，则只能局部更换线圈。

4. 三相异步电动机定子绕组断路故障及维护

三相异步电动机定子绕组断路故障可能是绕组内部导线断开，或是引接线没有焊牢。可断开各种连接线，再用绝缘电阻表、万用表逐级检查，便可找到断路点；如果焊接不良而脱焊，可重新补焊。

5.7.3 三相异步电动机运行故障及维护

1. 电动机不能启动

电动机启动的条件是启动转矩要大于启动时的负载总转矩，才能产生足够的加速度，电动机方能正常启动。无论何种原因，造成电动机启动转矩、负载转矩的异常，都将使启动异常。

电动机不能启动可能的原因及维修方法见表 5-4。

表 5-4　电动机不能启动可能的原因及维修方法

故障现象	产生原因	维修方法
电动机不能启动	三相供电线路短路	检查供电回路的开关、熔断器，恢复供电
	电源电压过低	三相电压过低，则应分析原因，判断是否接线错误；若是由于供电绝缘线太细造成的电压降过大，则应更换粗线
	负载过大或传动机械有故障	减轻启动负载或检查传动部位有无堵塞阻碍，排除故障
	定子绕组重新绕制后短路	若有短路迹象，应检测出短路点，作绝缘处理或更换绕组
	定子绕组接线错误	检查接线，纠正错误

2. 运行中的声音异常与振动

电动机运行过程中的异常声音与振动主要来自电磁振动与机械振动。电磁振动主要因为电动机产生的电磁转矩不对称，转矩分布不平衡；机械振动主要因为结构部件松动、摩擦因数加剧等。

电动机产生振动会使绕组绝缘能力降低、轴承使用寿命缩短、焊接点松开；会使负载机械损伤、精度降低；会使地脚螺栓松动或断裂；还会使电刷和集电环异常磨损。电动机振动产生的原因及维修方法见表 5-5。

表 5-5　电动机声音异常与振动可能的原因及维修方法

故障现象	产生原因	维修方法
电动机声音异常与振动	电动机安装基础不平	检查紧固安装螺栓及其他部件，保持平衡
	转子与定子摩擦	校正转子中心线
	轴承严重磨损	更换磨损的轴承
	轴承缺油	清洗轴承，重新加润滑油或更换轴承
	电动机缺相运行	检查定子绕组供电回路中的开关、接触器触点、熔丝、定子绕组等，查出缺相原因，做相应处理
	转子风叶碰壳、松动、摩擦	清洗风扇污染，校正风叶，旋紧螺栓
	负载突然加重	减轻负载

3. 温升过高或冒烟

电动机温升超过正常值，主要是由于电流增大，各种损耗增加，与散热失去平衡，温度过高时，将使绝缘材料燃烧冒烟。电动机温升过高或冒烟产生的原因及维修方法见表 5-6。

表 5-6　电动机温升过高或冒烟可能的原因及维修方法

故障现象	产生原因	维修方法
电动机温升过高或冒烟	电源电压过高或过低	检查调整电源电压值，是否将三角形接法的电动机误接成星形或将星形接法的电动机误接成三角形，应查明纠正
	电动机过载	对于过载原因引起的温升，应降低负载或更换容量较大的电动机
	电动机的通风不畅或积尘太多	检查风扇是否脱落，移开堵塞的异物，使空气流通，清理电动机内部的粉尘，改善散热条件
	环境温度过高	采取降温措施，避免阳光直晒或更换绕组
	定子绕组有短路或断路故障	检查三相熔断器的熔丝有无熔断及启动装置的三相触点是否接触良好，排除故障或更换
	定子缺相运行	检查定子绕组的断路点，进行局部修复或更换绕组
	定、转子摩擦，轴承摩擦等引起气隙不均匀	校正转子轴，更换磨损的轴承
	电动机受潮或浸漆后烘干不够	检查绕组的受潮情况，必要时进行烘干处理

4. 电动机转速不稳定

一方面来自控制原因造成的电源不稳定，如反馈控制线松动；另一方面为电动机本身缺陷引起的电磁转矩不平衡。电动机转速不稳定产生的原因及维修方法见表 5-7。

表 5-7 电动机转速不稳定可能的原因及维修方法

故障现象	产生原因	维修方法
电动机转速不稳定	电源电压波动大	检查电源电压
	鼠笼式电动机的转子断笼或脱焊	查找并修补鼠笼式电动机的转子断裂导条
	绕线式转子绕组中断相或某一相接触不良	对于断路或短路的转子绕组要进行故障分析与处理，正常后投入运行
	绕线式转子的集电环短路装置接触不良	调整电刷压力，改善电刷与集电环的接触面或更换
	控制单元接线松动	检查控制回路的接线，特别是给定端与反馈接头的接线。保证接线正确可靠

在三相异步电动机运行过程中要时时监视运行中的异常状况，对出现的异常响动与气味要认真作分析，找出原因，做出正确的处理措施。对于严重的振动、冒烟、剧烈温升，应立即停机维修。对于新安装或维修后的电动机，要做好认真的检查，特别是对其绝缘、电源及启动保护作必要的测试，一切正常后才能通电试机。

5.8 本 章 小 结

本章主要介绍三相异步电动机的机械特性和启动、调速和制动，主要知识点如下：

(1) 三相异步电动机的机械特性常用 $T = f(s)$ 的形式表示，是指电动机的转差率 s（转速 n）与电磁转矩 T 之间的关系。三相异步电动机的电磁转矩表达式有三种形式：一是物理表达式，反映出三相异步电动机和直流电动机类似，其电磁转矩都是由主磁通和转子有功电流相互作用而产生的，刻画了异步电动机电磁转矩产生的物理本质；二是参数表达式，反映了电磁转矩与电源参数及电动机参数之间的关系，利用该式可以方便地分析参数变化对电磁转矩的影响，以及各种人为机械特性的性能；三是实用表达式，实用表达式简单、便于记忆，是工程计算中常采用的形式。若电动机运行在 $0 < s < s_m$ 的线性段，相当于把机械特性近似为一条直线，可以使用简化实用表达式，计算更为简单。

电动机的最大转矩和启动转矩是反映电动机的过载能力和启动性能的两个重要指标，最大转矩和启动转矩越大，则电动机的过载能力越强，启动性能越好。

三相异步电动机的机械特性是一条非线性曲线，一般情况下，以或临界转差率 s_m 为分界点，$0 < s < s_m$ 段为稳定运行区，而 $s_m < s < 1$ 为不稳定运行区。

(2) 三相异步电动机人为机械特性曲线的形状可用参数表达式分析得出，包括：降低定子电压 U_1 时的人为特性、转子回路串对称电阻时的人为特性、定子电路串接对称电阻或电抗时的人为特性、改变定子极对数 p 及改变电源频率 f_1 的人为特性。在分析其特性时要注意参数变化对 n_1、s_m、T_m、T_{st}、机械特性硬度（曲线斜率）的影响。

(3) 绕线式异步电动机可采用转子串接电阻或频敏变阻器启动，其启动转矩大、启动电流小，适用于中、大型异步电动机的重载启动。小容量的三相异步电动机可以采用直接启动，容量较大的鼠笼式电动机可以采用降压启动，包括三种具体实施方案：

① 定子串接电阻或电抗降压启动，启动电流随电压一次方关系减小，而启动转矩随电压的平方关系减小，它适用于轻载或空载启动。

② Y-△降压启动，其启动电流和启动转矩均降为直接启动时的 1/3，它也适用于轻载或空载启动。需要注意的是它只适用于正常△连接的电动机，对于 Y/△连接电机不能使用 Y-△启动。

③ 自耦变压器降压启动，启动电流和启动转矩均降为直接启动时的 $1/k^2$(k 为自耦变压器的变比)，它适合带较大的负载启动。

(4) 三相异步电动机的调速方法有变极调速、变频调速和变转差率调速。

① 变极调速是通过改变定子绕组接线方式来改变电机极数，从而实现电机转速的变化。变极调速为有级调速。变极调速时的定子绕组连接方式有三种：Y-YY、顺串 Y-反串 Y、△-YY。其中 Y-YY 连接方式属于恒转矩调速方式，另外两种属于恒功率调速方式。需要注意的是：变极调速时，应同时对调定子两相接线，这样才能保证调速后电动机的转向不变；变极调速只适用于鼠笼型电动机。

② 变频调速是现代交流调速技术的主要方向，它可实现无级调速，包括基频以上调速和基频以下调速，适用于恒转矩和恒功率负载。

③ 其中变转差率调速包括绕线式异步电动机的转子串接电阻调速、串级调速和降压调速。绕线式电动机转子串电阻调速方法简单，易于实现，但调速是有级的，不平滑，且低速时特性软，转速稳定性差，同时转子铜损耗大，电机的效率低；串级调速克服了转子串电阻调速的缺点，但设备要复杂得多；异步电动机的降压调速主要用于风机类负载的场合，或高转差率的电动机上，同时应采用速度负反馈的闭环控制系统。

(5) 三相异步电动机也有三种制动状态：能耗制动、反接制动(电源两相反接和倒拉反转制动)和回馈制动。这三种制动状态的机械特性曲线、能量转换关系及用途、特点等均与直流电动机制动状态类似，具体特点可以参阅本章表 5-3。

本章在具体计算时一定要仔细观察机械特性曲线，如若有相似或全等三角形，对于计算是十分方便的；如若斜率发生改变可以使用式(5-42)，提高解题效率。

习　　题

5-1 请写出三相异步电动机机械特性的三种表达式，并说明导出这些表达式的假定条件是什么？

5-2 什么是三相异步电动机的固有机械特性？什么是人为机械特性？

5-3 当三相异步电动机的电源电压、电流频率、转子电阻、转子电抗、定子电阻或定子电抗发生变化时，对同步转速、临界转差率和启动转矩有何影响？

5-4 请说明为何绕线式三相异步电动机转子串电阻启动，启动电流不大而启动转矩却较大。

5-5 三相鼠笼式异步电动机在什么条件下可以直接启动？不能直接启动时，应采用什么方法启动？

5-6 三相绕线式异步电动机，转子绕组串频敏变阻器，为何当其参数合适时可使启动过程中电磁转矩较大，并基本保持恒定？

5-7 频敏变阻器是一电感线圈，那么若在绕线式异步机转子回路中串入一个普通电力变压器的一次绕组(二次绕组开路)，能否增大启动转矩及降低启动电流？

5-8 若绕线式三相异步电动机带动恒转矩负载，试分析转子回路突然串入电阻后降速的过程。

5-9　三相鼠笼式异步电动机定子串接电阻或电抗降压启动时，当定子电压降到额定电压的 $1/k$ 倍时，启动电流和启动转矩降到额定电压时的多少倍？

5-10　三相鼠笼式异步电动机采用自耦变压器降压启动时，启动电流和启动转矩与自耦变压器的变比有什么关系？

5-11　什么是三相异步电动机的 Y-△降压启动？它与直接启动相比，启动转矩和启动电流有何变化？

5-12　三相绕线式异步电动机转子串接电阻调速时，为什么低速时的机械特性变软？为什么轻载时的调速范围不大？

5-13　三相绕线式异步电动机转子回路串接适当的电阻时，为什么启动电流减小，而启动转矩增大？如果串接电抗器，会有同样的结果吗？为什么？

5-14　三相异步电动机，当降低定子电压、转子串接对称电阻、定子串接对称电抗器时的人为机械特性各有什么特点？

5-15　三相鼠笼式异步电动机变极调速，若电源相序不变，电动机转向会如何？三相绕线式异步电动机为何不采用变极调速？

5-16　三相异步电动机采用 Y-YY 连接和△-YY 连接变极时，其机械特性有何变化？对于切削机床一类的恒功率负载，应采用哪种接法的变极线路来实现调速才比较合理？

5-17　三相异步电动机变频调速时，为什么要维持磁通恒定？

5-18　三相异步电动机从基频向下调速时，其机械特性有何变化？

5-19　三相异步电动机在基频以下和基频以上变频调速时，应按什么规律来控制定子电压？为什么？

5-20　三相异步电动机拖动恒转矩负载时，如果机械强度允许的话，能否保持电源电压不变，将频率升高到额定频率的 1.5 倍实现高速运行？

5-21　三相异步电动机串级调速的基本原理是什么？

5-22　三相鼠笼式异步电动机能耗制动时，若通入的直流电流大小不同，电动机机械特性曲线有何不同？

5-23　三相鼠笼式异步电动机能耗制动时，若转子串入的电阻大小不同，电动机机械特性曲线有何不同？

5-24　为使三相异步电动机快速停车，可采用哪几种制动方法？如何改变制动的强弱？试用机械特性说明其制动过程。

5-25　当三相异步电动机拖动位能性负载时，为了限制负载下降时的速度，可采用哪几种制动方法？如何改变制动运行时的速度？各制动运行时的能量关系如何？

5-26　一台三相四极笼型异步电动机，定子 Y 形连接，$U_N = 380V$，$n_N = 1460r/min$，电源频率 50Hz，定子电阻 $R_1 = 2\Omega$，定子漏电抗 $X_1 = 3.5\Omega$，转子电阻 $R_2' = 1.5\Omega$，转子漏电抗 $X_2' = 4.5\Omega$。计算：

(1) 额定电磁转矩 T_N；

(2) 最大电磁转矩 T_m 及过载能力 λ_m；

(3) 临界转差率 s_m；

(4) 启动转矩 T_{st} 及启动转矩倍数 k_T。

5-27　一台三相异步电动机，额定功率 $P_N = 50kW$，额定电压 220V/380V，额定转速 $n_N = 950r/min$，过载倍数 $\lambda_m = 2.5$，求其转矩的实用表达式。

5-28　一台绕线式三相异步电动机，$P_N = 15kW$，$n_N = 730r/min$，$E_{2N} = 165V$，$I_{2N} = 48A$，负载转矩 $T_L = 110N \cdot m$，要求最大启动转矩等于额定转矩的 2 倍，求分级启动级数以及各分段电阻。

5-29　一台鼠笼式三相异步电动机，$P_N = 40kW$，$n_N = 2930r/min$，$U_N = 380V$，$\eta_N = 0.9$，$\cos\varphi_N = 0.85$，启动电流倍数 $k_i = 7$，启动转矩倍数 $k_T = 1.4$，定子为△连接，变压器允许启动电流为 150A，在下列情况下能

否采用 Y-△启动？(1) $T_L = 0.25T_N$；(2) $T_L = 0.5T_N$。

5-30 一台鼠笼式三相异步电动机，$U_N = 380V$，Y/△连接，启动电流倍数 $k_i = 7$，启动转矩倍数 $k_T = 1.4$，求：

(1) 如用 Y-△降压启动，启动电流为多少？能否半载启动？

(2) 如用自耦变压器半载启动，启动电流为多少？选择抽头比。

5-31 一台鼠笼式三相异步电动机，△连接，$P_N = 50kW$，$n_N = 1455r/min$，$U_N = 380V$，$I_N = 100A$，电流倍数 $k_i = 6$，启动转矩倍数 $k_T = 1.0$，最大允许冲击电流为 350A，负载要求启动转矩不小于 150N·m，试计算在采用下列启动方法时的启动电流和启动转矩：

(1) 直接启动；

(2) 定子串电抗器启动；

(3) 采用 Y-△启动；

(4) 采用自耦变压器(抽头分别为 64%，73%)启动。

并判断哪一种启动方法能满足要求?

5-32 一台三相四极鼠笼式异步电动机数据为：$P_N = 25kW$，$n_N = 1460r/min$，$U_N = 380V$，$I_N = 51.3A$，$f_N = 50Hz$，采用变频调速，当恒转矩负载为 $T_L = 0.7T_N$ 时，要使转速为 900r/min，求频率和定子电压应为多少？

5-33 一台三相四极鼠笼式异步电动机数据为：$P_N = 11kW$，$n_N = 1460r/min$，$U_N = 380V$，$\lambda_m = 2$，$f_N = 50Hz$，采用变频调速拖动恒转矩负载为 $T_L = 0.8T_N$，要使电动机的转速到达 1000r/min 电源电压降低到多少？频率降低到多少？

5-34 一台三相四极鼠笼式异步电动机数据为：$P_N = 11kW$，$n_N = 2930r/min$，$U_N = 380V$，$I_N = 21.8A$，$\lambda_m = 2.2$，$f_N = 50Hz$，拖动恒转矩负载为 $T_L = 0.8T_N$。求：

(1) 电动机的转速；

(2) 若电源电压降低为 0.8 U_N 时电动机转速为多少？

(3) 采用变频调速，频率降低到 40Hz 时电动机转速为多少？

5-35 一台绕线式三相异步电动机拖动卷扬机，$P_N = 47kW$，$U_N = 380V$，$n_N = 980r/min$，$E_{2N} = 362V$，$\lambda_m = 2.5$，$I_{2N} = 76A$，提升重物 $T_L = 0.8T_N$ 时，采用转子串电阻调速。分别求出未串电阻时以及分别串入电阻 0.60Ω、1.2Ω、4.5Ω 时的转速。

5-36 一台绕线式三相异步电动机，$P_N = 22kW$，$U_N = 380V$，$n_N = 1460r/min$，$E_{2N} = 355V$，$I_{2N} = 40A$，$\lambda_m = 2$，$I_{1N} = 43.9A$，要使电动机满载时的转速到达 1460r/min，求转子应串入多大电阻？

5-37 某矿井提升机由一台绕线式三相异步电动机拖动，$P_N = 25kW$，$U_N = 380V$，$n_N = 980r/min$，$\lambda_m = 2.5$，$E_{2N} = 198V$，$I_{2N} = 59A$。若要求电动机以 1050r/min 的转速匀速下放重物 $T_L = 0.8T_N$，求串电阻应为多大？

5-38 某起重机吊钩由一台绕线式三相异步电动机拖动，电动机额定数据为：$P_N = 40kW$，$U_N = 380V$，$n_N = 1464r/min$，$\lambda_m = 2.2$，启动电流倍数 $k_T = 1$，$R_2 = 0.06\Omega$。电动机的负载转矩的情况是：提升重物 $T_1 = T_L = 261N·m$，下放重物 $T_2 = T_L = 208N·m$。

(1) 提升重物，要求有低速、高速两挡，且高速时转速 n_A 为工作在固有特性上的转速，低速时 $n_B = 0.25n_A$，工作于转子回路串电阻的特性上。求两挡转速各为多少及转子回路应串入的电阻值为多大?

(2) 下放重物要求有低速、高速两挡，且高速时转速 n_C 为工作在负序电源的固有机械特性上的转速，低速时 $n_D = -n_B$，工作于转子回路串电阻的特性上。求两挡转速及转子应串入的电阻值。说明电动机运行在哪种状态。

5-39 一台绕线式三相异步电动机，$P_N = 5kW$，$U_N = 380V$，$n_N = 960r/min$，$\lambda_m = 2.3$，$E_{2N} = 164V$，$I_{2N} = 20.66A$。原来在固有机械特性曲线上拖动恒转矩负载运行，$T_L = 0.75T_N$，为使电动机快速反转，采用反接制

动，要求制动开始时电动机的电磁转矩为 $1.8T_N$，求转子应串入的电阻值。

5-40　一台绕线式三相异步电动机，$P_N = 75kW$，$U_N = 380V$，$n_N = 1460r/min$，$\lambda_m = 2.8$，$E_{2N} = 399V$，$I_{2N} = 116A$。原来在固有机械特性曲线上拖动反抗性恒转矩负载运行，$T_L = 0.8T_N$，为使电动机快速反转，采用反接制动。求：

(1) 要求制动开始时电动机的电磁转矩为 $T = 2T_N$，求转子应串入的电阻值。

(2) 电动机反转后稳定转速是多少？

5-41　一台绕线式三相异步电动机，$P_N = 75kW$，$U_N = 380V$，$n_N = 720r/min$，$\lambda_m = 2.4$，$E_{2N} = 213V$，$I_{2N} = 220A$，定子、转子都为 Y 形连接，原来在固有机械特性曲线上拖动位能性恒转矩负载运行，$T_L = T_N$。求：

(1) 要求启动转矩为 $T_{st} = 1.48T_N$，求转子应串入的电阻值；

(2) 要求稳定转速为–300r/min 时，求转子应串入的电阻值；

(3) 若正常运行时，采用反接制动，要求制动转矩为 $1.2T_N$ 时，求转子应串入的电阻值。

5-42　一台绕线式三相异步电动机，$P_N = 50kW$，$U_N = 380V$，$n_N = 1455r/min$，$I_N = 100A$，$\lambda_m = 2.5$，$I_{2N} = 100A$，$E_{2N} = 210V$，驱动恒转矩负载 $T = 0.75T_N$，欲使电动机运行在 $n = 955r/min$，求：

(1) 采用转子回路串电阻，每相需要串入的电阻值；

(2) 采用变频调速，保持 $U_1 / f_1 =$ 常数，计算频率与电压各为多少？

5-43　为什么鼠笼式异步电动机的启动最好采用软启动器，而绕线式异步电动机可以不用软启动方法？

5-44　鼠笼式三相异步电动机采用软启动方式的主要优点有哪些？

5-45　为什么变频器要采用防止过电压失速功能的设定？

5-46　查阅相关资料，了解变频器的品牌、型号和功能。

第 6 章　同步电动机

同步电动机与异步电动机相对应，也属于交流电动机，由于其转子转速与定子旋转磁场转速相同，故称为同步电动机。同步电机具有可逆性，可以作为发电机使用，电力系统中的电能几乎全是通过发电厂的同步发电机产生的；也可作为电动机使用，功率可达数千千瓦，多用于大型生产机械的电力拖动系统中，如空气压缩机、鼓风机、球磨机等。同步电动机是同步电机将电能转换为机械能的一种运行方式，其转速不随负载变化而变化，通过调节励磁电流可以改善电网的功率因数，这是同步电动机的主要优点。本章以在工业上得到广泛应用的三相同步电动机为对象，主要分析同步电动机的基本结构、工作原理、电磁关系、运行特性和电力拖动。

6.1　同步电动机的结构与工作原理

6.1.1　同步电动机的结构

同步电动机与其他旋转电机一样，也由定子、转子、轴承和集电环装置等组成，定、转子之间有气隙，其结构如图 6-1 所示。

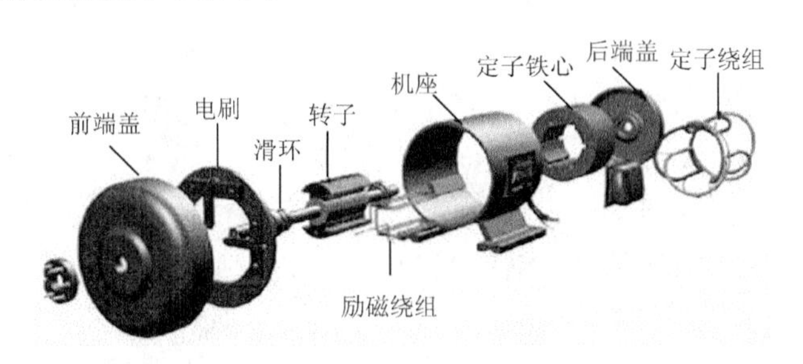

图 6-1　同步电动机的结构

1. 定子

定子由定子铁心、定子绕组、机座和端盖等部分组成。

定子铁心是构成磁路的部件，由硅钢片叠装而成，目的是减少磁滞和涡流损耗。

定子绕组与异步电动机的相同，是三相对称交流绕组，多为双层短距分布绕组；定子又称为电枢，定子绕组又称为电枢绕组。

机座是支承部件，其作用是固定定子铁心和定子绕组，大型同步电动机的机座多采用钢板焊接结构。

2. 转子

同步电动机的转子与异步电动机的转子不同，根据转速高低和容量大小分为凸极式和隐极式两种。一般同步电动机多采用凸极式转子，而高速运行的同步电动机则采用隐极式，这两种转子结构如图 6-2 所示。

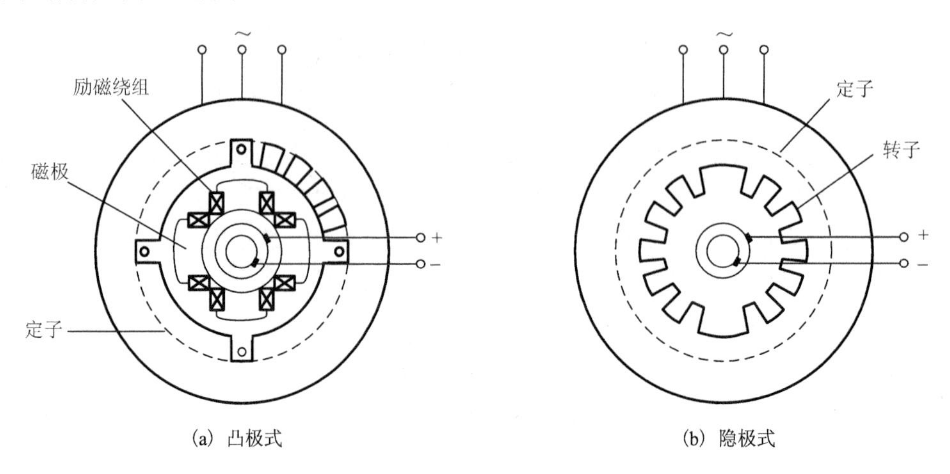

图 6-2　同步电动机的转子结构

凸极式转子如图 6-2(a)所示，由转子铁心(转轴、转子磁极、磁轭)、转子绕组(励磁绕组)和集电环组成。励磁绕组通入直流励磁电流，转子产生固定极性的磁极。磁极是建立转子磁场的部件，由磁极铁心、励磁绕组和极身绝缘组成。磁极铁心通常由磁极冲片叠成，冲片材质为 1～1.5mm 低碳钢板；磁极上套有励磁线圈，各磁极上线圈按一定方式连接起来构成励磁绕组，在励磁绕组上通入直流电流，使转子的磁极极性 N 和 S 在电动机圆周上交替排列；磁轭是转子磁路的一部分，它用 4～8mm 钢板冲片叠成，也有用整体锻钢加工而成，磁轭的另一个作用是固定磁极，其外表有鸽尾槽，用于固定磁极并使磁极准确定位。凸极式转子的特点是，定、转子之间的气隙不均匀，结构简单、制造方便，但机械强度较差，适用于转速低于 1000r/min 的同步电动机。

隐极式转子如图 6-2(b)所示，无明显的磁极，转子和转轴由整块的钢材加工成统一体，转子呈圆柱形。在圆周上约 2/3 的部分铣有齿和槽，槽内嵌放同心式的直流励磁绕组，没有开槽的 1/3 部分称为大齿，是磁极的中心区域。励磁绕组也是通过电刷和集电环与直流电源相连。隐极式转子的特点是，定、转子之间的气隙均匀，制造工艺比较复杂，机械强度较高，适用于高速(1500r/min 以上)同步电动机。

为了便于启动，一般在转子磁极表面上装有类似于鼠笼式异步电动机的鼠笼式绕组，这种绕组不仅能用于启动，而且对振荡也有阻尼作用，称为启动绕组(或阻尼绕组)，凸极式同步电动机便于安装这种绕组，所以同步电动机多为凸极式结构。

6.1.2　同步电机的工作原理

同步电机可以可逆运行，根据外界条件，可以作电动机运行，也可作发电机运行。

当同步电机定子三相绕组接三相交流电源、转子励磁绕组接直流电源时，就作为同步电动机运行。这时定子三相对称绕组通入对称的三相交流电流，在定、转子气隙中产生旋转磁场；转子励磁绕组通入的直流电流产生恒定磁场。旋转磁场对转子磁场作用，会产生电磁转矩，拖动转子并带动负载旋转，此时是电动机运行状态。转子转速与旋转磁场转速相等，即

同步转速 $n_1 = 60f_1/p$，其中 f_1 为三相交流电源频率，p 为磁极对数。旋转方向取决于定子绕组通入电流相序。只要电源频率恒定，电动机的转速就是恒定的，总是与旋转磁场同步，因而称为同步电动机。如果同步电动机轴上带有机械负载，则电枢绕组从电网吸收电功率，通过气隙磁场传递给转子，转换为机械功率，实现机电能量转换。

当同步电机的转子励磁绕组通直流电流，且转子由原动机拖动以恒速 n_1 旋转时，同步电机就作为同步发电机运行。因为在转子旋转过程中，转子上的磁极以恒速 n_1 切割定子的三相对称绕组，会在定子的三相对称绕组中产生三相对称电动势，外接三相负载时，同步电机就可向负载供电，成为同步发电机。同步发电机带上负载时，定子三相绕组就有三相电流流过，会产生旋转磁场，旋转磁场与转子磁场相互作用，企图阻止转子旋转，这样，同步发电机就把输入的机械能转变为电能供给负载。

综上所述，同步电机无论作为发电机还是电动机运行，其转速与频率之间都保持严格不变的关系。即同步电机在恒定频率下的转速恒为同步速度，这是同步电机和异步电机的基本差别之一。

6.1.3 同步电机的额定值

在同步电机的铭牌上标明的额定数据如下：

(1) 额定功率 P_N(kW)，对于同步电动机，指在额定运行时轴上输出的机械功率；对于同步发电机，指在额定运行时输出的电功率。

对于三相同步电动机

$$P_N = \sqrt{3}U_N I_N \cos\varphi_N \times 10^{-3}\,(\text{kW})$$

对于三相同步发电机

$$P_N = \sqrt{3}U_N I_N \cos\varphi_N \eta_N \times 10^{-3}\,(\text{kW})$$

(2) 额定电压 U_N(V 或 kV)，指允许加在定子绕组上最大线电压。

(3) 额定电流 I_N(A)，在额定运行时流过定子绕组的线电流。

(4) 额定转速 n_N(r/min)，指电机额定运行时的转子转速，等于同步转速。

(5) 额定效率 η_N，指电机在额定运行时的效率。

(6) 额定功率因数 $\cos\varphi_N$，指电机在额定运行时的功率因数。

(7) 额定频率 f_N(Hz)，指电机在额定运行时规定的频率。

(8) 额定励磁电压 U_{fN}(V)，指电机在额定运行时励磁绕组所加的电压。

(9) 额定励磁电流 I_{fN}(A)，指电机在额定运行时的励磁电流。

此外，同步电机的铭牌上还给出电机的绝缘等级、冷却方式、温升、防护等级、重量等。

同步电动机的型号用大写的汉语拼音字母和阿拉伯数字表示。例如 T2500-4/2150 型电动机，含义是：这是一台定子铁心外径为 2150mm、功率为 2500kW 的 4 极同步电动机。

6.2 同步电动机的电磁关系

6.2.1 同步电动机的磁动势

同步电动机稳态运行时，转子励磁绕组通入直流电流 I_f，定子的电枢绕组通入交流电流 I，因而存在两个磁动势，即转子的励磁磁动势 $\dot{F}_0$（也称主磁动势）和电枢磁动势 $\dot{F}_a$ 。$\dot{F}_0$ 是直流恒定磁动势，随转子以同步转速 n_1 旋转，在气隙中产生的磁通称为主磁通；电枢电流产生的电枢磁动势 $\dot{F}_a$ 是旋转磁动势，也以同步转速 n_1 相对于定子旋转，其转向与转子转向相同。这样，$\dot{F}_a$ 和 $\dot{F}_0$ 同方向、同转速旋转，没有相对运动，可以利用叠加原理求得它们共同作用产生的气隙合成磁动势 $\dot{F}$ 为

$$\dot{F} = \dot{F}_0 + \dot{F}_a \tag{6-1}$$

当同步电动机空载时， $\dot{F}_a = 0$ ， $\dot{F} = \dot{F}_0$ ，这时的气隙磁场只有励磁磁动势产生的空载气隙磁场。当电动机带负载时，就有电枢磁动势 $\dot{F}_a$ ，这时的气隙磁场是 $\dot{F}_0$ 和 $\dot{F}_a$ 共同作用的结果，$\dot{F}_a$ 的存在改变了原来只由 $\dot{F}_0$ 产生的空载气隙磁场的大小和分布。电枢磁动势 $\dot{F}_a$ 对空载气隙磁场的影响称为电枢反应。

电枢反应的性质是与电枢磁动势和转子磁动势在空间的相对位置有关，同时还与转子的结构形式(即凸极和隐极)有关。下面以凸极同步电动机为例，应用双反应理论和相量图分析电枢反应及影响。

6.2.2 凸极同步电动机的双反应理论

凸极同步电动机转子结构的特点是有明显的磁极，定、转子之间的气隙不均匀，在转子磁极处气隙较小，在其他位置气隙较大，这种气隙不均匀给分析同步电动机内部电磁关系带来困难。为便于分析，在转子上设置垂直的两根轴，即 d 轴和 q 轴，取转子磁极轴线为 d 轴(直轴)，取极间中心线为 q 轴(交轴)，d 轴和 q 轴随转子以转速 n_1 逆时针方向旋转，如图 6-3 所示。设置 d、q 轴后，同步电动机的磁路沿 d 轴或 q 轴方向是对称的，便于分析计算。

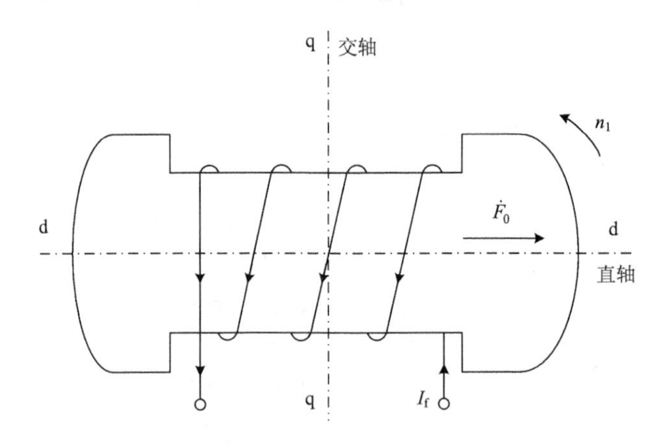

图 6-3　凸极式同步电动机的 d 轴和 q 轴

对转子而言，励磁磁动势 $\dot{F}_0$ 作用在 d 轴上，没有 q 轴方向的分量，$\dot{F}_0$ 产生的主磁通 $\dot{\Phi}_0$ 也在 d 轴上，随转子一起旋转，经过的是沿 d 轴对称的磁路。

由于电枢磁动势 $\dot{F}_a$ 与励磁磁动势 $\dot{F}_0$ 同方向同转速旋转，相互之间没有相对运动，而 $\dot{F}_0$ 又在转子的 d 轴上，这样，也就可以把 $\dot{F}_a$ 放在转子的 d-q 轴系中进行分析。

现在 $\dot{F}_a$ 和 $\dot{F}_0$ 都在 d-q 轴系中，首先将 $\dot{F}_a$ 进行分解。即把电枢磁动势 $\dot{F}_a$ 分解为直轴分量

$\dot{F}_{ad}$（也称为直轴电枢磁动势）和交轴分量 $\dot{F}_{aq}$（也称为交轴电枢磁动势），然后分别进行分析和计算，最后再把它们的效果叠加起来，就是电枢反应。

如图 6-4 所示，将 $\dot{F}_a$ 分解后就得到

$$\dot{F}_a = \dot{F}_{ad} + \dot{F}_{aq} \tag{6-2}$$

也就得到

$$\begin{cases} F_{ad} = F_a \sin\psi \\ F_{aq} = F_a \cos\psi \end{cases} \tag{6-3}$$

式中，ψ 为 $\dot{F}_a$ 与 q 轴的夹角。

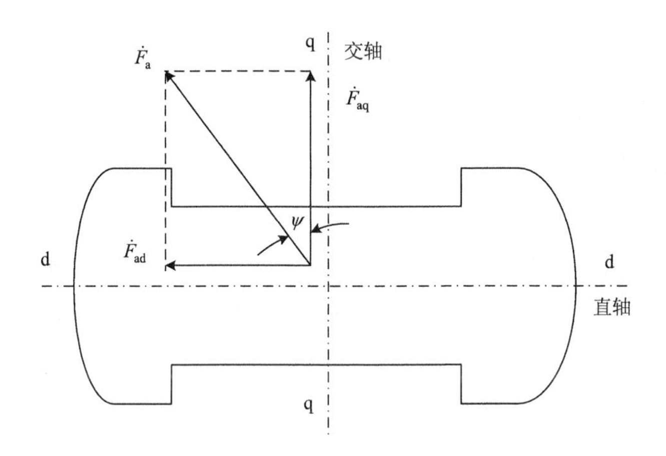

图 6-4　电枢磁动势及分量

6.2.3　凸极电动机的电磁关系

在同步电动机中常按电动机惯例规定的参考方向，如图 6-5 所示，对应的电压平衡方程式为

$$\dot{U} = \dot{E} + \dot{I}Z$$

式中，Z 为同步电动机电枢绕组的漏阻抗。

如果不考虑铁损耗，在相量图中，电流 $\dot{I}$、电流 $\dot{I}$ 所产生的磁动势 $\dot{F}$ 和磁通 $\dot{\Phi}$，三者是同相位的。按照变压器和异步电动机的分析方法，在图 6-5 的电路中 $\dot{E}$ 超前 $\dot{\Phi}$ 相位 90°，当然 $\dot{\Phi}$ 也超前对应的磁动势 $\dot{F}$ 和电流 $\dot{I}$ 相位 90°。

电枢磁动势 $\dot{F}_a$ 的大小为

$$F_a = 1.35\frac{N_1 k_{N1}}{p} I \tag{6-4}$$

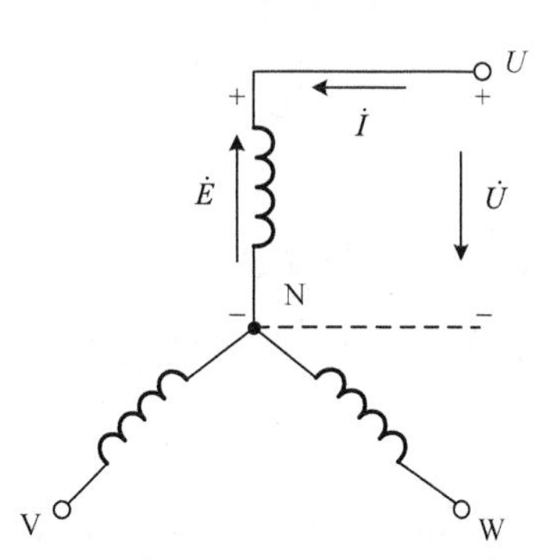

图 6-5　同步电动机中电磁量的参考方向

式中，I 为电枢相电流的有效值；N_1 为电枢绕组一相串联的匝数；k_{N1} 为绕组系数；p 为电机磁极对数。

利用双反应理论，将$\dot{F}_{a}$分解为$\dot{F}_{ad}$和$\dot{F}_{aq}$，它们的大小为

$$\begin{cases} F_{ad}=F_{a}\sin\psi=1.35\dfrac{N_{1}k_{N1}}{P}I\sin\psi=1.35\dfrac{N_{1}k_{N1}}{p}I_{d} \\ F_{aq}=F_{a}\cos\psi=1.35\dfrac{N_{1}k_{N1}}{P}I\cos\psi=1.35\dfrac{N_{1}k_{N1}}{p}I_{q} \end{cases} \tag{6-5}$$

式中，$I_{d}=I\sin\psi$为电枢电流的直轴分量；$I_{q}=I\cos\psi$为电枢电流的交轴分量。

由式(6-5)可得到电枢电流$\dot{I}$的表达式为

$$\dot{I}=\dot{I}_{d}+\dot{I}_{q} \tag{6-6}$$

即

$$\begin{cases} I_{d}=I\sin\psi \\ I_{q}=I\cos\psi \end{cases} \tag{6-7}$$

由$\dot{F}_{a}$分解而来的分量$\dot{F}_{ad}$和$\dot{F}_{aq}$，连同励磁磁动势$\dot{F}_{0}$都以同步转速 n_1 旋转，它们所产生的磁通$\dot{\Phi}_{ad}$、$\dot{\Phi}_{aq}$、$\dot{\Phi}_{0}$也以同步转速 n_1 旋转，切割电枢绕组(定子绕组)，分别在电枢绕组中产生感应电动势$\dot{E}_{ad}$、$\dot{E}_{aq}$和$\dot{E}_{0}$。另外，定子磁动势$\dot{F}_{a}$产生的漏磁通$\dot{\Phi}_{\sigma}$，在定子绕组中产生感应漏电动势$\dot{E}_{\sigma}$。根据图 6-5 给出的同步电动机电动势参考方向，可以写出电枢回路电压平衡方程式为

$$\dot{U}=\dot{E}_{0}+\dot{E}_{ad}+\dot{E}_{aq}+\dot{E}_{\sigma}+\dot{I}R_{1} \tag{6-8}$$

式中，R_1为电枢绕组一相的电阻；$\dot{E}_{ad}$称为直轴电枢反应电动势；$\dot{E}_{aq}$称为交轴电枢反应电动势；$\dot{E}_{0}$称为励磁电动势，也称空载电动势。

不考虑饱和情况，则磁路为线性，就有

$$\begin{cases} E_{ad}\propto\Phi_{ad}\propto F_{ad}\propto I_{d} \\ E_{aq}\propto\Phi_{aq}\propto F_{aq}\propto I_{q} \end{cases} \tag{6-9}$$

即E_{ad}正比于I_d，E_{aq}正比于I_q。考虑相位关系时，$\dot{E}_{ad}$超前$\dot{I}_{d}$相位 90°，$\dot{E}_{aq}$超前$\dot{I}_{q}$相位 90°。

由于$\dot{E}_{ad}$正比于$\dot{I}_{d}$，且超前$\dot{I}_{d}$相位 90°，于是可将$\dot{E}_{ad}$表示为

$$\dot{E}_{ad}=j\dot{I}_{d}X_{ad} \tag{6-10}$$

式中，X_{ad}是比例常数，称为直轴电枢反应电抗。

同理，可将$\dot{E}_{aq}$表示为

$$\dot{E}_{aq}=j\dot{I}_{q}X_{aq} \tag{6-11}$$

式中，X_{aq}也是比例常数，称为交轴电枢反应电抗。

另外，在定子绕组中感应漏电动势$\dot{E}_{\sigma}$为

$$\dot{E}_{\sigma}=j\dot{I}X_{1} \tag{6-12}$$

式中，X_1为电枢绕组一相的漏电抗。

将式(6-10)、式(6-11)和式(6-12)代入式(6-8)中，得到

$$\dot{U}=\dot{E}_0+\mathrm{j}\dot{I}_\mathrm{d}X_\mathrm{ad}+\mathrm{j}\dot{I}_\mathrm{q}X_\mathrm{aq}+\dot{I}(R_1+\mathrm{j}X_1) \tag{6-13}$$

再将式(6-6)代入式(6-13)，又得到

$$\begin{aligned}\dot{U}&=\dot{E}_0+\mathrm{j}\dot{I}_\mathrm{d}X_\mathrm{ad}+\mathrm{j}\dot{I}_\mathrm{q}X_\mathrm{aq}+(\dot{I}_\mathrm{d}+\dot{I}_\mathrm{q})(R_1+\mathrm{j}X_1)\\&=\dot{E}_0+\mathrm{j}\dot{I}_\mathrm{d}(X_\mathrm{ad}+X_1)+\mathrm{j}\dot{I}_\mathrm{q}(X_\mathrm{aq}+X_1)+\dot{I}R_1=\dot{E}_0+\mathrm{j}\dot{I}_\mathrm{d}X_\mathrm{d}+\mathrm{j}\dot{I}_\mathrm{q}X_\mathrm{q}+\dot{I}R_1\end{aligned} \tag{6-14}$$

式中，$X_\mathrm{d}=X_\mathrm{ad}+X_1$，称为直轴同步电抗；$X_\mathrm{q}=X_\mathrm{aq}+X_1$，称为交轴同步电抗。

对同一台同步电动机，X_d、X_q都是常数，可以用计算的方法或试验的方法求得。

综上所述，凸极同步电动机的电磁关系如图 6-6 所示。

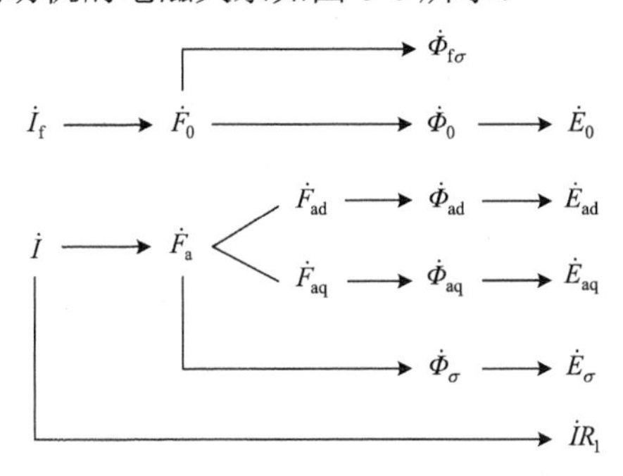

图 6-6　凸极同步电动机的电磁关系

6.2.4　凸极同步电动机的相量图和电枢反应

当同步电动机容量较大时，一般情况下可忽略电阻 R_1，于是同步电动机电压平衡方程式(6-14)可简化为

$$\dot{U}=\dot{E}_0+\mathrm{j}\dot{I}_\mathrm{d}X_\mathrm{d}+\mathrm{j}\dot{I}_\mathrm{q}X_\mathrm{q} \tag{6-15}$$

凸极同步电动机运行于电动状态在$\varphi<0$(超前)时，画出的简化相量图如图 6-7 所示。图 6-7 中$\dot{U}$与$\dot{I}$之间的夹角φ是功率因数角；$\dot{E}_0$与$\dot{U}$之间的夹角θ与功率的大小有关，称为功率角，简称为功角；$\dot{E}_0$与$\dot{I}$之间的夹角是ψ，ψ也是$\dot{F}_\mathrm{a}$与q 轴的夹角。

ψ对电枢反应有重大影响，由$\dot{F}=\dot{F}_0+\dot{F}_\mathrm{a}=\dot{F}_0+(\dot{F}_\mathrm{ad}+\dot{F}_\mathrm{aq})=(\dot{F}_0+\dot{F}_\mathrm{ad})+\dot{F}_\mathrm{aq}$可知，当$\dot{I}$超前$\dot{E}_0$时，如图 6-7 所示，$\dot{I}_\mathrm{d}$所产生的直轴磁动势$\dot{F}_\mathrm{ad}$与励磁磁动势$\dot{F}_0$反相，电枢反应起去磁作用；当$\dot{I}$落后$\dot{E}_0$时，$\dot{I}_\mathrm{d}$所产生的$\dot{F}_\mathrm{ad}$与$\dot{F}_0$同相，电枢反应起助磁作用；当$\dot{I}$与$\dot{E}_0$同相，即$\psi=0$，则$\dot{I}_\mathrm{d}=0$，没有直轴磁动势$\dot{F}_\mathrm{ad}$，只有交轴磁动势$\dot{F}_\mathrm{aq}$，电枢反应既不去磁，也不助磁，仅仅是使气隙发生偏移。

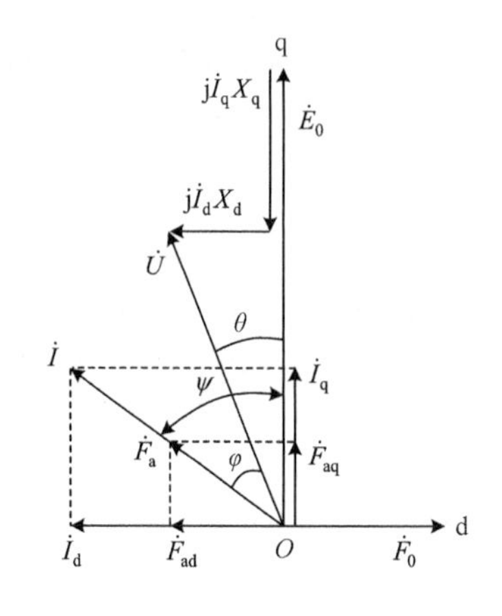

图 6-7　凸极同步电动机$\varphi<0$时的简化相量图

6.2.5　隐极同步电动机的相量图和电枢反应

凸极同步电动机的气隙是不均匀的，沿 d 轴和 q 轴的磁阻是不相等的，表现为直轴同步

电抗 X_d 和交轴同步电抗 X_q 是不相等的。而隐极同步电动机的气隙是均匀的，表现为直轴、交轴同步电抗是相等的，即

$$X_d = X_q = X_c \tag{6-16}$$

式中，X_c 为隐极同步电动机的同步电抗。

对隐极同步电动机，电压平衡方程式(6-14)就变为

$$\dot{U} = \dot{E}_0 + j\dot{I}_d X_d + j\dot{I}_q X_q = \dot{E}_0 + j(\dot{I}_d + \dot{I}_q)X_c = \dot{E}_0 + j\dot{I}X_c \tag{6-17}$$

图 6-8 为隐极同步的电动机 $\varphi < 0$(超前)的简化相量图。

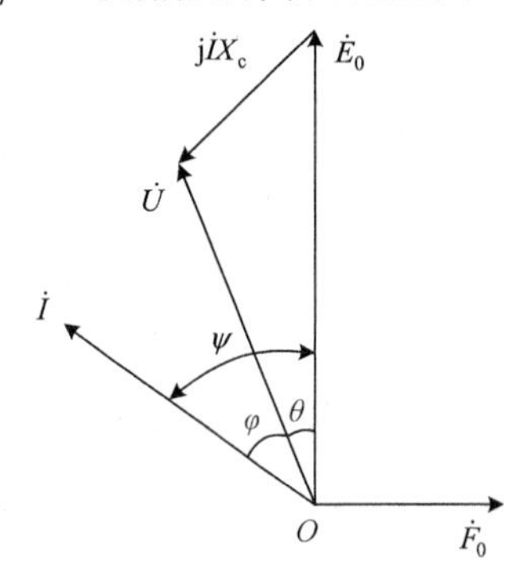

图 6-8　隐极同步电动机 $\varphi < 0$ 时的简化相量图

6.3　同步电动机的功率和转矩

6.3.1　功率关系和转矩关系

同步电动机正常运行时，从电源输入的功率 P_1 中减去所有损耗，就是轴上输出的机械功率 P_2，损耗包括定子绕组的铜损耗 P_{Cu1}、定子的铁损耗 P_{Fe}、机械损耗 P_{mec} 和附加损耗 P_s，于是得到同步电动机的功率平衡方程式为

$$P_1 = P_2 + P_{Cu1} + P_{Fe} + P_{mec} + P_s \tag{6-18}$$

式中，P_{Fe}、P_{mec}、P_s 是空载时就存在的损耗，与带不带负载没有关系，统称为空载损耗 P_0，即 $P_0 = P_{Fe} + P_{mec} + P_s$。

同步电动机的电磁功率 P_M 是输出功率 P_2 与空载损耗 P_0 之和，即

$$P_M = P_2 + P_0 = P_2 + P_{Fe} + P_{mec} + P_s \tag{6-19}$$

相应的同步电动机的功率流程图如图 6-9 所示。

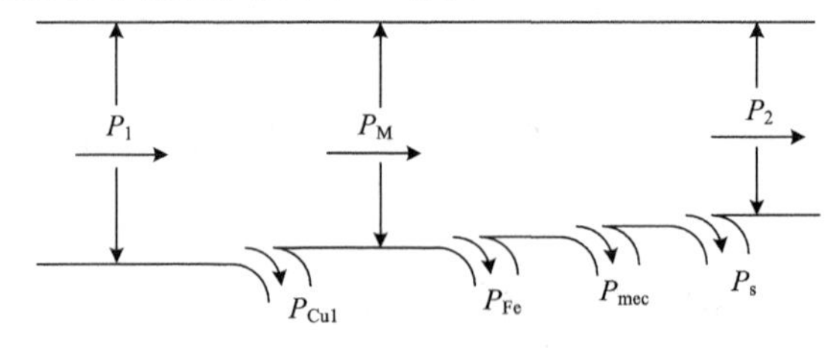

图 6-9　同步电动机功率流程图

将式(6-19)的两边同时除以同步角速度Ω_1，就得到转矩平衡方程式为

$$T = T_2 + T_0 \tag{6-20}$$

式中，$T = P_M / \Omega_1$是电磁转矩；$T_2 = P_2 / \Omega_1$是负载转矩；$T_0 = P_0 / \Omega_1$是空载转矩；$\Omega_1 = 2\pi n_1 / 60$是机械同步角速度。

6.3.2 功角特性与矩角特性

在异步电动机中，电磁转矩T随转速n而变化，其变化规律称为机械特性$T = f(n)$。而当同步电动机负载变化时，也会引起电磁转矩的变化，但转速是不变的，所以要表示同步电动机的电磁功率P_M和电磁转矩T随负载变化的规律时，常用功角θ作为参考量来表示，θ是$\dot{U}$与$\dot{E}_0$之间的夹角，电磁功率P_M和电磁转矩T随功角θ的变化规律分别称为同步电动机的功角特性与矩角特性。

若不计定子绕组电阻，可以用图 6-7 所示的凸极同步电动机简化相量图来推导其功角特性。由相量图 6-7 可知

$$\begin{cases} X_d I_d = E_0 - U\cos\theta \\ X_q I_q = U\sin\theta \end{cases} \tag{6-21}$$

于是就有

$$\begin{cases} I_d = \dfrac{E_0 - U\cos\theta}{X_d} \\ I_q = \dfrac{U\sin\theta}{X_q} \end{cases} \tag{6-22}$$

由图 6-7 还可知$\varphi = \psi - \theta$。

由于不计R_1，所以$P_{Cu1} = 0$，就有

$$\begin{aligned} P_M &= P_1 = 3UI\cos\varphi = 3UI\cos(\psi - \theta) \\ &= 3UI\cos\psi\cos\theta + 3UI\sin\psi\sin\theta \end{aligned} \tag{6-23}$$

将式(6-22)和$I_d = I\sin\psi$ 及$I_q = I\cos\psi$代入式(6-23)，就得到

$$\begin{aligned} P_M &= 3UI_q\cos\theta + 3UI_d\sin\theta = 3U\frac{U\sin\theta}{X_q}\cos\theta + 3U\frac{E_0 - U\cos\theta}{X_d}\sin\theta \\ &= 3\frac{E_0 U}{X_d}\sin\theta + 3U^2\left(\frac{1}{X_q} - \frac{1}{X_d}\right)\sin\theta\cos\theta \\ &= \frac{3E_0 U}{X_d}\sin\theta + \frac{3U^2}{2}\left(\frac{1}{X_q} - \frac{1}{X_d}\right)\sin 2\theta \\ &= P_{M1} + P_{M2} \end{aligned} \tag{6-24}$$

式中，P_{M1}是基本电磁功率；P_{M2}是附加电磁功率。

相应的电磁转矩表达式为

$$T = \frac{P_M}{\Omega_1} = \frac{3E_0 U}{\Omega_1 X_d}\sin\theta + \frac{3U^2}{2\Omega_1}\left(\frac{1}{X_q} - \frac{1}{X_d}\right)\sin 2\theta \tag{6-25}$$

式(6-24)表示，当电源电压 U 为常数、励磁电动势 E_0 为常数时，凸极同步电动机的电磁功率 P_M 只随功角 θ 而变化，即 $P_M=f(\theta)$，这就是凸极同步电动机的功角特性，如图 6-10 的曲线 3 所示。同理，式(6-25)表示凸极同步电动机的电磁转矩 T 与功角 θ 关系，即 $T=f(\theta)$ 是凸极同步电动机的矩角特性。矩角特性曲线的形状和功角特性曲线的形状是相同的，在图 6-10 中的曲线 3 既表示功角特性，也表示矩角特性，它们仅仅是比例系数不同。

由式(6-24)及对应的图 6-10 的特性曲线可以看出，凸极同步电动机的电磁功率 P_M 包含两个部分：式中的第一项 $P_{M1}=\dfrac{3E_0U}{X_d}\sin\theta$ 称为基本电磁功率，与 E_0 及 U 成正比关系，当 U 及 E_0 都是常数时，基本电磁功率与功角 θ 成正弦关系，如图 6-10 中的曲线 1；式中的第二项 $P_{M2}=\dfrac{3U^2}{2}\left(\dfrac{1}{X_q}-\dfrac{1}{X_d}\right)\sin 2\theta$ 称为附加电磁功率，是由 $X_d \neq X_q$ 引起的，只在凸极同步电动机中才存在，附加电磁功率与 θ 的关系如曲线 2 所示。曲线 3 是曲线 1 和 2 合成后的功角特性。

同理，由式(6-25)也可以知道，凸极同步电动机的电磁转矩也包含两个部分，即基本电磁转矩与附加转矩，附加转矩也是由于 d、q 轴的磁阻不等使 X_d 不等于 X_q 而引起的，又称为磁阻转矩。

磁阻不等能产生磁阻转矩，可以用图 6-11 来说明。由于凸极转子的影响，当凸极转子轴线与定子磁场的轴线错开一个角度时，定子绕组产生的磁通斜着通过气隙，就产生切线方向的磁拉力，也就产生了拖动转矩，这就是磁阻转矩。只要定子上有外接电压，即使转子没有励磁的凸极同步电动机也会产生磁阻转矩而运行于电动机状态，这种电机称为磁阻电机或反应式同步电动机。

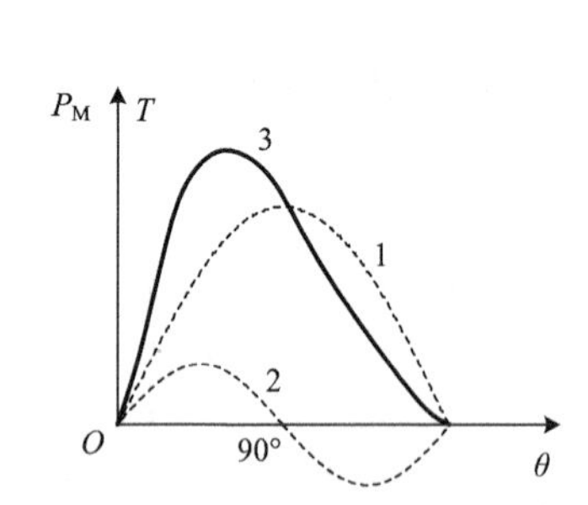

图 6-10　同步电动机的功角特性与矩角特性

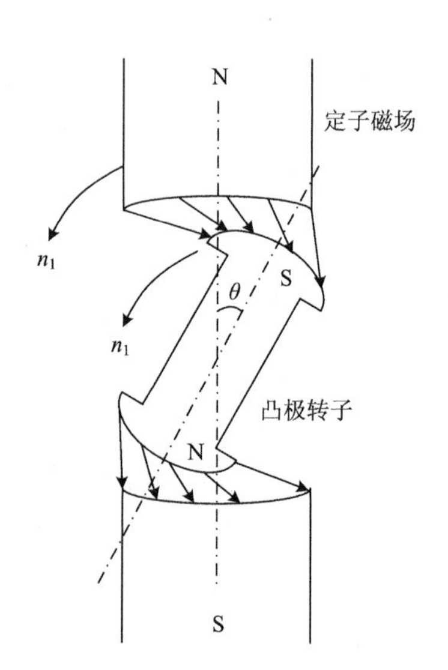

图 6-11　凸极同步电动机的磁阻转矩

对于隐极同步电动机，由于气隙是均匀的，d、q 轴的同步电抗是相等的，即 $X_d=X_q=X_c$，这样，式(6-24)和式(6-25)中的第二项均为零，即不存在附加电磁功率和附加电磁转矩。所以隐极同步电动机的功角特性为

$$P_{\mathrm{M}}=\frac{3E_0U}{X_{\mathrm{c}}}\sin\theta \tag{6-26}$$

同理，隐极同步电动机的矩角特性为

$$T=\frac{3E_0U}{\Omega_1X_{\mathrm{c}}}\sin\theta \tag{6-27}$$

隐极同步电动机的功角特性和矩角特性如图 6-12 所示。当励磁电流为常数，在 $\theta=90^\circ$ 时，电磁功率 P_{M} 达到最大值，即

$$P_{\mathrm{Mm}}=\frac{3E_0U}{X_{\mathrm{c}}} \tag{6-28}$$

这时的电磁转矩也达到最大值，即

$$T_{\mathrm{m}}=\frac{3E_0U}{\Omega_1X_{\mathrm{c}}} \tag{6-29}$$

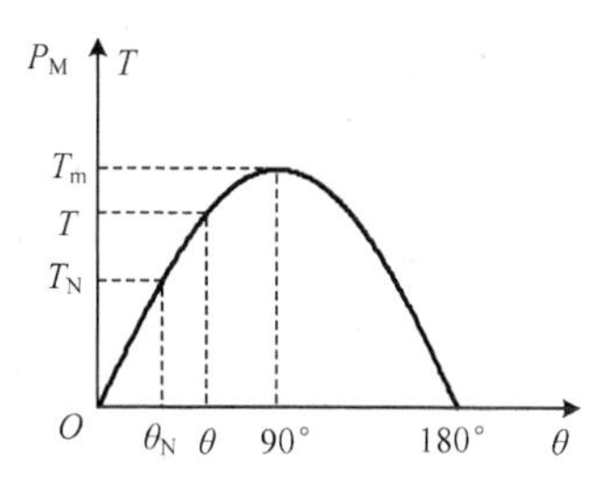

图 6-12　隐极同步电动机的功角特性与矩角特性

6.3.3　功角θ决定同步电动机的运行状态和稳定状态

同所有旋转电机一样，同步电机也有电动机和发电机两种运行状态。对每一种运行状态，也都存在着稳定性问题，所有这一切都取决于功角θ。现以隐极同步电动机为例，分析其运行状态和稳定性与功角θ的关系。

同步电动机带负载运行时，有电枢电流 $\dot{I}$ 产生的电枢磁动势 $\dot{F}_{\mathrm{a}}$ 和励磁电流产生的励磁磁动势 $\dot{F}_0$，其合成的气隙磁动势为 $\dot{F}=\dot{F}_0+\dot{F}_{\mathrm{a}}$，如图 6-13 中所示。$\dot{F}_0$ 和 $\dot{F}_{\mathrm{a}}$ 都以同步转速 n_1 旋转，在定子绕组中产生感应电动势 $\dot{E}_0$ 和 $\dot{E}_{\mathrm{a}}=\mathrm{j}\dot{I}X_{\mathrm{c}}$。忽略定子电阻就得到式(6-17) $\dot{U}=\dot{E}_0+\mathrm{j}\dot{I}X_{\mathrm{c}}=\dot{E}_0+\dot{E}_{\mathrm{a}}$。将磁动势和电动势的方程式组合在一起就有

$$\begin{cases}\dot{F}=\dot{F}_0+\dot{F}_{\mathrm{a}}\\ \dot{U}=\dot{E}_0+\dot{E}_{\mathrm{a}}\end{cases} \tag{6-30}$$

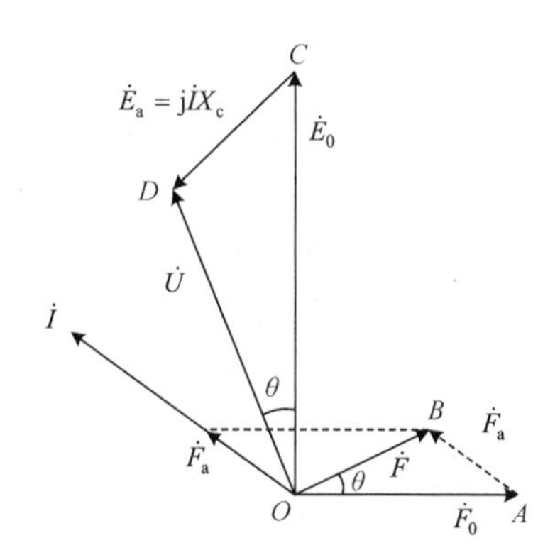

图 6-13　隐极同步电动机的磁动势和电动势相量图

很明显，功角θ具有双重物理意义：从时间上看，表示 $\dot{U}$ 与 $\dot{E}_0$ 之间的夹角；从空间上看，表示合成磁动势 $\dot{F}$ 与励磁磁动势 $\dot{F}_0$ 之间的夹角。

当用 $\dot{F}_0$ 表示转子磁极轴线位置时，则 $\dot{F}$ 表示同步电动机等效磁极轴线(或合成的气隙磁极轴线)位置，这样，功角θ就是同步电动机等效磁极轴线与转子磁极轴线之间的夹角，如图 6-13 所示。当等效磁极轴线领先转子磁极轴线时，等效磁极在前，转子磁极在后，表明等效磁极拖着转子磁极以同步转速 n_1 旋转，同步电机运行在电动机状态，这时的功角θ为正，代入式(6-27)可知电磁转矩 T 为正，是拖动性质转矩，同步电动机能带负载运行。

反之，当转子磁极在前而等效磁极在后时，这时是转子磁极拖着等效磁极旋转。功角θ为负，电磁转矩 T 为负，是制动性质转矩，只有由原动机拖动转子才能带动等效磁极旋转，是发电机运行状态。

总之，同步电机的运行状态由功角θ的符号决定，$\theta > 0$是电动机运行状态，$\theta < 0$是发电机运行状态。

功角θ也决定了同步电机运行的稳定性，现分析隐极同步电机在电动机状态下的稳定性问题。

当同步电动机拖动负载在$0^\circ < \theta < 90^\circ$区域内运行时，若负载增加，则转子转速就降低，$\dot{F}_0$的转速就降低，而$\dot{F}$的转速不变，使得功角$\theta$增加，电磁转矩$T$增加，直至增加到与负载转矩相平衡时，转子转速又恢复到同步转速。反之亦然。这样，当负载变化时，通过自动调节功角θ，同步电动机总能自动地保持同步转速运转，所以$0^\circ < \theta < 90^\circ$的区域为同步电动机的稳定运行区。

在$90^\circ < \theta < 180^\circ$范围内，如果负载增加，转子转速就降低，$\theta$增加，由式(6-27)可知，$T$反而减少，转子还会减速，$\theta$更大，$T$更小，这样，电动机不能再恢复到同步转速运行，称为“失步”，所以这一区域为同步电动机的不稳定运行区。

由以上分析可知，电动机是否稳定运行，取决于由负载扰动使电动机的功角发生变化时，电磁转矩的导数是否大于零。即维持同步电动机稳定运行的条件是

$$\frac{\mathrm{d}T}{\mathrm{d}\theta} > 0 \tag{6-31}$$

式(6-31)表示同步电动机的过载能力，常以$\theta = 90^\circ$时的最大电磁转矩T_m与额定电磁转矩T_N的比值λ_m来表示，由式(6-27)和式(6-29)可知

$$\lambda_\mathrm{m} = \frac{T_\mathrm{m}}{T_\mathrm{N}} = \frac{1}{\sin\theta_\mathrm{N}} \tag{6-32}$$

式中，λ_m称为过载倍数，一般为2.0～3.0；θ_N为额定运行的功角，一般为$20^\circ \sim 30^\circ$。

综上，可得以下结论：

(1)隐极式同步电动机的稳定运行范围是$0^\circ \leqslant \theta < 90^\circ$。超出该范围，同步电动机将不会稳定运行。为确保同步电动机可靠运行，通常取$0^\circ \leqslant \theta < 75^\circ$。

(2)增加转子直流励磁电流可以通过同步电动机的过载能力，进而提高电力拖动系统的稳定性。

对凸极同步电动机，由于存在附加电磁功率，使其最大电磁转矩比相同条件的隐极同步电动机稍高，并且特性的稳定工作部分的斜率变大。所以，凸极同步电动机的过载能力增强了。当然，不论是凸极还是隐极同步电动机，增加励磁使励磁电动势增大，都可以提高过载能力和静态稳定度。

例 6-1　已知一台三相凸极式同步电动机的数据为：额定电压$U_\mathrm{N} = 6000\mathrm{V}$，额定电流$I_\mathrm{N} = 57.8\mathrm{A}$，$n_\mathrm{N} = 300\mathrm{r/min}$，额定功率因数$\cos\varphi_\mathrm{N} = 0.8$(超前)，定子绕组为Y接法，$X_\mathrm{d} = 64.2\Omega$，$X_\mathrm{q} = 40.8\Omega$，忽略定子电阻。试求：

(1)在额定负载下的功角θ_N和空载电动势E_0；

(2)在额定负载下的电磁功率P_M、基本电磁功率P_M1、附加电磁功率P_M2和电磁转矩T；

(3)过载倍数λ_m。

解　(1)定子相电压为

$$U_1 = \frac{U_\mathrm{N}}{\sqrt{3}} = \frac{6000}{\sqrt{3}} = 3464.1(\mathrm{V})$$

因为 $\cos\varphi_N = 0.8$（超前），所以

$$\varphi_N = 36.86°$$

因为

$$\tan\psi = \frac{I_1 X_q + U_1 \sin\varphi_N}{U_1 \cos\varphi_N} = \frac{57.8\times 40.8 + 3464.1\times 0.6}{3464.1\times 0.8} = 1.6$$

所以

$$\psi = 57.99°$$

功角 θ_N 为

$$\theta_N = \psi - \varphi_N = 57.99° - 36.86° = 21.13°$$

根据相量图的几何关系可得空载电动势 E_0 为

$$E_0 = U_1 \cos\theta + I_d X_d = 6377.75\text{V}$$

(2) 在额定负载下的电磁功率为

$$P_M = \frac{3E_0 U_1}{X_d}\sin\theta + \frac{3U_1^2}{2}\left(\frac{1}{X_q} - \frac{1}{X_d}\right)\sin 2\theta = 480.3\text{kW}$$

基本电磁功率为

$$P_{M1} = \frac{3E_0 U_1}{X_d}\sin\theta = 372.16\text{kW}$$

附加电磁功率为

$$P_{M2} = \frac{3U_1^2}{2}\left(\frac{1}{X_q} - \frac{1}{X_d}\right)\sin 2\theta = 108.14\text{kW}$$

电磁转矩为

$$T = 9.55\frac{P_M}{n_1} = 15289.6\text{N}\cdot\text{m}$$

(3) 过载倍数 λ_m 为

$$\lambda_m = \frac{1}{\sin\theta_N} = 1.67$$

6.4 同步电动机的工作特性和功率因数调节

6.4.1 同步电动机的工作特性

同步电动机的工作特性是指电网电压和频率恒定、保持励磁电流不变的情况下，转子转速 n、定子电流 I、电磁转矩 T、效率 η 和功率因数 $\cos\varphi$ 与输出功率 P_2 的关系，如图 6-14 所示。

同步电动机稳定运行时，转速不随负载的变化而变化，所以转速特性 $n=f(P_2)$ 为一条水平线。

由转矩平衡方程式得

$$T=T_2+T_0=9550\frac{P_2}{n}+T_0 \tag{6-33}$$

可见，转矩特性是一条纵轴截距为空载转矩 T_0 的直线。定子电流特性和效率特性与异步电动机相似。同步电动机的功率因数特性与异步电动机的特性有很大差异。异步电动机从电网吸收滞后的无功电流作为励磁电流，所以功率因数是滞后的。而同步电动机转子的直流励磁电流是可调的，所以功率因数也可调，可以超前，也可以滞后，这是同步电动机的最大优点。图 6-15 所示为不同励磁电流时，同步电动机的功率因数特性曲线。曲线 1 为空载时 $\cos\varphi=1$ 的情况；曲线 2 为增加励磁电流、半载时 $\cos\varphi=1$ 的情况；曲线 3 为增加励磁电流、满载时 $\cos\varphi=1$ 的情况。

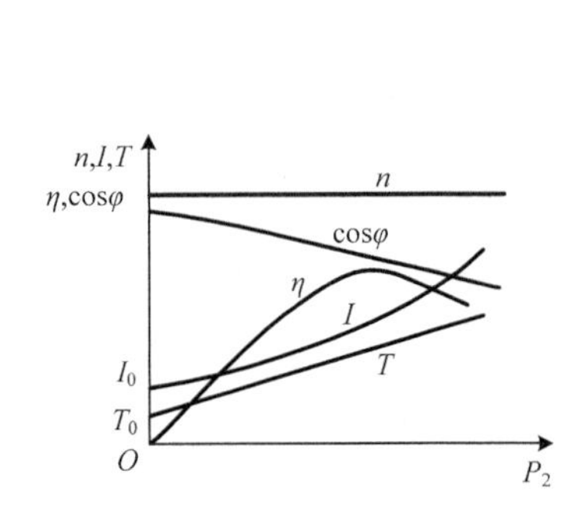

图 6-14 同步电动机的工作特性

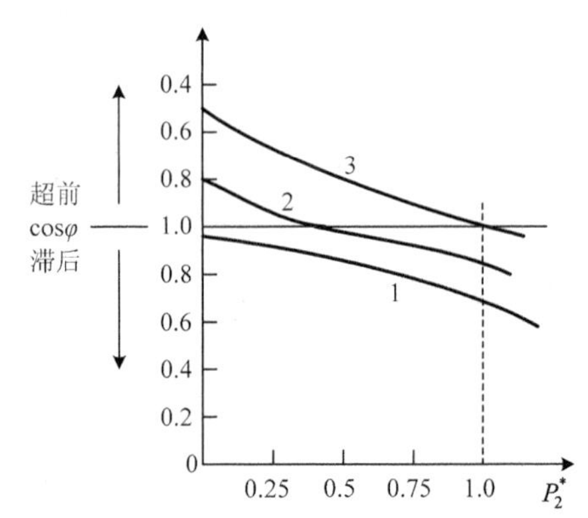

图 6-15 不同励磁电流时同步电动机的功率因数特性

6.4.2 同步电动机功率因数的调节

在电力系统或工矿企业中的大部分用电设备，如变压器、异步电动机、电抗器和感应电炉等，都是感性负载，它们不仅从电网吸取有功功率，还要从电网吸收滞后的无功电流，进而降低电网的功率因数。在一定的视在功率下，功率因数越低，有功功率就越小，于是，发电机容量、输电线路和电气设备容量就不能充分利用。如果负载一定，无功电流增加，则总电流增大，发电机及输电线路的电压降和损耗就增大。可见，提高电网功率因数，在经济上有着十分重大的意义。

提高电网的功率因数，可以在变电站并联电力电容器外，还可为动力设备配置同步电动机来代替异步电动机。因为同步电动机不仅可输出有功功率，带动生产机械做功，还可以通过调节励磁电流使电动机处于过励状态，于是，同步电动机对电网呈容性，向电网提供无功功率，对其他设备所需无功功率进行补偿。

在同步电动机定子所加电压、频率和电动机输出的功率恒定的情况下，调节转子励磁电流，定子电流的大小和相位也随之发生变化，因此改变电动机在电网上的性质，可以提高和改善电网的功率因数。功率因数可调是同步电动机独特的优点。

现以隐极同步电动机在不同励磁电流下的电动势相量图来分析功率因数的变化，在分析中忽略同步电动机的各种损耗，分析所得到的结论完全适用于凸极同步电动机。

由于忽略空载转矩 T_0，并且认为负载转矩 T_2 不变，所以电磁转矩 T 就等于负载转矩 T_2，也不变，即

$$T = \frac{3E_0U}{\Omega_1 X_c}\sin\theta = T_2 = 常数 \tag{6-34}$$

电源电压 U、电源频率 f_1 及电动机的同步电抗 X_c 都是常数，由式(6-34)就得到

$$E_0 \sin\theta = 常数 \tag{6-35}$$

同理，可以认为同步电动机的输入功率 P_1 等于输出功率 P_2，也是不变的，即

$$P_1 = 3UI\cos\varphi = P_2 = T_2\Omega_1 = 常数 \tag{6-36}$$

当电源电压不变时，由式(6-36)可得

$$I\cos\varphi = 常数 \tag{6-37}$$

根据式(6-35)和式(6-37)可画出在不同励磁电流作用下产生的三个不相等的励磁电动势 $\dot{E}_0$、$\dot{E}_0'$、$\dot{E}_0''$ 的相量图，如图 6-16 所示，其中 $\dot{E}_0'' < \dot{E}_0 < \dot{E}_0'$，励磁电动势与励磁电流成正比，所以其对应的励磁电流的关系是 $\dot{I}_f'' < \dot{I}_f < \dot{I}_f'$。

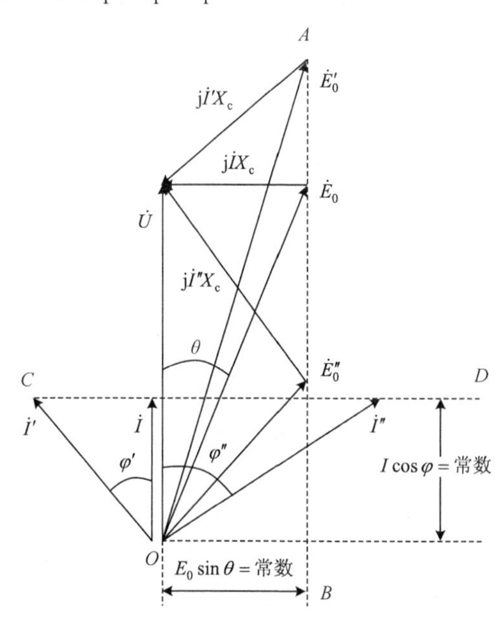

图 6-16 隐极同步电动机仅改变励磁电流的相量图

从图 6-16 可以看出，改变励磁电流时，励磁电动势 $\dot{E}_0$ 及功角 θ 都是变化的，无论 $\dot{E}_0$ 和 θ 怎样变化，它们必须满足式(6-35) $E_0\sin\theta = 常数$的关系式，表现在相量图上就是相量 $\dot{E}_0$ 的端点总是在与电压 $\dot{U}$ 平行的虚线 AB 上移动，虚线 AB 与电压相量 $\dot{U}$ 的距离就等于 $E_0\sin\theta$=常数。$\dot{E}_0$ 变化时，电枢电流 $\dot{I}$ 和功率因数角 φ 也是变化的，无论 $\dot{I}$ 和 φ 怎样变化，它们必须满足式(6-37) $I\cos\varphi$= 常数的关系式，表现在相量图上就是相量 $\dot{I}$ 的端点也总是在与 $\dot{U}$ 垂直的虚线 CD 上移动。这样，改变励磁电流时，同步电动机功率因数变化规律是：

(1) 当励磁电流调到恰到好处时，电枢电流 $\dot{I}$ 恰好与电源电压 $\dot{U}$ 同相位，这时的同步电动机相当于一个电阻性负载，功率因数 $\cos\varphi = 1$，称对应的励磁电流 I_f 为正常励磁。

(2) 励磁电流大于正常励磁的状态称为过励状态，即 $I_f' > I_f$。过励磁时，电枢电流 $\dot{I}'$ 超前电源电压 $\dot{U}$ 一个相位角 φ'，同步电动机相当于一个电阻电容性负载，可以提高电网的功率因数。

(3) 励磁电流小于正常励磁的状态称为欠励状态，即 $I_f'' < I_f$。欠励磁时，电枢电流 $\dot{I}''$ 滞后电源电压 $\dot{U}$ 一个相位角 φ''，这时的同步电动机相当于一个电阻电感性负载。

从以上分析可知，在保持有功功率不变的条件下，调节同步电动机的励磁电流，有三种励磁状态。正常励磁状态时，电动机没有无功功率输入(输出)；过励状态时，电动机从电网吸收超前无功功率(或向电网发出感性无功功率)；欠励状态时，电动机从电网吸取滞后无功功率(或向电网发出容性无功功率)。

改变同步电动机的励磁电流就能改变其功率因数，这是同步电动机独具的优点，是异步电动机无法比拟的。为了发挥这一优点，同步电动机拖动负载运行时，一般是运行在过励状态，至少运行在正常励磁状态，不会运行在欠励状态。

在供电系统中，为补偿电网滞后的无功电流，稳定电网电压，常将空载的同步电动机投入电网运行，这种同步电动机称为同步补偿机。专用的同步补偿机不带机械负载，因此与一般同步电动机相比，其结构部件轻便，造价较低。

6.4.3 同步电动机的 V 形曲线

在负载恒定情况下，由式(6-37) $I\cos\varphi =$ 常数可知，在正常励磁时，$\dot{U}$ 与 $\dot{I}$ 同相位，$\cos\varphi = 1$ 为功率因数的最大值，电枢电流 I 为最小值，无论是增加或减少励磁电流，功率因数都小于 1，电枢电流都比正常励磁的要大。同步电动机电枢电流 I 与励磁电流 I_f 之间的关系曲线呈 V 形，故而称为 V 形曲线，如图 6-17 所示。当电动机带有不同负载时，对应不同的 V 形曲线，消耗的有功功率越大，曲线越往上移，当电磁功率变化时，可得到一簇曲线，如图 6-17 中的 4 条 V 形曲线，对应于 4 种不同的电磁功率，曲线最底部对应的是正常励磁电流，电枢电流最小。当同步电动机带恒定负载时，由式(6-27)可知，$T = \dfrac{3E_0U}{\Omega_1 X_c}\sin\theta =$ 常数，减少励磁电流时，励磁电动势 E_0 必然减少，则功角 θ 将大于 90°，同步电动机会进入不稳定区域，图 6-17 中的虚线表示同步电动机不稳定区的界限。

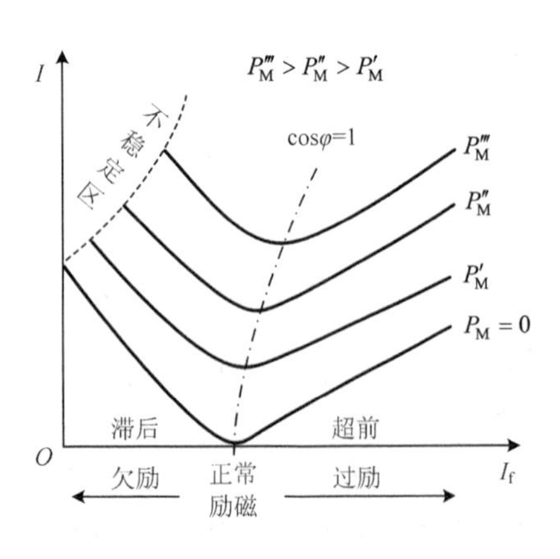

图 6-17　同步电动机的 V 形曲线

在 V 形曲线的右侧，电动机处于过励状态，功率因数超前，电动机从电网吸取超前的无功功率；在 V 形曲线的左侧，电动机处于欠励状态，功率因数滞后，电动机从电网吸取滞后的无功功率；在 V 形曲线的左上方是一处不稳定区域，与过励相比，欠励更靠近不稳定区，因此电动机通常运行于过励状态。

为了改善电网的功率因数，提高电机的过载能力和运行性能，同步电动机都运行在过励状态，额定功率因数多设计为 0.8(超前)或 1.0，使电网吸取容性的无功功率，进而改善电网的功率因数，因而在不需要调速的大型设备，如矿井通风机、压缩机中都使用同步电动机作拖动电动机。

不带机械负载运行在空载状态专门用来改善电网功率因数的同步电动机，称为同步调相机或同步补偿机。在长距离输电线路中，线路电压降随负载情况的不同而有所变化，如果在输电线路的受电端装一个同步调相机，在电网负载重时过励运行，减少输电线路中滞后的无功电流分量，减少线路压降；在电网负载轻时欠励运行，吸取滞后的无功电流分量，防止电网电压上升，从而维持电网基本恒定。

例 6-2 某工厂变电所的变压器容量为 1000kV·A，该厂原有电力负载：有功功率为 400kW，无功功率为 400kvar，功率因数滞后。由于生产需要，新添加一台同步电动机来驱动有功功率为 500kW、转速为 370r/min 的生产机械。同步电动机技术数据如下：$P_N = 550$kW，$U_N = 6000$V，$I_N = 64$A，$n_N = 375$r/min，$\eta_N = 0.92$，定子绕组为 Y 接法。假设电动机磁路不饱和，电动机的效率不变。调节励磁电流 I_f 向电网提供感性无功功率，当调节定子电流为额定值时，求：

(1) 同步电动机输入的有功功率、无功功率和功率因数；

(2) 此时电源变压器的有功功率、无功功率及视在功率。

解 (1) 同步电动机正常工作时，输出的有功功率由负载决定，所以

$$P_N = 550\text{kW}, \quad \eta_N = 0.92$$

当定子电流为额定值时，同步电动机从电网吸收的有功功率为

$$P_1 = \frac{P_2}{\eta_N} = \frac{500}{0.92} = 543.5(\text{kW})$$

调节 I_f，使 $I = I_N$，此时电动机的视在功率为

$$S_1 = \sqrt{3}U_N I_N = \sqrt{3} \times 6000 \times 64 = 665.1(\text{kV} \cdot \text{A})$$

同步电动机吸收的无功功率为

$$Q_1 = \sqrt{S_1^2 - P_1^2} = \sqrt{665.1^2 - 543.5^2} = 383.4(\text{kvar}) \quad (超前)$$

功率因数为

$$\cos\varphi = \frac{P_1}{S_1} = \frac{543.5}{665.1} = 0.817$$

(2) 变压器输出的总有功功率为

$$P = 543.5 + 400 = 943.5(\text{kW})$$

变压器输出的无功功率为

$$Q = 400 - 383.4 = 16.6(\text{kvar})$$

变压器的视在功率为

$$S = \sqrt{P^2 + Q^2} = \sqrt{943.5^2 + 16.6^2} = 943.6(\text{kV} \cdot \text{A})$$

增加负载后，变压器仍然能正常工作。

例 6-3　某工厂进线电压 $U_1=6000\text{V}$，所需消耗电功率 $P_1=1200\text{kW}$，总功率因数为 $\cos\varphi_1=0.66$（滞后）。现扩大生产，需增设 $P_{2s}=300\text{kW}$ 的电动机拖动生产机械。为了提高全厂的功率因数，拟采用同步电动机拖动并使总功率因数提高到 $\cos\varphi_2=0.8$（滞后），设同步电动机效率为 $\eta=93.75\%$，试求新增同步电动机的容量和功率因数。

解　扩大生产前负载电流为

$$I_L=\frac{P_1}{\sqrt{3}U_1\cos\varphi_1}=\frac{1200\times10^3}{\sqrt{3}\times6000\times0.66}=175(\text{A})$$

因 $\cos\varphi_1=0.66$（滞后），故

$$\sin\varphi_1=0.75$$

无功电流为

$$I_{LQ}=I_L\sin\varphi_1=175\times0.75=131.3(\text{A})$$

同步电动机所需输入功率为

$$P_{1s}=\frac{P_{2s}}{\eta}=\frac{300}{0.9375}=320(\text{kW})$$

增加同步电动机后工厂总消耗功率为

$$P_\Sigma=P_1+P_{1s}=1520\text{kW}$$

若使功率因数提高到 $\cos\varphi_2=0.8$（滞后），则

$$\sin\varphi_2=0.6$$

增加同步电动机后的负载总电流为

$$I_\Sigma=\frac{P_\Sigma}{\sqrt{3}U_1\cos\varphi_2}=182.8\text{A}$$

此时无功电流为

$$I_{\Sigma Q}=I_\Sigma\sin\varphi_2=182.8\times0.6=109.7(\text{A})$$

同步电动机实际应吸取的无功电流（超前）为

$$I_{Qs}=I_{LQ}-I_{\Sigma Q}=131.3-109.7=21.6(\text{A})$$

同步电动机的有功功率为

$$P_{1s}=320\text{kW}$$

同步电动机的无功功率为

$$Q_{1s}=\sqrt{3}U_1I_{Qs}=\sqrt{3}\times6000\times21.6=224.5(\text{kvar})$$

同步电动机的容量为

$$S_{1s}=\sqrt{P_{1s}^2+Q_{1s}^2}=\sqrt{320^2+224.5^2}=391(\text{kV}\cdot\text{A})$$

同步电动机的功率因数为

$$\cos\varphi_s=\frac{P_{1s}}{S_{1s}}=\frac{320}{391}=0.82\quad（超前）$$

6.5 同步电动机的电力拖动

同步电动机电力拖动系统属于交流拖动系统的一种，具有效率高、功率因数可调等优点。同步电动机的电力拖动与异步电动机电力拖动一样，包括启动、调速和制动三方面。

6.5.1 同步电动机的启动

同步电动机虽具有功率因数可以调节的优点，但应用场合却没有像异步电动机那样广泛，不仅因为同步电动机的结构复杂、价格昂贵，还因为它不能自行启动，因为同步电动机的电磁转矩是由定子旋转磁场和转子励磁磁场相互作用而产生的。只有两者相对静止时，才能产生稳定的电磁转矩。当同步电动机转子加上励磁，定子加上交流电压启动时，定子产生的高速旋转磁场扫过不动的转子，电磁转矩平均值为零。这是由于转子机械惯量很大，不可能像定子旋转磁场那样一瞬间加速到同步转速，定子旋转磁场的磁极迅速扫过转子交替布置不同极性的磁极，产生吸引力和排斥力，二者相互作用，使转子上的电磁转矩平均值为零。即同步电动机本身无启动转矩，不能自行启动，需借助其他方法来启动。

一般来讲，同步电动机的启动方法大致有三种：异步启动法、变频启动法和辅助电动机启动法。

1. 异步启动法

在同步电动机的转子主磁极上设置类似异步电动机的鼠笼式绕组，即启动绕组，这样在接通电源时，定子和鼠笼式绕组构成了一台异步电动机。在启动时，先把转子励磁绕组断开，电枢接额定电压，这时鼠笼式启动绕组中产生感应电流及转矩，电动机转子就运行起来了，这个过程叫作异步启动。当转速上升接近同步转速时，将励磁电流通入转子绕组，依靠定子旋转磁场与转子磁极之间的吸引力，将同步电动机牵入同步速度运行，电动机就可以同步运转，这个过程称为牵入同步。转子达到同步转速后，转子的启动绕组与电枢磁场之间就处于相对静止状态，启动绕组中的导体就没有感应电流而失去作用，启动过程随之结束。

同步电动机在异步启动时，需要限制启动电流，一般可采用定子串电抗或自耦变压器等启动方法。

异步启动法的特点是：启动转矩大、设备少、操作简单、维护方便；缺点是要求电网容量大。所以，除高速、大功率同步电动机外，一般情况下，同步电动机的启动大多数采用异步启动法进行启动。

2. 变频启动法

变频启动方法需有变频电源。启动同步电动机时，转子先加上励磁电流，定子绕组通入频率很低的三相交流电流，定子旋转磁场的转速很低，可带动转子开始旋转，电动机将逐渐启动并低速运转。启动过程中，逐渐增加供电变频器的输出频率，使定子旋转磁场和转子转速随之逐渐升高，直至转子转速达到同步转速，再切换至电网供电。

变频启动法性能虽好，但要求启动技术及设备复杂。所以，变频启动法适用于大功率、高转速的同步电动机。随着变频技术的发展，变频启动法将日趋完善。

3. 辅助电动机启动法

这种启动方法必须要有另外一台电动机作为启动的辅助电动机才能工作。辅助电动机一般采用与同步电动机极数相同且功率极小(其容量约为主机的 10%～15%)的异步电动机。在启动时，辅助电动机首先开始运转，将同步电动机的转速拖到接近同步转速，再给同步电动机加入励磁并投入电网同步运行。

由于辅助电动机的功率一般较小，所以这种启动方法只适用于空载启动。如果主机的同轴上装有足够容量的直流励磁机，也可以把直流励磁机兼做辅助电动机。辅助启动法需要一台辅助电动机，设备多，操作复杂，现在基本不采用。

6.5.2 同步电动机的调速

同步电动机始终以同步转速进行运转，没有转差，也没有转差功率，而且同步电动机转子极对数又是固定的，不能采用变极调速，因此只能靠变频调速。20 世纪 80 年代以来，电力电子技术的迅速发展，使得采用电力电子变频装置可以实现交流电源的电压与频率的协调控制，进而方便地对同步电动机进行速度控制。同步电动机变频调速的应用领域十分广泛，其功率覆盖面大，从数瓦级的无刷直流电动机到数千万瓦级的大型同步电动机。尽管同步电动机变频调速的基本原理和方法以及所用的变频装置和异步电动机变频调速大体相同，但是，同步电动机的变频调速有独特的优点。

(1) 异步电动机总是存在转差的，而同步电动机的转速与电源的频率之间保持严格的同步关系，即只要精确地控制变频装置电源的频率就能准确地控制电动机的转速。

(2) 异步电动机由于励磁的需要，必须从电源吸取滞后的无功功率，所以，空载时功率因数很低。而同步电动机可以通过调节转子的直流励磁来调节电动机的功率因数，可以滞后，也可以超前，这对于改善电网的功率因数有利。若同步电动机运行在 $\cos\varphi = 1.0$ 的状态下，电动机的定子电流最小，可以节约变频器的容量。

(3) 异步电动机是靠增大转差来提高转矩的，而同步电动机对负载转矩扰动具有较强的抗扰能力，这是因为只要同步电动机的功角作适当的变化就能改变电磁转矩，而转速始终维持在原同步转速不变。同时，转动部分的惯性不会影响同步电动机对转矩的快速响应。因此，同步电动机比较适合于要求对负载转矩变化做出快速反应的交流调速系统中。

(4) 异步电动机的磁场仅靠定子电源产生，而同步电动机能从转子进行励磁以建立必要的磁场，因此，在同样的条件下，同步电动机的调速范围比较宽，在低频时也可运行。

在同步电动机的变压变频调速方法中，从控制的方式来看，可分为他控变频调速和自控变频调速。

1. 他控变频调速

使用独立的变压变频装置给同步电动机供电的调速系统称为他控变压变频调速系统。变压变频装置与异步电动机的变压变频装置相同，分为交—直—交和交—交变频两大类。

(1) 对于经常在高速运行的电力拖动场合，定子的变压变频方式常用交—直—交型电流型变压变频器，电动机侧逆变器省去了强迫换流电路，是利用同步电动机定子感应电动势的波形实现换相，其结构比异步电动机供电时简单。

(2) 对于经常在低速运行的同步电动机电力拖动系统，如无齿轮传动的可逆轧机、水泥砖窑、矿井提升机等，其定子的变压变频方式常用交—交变压变频器(也称周波变换器)，使用这样的调速方式可以省去庞大的齿轮传动装置。

对他控变压变频调速方式而言，通过改变三相交流电的频率，定子磁场的转速是可以瞬时改变的，但是转子及整个拖动系统具有机械惯性，转子转速不能瞬时改变，两者之间能否同步，取决于外界条件。若频率变化较慢，且负载较轻，定、转子磁场的转速差较小，电磁转矩的自整步能力能带动转子及负载跟上定子磁场的变化且保持同步，变频调速成功。如果频率上升的速度很快，且负载较重，定、转子磁场的转速差较大，电磁转矩使转子转速的增加不能跟上定子磁场的增加而失步，变频调速失败。

2. 自控变频调速

自控变压变频调速是在电动机轴端装有一台转子位置检测器，是一种闭环调速系统，如图 6-18 所示。它利用检测装置，检测出转子磁极位置的信号，并用来控制变压变频装置的逆变器换相，从而改变同步电动机的供电频率，保证转子转速与供电频率同步，类似于直流电动机中电刷和换向器的作用，因此也称为无换向器电动机调速，或无刷直流电机调速。这样，同步电动机、变频器、转子位置检测器便组成了无换向器电动机变频调速系统。由于无换向器电动机中变频器的控制信号来自转子位置检测器，由转子转速来控制变频器的输出频率，因此称其为“自控式变频器”。

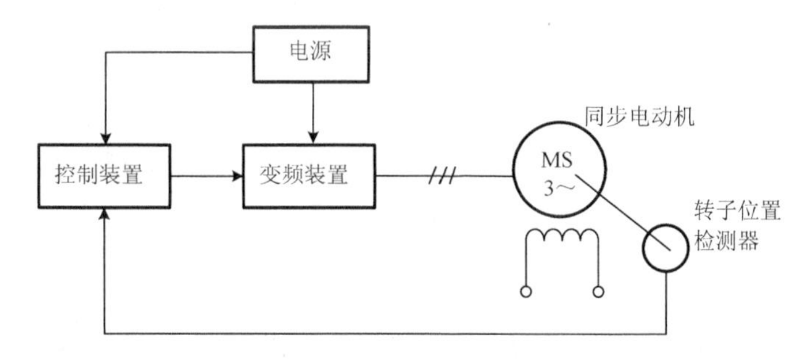

图 6-18　自控变频调速系统

自控变压变频调速方式是通过调节电动机输入电压进行调速的，变频装置的输出频率只接受同步电动机自身转速的控制。即该方式是基于首先改变转子的转速，在转子转速变化的同时，改变电源电压的频率，由于频率是通过电子线路来实现的，瞬间就可完成，因而也就可以瞬间改变定子磁场的转速而使两者同步，不会有失步困扰。所以这种变频调速系统被广泛应用到同步电动机的调速系统中。

与异步电动机相对应，对同步电动机拖动系统的控制，近年来也采用了矢量控制的方法，基于同步电动机的状态空间数学模型，运用现代控制理论、状态估计理论等先进的控制方法，对同步电动机的电力拖动系统进行有效控制，取得了很多成果。

近年来，由于电力电子技术的快速发展，变频调速装置的容量与性能日趋提高，价格不断下降，采用变频控制的方法可将同步电动机的启动、调速及励磁等诸多问题放在一起解决，显示了其独特的优越性，其性能比已经与异步电动机变频调速方案相竞争，因此，同步电动机将会得到更广泛的应用。

6.5.3 同步电动机的制动

在交流电动机的能耗制动、反接制动和回馈制动这三种制动方式中，同步电动机最常用的制动方式是能耗制动。同步电动机在能耗制动时，转子励磁绕组中仍保持一定的励磁电流，而定子三相绕组从供电电源中断开，接到外接电阻或频敏变阻器上，可以通过改变转子直流励磁电流的大小改变制动转矩的大小，进而调整制动时间的长短。此时，同步电动机相当于是一台变速运行的发电机，可通过外接电阻或频敏变阻器将由转子的机械能转化而来的电能消耗掉。

6.6 同步电机的应用

同步电机的特点是：稳态运行时，转子的转速和电网频率之间有不变的关系 $n = n_1 = 60f_1/p$，其中 f_1 为电网频率，p 为电机的极对数，n_1 为同步转速。若电网的频率不变，则稳态时同步电机的转速恒为常数而与负载的大小无关。同步电机分为同步发电机和同步电动机。

6.6.1 同步电机与异步电机的区别

1. 在设计上的区别

同步电机和异步电机最大的区别在于它们的转子速度与定子旋转磁场是否一致，电机的转子速度与定子旋转磁场相同，叫同步电机，反之，则叫异步电机。

另外，同步电机与异步电机的定子绕组是相同的，区别在于电机的转子结构。异步电机的转子是短路的绕组，靠电磁感应产生电流。而同步电机的转子结构相对复杂，有直流励磁绕组，因此需要外加励磁电源，通过滑环引入电流。因此同步电机的结构相对比较复杂，造价、维修费用也相对较高。

2. 在无功方面的区别

相对于异步电机只能吸收无功，同步电机可以发出无功，也可以吸收无功。

3. 在功能、用途上的区别

同步电机转速与旋转磁场转速同步，而异步电机的转速则低于旋转磁场转速，同步电机不论负载大小，只要不失步，转速就不会变化；异步电机的转速则时刻跟随负载大小的变化而变化。

同步电机的精度高、但制造复杂、造价高、维修相对困难，而异步电机虽然反应慢，但易于安装、使用，同时价格便宜。所以同步电动机没有异步电机应用广泛。

同步电机多应用于大型发电机，而异步电机几乎应用于所有电动机场合。

6.6.2 同步电机的应用

作电动机运行的同步电机，可以通过调节励磁电流使它在超前功率因数下运行，有利于改善电网的功率因数，因此，大型设备，如大型鼓风机、水泵、球磨机、压缩机、轧钢机等常用同步电动机驱动。低速的大型设备采用同步电动机时，这一优点尤为突出。此外，同步电动机的转速完全决定于电源频率。频率一定时，电动机的转速也就一定，它不随负载而变。

这一特点在某些传动系统，特别是多机同步传动系统和精密调速稳速系统中具有重要意义。同步电动机的运行稳定性也比较高。同步电动机一般是在过励状态下运行，其过载能力比相应的异步电动机大。异步电动机的转矩与电压平方成正比，而同步电动机的转矩决定于电压和电机励磁电流所产生的内电动势的乘积，即仅与电压的一次方成比例。当电网电压突然下降到额定值的 80%左右时，异步电动机转矩往往下降为 64%左右，并因带不动负载而停止运转；而同步电动机的转矩却下降不多，还可以通过强行励磁来保证电动机的稳定运行。

作发电机运行的同步电机，是一种最常用的交流发电机。在现代电力工业中，它广泛用于水力发电、火力发电、核能发电以及柴油机发电。由于同步发电机一般采用直流励磁，当其单机独立运行时，通过调节励磁电流，能方便地调节发电机的电压。若并入电网运行，因电压由电网决定，不能改变，此时调节励磁电流就是调节电机的功率因数和无功功率。

6.7 本章小结

本章主要介绍了同步电动机的基本结构、工作原理、电磁关系、运行特性和电力拖动，主要知识点如下：

(1) 同步电动机的转速与电网频率保持严格不变的关系即 $n = n_1 = 60 f_1/p$，转子转速与负载大小无关。其定子绕组中通入三相对称电流产生圆形旋转磁场，转子励磁绕组通入直流电流产生恒定磁极，正常运行时，定子旋转磁极吸引转子磁极同步旋转；转子有隐极和凸极两种结构。

(2) 从运行状态看，同步电机具有可逆性，既可作电动机运行，也可作发电机运行。

(3) 同步电动机的矩角特性反映电磁转矩与功角 θ 之间的关系，反映了同步电动机输出转矩随负载变化的情况；同步电动机存在稳定运行区和不稳定运行区，判断同步电动机稳定运行的依据是 $\dfrac{dT}{d\theta} > 0$，同步电动机稳定运行的区域是矩角特性的上升段，一旦进入不稳定运行区，同步电动机将会失步。

(4) 调节转子直流励磁电流，可以改变同步电动机无功功率的输出，从而调节功率因数。同步电动机保持有功功率不变时，定子电流与励磁电流的关系曲线称为 V 形曲线。过励时，电机从电网吸收容性无功功率，发出感性无功功率；欠励时，从电网吸收感性无功功率，发出容性无功功率。同步电动机既可以向电网发出无功功率，也可以从电网吸收无功功率，通过改变电机励磁电流可以改善电网的功率因数，这是同步电动机优于异步电动机之处。

(5) 与其他电动机一样，同步电动机电力拖动系统也有启动、调速和制动问题。同步电动机本身无启动转矩，不能自行启动，需借助辅助方法来启动，启动方法有异步启动、辅助启动和变频启动；同步电动机常用变压变频的调速控制方式；同步电动机常采用的制动方式是能耗制动。

习　题

6-1　如果电源频率是可调的，当频率为 50Hz 及 40Hz 时，六极同步电动机的转速各是多少？

6-2　为什么同步电动机转子的转速与定子绕组的电流频率之间必须保持严格的同步关系？

6-3　同步电动机的凸极转子与隐极转子的磁极结构有何不同？

6-4　同步电动机在正常运行时，转子励磁绕组中是否存在感应电动势？在启动过程中是否存在感应电动势？为什么？

6-5　为什么异步电动机不能以同步转速运行而同步电动机能以同步转速运行？

6-6　为什么要把凸极同步电动机的电枢磁动势 $\dot{F}_a$ 和电枢电流 $\dot{I}$ 分解为直轴和交轴两个分量？

6-7　何谓直轴同步电抗 X_d？何谓交轴同步电抗 X_q？X_d 和 X_q 相比哪个大一些？

6-8　何谓同步电动机的功角？怎样用功角 θ 来描述同步电动机是运行在电动机状态还是运行在发电机状态？

6-9　同步电动机的 V 形曲线说明了什么？同步电动机一般运行在哪种励磁状态？为什么？

6-10　什么是同步电动机的功角特性？同步电动机在什么功角范围内才能稳定运行？

6-11　隐极式同步电动机的过载倍数 $\lambda_m = 2$，在额定负载运行时，电动机的功角为多大？

6-12　为什么同步电动机经常工作在过励状态？

6-13　同步电动机为什么没有启动转矩？通常采用什么方法启动？

6-14　同步电动机异步启动时，其励磁绕组为什么既不能开路，又不能短路？

6-15　为什么用变频器来启动同步电动机时要限制频率上升率？

6-16　同步电动机的变频调速是否与负载的大小有关？为什么？

6-17　一台三相六极同步电动机的数据为：额定功率 $P_N = 3000\text{kW}$，额定电压 $U_N = 6000\text{V}$，额定功率因数 $\cos\varphi_N = 0.8$(超前)，额定效率 $\eta_N = 96\%$，定子每相电阻 $R_1 = 0.21\Omega$，定子绕组为星形连接。试求：

(1) 额定运行时定子输入的功率 P_1；

(2) 额定电流 I_N；

(3) 额定运行时电磁功率 P_M；

(4) 空载损耗 P_0；

(5) 额定电磁转矩 T_N。

6-18　已知一台隐极式同步电动机的数据为：额定电压 $U_N = 400\text{V}$，额定电流 $I_N = 23\text{A}$，额定功率因数 $\cos\varphi_N = 0.8$(超前)，定子绕组为 Y 接法，同步电抗 $X_c = 10.4\Omega$，忽略定子电阻。当这台电机在额定运行，且功率因数为 $\cos\varphi_N = 0.8$(超前)时，求：

(1) 空载电动势 E_0；

(2) 功角 θ_N；

(3) 电磁功率 P_M；

(4) 过载倍数 λ_m。

6-19　一台三相隐极式同步电动机，定子绕组为 Y 接法，额定电压为 380V，已知电磁功率 $P_M = 15\text{kW}$ 时对应的 $E_0 = 250\text{V}$(相值)，同步电抗 $X_c = 5.1\Omega$，忽略定子电阻。求：

(1) 功角 θ 的大小；

(2) 最大电磁功率 P_{Mm}。

6-20　一台三相凸极式同步电动机，定子绕组为 Y 接法，额定电压为 380V，纵轴同步电抗 $X_d = 6.06\Omega$，横轴同步电抗 $X_q = 3.43\Omega$，运行时电动势 $E_0 = 250\text{V}$(相值)，$\theta = 28°$(超前)，求电磁功率 P_M。

6-21　一工厂总耗电功率为 1200kW，进线线电压为 6000V，$\cos\varphi = 0.65$(滞后)。该厂另需要的 320kW 电动机来拖动新增设备，欲使用同步电动机，要将功率因数提高到 0.8(滞后)。现假定同步电动机效率为 100%，试求：

(1) 选用的同步电动机功率为多少？

(2) 同步电动机的功率因数为多少？

第 7 章　控 制 电 机

前面介绍的普通电机是作动力使用的，用于能量转换，对普通电机的要求是提高能量转化效率，经济有效地产生最大动力。而控制电机用于信号检测和变换，对控制电机的要求是快速响应、高精度及高灵敏度。

控制电机主要应用在自动控制系统中，用于信号的检测、变换和传递，作测量、计算元件或执行元件。由于检测、变换和传输的是控制信号，所以控制电机功率小，体积小，重量轻，因而也被称作微特电机。随着科学技术的不断发展，控制电机已经成为现代工业自动化、武器装备、办公自动化和家庭生活自动化等领域中必不可少的重要元件。

作为自动控制系统的重要元件，控制电机性能优劣对系统影响极大。现代自动控制系统要求控制电机体积小、质量轻、耗电少，还要求具有高可靠性、高精度和快速响应性能。

本章主要介绍单相异步电动机、伺服电动机、测速发电机、步进电动机等的工作原理和应用。

7.1　单相异步电动机

单相异步电动机是由单相交流电源供电的一种小容量交流电动机。因为其功率较小，常制成小型电动机，具有结构简单、成本低廉、运行可靠、维修方便的特点，被广泛用于办公场所、家用电器(电风扇、电冰箱、洗衣机、空调设备)、医疗器械和自动化仪表方面；在工、农业生产及其他领域，单相异步电动机的应用也越来越广泛，如小型鼓风机、小型车床、电动工具(如手电钻)等。

7.1.1　单相异步电动机的结构

从结构上看，单相异步电动机与三相鼠笼式异步电动机相似，主要是由定子和转子组成，如图 7-1 所示。

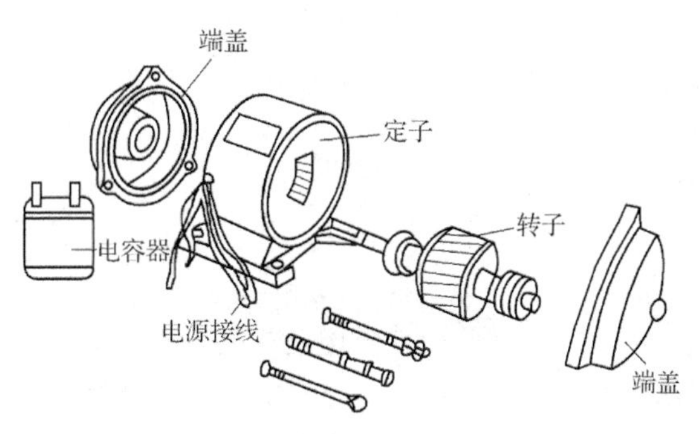

图 7-1　单相异步电动机结构图

1. 定子

单相异步电动机的定子包括定子铁心和定子绕组，定子铁心由薄硅钢片叠压而成，定子绕组一般采用漆包线绕制，定子绕组为一个单相工作绕组，但通常因为启动的需要，定子还设有产生启动转矩的启动绕组，一般只是在启动时接入，当转速接近同步转速时，由离心开关将其从电源自动切除，所以正常运行时只有工作绕组接在电源上。也有一些电容或电阻电动机，在运行时启动绕组仍然接于电源上，这实质上是一台两相电动机，但由于它接在单相电源上，故仍称为单相电动机。

2. 转子

单相异步电动机的转子包括转子铁心、转子绕组和转轴，转子铁心由薄硅钢片叠压而成，转子绕组常为铸铝笼型。转子的作用与三相异步电动机相似，是将电能变成机械能。

3. 其他部分

单相异步电动机的其他部分有机壳、前后端盖、风叶等，其主要作用是支撑固定和冷却电机。

7.1.2 单相异步电动机的磁场

1. 单相绕组的脉动磁场

在单相定子绕组中通入单相交流电流，假设在交流电的正半周，电流从单相定子绕组的左半侧流入，右半侧流出，则由电流产生的磁场如图 7-2(a)所示，该磁场的大小随电流的变化而变化，方向则保持不变。当电流过零时，磁场也为零。当电流为负半周时，产生的磁场方向也随之发生变化，如图 7-2(b)所示。

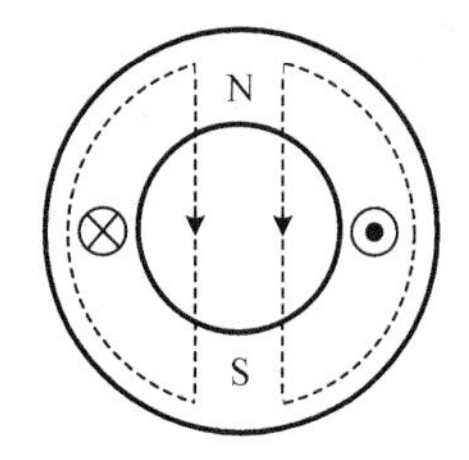

(a) 电流正半周产生的磁场

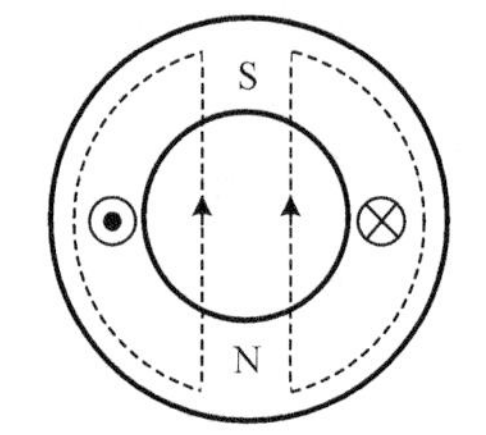

(b) 电流负半周产生的磁场

图 7-2 单相脉动磁场的产生

由此可见，向单相异步电动机定子绕组通入单相交流电后，产生的磁场大小及方向在不断变化(按正弦规律变化)，但磁场的轴线却固定不动，这种磁场空间位置固定，只是幅值和方向随时间变化，即只脉动而不旋转，称为脉动磁场。脉动磁场可分解为两个大小相等、方向相反的旋转磁场，而这两个磁场在任一时刻所产生的合成电磁转矩为零，所以单相异步电动机如果原来静止不动，在脉动磁场的作用下，由于转子导体与磁场之间没有相对运动，不会产生磁场力的作用，转子仍然静止不动，即单相异步电动机没有启动转矩，不能自行启动(当转速 $n=0$ 时，合成转矩 $T=0$)，这是单相异步电动机的一个缺点。若用外力去拨动一下电动机的转子，则转子导体就切割定子脉动磁场，产生电流，从而受到电磁力的作用，转子将顺着拨动的方向转动起来(当转速 $n \neq 0$ 时，合成转矩 $T \neq 0$)，电动机正反向都可转动，方向由所加外力方向决定。因此，必须解决单相异步电动机的启动问题。

2. 两相绕组的旋转磁场

具有相位相差 90°的两个电流通入空间位置相差 90°的两相绕组时，产生的合成磁场为旋转磁场。两相对称电流如图 7-3 所示，分别为 $i_1 = \sqrt{2}I_1 \sin\omega t$ 和 $i_2 = \sqrt{2}I_2 \sin(\omega t+90°)$ 。如图 7-4 所示分别为 $\omega t = 0°$、45°、90°时合成磁场的方向。可见，该磁场随时间的增长沿顺时针方向旋转。

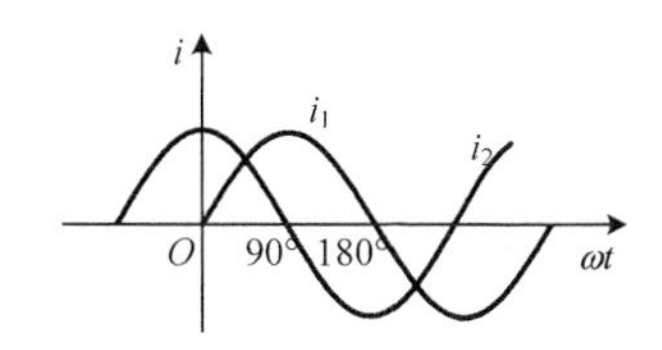

图 7-3　两相对称电流

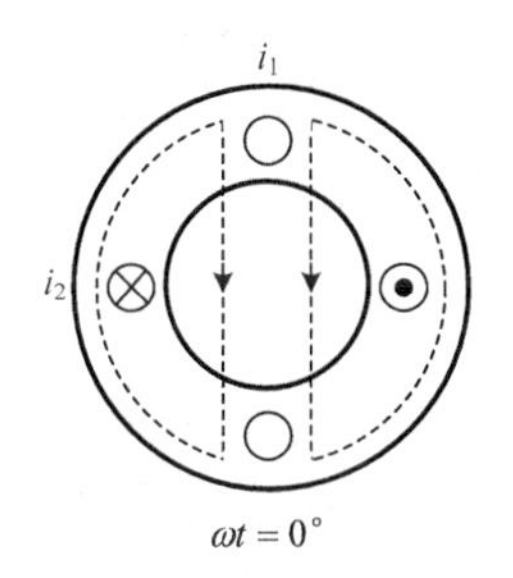

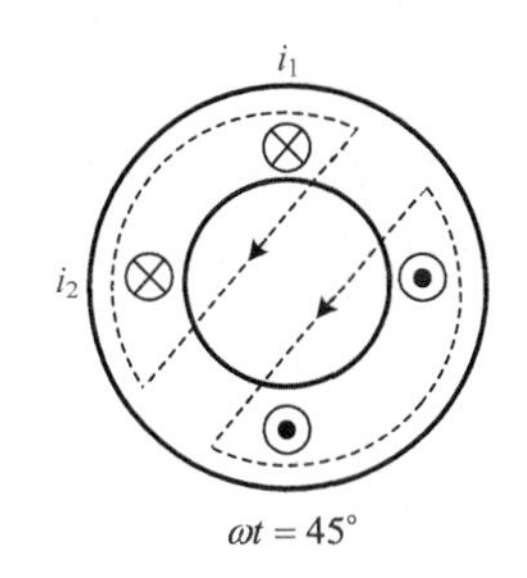

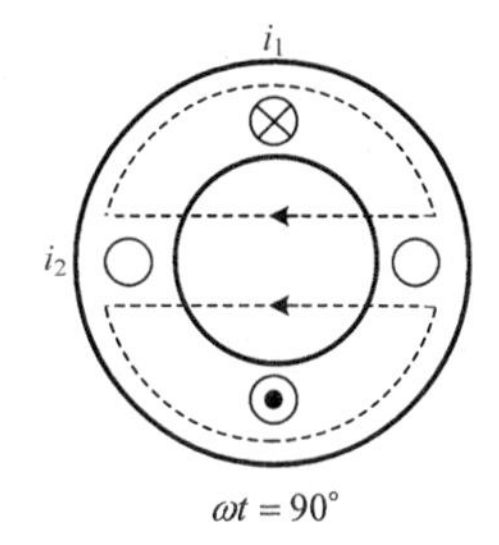

图 7-4　旋转磁场

由此可知，在单相异步电动机定子上放置两相空间位置相差 90°的定子绕组，向绕组中分别通入一定相位差的两相交流电流，就可以产生沿定子和转子空间气隙旋转的旋转磁场，从而解决了单相异步电动机的启动问题。

7.1.3　单相异步电动机的机械特性

由前面分析可知，若单相异步电动机只有一个工作绕组，向单相异步电动机工作绕组通入单相交流电后，会产生幅值和方向随时间变化的脉动磁场。该脉动磁场可以分解为两个大小相等、方向相反的旋转磁场。这两个磁场在转子中分别产生正向和反向的电磁转矩 T^+、T^-，它们试图使转子分别正转和反转，这两个转矩叠加起来就是使电动机转动的合成转矩 T。不论是正向转矩还是反向转矩，它们的大小与转差率的关系和三相异步电动机的情况是一样的。图 7-5 是单相异步电动机的转矩特性曲线。

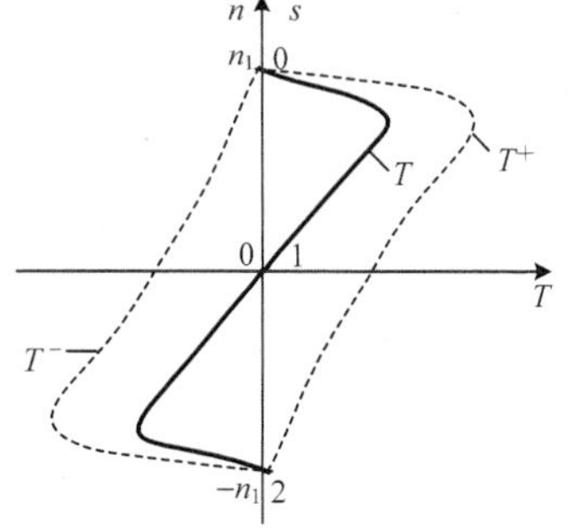

图 7-5　单相异步电动机的转矩特性

由图可见，单相异步电动机有以下特点：

(1) 单相异步电动机无启动转矩，不能自行启动。由于启动瞬间，$n=0$，$s=1$，由于正、反方向的电磁转矩大小相等、方向相反，合成转矩 $T = T^+ + T^- = 0$，若不采取其他措施，电动机不能启动。由此可知，三相异步电动机一相断线时，相当于一台单相异步电动机，不能自启动。

(2) 在 $s=1$ 的两边，合成转矩曲线是对称的，因此，单相异步电动机没有固定的旋转方向，当外力驱动电动机正向旋转时，合成转矩为正，该转矩能维持电动机继续正向旋转；反之，当外力驱动电动机反向旋转时，合成转矩为负，该转矩能维持电动机继续反向旋转。因此，单相异步电动机虽无启动转矩，但一经启动，便可达到某一稳定转速工作，旋转方向取决于启动瞬间外力矩的方向。

(3) 由于反向转矩的存在，合成转矩减小，最大转矩也随之减小，致使单相异步电动机的过载能力降低。

(4) 反向旋转磁场在转子中引起的感应电流，增加了转子铜耗，降低了电动机的效率。单相异步电动机的效率为同容量三相异步电动机的 75%～90%。

7.1.4 单相异步电动机的启动

为了使单相异步电动机能够产生启动转矩，通常的解决方法是在其定子铁心内放置两个有空间角度差的工作绕组和启动绕组，并使这两个绕组中流过的电流不同相位(即分相)，这样就可以在电动机气隙内产生一个旋转磁场，单相异步电动机就可以启动运行了。在工程实践中，单相异步电动机常采用分相式和罩极式两种启动方法。

1. 分相启动电动机

分相启动电动机包括电容启动电动机、电容运转电动机、电容启动运转电动机、电阻启动电动机。分相式单相异步电动机如图 7-6 所示。

图 7-6 分相式单相异步电动机

1) 电容启动电动机

定子铁心上嵌放有两个绕组：一个称为工作绕组(或称主绕组)，用 1 表示；另一个称为启动绕组(或称副绕组)，用 2 表示。两绕组在空间相差 90°，在启动绕组回路中串接启动电容 C 作电流分相用，并通过离心开关 S 与工作绕组并联在同一单相电源上，如图 7-7(a) 所示。因工作绕组呈感性，I_1 滞后于 U，若适当选择电容 C，使流过启动绕组的电流 I_{st} 超前 90°，如图 7-7(b) 所示。这就相当于在时间相位上互差 90°的两相电流流入在空间上相差 90°的两相绕组中，便在气隙中产生旋转磁场，并在该磁场作用下产生电磁转矩使电动机转动。

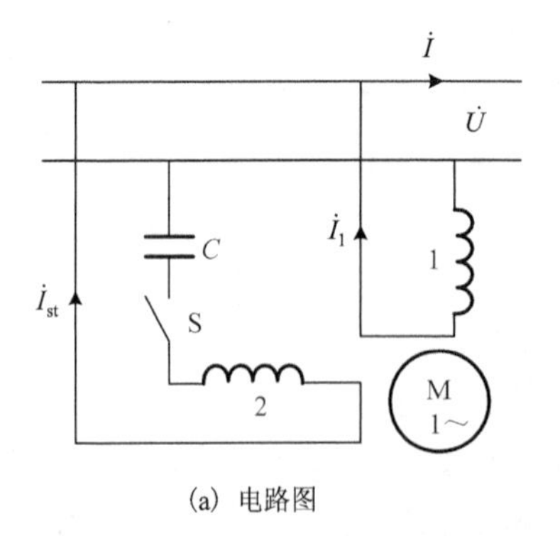

(a) 电路图

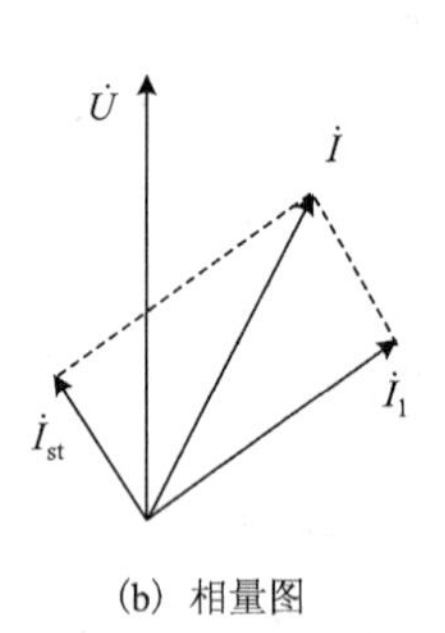

(b) 相量图

图 7-7 单相电容启动电动机

单相异步电动机的启动绕组是按短时工作制设计的，当离心开关的两组触点在弹簧的压力下处于接通位置，S 处于闭合位置，工作绕组和启动绕组一起接在单相电源上，电动机获得启动转矩开始启动。当电动机转速达 70%～85%额定转速时，离心开关中的重球产生的离心力大于弹簧的弹力，使两组触点断开，即启动绕组和启动电容就在开关 S 作用下自动退出工作，这时电动机就在工作绕组单独作用下拖动负载运行。

欲改变电容启动电动机的转向，只需将工作绕组或启动绕组的两个出线端对调，也就是改变启动时旋转磁场的方向即可。

单相异步电动机具有较大的启动转矩(一般为额定转矩的 1.5～3.5 倍)，但相应的启动电流也较大，而且价格稍贵，主要应用于重载启动的设备，如空调、洗衣机、压缩机、小型水泵等。

2) 电容运转电动机

在启动绕组中串入电容后，不仅能产生较大的启动转矩，而且运行时还能改善电动机的功率因数和提高过载能力。为了改善单相异步电动机的运行性能，电动机启动后，可不切除串有电容器的启动绕组，这种电动机称为电容运转电动机，如图 7-8 所示。

电容运转电动机实质上是一台两相异步电动机，因此启动绕组应按长期工作方式设计。

此类电动机结构简单，无启动装置，使用维护方便，价格低，效率和功率因数高，但是启动转矩较小，主要应用于电风扇、排气扇、洗衣机、复印机、吸尘器等。

3) 电容启动运转电动机

电容运转电动机虽然能改善单相异步电动机的运行性能，但电动机工作时比启动时所需的电容量小。为了进一步提高电动机的功率因数、效率、过载能力，常采用如图 7-9 所示的电容启动运转电动机接线方式，在电动机启动结束后，必须利用开关 S 把启动电容切除，而工作电容仍串在启动绕组中。

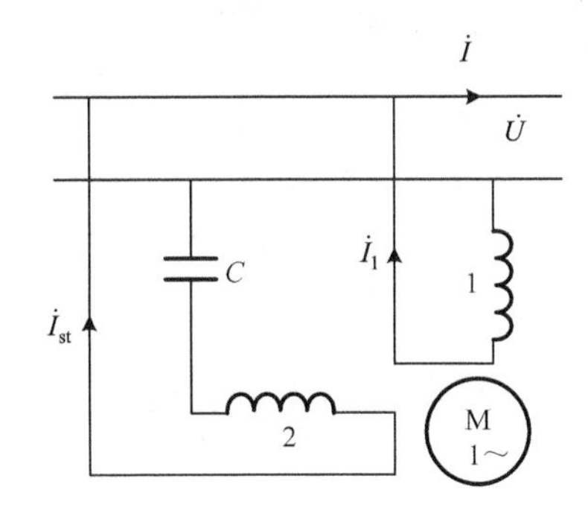

图 7-8　电容运转电动机

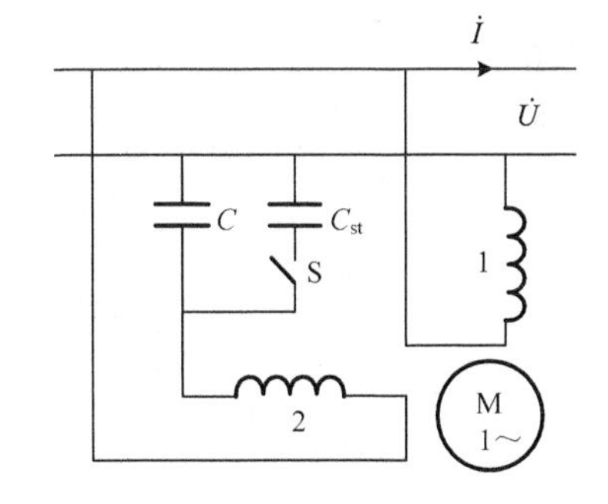

图 7-9　电容启动运转电动机

此类电动机启动电流及启动转矩均较大，功率因数高，但价格较贵，主要应用于电冰箱、洗衣机、水泵、小型机床等。

4) 电阻启动电动机

电阻启动电动机的启动绕组的电流不用串联电容而用串联电阻的方法来分相，但由于此时 I_1 与 I_{st} 之间的相位差较小，因此启动转矩较小，只适用于空载或轻载启动的场合。

此类电动机启动电流大，但启动转矩不大，价格稍低，主要应用于搅拌机、小型鼓风机、研磨机等。

2. 罩极电动机

罩极电动机是单相异步电动机中最简单的一种，根据定子结构，可分为凸极式和隐极式两种，其中凸极式结构最常见。

图 7-10 罩极电动机

如图 7-10 所示的罩极电动机定子采用凸极式，定子铁心由 0.5mm 厚的硅钢片叠压而成，工作绕组集中绕制，套在定子磁极上，必须正确连接，为了使其上、下刚好产生一对磁极。在极靴表面的 1/3 处开有一个小槽，在极柱上套上铜制的短路环，并用短路环把这部分磁极罩起来，故称为罩极电动机。短路环有启动绕组的作用，称为启动绕组。罩极电动机的转子采用笼型斜槽铸铝转子，它是将冲有齿槽的转子冲片经叠装并压入转轴后，在转子的每个槽内铸入铝或铝合金制成，铸入转子槽内和端部压模内的铝导体形成一个笼型的短路绕组。

罩极电动机绕组接线如图 7-11 所示，当工作绕组通入单相交流电流后，将产生脉动磁通，其中一部分磁通 $\dot{\Phi}_1$ 不穿过短路铜环，另一部分磁通 $\dot{\Phi}_2$ 穿过短路铜环。由于 $\dot{\Phi}_1$ 与 $\dot{\Phi}_2$ 都由工作绕组中的电流产生，故 $\dot{\Phi}_1$ 与 $\dot{\Phi}_2$ 同相位且 $\Phi_1 > \Phi_2$。脉动磁通 $\dot{\Phi}_2$ 在短路铜环中产生感应电动势 $\dot{E}_2$，它滞后 $\dot{\Phi}_2$ 相位 90°。由于短路铜环闭合，在短路铜环中产生滞后 $\dot{E}_2$ 为 φ 角的电流 $\dot{I}_2$。该电流又产生与其同相的磁通 $\dot{\Phi}_2'$，它也穿过短路铜环，因此罩极部分穿过的总磁通为 $\dot{\Phi}_3 = \dot{\Phi}_2 + \dot{\Phi}_2'$，如图 7-11(b)所示。由此可见，未罩极部分磁通 $\dot{\Phi}_1$ 与罩极部分磁通 $\dot{\Phi}_3$，不仅在空间而且在时间上均有相位差，因此它们的合成磁场是一个由超前相转向滞后相的旋转磁场，由此产生电磁转矩，其方向也是未罩极部分转向罩极部分，好似旋转磁场一样，从而使笼型转子获得启动转矩，并且也决定了电动机的转向是由未罩极部分向被罩极部分旋转。由此可见，其转向是由定子的内部结构决定的，改变电源接线不能改变电动机的转向。

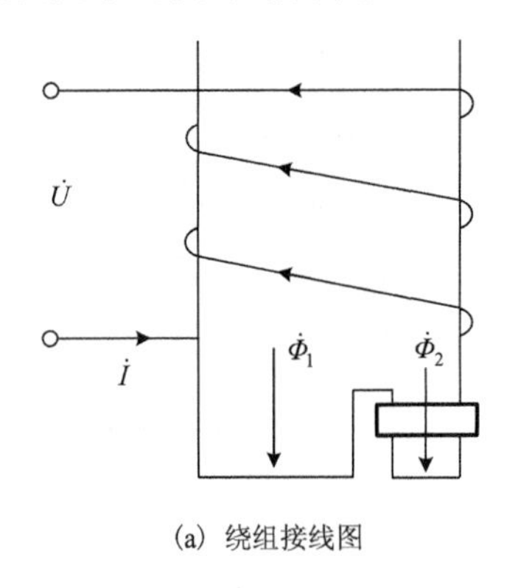

(a) 绕组接线图

(b) 相量图

图 7-11 罩极电动机原理图

罩极电动机结构简单、制造方便、成本低、工作可靠、运行时噪声小，但启动转矩较小，效率和功率因数都较低，方向不能改变。主要应用于小功率空载启动的场合，如小型风扇(排气扇、各种仪表风扇、计算机后面的散热风扇)、仪器仪表电动机、电唱机、空气清新器、加湿器、暖风机等。

7.1.5 单相异步电动机的调速

电风扇是利用电动机带动风叶旋转来加速空气流动的一种常用的电动器具，主要用于清凉解暑和空气流通，广泛用于家庭、办公室、商店、医院和宾馆等场所。它主要由扇头、风叶、网罩和控制装置等部件组成。扇头包括电动机、前后端盖和摇头送风机构等。在常用单相交流风扇中，一般使用单相罩极电动机和电容运转电动机。这是因为电动机在电风扇中的基本作用是驱动风叶旋转，因此它的功率要求和主要尺寸取决于风叶的功率消耗。一般风叶的功率消耗与转速的三次方成比例关系，因此启动时功率要求较低，随着转速的增加，功率消耗迅速增加，而以上两种电动机较适宜拖动此类负载。现代家用风扇按结构可分为吊扇(吊扇电动机如图 7-12 所示)、台扇、换气扇、转页扇、空调扇(即冷风扇)等。许多电风扇还应用了电子技术和微电脑技术，可以遥控，但其主要驱动原理不变。

图 7-12　吊扇电动机

电风扇一般都要求能调速，单相异步电动机的调速方法有变频调速、降压调速和变极调速。常用的降压调速又分为串电抗器调速、绕组抽头调速、串电容调速、自耦变压器调速和晶闸管调压调速等。下面以电风扇调速为例简单介绍单相异步电动机的几种降压调速方法。

1. 串电抗调速

这种调速方法将电抗器与电动机的定子绕组串联，如图 7-13 所示，所串的电抗器又称为调速线圈。通电时，利用在电抗器上产生的电压降加到电动机定子绕组上的电压低于电源电压，从而达到降压调速的目的。因此用串电抗器调速时，电动机的转速只能由额定转速向低速调速。

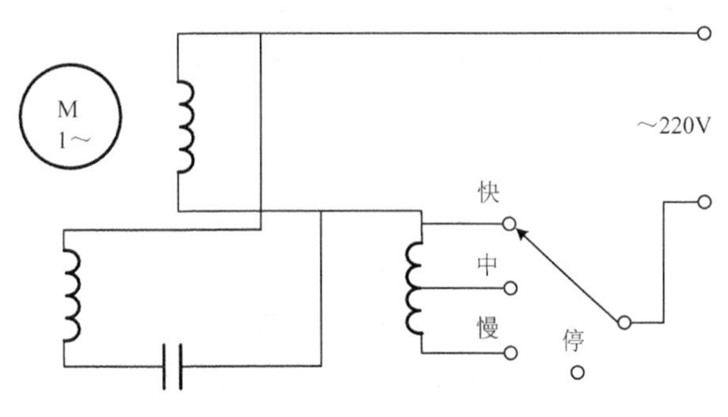

图 7-13　串电抗调速电路

串入电动机绕组的电抗器线圈匝数越少，电动机转速就越快；反之，就越慢。这种调速方法的优点是线路简单、操作方便；缺点是电压降低后，电动机的输出转矩和功率明显降低，因此只适用于转矩及功率都允许随转速降低而降低的场合。

2. 绕组抽头调速

电容运转电动机在调速范围不大时，普遍采用定子绕组抽头调速。这种调速方法是在定子铁心上再放一个调速绕组(又称中间绕组)D_1D_2，它与工作绕组及启动绕组连接后引出几个抽头，通过改变调速绕组与工作绕组、启动绕组的连接方式，调节气隙磁场大小及椭圆度来实现调速目的。这种调速方法通常有L形接法和T形接法，如图7-14所示。

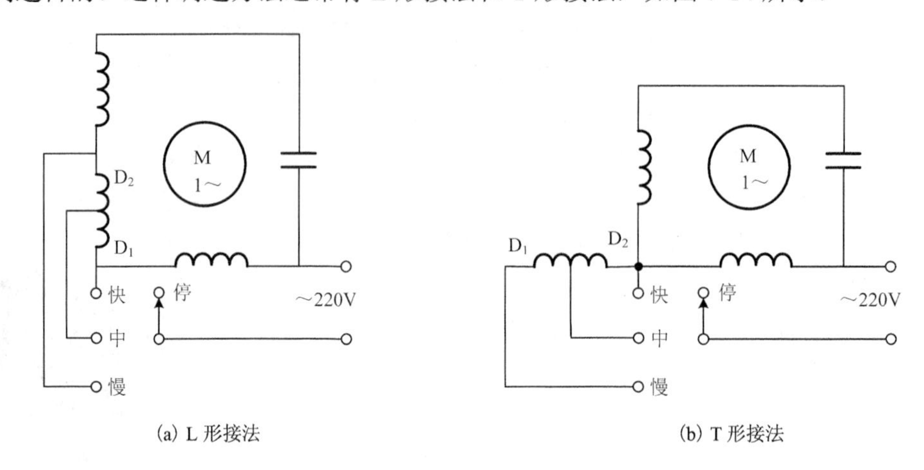

图7-14　电容电动机绕组抽头调速接线图

这种调速方法省去了调速电抗铁心，不需要任何附加设备，降低了产品成本，节约了电抗器的能耗；缺点是使电动机嵌线比较困难，引出线头多，接线复杂。目前广泛应用于电风扇和空调器的调速中。

3. 串电容调速

将不同容量电容器串入单相异步电动机电路中，也可调节电动机的转速。电容器容抗与电容量成反比，故电容量越小，容抗就越大，相应的电压降也就越大，电动机转速就越低；反之，电容量越大，容抗就越小，相应的电压降也就越小，电动机转速就越高。

这种调速方法由于电容器具有两端电压不能突变的特点，因此启动瞬间，调速电容器两端的电压为零，即电动机的电压为电源电压，电动机启动性能好。正常运行时，电容器上无功率损耗，效率较高。

4. 自耦变压器调速

可以通过调节自耦变压器来调节加在单相异步电动机上的电压，从而实现电动机的调速，如图7-15所示。如图7-15(a)所示电路在调速时是使整台电动机降压运行，因此低速挡时启动性能较差。如图7-15(b)所示电路在调速时是仅使工作绕组降压运行，因此低速挡时启动性能好，但接线较复杂。

5. 晶闸管调压调速

前面介绍的各种调速电路都是有级调速，目前采用晶闸管调压的无级调速越来越多，如图7-16所示。整个电路只用了双向晶闸管、双向二极管、带电源开关的电位器、电容和电阻等五个元件，在调速过程中，通过改变晶闸管的触发角，来改变加在单相异步电动机上的交流电压，实现调节电动机的转速。

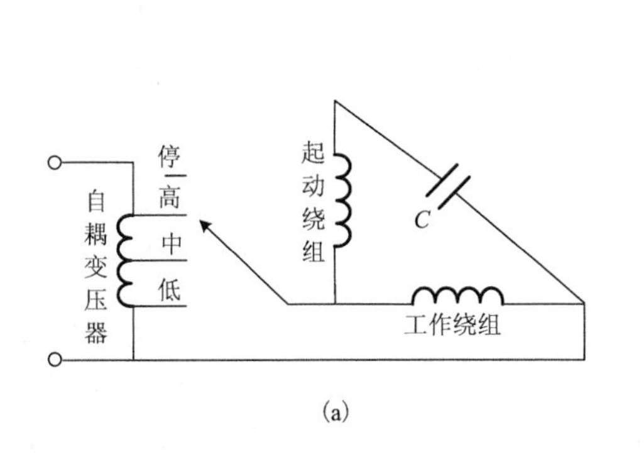

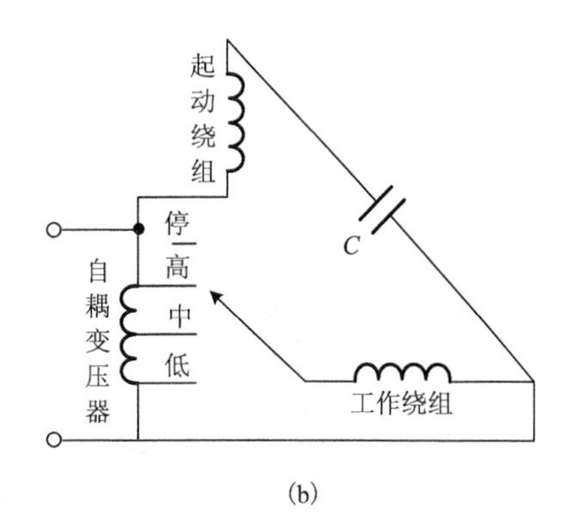

图 7-15　自耦变压器调速电路

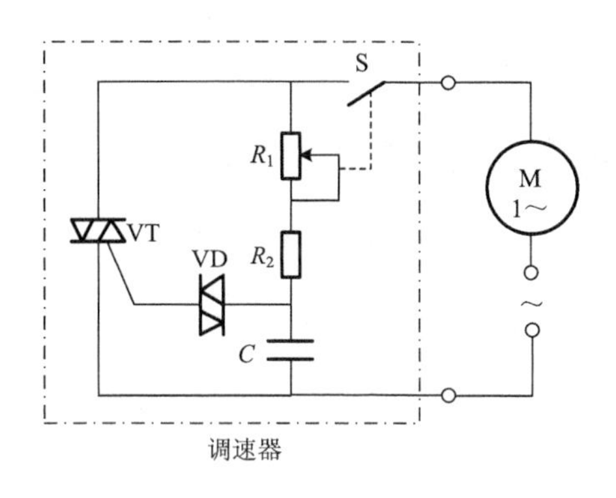

图 7-16　吊扇晶闸管调压调速电路

这种调速方法可以实现无级调速，电路结构简单，节能效果好；但会产生一些电磁干扰，大量用于电风扇调速。

7.1.6　单相异步电动机的反转

下面通过洗衣机电动机（图 7-17）来分析单相异步电动机的反转。

洗衣机是利用电能产生机械作用来洗涤衣物的清洁电器，主要有滚筒式、搅拌式和波轮式三种。目前我国的洗衣机大部分是波轮式，洗衣桶立轴，底部波轮高速转动带动衣服和水流在洗涤桶内旋转，由此使桶内的水形成螺旋涡流，并带动衣物转动，上下翻滚，使衣服与水流和桶壁产生摩擦以及拧搅产生摩擦，在洗涤剂的作用下使衣服污垢脱落。对洗衣机用电动机的主要要求是力矩大、启动好、耗电少、温升低、噪声少、绝缘性能好、成本低等。

图 7-17　洗衣机电动机

洗衣机工作时要求电动机在定时器的控制下正反交替运转。改变单相电容运转电动机转向的方法有两种：一是在电动机与电源断开时，在主绕组或副绕组中任何一组的首尾两端换接以改变旋转磁场的方向，从而改变电动机的转向；二是在电动机运转时，将副绕组上的电容器串接于主绕组上，即主、副绕组对调，从而改变旋转磁场和转子的转向。洗衣机所采用的大都是后一种方法，因为洗衣机在正反转工作时情况完全一样，所以两相绕组可轮流充当主副相绕组，因而在设计时，主副相绕组应具有相同的线径、匝数、节距及绕组分布形式。

洗衣机脱水用电动机也是采用电容运转式电动机，它的原理和结构同一般单相电容运转电动机相同。由于脱水时一般不需要正反转，故脱水用电机按一般单相电容运转异步电动机接线，即主绕组直接接电源，副绕组和分相电容串联后再接入电源。由于脱水用电动机只要求单方向运转，所以主副绕组可采用不同的线径和匝数绕制。

7.1.7 单相异步电动机的应用

单相异步电动机与同容量的三相异步电动机相比，其体积大，效率及功率因数较低，过载能力也较差。因此，单相异步电动机做成微型的，功率一般在几瓦至 750W；小型的功率一般在 550～3700W。单相异步电动机由单相电源供电，因此它广泛用于家用电器、医疗器械及轻工设备中。电容启动电动机和电容运转电动机的启动转矩比较大，容量可以做到几十瓦到几百瓦，常用于电风扇、空气压缩机、电冰箱和空调设备中。罩极电动机结构简单、制造方便，但启动转矩小，多用于小型风扇和电动机模型中，容量一般在 40W 以下。

7.1.8 单相异步电动机的常见故障及维护

单相异步电动机的维护也可通过听、看、闻、摸等方式随时注意电动机的运行状态，如转速是否正常、能否正常启动、温升是否过高、有无杂音或振动、有无焦臭味等。

(1) 单相异步电动机能运转，但不能自行启动。

这种现象出现在电动机正常接通电源的情况下，这时转子并不转，而在用手帮助启动后又能正常旋转。这说明工作绕组是能正常工作的，问题出现在启动绕组回路或短路环。

对于分相式电动机，出现这种情况，或是分相电容损坏，或是离心开关损坏，或是启动绕组断路。这些问题都可用万用表测量，找出毛病所在处进行更换即可。

对于罩极电动机，这种现象的出现一般来说是短路环断路引起的，拆开电动机把短路环修好即可。

(2) 单相异步电动机既不能自行启动，也不能在手工助动后运转。

这种现象出现在电动机正常接通电源的情况下转子不转，在用手帮助启动后也不能正常旋转。这说明工作绕组断路或工作绕组断路再加上启动绕组回路断路。

切断电源，并断开工作绕组和启动绕组回路间的连接，测量工作绕组的阻值，证明是工作绕组断路后把它修好即可连线通电，一般情况下电动机均应正常工作。若电动机能运转但不能自行启动，可参照上面的方法修复启动绕组回路即可。

7.2 伺服电动机

伺服电动机能把输入的控制电压信号变换成转轴上的机械角位移或角速度输出，改变输入电压的大小和方向就可以改变转轴的转速和转向，在自动控制系统中作执行元件，故又称为执行电动机，广泛应用在雷达天线、高炮炮台、导弹、潜艇、卫星、工业自动生产线、家用音像设备和制动调压稳压器等方面。

伺服电动机显著特点是：在无信号时，转子静止不动；有信号时，转子立即转动；当信号消失时，转子能即时自行停转。

自动控制系统对伺服电机的基本要求：

(1) 调速范围大，机械特性和调节特性均为线性，转速稳定。

(2) 快速响应性能好，即机电时间常数小。

(3) 灵敏度要高，即在很小的控制电压信号作用下，伺服电机就能启动运转。

(4) 无自转现象。所谓自转现象就是转动中的伺服电机在控制电压为零时还继续转动的现象；无自转现象就是控制电压降到零时，伺服电机立即自行停转。

(5) 控制功率小，空载始动电压低。

根据使用电源的性质不同，伺服电动机有直流和交流之分。直流伺服电动机的输出功率通常为 1～600W，用于功率较大的控制系统中。交流伺服电动机的输出功率一般为 0.1～100W，电源频率为 50Hz、400 Hz 等多种，用于功率较小的控制系统中。

20 世纪 70 年代是直流伺服电动机全盛发展的时代，在工业及相关领域获得了广泛的应用，伺服系统的位置控制由开环控制发展成为闭环控制。20 世纪 80 年代以来，随着电机技术、现代电力电子技术、微电子技术和计算机控制技术的快速发展，交流伺服系统性能日渐提高。进入 21 世纪，交流伺服系统越来越成熟，市场呈现快速多元化发展，目前，交流伺服系统已成为工业自动化的支撑性技术之一。

7.2.1 直流伺服电动机

1. 直流伺服电动机的结构和工作原理

从结构和原理上看，直流伺服电动机就是低惯量的微型他励直流电动机，如图 7-18 所示。按定子磁极种类可分为永磁式和电磁式。永磁式的磁极是永久磁铁；电磁式的磁极是电磁铁，磁极外面套着励磁绕组，一般是他励方式励磁。

按控制方式分，直流伺服电动机又分为电枢控制方式和磁场控制方式两种。

采用电枢控制方式时，励磁绕组接在电压恒定的励磁电源上，产生额定磁通，电枢绕组接控制电压，当控制电压的大小和方向改变时，电动机的转速和转向就随之改变，如图 7-19 所示。

图 7-18 直流伺服电动机

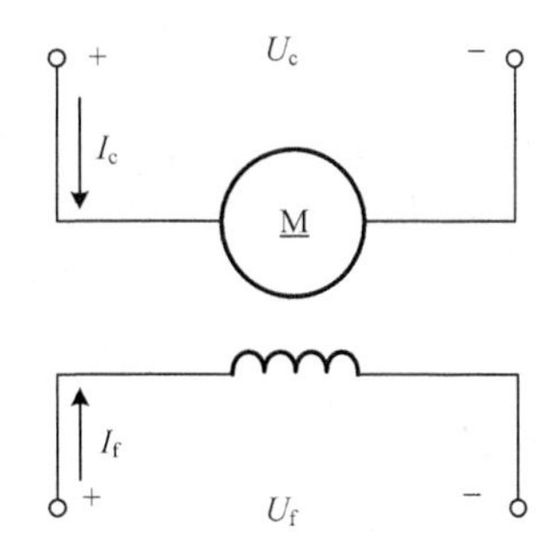

图 7-19 直流伺服电动机的电枢控制方式

采用磁场控制方式时，电枢绕组接在电压恒定的电源上，而励磁绕组接控制电压。当控制电压消失时，电枢停止转动，电枢中仍有电流，而且电流很大，相当于普通直流电动机的直接启动电流，功率损耗很大，容易烧坏电刷和换向器；另外，电动机的特性为非线性。所以磁场控制方式性能较差。

因此，在自动控制系统中，一般采用电枢控制方式，所以本节分析的是电枢控制方式的直流伺服电动机。

为了提高直流伺服电动机的快速响应能力，就必须减少转动惯量，所以直流伺服电动机的电枢或做成圆盘的形式，或做成空心杯的形式，分别称为盘形电枢直流伺服电动机和空心杯永磁式直流伺服电动机，它们在结构上的明显特点是转子轻、转动惯量小。

电枢控制方式的直流伺服电动机的工作原理与普通的直流电动机相似。当励磁绕组接在电压恒定的励磁电源上时，就有励磁电流 I_f 流过，会在气隙中产生主磁通$\varPhi$；当有控制电压 U_c 作用在电枢绕组上时，就有电枢电流 I_c 流过，电枢电流 I_c 与磁通 $\varPhi$ 相互作用，产生电磁转矩 T 来带动负载运行。当控制信号消失时，$U_c = 0$，$I_c = 0$，$T = 0$，电机自行停止，不会出现自转现象。

2. 直流伺服电动机的运行特性

直流伺服电动机的主要运行特性是机械特性和调节特性。

1）机械特性

机械特性是指控制电压恒定时，直流伺服电动机的转速随转矩变化的规律，即 U_c = 常数时的 $n = f(T)$。直流伺服电动机的机械特性与普通的直流电动机的机械特性是相似的。

在第 1 章中已经分析过直流电动机的机械特性是

$$n = \frac{U}{C_e \varPhi} - \frac{R}{C_e C_T \varPhi^2} T \tag{7-1}$$

式中，U、R、C_e、C_T 分别是电枢电压、电枢回路的总电阻、电动势常数、转矩常数。

在电枢控制方式的直流伺服电动机中，控制电压 U_c 加在电枢绕组上，即 $U = U_c$，代入式(7-1)，就得到直流伺服电动机的机械特性表达式为

$$n = \frac{U_c}{C_e \varPhi} - \frac{R}{C_e C_T \varPhi^2} T = n_0 - \beta T \tag{7-2}$$

式中，$n_0 = \dfrac{U_c}{C_e \varPhi}$ 为理想空载转速，$\beta = \dfrac{R}{C_e C_T \varPhi^2}$ 为斜率。

当控制电压 U_c 一定时，随着转矩 T 的增加，转速 n 成正比地下降，机械特性为向下倾斜的直线，如图 7-20 所示，所以直流伺服电动机机械特性的线性度很好。由于斜率β不变，当 U_c 不同时，机械特性为一组平行线，随着 U_c 的降低，机械特性平行地向下移动。

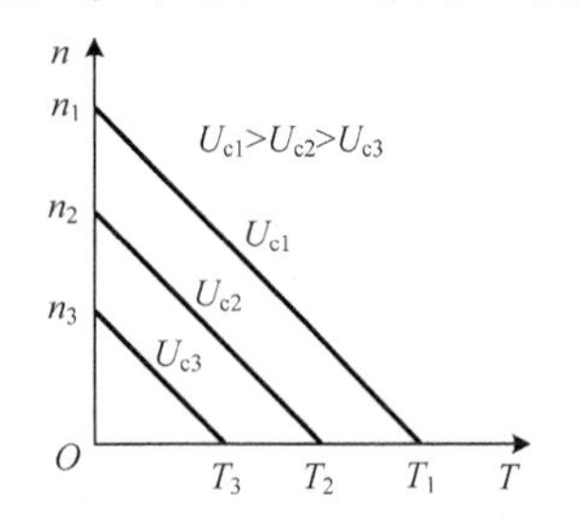

图 7-20　直流伺服电动机的机械特性

从图 7-20 可以看出，负载转矩一定，即电动机的电磁转矩一定时，控制电压升高，电动机的转速也升高；控制电压降低，转速也降低。当控制电压反向时，电动机的电磁转矩和转速也反向。

2）调节特性

调节特性是指转矩恒定时，电机的转速随控制电压变化的规律，即 T = 常数时，$n = f(U_c)$。调节特性也称为控制特性。

机械特性与调节特性都对应于式(7-2)。在式(7-2)中，令 U_c 为常数，T 为变量，$n = f(T)$

是机械特性；若令 T 为常数，U_c 为变量，$n=f(U_c)$ 是调节特性，如图 7-21 所示，也是一组平行直线，所以调节特性的线性度也很好。

从图 7-21 可以看出，在电磁转矩一定时，控制电压越高，转速也越高。启动时，不同负载转矩 T_L 需要的控制电压 U_c 也是不同的。调节特性与横坐标的交点 $(n=0)$，就表示在一定负载转矩下电动机的始动电压。只有控制电压大于始动电压，电动机才能启动运转。在式(7-2)中令 $n=0$ 可方便地计算出始动电压 U_{c0} 为

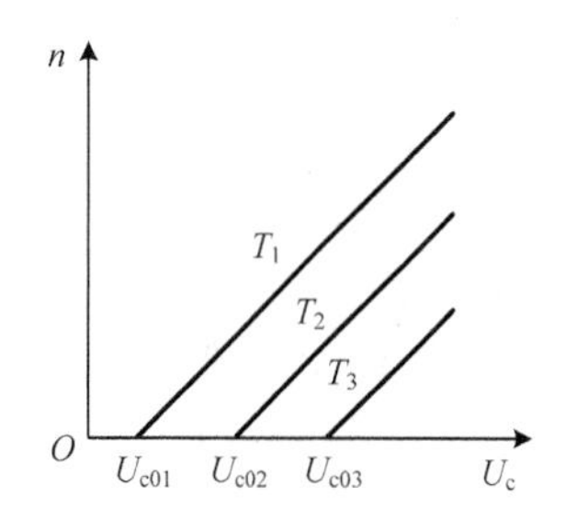

图 7-21　直流伺服电动机的调节特性

$$U_{c0}=\frac{RT}{C_T\Phi} \tag{7-3}$$

一般把调节特性上横坐标从零到始动电压这一范围称为失灵区或死区。在失灵区以内，即使电枢有外加电压，电动机也转不起来。可见，负载转矩 T_L 不同，始动电压 U_{c0} 也不同，即失灵区的大小与负载转矩成正比，负载转矩大，失灵区也大。

直流伺服电动机的优点是启动转矩大、机械特性和调节特性的线性度好、调速范围大。缺点是电刷和换向器之间的火花会产生无线电干扰信号，维护比较困难。

7.2.2　交流伺服电动机

1. 交流伺服电动机的结构和工作原理

交流伺服电动机是两相异步电动机，其定子和转子的结构与其他一般电动机相似，如图 7-22 所示。定子铁心用带槽的硅钢片叠压而成，定子铁心上嵌放着在空间相差 90° 电角度的两相分布绕组，一相为励磁绕组，接在电压为 $\dot{U}_f$ 的交流电源上；另一相为控制绕组，接输入控制电压 $\dot{U}_c$，$\dot{U}_f$ 与 $\dot{U}_c$ 为同频率的交流，如图 7-23 所示。

图 7-22　交流伺服电动机

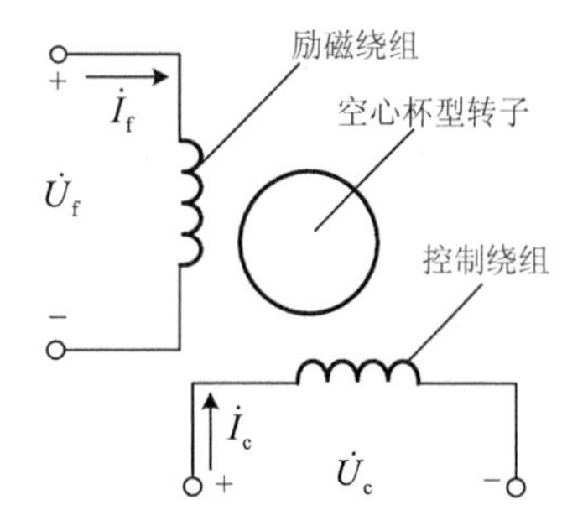

图 7-23　交流伺服电动机结构示意图

交流伺服电动机的转子主要有以下两种结构。

1) 高电阻率导条的笼型转子

这种笼型转子和普通三相异步电动机的笼型转子相同，但为了提高其快速响应的动态性能，笼型转子做得又细又长，以减小转子的转动惯量。另外，笼型转子的导条可采用高电阻率的导电材料制造，如青铜、黄铜，也可采用铸铝转子。

2) 非磁性空心杯型转子

空心杯型转子交流伺服电动机有两个定子，即外定子和内定子。外定子铁心槽内安放有励磁绕组和控制绕组，内定子一般不放绕组，仅作磁路的一部分；杯型转子位于内外绕组之间，通常是用高电阻率的导电材料(如铜、铝或铝合金)制成的一个薄壁圆筒，杯底固定在转轴上，杯壁厚度一般在 0.3mm 左右，轻而薄。它在电机磁场作用下，杯型转子内产生涡流，涡流再与主磁场作用产生电磁转矩，使杯型转子转动起来。具有较大的转子电阻和很小的转动惯量，电机快速响应性能好，运转平稳平滑，无抖动现象，噪声小。缺点是由于使用内外定子、气隙较大，故励磁电流较大，体积较大。

当交流伺服电动机控制电压为零时，相当于定子单相通电，只有励磁电流产生的脉动磁场，无启动转矩，转子不能转动。有控制电压时，励磁绕组和控制绕组中的电流共同产生一个合成的旋转磁场，使转子产生了合成转矩，带动转子旋转。当电动机旋转时，若控制电压为零，则转子又立即停下来。但由于此时 $\dot{U}_f$ 加在励磁绕组上不变，相当于单相异步电动机，若电动机参数选择不合理，则电动机会继续旋转，不能按要求停车，这样电动机就失去了控制，这种控制电压为零，电动机自行旋转的失控现象就是交流伺服电动机的“自转”现象。在自动控制系统中，是不允许交流伺服电动机出现这种不符合可控制要求的自转现象的。消除自转的一个可行的办法是增大转子电阻。

当控制绕组电流为零时，定子磁场完全由励磁电流产生，它是一个单相脉动磁场。脉动磁场可以分解为幅值相等、转速相同、转向相反的两个圆形旋转磁场，分别产生正向电磁转矩和反向电磁转矩。从前面的分析可知，电动机的最大电磁转矩与转子电阻大小无关。下面讨论转子电阻的大小对交流伺服电动机单相运行时机械特性曲线的影响及产生自转的原因。

当转子电阻 R_2 较小，临界转差率 s_m 很小时，其机械特性曲线如图 7-24 所示。从图中可以看出，在电动机运行范围 $(0 < s < 1)$ 内，合成转矩 T 绝大部分是正的。当伺服电动机突然撤去控制电压信号，即 $U_c = 0$ 时，只要阻转矩小于单相运行时的最大电磁转矩，电动机将继续旋转，产生自转现象，造成失控。

当转子电阻增大到使临界转差率较大时，合成转矩曲线与横轴相交仅有一点 $(s = 1)$，如图 7-25 所示。在电动机运行范围 $(0 < s < 1)$ 内，合成转矩为负值，成为制动转矩。因此当控制电压 $U_c = 0$ 为单相运行时，电动机立刻产生制动转矩，与负载转矩一起促使电动机迅速停转，这样就不会产生自转现象。

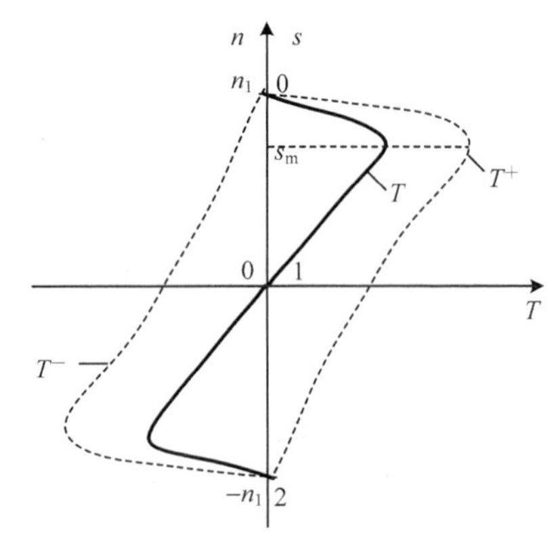

图 7-24　R_2 较小时的机械特性曲线

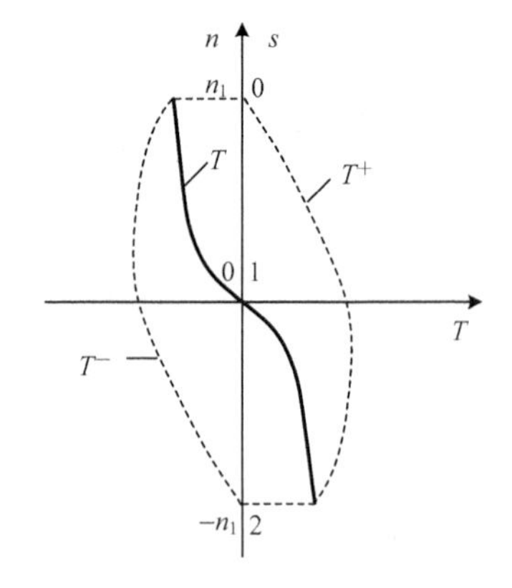

图 7-25　R_2 较大时的机械特性曲线

增加交流伺服电动机的转子电阻，既可以防止自转，又可以扩大调速范围，同时使机械特性更接近线性。常用的增大转子电阻的办法是将笼型导条和端环用高电阻率的材料如黄铜或青铜制造，同时将转子做成细而长，这样，转子电阻很大，而转动惯量又小。

当然增大转子电阻也有明显的缺点，即机械特性明显变软，使动态稳定性和调速指标变差。所以，现在高精度交流伺服电动机都不采用增大转子电阻的方法，而是采用变频或串级调速，使机械特性尽可能硬，进一步满足自动控制系统对交流伺服电动机各方面的要求。

2. 交流伺服电动机的控制方式

交流伺服电动机若在其定子对称的两相交流绕组中通以两相对称交流电，产生的气隙旋转磁场是圆形的；若通以不对称电流，即两相电流幅值不同或相位差不是 90°电角度，则气隙旋转磁场是椭圆形的。改变控制电压的大小或相位或同时改变这两个值，都能使旋转磁场的大小和椭圆度发生改变，从而引起电磁转矩的变化，达到改变电动转速和转向的目的。

改变控制电压$\dot{U}_c$的大小和相位实现对交流伺服电动机转速控制的方法有三种：幅值控制、相位控制和幅值-相位控制。

1) 幅值控制

始终保持控制电压$\dot{U}_c$和励磁电压$\dot{U}_f$之间的相位差为 90°，仅仅改变控制电压$\dot{U}_c$的幅值来改变交流伺服电动机转速的控制方式称为幅值控制。励磁绕组接交流电源，控制绕组通过电压移相器接至同一电源上，使$\dot{U}_c$与$\dot{U}_f$始终有 90°的相位差，且$\dot{U}_c$的大小可调，改变$\dot{U}_c$的幅值就改变了电动机的转速。当控制电压 $U_c = 0$ 时，电动机停转；当控制电压反相时，电动机反转。

令$\alpha = U_c / U_f = U_c / U_N$为幅值控制时的信号系数，$U_N$为电源电压的额定值，显而易见，$0 \leqslant \alpha \leqslant 1$。

2) 相位控制

保持控制电压$\dot{U}_c$的幅值不变，通过改变控制电压$\dot{U}_c$与励磁电压$\dot{U}_f$的相位差来改变交流伺服电动机转速的控制方式，称为相位控制。控制绕组通过移相器与励磁绕组一起接至同一交流电源上，$\dot{U}_c$的幅值不变，但调节移相器可以使$\dot{U}_c$与$\dot{U}_f$的相位差在 0°～90°变化，$\dot{U}_c$与$\dot{U}_f$的相位差发生变化时，交流伺服电动机的转速就发生变化。

$\dot{U}_c$与$\dot{U}_f$的相位差β在 0°～90°变化时，信号系数α为

$$\alpha = \frac{U_c \sin\beta}{U_f} = \frac{U_N \sin\beta}{U_N} = \sin\beta \tag{7-4}$$

故而称 $\sin\beta$ 为相位控制时的信号系数。

当$\dot{U}_c$和$\dot{U}_f$同相位即$\beta = 0°$时，电动机内合成磁场为脉动磁场，电动机的转速 $n = 0$；当$\dot{U}_c$和$\dot{U}_f$相位差$\beta = 90°$时，合成磁场为圆形旋转磁场，$n = n_{max}$；当$\dot{U}_c$和$\dot{U}_f$相位差β在 0°～90°时，合成磁场由脉动磁场变为椭圆旋转磁场，最终变为圆形旋转磁场，转速由低到高变化。

3) 幅值-相位控制（幅相控制）

幅值-相位控制是通过同时改变控制电压$\dot{U}_c$的幅值及$\dot{U}_c$与$\dot{U}_f$之间的相位差来控制电机的转速的。具体方法是励磁绕组串入移相电容器后接交流电源，控制绕组通过电位器接至同一电源，控制电压$\dot{U}_c$与电源同频率、同相位，但其大小可以通过电位器 R_P 来调节，当改变$\dot{U}_c$

的大小时，由于耦合作用，励磁绕组中的电流会发生变化，其电压$\dot{U}_f$也会发生变化。这样，$\dot{U}_c$与$\dot{U}_f$的大小和相位都会发生变化，电机的转速也会发生变化，所以称这种控制方式为幅值-相位控制方式。

三种控制方式中，幅值控制方式和相位控制方式都需要复杂的移相装置，而幅值-相位控制方式只需要电容器和电位器，不需要移相装置，设备简单，使用方便，在自动控制系统中成为上述三种方式中最常用的一种控制方式。

3. 交流伺服电动机的运行特性

交流伺服电动机的运行特性主要是指机械特性和调节特性，是反映交流伺服电动机在自动控制系统中工作的主要指标，是选择伺服电动机的重要依据。

三种控制方式的机械特性和调节特性基本上相似，现以幅值控制方式为例进行分析说明。为了使特性具有普遍意义，转速、转矩和控制电压都采用标幺值。以同步转速n_1作为转速的基值；以圆形旋转磁场产生的启动转矩T_{st0}作为转矩的基值；以电源额定电压U_N作为控制电压的基值。即

$$n^* = n / n_1,\quad T^* = T / T_{st0},\quad U_c^* = U_c / U_N = \alpha$$

式中，信号系数α即为控制电压的标幺值。

1) 机械特性

幅值控制的机械特性，即α一定时$T^* = f(n^*)$，如图 7-26 所示。当$\alpha = 1$，即$U_c = U_N$，控制电压$\dot{U}_c$的幅值达到最大值，$U_c = U_f = U_N$，且$\dot{U}_c$与$\dot{U}_f$的相位差为 90°，所以气隙磁场为圆形旋转磁场，电磁转矩最大。随着控制电压$\dot{U}_c$的变小（α值变小），磁场变为椭圆形磁场，电磁转矩减小，机械特性随α的减小向小转矩、低转速方向移动。

2) 调节特性

幅值控制的调节特性，即T^*一定时$n^* = f(\alpha)$曲线，如图 7-27 所示。调节特性是非线性的，只有在相对转速n^*和信号系数α都较小时调节特性才近似为直线。在自动控制系统中，一般要求伺服电机应有线性的调节特性，所以交流伺服电动机应在小信号系数和低的相对转速下运行，为了不使调速范围太小，可将交流伺服电动机的电源频率提高到 400Hz，这样，同步转速n_1也成比例提高，电动机的运行转速$n = n^* n_1$，尽管n^*较小，但n_1很大，所以n也大，就扩大了调速范围。

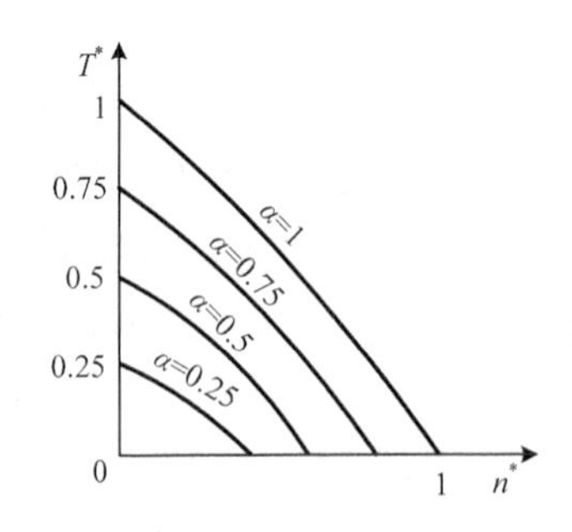

图 7-26　幅值控制时的机械特性

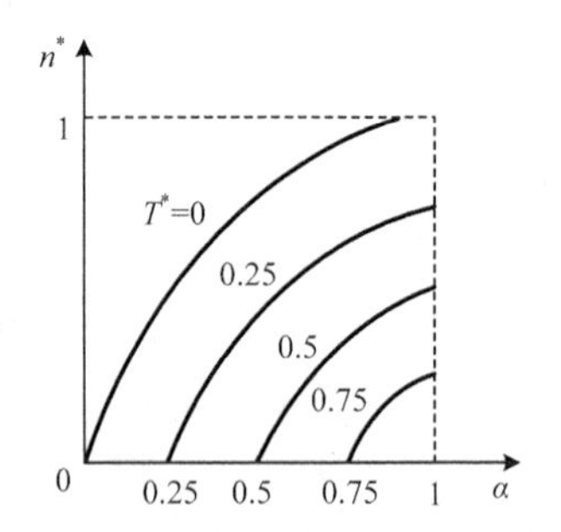

图 7-27　幅值控制时的调节特性

7.2.3 伺服电动机的应用

伺服系统是用在精确地跟随或复现某个过程的反馈控制系统，指被控制量是机械位移或位移速度、加速度的反馈控制系统，其作用是使输出的机械位移(或转角)准确地跟踪输入的位移(或转角)。

伺服系统最初用于船舶的自动驾驶、火炮控制和指挥仪中，后来逐渐被推广到很多领域，特别是自动车床、雷达天线位置控制、导弹和飞船的制导等。伺服系统的主要应用有：

(1) 以小功率指令信号去控制大功率负载，如火炮控制和船舵控制等；

(2) 在没有机械连接时，由输入轴控制位于远处的输出轴，实现远距离同步传动；

(3) 使输出机械位移精确地跟踪输入信号，如记录和指示仪表等。

将直流伺服电动机和交流伺服电动机作一下对比。直流伺服电动机的机械特性是线性的、特性硬、控制精度高、稳定性好、无自转现象；交流伺服电动机的机械特性是非线性的、特性软、控制精度要差一些。交流伺服电动机转子电阻大、损耗大、效率低、只能适用于小功率系统；功率大的控制系统宜选用直流伺服电动机。直流、交流伺服电动机的性能比较如表 7-1 所示。

表 7-1　直流、交流伺服电动机的性能比较

性能	直流伺服电动机	交流伺服电动机
结构	有电刷和换向器，结构工艺复杂，维护不便	无电刷和换向器，结构简单
体积、重量	功率较大、相对体积小、重量轻	功率较小、相对体积大、重量较重
效率	效率较高	效率较低
运行的可靠性和对系统的干扰	运行可靠性差，换向火花会产生电磁波干扰，摩擦力矩较大	无电火花引起的电磁波干扰，摩擦力矩小
运行特性	机械特性硬度大，线性度好，不同控制电压下，特性平行，调速范围大，堵转力矩大，过载能力强	机械特性软，线性度差，不同控制电压下斜率不同，调速范围大，堵转力矩和过载能力相对小
伺服放大器	直流伺服放大器有零点漂移现象，精度低，体积和重量大	交流伺服放大器结构简单，体积和重量小

在伺服控制系统中，使用较多的是速度控制和位置控制。雷达天线工作原理如图 7-28 所示，它是一个典型的位置控制随动系统。在该系统中，直流伺服电动机作为主传动电动机拖动电线转动，被跟踪目标的位置经雷达天线系统检测并发出位置误差信号，此信号经放大后作为伺服电动机的控制信号，伺服电动机驱动雷达天线跟踪目标。

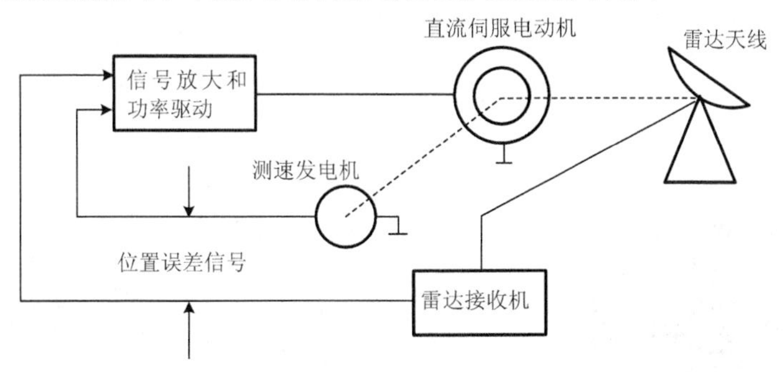

图 7-28　直流伺服电动机控制的雷达天线系统

交流数字伺服控制系统是发展比较快的伺服系统。它具有可靠性高、稳定性好、控制精度高、设计周期短和成本低的特点，得到广泛的应用。图 7-29 是应用数字伺服控制模块组成的数控机床伺服系统，系统中的数字伺服控制器接收上位控制器发出的数字控制信号，经控制器的运算处理、位置检测、控制信号形成、功率放大等，驱动伺服电动机完成控制任务。

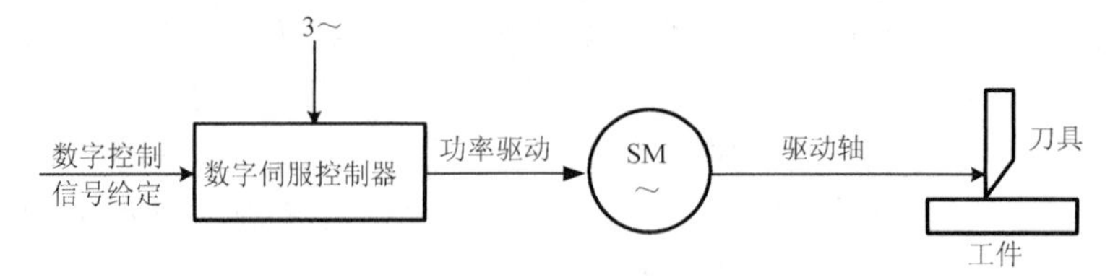

图 7-29　数控机床伺服系统

7.3　测速发电机

测速发电机是一种检测机械转速的电磁装置，能把转速转换成与之成正比的电压信号。在自动控制系统中对测速发电机有以下要求：

(1) 输出电压与转速保持良好的线性关系，且不受外界条件(如温度)的影响；

(2) 测速发电机的摩擦转矩和转动惯量要小，保证响应迅速；

(3) 输出特性斜率要大；

(4) 灵敏度高，即输出电压对转速的变化反应灵敏。

除此外，还要求电磁干扰小、噪声小、结构简单、工作可靠、体积小、质量轻等。对于不同的工作环境工作对象还有一些特殊的要求。

测速发电机有直流和交流两种。直流测速发电机又有永磁式和电磁式之分；交流测速发电机分为同步测速发电机和异步测速发电机。

7.3.1　直流测速发电机

直流测速发电机就是微型直流发电机，如图 7-30 所示，其作用是把拖动系统的旋转角速度转化为电压信号，广泛应用于自动控制系统、测量技术和计算技术中。直流测速发电机的结构与直流伺服电动机基本相同。按励磁方式的不同，可分为永磁式和电磁式两种。永磁式直流测速发电机的磁极为永久磁铁，结构简单，使用方便。电磁式直流测速发电机由他励方式励磁，其原理图如图 7-31 所示。

图 7-30　直流测速发电机

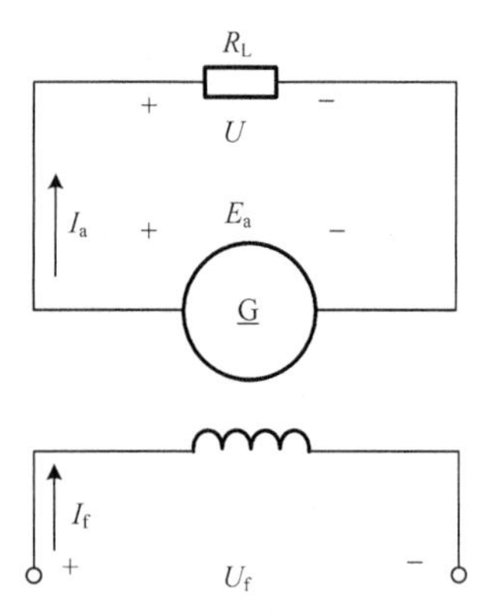

图 7-31　他励直流测速发电机原理图

1. 输出特性

他励直流测速发电机的工作原理与一般直流发电机相同，第 1 章中已分析过，当定子每极磁通Φ为常数时，发电机的电枢电动势为

$$E_a = C_e \Phi n$$

式中，C_e为电动势常数。

输出特性是指励磁磁通Φ和负载电阻R_L都为常数时，直流测速发电机的输出电压U随转子转速n的变化规律，即$U=f(n)$。

当电枢回路总电阻为R_a，发电机接负载电阻R_L时，输出电压为

$$U = E_a - R_a I_a = E_a - \frac{U}{R_L} R_a$$

也就是

$$U = \frac{E_a}{1+\dfrac{R_a}{R_L}} = \frac{C_e \Phi}{1+\dfrac{R_a}{R_L}} n = Cn \tag{7-5}$$

式中，$C = \dfrac{C_e \Phi}{1+\dfrac{R_a}{R_L}}$为常数，是测速发电机的输出特性斜率。

由式(7-5)可知，输出电压U与转速n成正比，所以输出特性为直线。当负载电阻R_L不同时，直流测速发电机输出特性的斜率也不同，随着负载电阻R_L的减小而减小，理想的输出特性是一组直线。测速发电机对应不同负载电阻得到不同的输出特性，如图 7-32 所示。

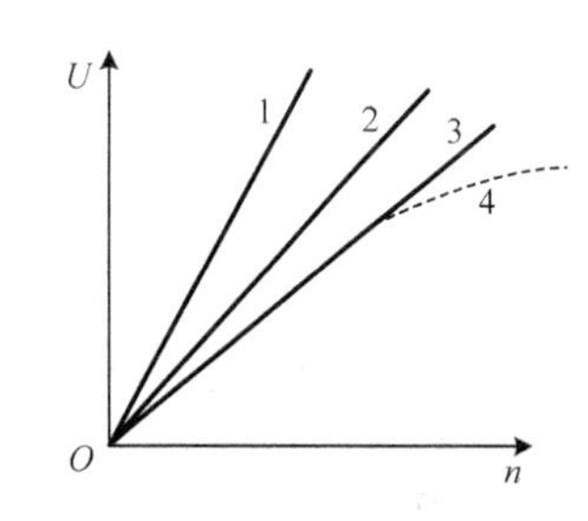

图 7-32　不同负载电阻时的输出特性

在图 7-32 中，曲线 1 是空载时的输出特性，曲线 2 和 3 是带某一负载电阻R_{L2}和R_{L3}时的输出特性，这里$R_{L2} > R_{L3}$。

2. 减少误差提高精度的方法

在电力传动系统中，要求直流测速发电机输出特性是线性的；输出特性斜率大，灵敏度高；输出特性受温度影响小；输出电压平稳，波动小。然而，直流测速发电机在实际运行中，其输出电压与转速之间不能严格保持正比关系，而是实际输出电压与理想输出电压之间产生了误差。下面讨论产生误差的原因及减小误差的方法。

1) 电枢反应的影响

由于电枢反应的作用，使得主磁通发生变化。负载电阻越小或转速越高，电枢电流就越大，电枢反应的去磁作用越强，气隙磁通减小得越多，输出电压下降越显著，致使输出特性向下弯曲，如图 7-32 中虚线 4 所示。

为减小电枢反应的影响，改善输出特性的线性，应尽量使电机的气隙磁场保持不变。可采取的措施有：

(1) 可在定子磁极上安装补偿绕组；

(2) 结构上适当加大气隙；

(3) 使用时，转速不能超过最大工作转速，所带的负载电阻不能太小。

2) 电刷接触电阻的影响

电刷接触电阻是非线性的，它随负载电流而变。当转速较高时，电枢电流较大，电刷的接触压降可认为是常数；当转速低、电流小时，电刷的接触电阻较大，这时虽有输入转速信号，但输出电压很小，输出特性在此区域内，对转速反应很不灵敏，这个区域称为不灵敏区。

为了减小电刷接触电阻的影响，可采用接触电阻较小的银-石墨电刷或含银金属电刷；在高精度的直流测速发电机中还要采用铜电刷，并在电刷和换向器相接触的表面镀有银层；另外使用时还可对低电压输出进行非线性补偿。

3) 温度的影响

测速发电机周围环境温度的变化，使励磁绕组电阻变化。当温度升高时，励磁绕组电阻增大，励磁电流和主磁通减小，导致输出电压降低。当温度下降时，输出电压又会升高。

为减小温度变化对输出特性的影响，可采取的措施有：

(1) 设计测速发电机时，总是把磁路设计得比较饱和，使励磁电流的变化所引起的磁通变化较小；

(2) 可在励磁回路中串联一个比励磁绕组电阻大几倍且温度系数较低的附加电阻(如锰镍铜合金或镍铜合金)，或选用具有负温度系数的电阻，这样，在温度变化时，励磁电流变化不大，甚至不变。

(3) 要求测速精度更高时，可采用恒流源励磁。

4) 纹波的影响

直流测速发电机输出电压并不是稳定的直流电压，而是带有微弱的脉动，把这种脉动称为纹波。引起纹波的因素很多，主要是测速发电机本身的固有结构及加工误差引起的。

纹波电压的存在，在高精度系统中是不允许的。为消除纹波影响，可在电压输出电路中加入滤波电路。

7.3.2 交流异步测速发电机

1. 基本结构

在自动控制系统中常用的一种异步测速发电机，其转子做成空心杯的形状，称为空心杯转子测速发电机。它由外定子、空心杯转子、内定子三部分组成。外定子放置励磁绕组，接交流电源；内定子上放置输出绕组，这两套绕组在空间相隔 90° 电角度。转子是空心杯，用高电阻率非磁性材料磷青铜制成，杯子的底部固定在转轴上。这样的转子结构，转动惯量小，电阻大，漏电抗小，输出特性线性良好，因而得到了广泛的应用。

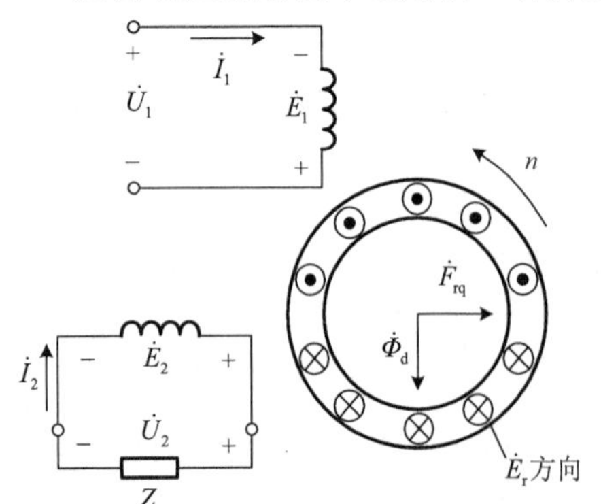

图 7-33　空心杯转子测速发电机工作原理图

2. 工作原理

空心杯转子测速发电机工作原理如图 7-33 所示。

工作时励磁绕组接单相交流电压$\dot{U}_1$，输出绕组接负载阻抗 Z，让要测量转速的装置拖动发电机旋转，在输出绕组两端就有与转速成正比的电压 U_2 的输出。

为分析方便，选励磁绕组轴线为纵轴 d 轴，则输出绕组轴线为横轴 q 轴。

异步测速发电机工作时，在空心杯转子上会产生两种电动势，即变压器电动势和切割电动势。

当励磁绕组接单相电源而转子静止不动时，由励磁电流产生的沿 d 轴方向的交变磁通$\dot{\Phi}_d$，会在空心杯转子中产生感应电动势，这就是变压器电动势。可以把空心杯转子看成无数根导条并联组成的笼型绕组，在变压器电动势作用下会有感应电流流过，根据楞次定律，感应电流所产生的磁场力图阻碍原来磁场的变化，由于原磁通$\dot{\Phi}_d$是在 d 轴上，所以感应电流所产生的磁通也一定在 d 轴方向上。这时只有 d 轴方向的交变磁通，没有 q 轴方向的交变磁通，d 轴方向的交变磁通与轴线在 q 轴上的输出绕组不交链，因而输出绕组感应电动势为零，输出电压 U_2 为零。

当转子以转速 n 旋转时，在转子中除了产生变压器电动势外，还有转子切割$\dot{\Phi}_d$而产生切割电动势$\dot{E}_r$，其方向如图 7-33 所示，其大小与转速 n 成正比，即

$$E_r \propto \Phi_d n \tag{7-6}$$

由于转子用高电阻率的材料制成，电阻值大，而漏电抗值很小，认为转子为纯电阻电路，切割电动势$\dot{E}_r$在转子中产生的电流$\dot{I}_r$与$\dot{E}_r$是同相位的，用右手定则可知，由$\dot{I}_r$产生的磁动势$\dot{F}_{rq}$作用在 q 轴上，F_{rq}与I_r成正比，也与E_r成正比，即

$$F_{rq} \propto I_r \propto E_r \propto \Phi_d n \tag{7-7}$$

$\dot{F}_{rq}$产生 q 轴方向的磁通$\dot{\Phi}_q$，交链着 q 轴上的输出绕组，在输出绕组中产生感应电动势$\dot{E}_2$，其大小与F_{rq}成正比，即

$$E_2 \propto F_{rq} \propto \Phi_d n \tag{7-8}$$

空载时输出电压 $U_2 = E_2$，是与转子转速成正比的，这样，交流异步测速发电机就把转速转换成与之成正比的电压信号。输出电压 U_2 的频率与励磁电源的频率相同。

3. 输出特性

交流异步测速发电机的输出特性是指输出电压 U_2 随转子转速 n 的变化规律，即 $U_2 = f(n)$。

当忽略励磁绕组的漏阻抗时，只要电源电压 U_1 恒定，则Φ_d为常数，由式(7-8)可知，输出绕组的感应电动势 E_2 及空载输出电压 U_2 都与 n 成正比，理想空载输出特性为直线，如图 7-34 中的直线 1 所示。

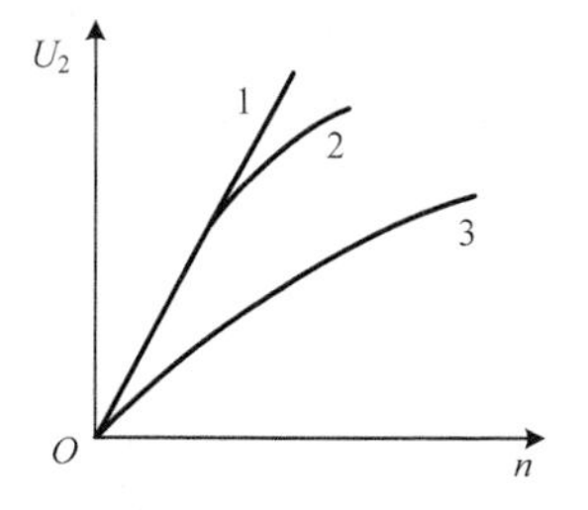

图 7-34 交流异步测速发电机输出特性

测速发电机实际运行时，转子在转动中也切割 q 轴上的磁动势$\dot{F}_{rq}$产生切割电动势，也会在转子中产生对应的转子电流，从而产生磁动势$\dot{F}_{rd}$。由图 7-33 可知，转子切割$\dot{\Phi}_d$时产生磁动势$\dot{F}_{rq}$，$\dot{F}_{rq}$的方向是顺着转子的转向在$\dot{\Phi}_d$向前转动 90°的方向上，即 q 轴上，同样的道理，转子切割磁动势$\dot{F}_{rq}$而产生磁动势$\dot{F}_{rd}$，其方向在$\dot{F}_{rq}$向前转 90°的方向上，

即 d 轴上，而且 $\dot{F}_{rd}$ 与 $\dot{\Phi}_d$ 方向相反，起去磁作用，使合成后 d 轴上总的磁通减少了，输出绕组感应电动势 E_2 减少了，因而输出电压 U_2 降低了，实际的空载输出特性如图 7-34 曲线 2 所示。

当测速发电机的输出绕组接上负载阻抗 Z 时，由于输出绕组本身有漏阻抗 Z_2，会产生漏阻抗压降，使输出电压降低，这时输出电压为

$$\dot{U}_2 = \dot{E}_2 - \dot{I}_2 Z_2 = \dot{I}_2 Z = \frac{\dot{E}_2}{Z + Z_2} Z = \frac{\dot{E}_2}{1 + \dfrac{Z_2}{Z}} \tag{7-9}$$

式(7-9)说明，负载运行时，输出电压 U_2 不仅与输出绕组的感应电动势 E_2 有关，而且还与负载的大小和性质有关。带负载运行时的输出特性如图 7-34 中的曲线 3 所示。

实际生产中，测速发电机的制造工艺、材料等都会影响输出电压与转速之间的线性关系。为了减小误差，常采用减小定子漏阻抗和增大转子电阻的方法，还可采用提高同步转速的方法。关于增大转子电阻的方法，可用高电阻率的材料做杯型转子；为了提高同步转速，国产 CK 系列的异步测速发电机大都采用 400Hz 的中频励磁电源。

4. 剩余电压

测速发电机的剩余电压是指励磁电压已经供给，转子转速为零时，输出绕组产生的电压。在理想状态下，当转速为零时，输出电压也应为零。可是实际上，交流测速发电机当转速为零时，却有一个很小的剩余电压。剩余电压的存在，使转子不转时也有电压，虽然不大，只有几十毫伏，会造成测速发电机的失控；转子旋转时，它叠加在输出电压上，使输出电压的大小及相位发生变化，造成误差。

产生剩余电压的原因很多，其中之一是励磁绕组与输出绕组在空间不是严格地相差 90°电角度，这时两绕组之间就有电磁耦合，当励磁绕组接电源，即使转子不转，电磁耦合会使输出绕组产生感应电动势，从而产生剩余电压。减小剩余电压误差的方法有：

(1) 选择高质量各方向一致的磁性材料；

(2) 在加工和装配过程中提高机械精度；

(3) 可通过装配补偿绕组的方法加以补偿。

7.3.3 交流同步测速发电机

交流测速发电机除了交流异步测速发电机外，还有交流同步测速发电机。同步测速发电机的转子为永磁式，即永久磁铁做磁极；定子上嵌放着单相输出绕组。当转子旋转时，输出绕组产生单相的交变电动势，其有效值为

$$E = 4.44 fNk_N\Phi = 4.44\frac{np}{60}Nk_N\Phi = Cn \tag{7-10}$$

式中，N、k_N、Φ、p 分别为绕组串联的匝数、绕组系数、每极磁通量、磁极对数，$C = 4.44\dfrac{pNk_N\Phi}{60}$。

其交变电动势的频率为

$$f = np / 60$$

输出绕组产生的感应电动势 E，其大小与转速成正比，但是其交变的频率也与转速成正比变化就带来了麻烦。因为当输出绕组接负载时，负载的阻抗会随频率而变，也就会随转速

而变，不会是一个定值，使输出特性不能保持线性关系。由于存在这样的缺陷，同步测速发电机就不像异步测速发电机那样得到广泛应用。如果用整流器将同步测速发电机输出的交流电压整流为直流电压输出，就可以消除频率随转速而变带来的缺陷，使输出的直流电压与转速成正比，这时用同步发电机测量转速就有较好的线性度。

7.3.4 测速发电机的应用

本节介绍的直流、交流测速发电机，在电力传动系统中的应用很普遍，其性能特点如表 7-2 所示。测速发电机可将机械速度转换为电气信号，常用作测速元件、校正元件、解算元件(包括积分元件和微分元件)，与伺服电动机配合，广泛应用于速度控制或位置控制系统中。如在稳速控制系统中，测速发电机将速度转换为电压信号作为速度反馈信号，可达到较高的稳定性和精度。

表 7-2　直流、交流测速发电机性能特点

类别	直流测速发电机	交流测速发电机
性能特点	1. 有电刷和换向器，维护不便，摩擦力矩大 2. 可进行温度补偿 3. 输出电压有纹波 4. 输出电压陡度大 5. 转速为零时，无剩余电压 6. 存在失灵区，正反转输出特性不对称	1. 结构简单，维护方便，惯量小，摩擦力矩小 2. 输出电压有误差 3. 输出电压线性度好 4. 输出电压陡度小 5. 有剩余电压 6. 正反转输出特性对称，负载阻抗要求大

图 7-35 为测速发电机进行积分运算的原理图。输入信号为 U_1，输出信号为电位器的输出电压 U_2，U_2 与电位器的转角 θ 成正比。当输入信号 $U_1=0$ 时，伺服电动机不转，电位器的转角 $\theta=0$，输出电压 $U_2=0$。当施加一个输入信号，伺服电动机带动测速发电机和电位器转动。则

$$U_2 = k_1\theta \tag{7-11}$$

$$\theta = k_2\int_0^{t_1} n\mathrm{d}t \tag{7-12}$$

$$U_{\mathrm{f}} = k_3 n \tag{7-13}$$

式中，k_1、k_2、k_3 为比例常数，由系统各环节的结构和参数决定；n 为伺服电动机转速。

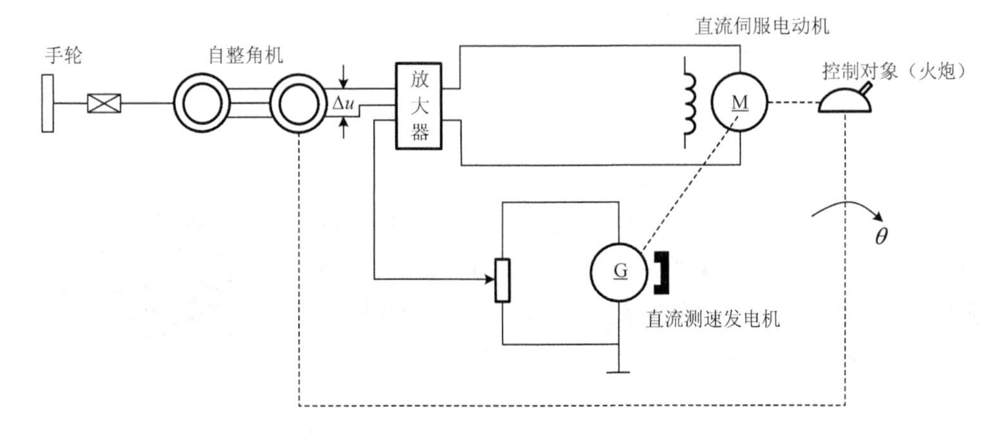

图 7-35　测速发电机进行积分运算的原理图

只要放大器的放大倍数足够大，则

$$U_2 \approx U_f \tag{7-14}$$

$$U_2 = k_1\theta = k_1 k_2 \int_0^{t_1} n \mathrm{d}t = \frac{k_1 k_2}{k_3} \int_0^{t_1} U_f \mathrm{d}t = k \int_0^{t_1} U_1 \mathrm{d}t \tag{7-15}$$

可见，输出电压 U_2 正比于输入电压 U_1 从 0 到 t_1 时间内的积分。

7.4 步进电动机

步进电动机能将输入的电脉冲信号转换成转角位移。每输入一个脉冲，电动机就转动一定角度或前进一步，所以又被称为脉冲电动机。前进一步转动的角度称为步距角。步进电动机的角位移量与脉冲数成正比，转速与输入的脉冲频率成正比，控制输入的脉冲频率就能准确地控制步进电动机的转速，可以在宽广的范围内精确地调速，其转速和转向与各相绕组的通电方式有关。

步进电动机广泛适用于数字控制系统，如数控机床、数模转换装置、计算机外围设备、自动记录仪、钟表等，另外在工业自动化生产线、印刷设备、办公自动化设备等也有应用。

步进电动机的种类繁多，按其运动方式分有旋转式和直线式两大类。根据励磁方式的不同分为反应式、永磁式和混合式(永磁反应式)三大类。

从生产工艺过程看，控制系统对步进对电动机的要求是：

(1)动态性能好，要求步进电动机对启动、停止及正反转反应迅速；

(2)加工精度高，要求步进电动机步距角小，步距精度高，对一个输入脉冲对应的输出位移量小，且要均匀、准确，这就要求步进电动机步距角小、步距精度高、不丢步或越步；

(3)调速范围宽，尽量提高最高转速以提高劳动生产率；

(4)输出转矩大，可直接带动负载。

步进电动机的种类繁多，按其运动方式分有旋转式和直线式两大类。根据励磁方式的不同分为反应式、永磁式和混合式(永磁反应式)三大类。由于反应式步进电动机具有频率响应快，步进频率高，结构简单、寿命长等特点而获得广泛的应用，所以这里着重分析反应式步进电动机的结构、工作原理、特性及应用。

7.4.1 反应式步进电动机的结构与工作原理

1. 结构

三相反应式步进电动机的结构分为定子和转子两大部分，如图 7-36 所示。定、转子铁心由硅钢片叠压而成，定子磁极为凸极式，磁极的极面上开有小齿。定子上有三套控制绕组，每一套有两个串联的集中控制绕组分别绕在径向相对的两个磁极上。每套绕组称为一相，三相绕组接成星形，所以定子磁极数通常为相数的两倍，即 $2p = 2m$(p 为极对数，m 为相数)。转子上没有绕组，沿圆周有均匀的小齿，其齿距和定子磁极上的小齿的齿距必须相等，而且转子的齿数有一定的限制。这种结构

图 7-36　三相反应式步进电动机

形式的步进电动机结构简单，精度易于保证，步距角可以做得较小，容易得到较高的启动和运行频率。

2. 工作原理

图 7-37 是一台三相反应式步进电动机的原理图。定子铁心为凸极式，共有三对磁极，每两个相对的磁极上绕有控制绕组，组成一相。转子用软磁材料制成，也有凸极结构，只有四个齿，齿宽等于定子的极靴宽，没有绕组。

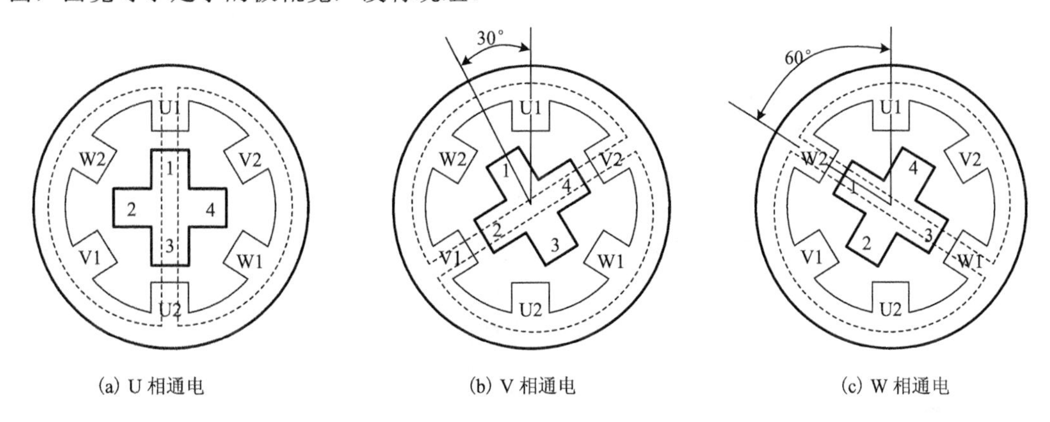

图 7-37　三相反应式步进电动机的原理图

1) 三相单三拍通电方式

当 U 相控制绕组通电，其余两相不通电，电动机内部建立起以定子 U 相为轴线的磁场。由于磁通具有走磁阻最小路径的特点，使转子齿 1、3 的轴线与定子 U 相轴线对齐，如图 7-37(a)所示。若 U 相控制绕组断电、V 相控制绕组通电时，转子在反应转矩的作用下，逆时针方向转过 30°，使转子齿 2、4 的轴线与定子 V 相轴线对齐，即转子走了一步，如图 7-37(b)所示。若再断开 V 相，使 W 相控制绕组通电，转子又逆时针转过 30°，使转子齿 1、3 的轴线与定子 W 相轴线对齐，如图 7-37(c)所示。电动机的转向取决于各相控制绕组通电的顺序。若按照 U-V-W-U 的顺序轮流通电，转子就会一步一步地按逆时针方向转动；若按 U-W-V-U 的顺序通电，则电动机反向转动，即顺时针方向转动。

上述通电方式称为三相单三拍。“三相”是指步进电动机定子有三相绕组；“单”是指每次只有一相控制绕组通电；控制绕组每改变一次通电方式，称为一拍，“三拍”是指经过三次改变控制绕组的通电方式为一个循环。步进电动机每一拍转子转过的角度称为步距角，用 θ_s 表示。三相单三拍运行时的步距角 $\theta_s = 30°$。

2) 三相双三拍通电方式

三相步进电动机控制绕组的通电方式为 UV-VW-WU-UV 或 UW-WV-VU-UW。每拍同时有两相绕组通电，三拍为一个循环。图 7-38(a)为 UV 相通电时的情况，图 7-38(b)为 VW 相通电时的情况，步距角为 $\theta_s = 30°$，与三相单三拍运行方式相同，但不同的是，在双三拍运行时，每拍使电动机从一个状态转变为另一个状态时，总有一相绕组持续通电。例如，由 UV 相通电变为 VW 相通电，V 相保持持续通电，W 相磁极力图使转子逆时针转动，而 V 相磁极却起阻止转子继续转动的作用，即电磁阻尼作用，所以电动机工作比较平稳，三相单三拍运行时，没有这种阻尼作用，所以转子达到新的平衡位置时会产生振荡，稳定性不如双三拍运行方式。

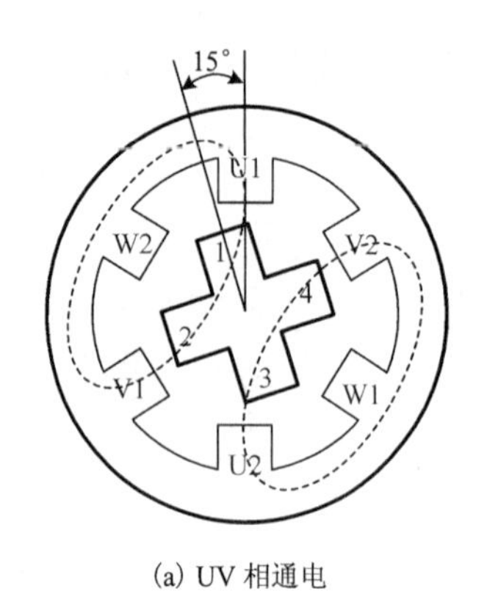

(a) UV 相通电

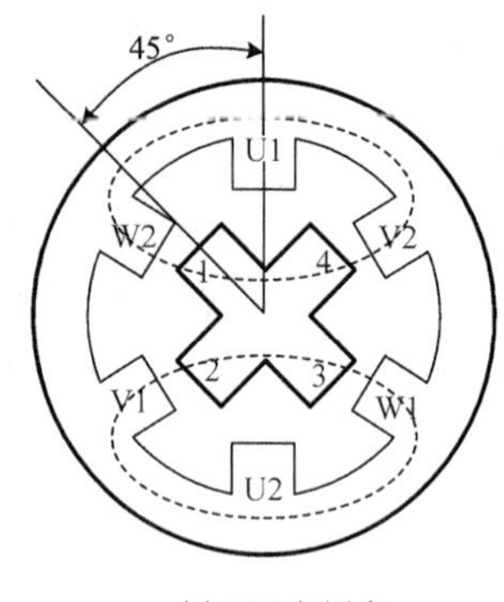

(b) VW 相通电

图 7-38　三相双三拍通电方式

3) 三相单双六拍通电方式

控制绕组的通电方式为 U-UV-V-VW-W-WU-U 或 U-UW-W-WV-V-VU-U，步距角为 $\theta_s = 15^\circ$，该运行方式总有一相持续通电，也具有电磁阻尼作用，电动机工作平稳。

以上讨论的步进电动机的步距角较大，如用于精度要求很高的数控机床等控制系统，会严重影响到加工工件的精度，不能满足生产实际的需要。这种结构只在分析原理时采用，实际使用的步进电动机都是小步距角的。如图 7-39 所示的结构是最常见的一种小步距角的三相反应式步进电动机。

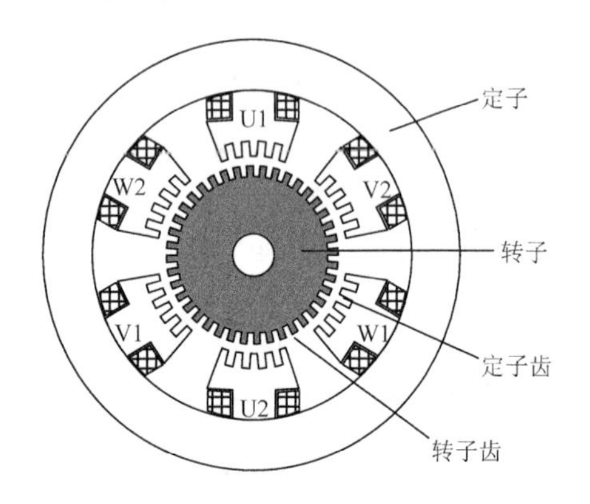

图 7-39　小步距角的三相反应式步进电动机

步进电动机的步距角 θ_s 可通过下式计算

$$\theta_s = \frac{360^\circ}{mZ_rC} \tag{7-16}$$

式中，m 为步进电动机的相数；Z_r 为步进电动机转子的齿数；C 为通电状态系数，当采用单三拍或双三拍方式时 $C = 1$，单双混合方式时 $C = 2$。

可见，步进电动机的相数越多，步距角越小。

步进电动机的转速为

$$n = \frac{60f}{mZ_rC} \tag{7-17}$$

式中，f 为步进电动机的通电脉冲频率(拍/s 或脉冲数/s)。

可见，反应式步进电动机可以通过改变脉冲频率来改变电动机的转速，实现无级调速。

7.4.2　反应式步进电动机的特性

1. 静态特性

1) 距角特性

步进电动机不改变它的通电状态，这时转子将固定于某一个平衡位置上保持不变，称为静止状态，简称静态。在空载情况下，转子的平衡位置称为步进电动机的初始平衡位置。此时的反应转矩称为静转矩，在理想空载时静转矩为零。当有扰动作用时，转子偏离初始平衡位置，偏离的电角度 θ 称为失调角。在反应式步进电动机中，转子的一个齿距所对应的电角度为 2π。

步进电动机的距角特性是指在不改变通电状态的条件下，步进电动机的静转矩与失调角之间的关系，以 $T=f(\theta)$ 表示。距角特性可通过下式计算

$$T=-kI^2\sin\theta \tag{7-18}$$

式中，k 为转矩常数；I 为控制绕组电流。可以看出，当控制绕组电流 I 一定时，其距角特性为一正弦曲线，如图 7-40 所示。

由图 7-40 可知，若步进电动机空载，则稳定平衡点是坐标原点，如果在外力矩的作用下使转子离开这个平衡点，那么失调角在 $-\pi<\theta<+\pi$ 范围内变化，则去掉外力矩后，在电磁转矩作用下，转子仍能回到原来的平衡位置上。所以坐标原点 $\theta=0$ 处为步进电动机的稳定平衡点，$\theta=\pm\pi$ 为不稳定平衡点。两个不平衡点之间的区域，即 $-\pi<\theta<+\pi$ 为步进电动机的静态稳定区域。

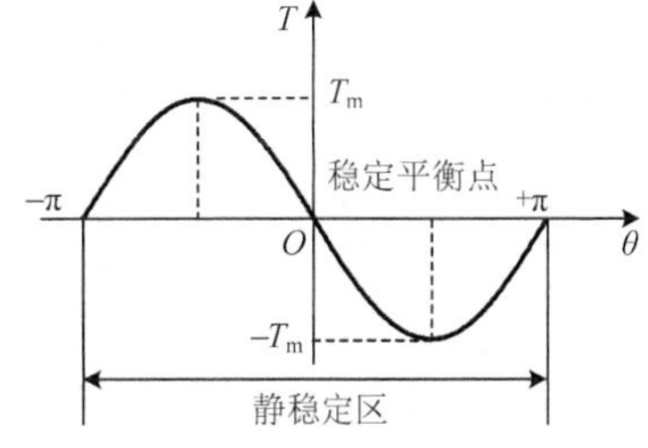

图 7-40　步进电动机的距角特性

2) 最大静转矩

在距角特性中，静转矩的最大值称为最大静转矩。当 $\theta=\pm\dfrac{\pi}{2}$ 时，T 有最大值 T_m，最大静转矩 $T_m=kI^2$。

2. 动态特性

步进电动机的动态特性是指步进电动机从一种通电状态转换到另一个通电状态所表现出的性质。

1) 动稳定区

步进电动机的动稳定区是指使步进电动机从一种通电状态切换到另一种通电状态而不失步的区域，如图 7-41 所示。设步进电动机的初始状态的距角特性为图 7-41 中曲线 1，稳定点为 A 点，通电状态改变后的距角特性为曲线 2，稳定点为 B 点。由距角特性可知，起始位置只有在 ab 点之间时，才能到达新的稳定点 B，ab 区间称为步进电动机的动稳定区。用失调角表示的区间为

$$-\pi+\theta_s<\theta<\pi+\theta_s \tag{7-19}$$

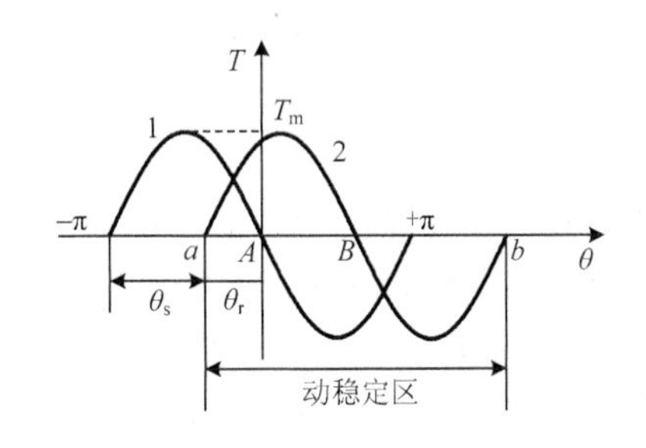

图 7-41　步进电动机的动稳定区

由式(7-19)可知，步距角越小，动稳定区就越接近静稳定区。

从稳定区的边界点 a 到初始稳定平衡点 A 的角度，用 θ_r 表示，称为稳定裕量角。稳定裕量角与步距角之间的关系为

$$\theta_r=\pi-\theta_s=\frac{\pi}{mZ_rC}(mZ_rC-2) \tag{7-20}$$

稳定裕量角越大，步进电动机运行越稳定。当温度裕量角趋于零时，电动机不能稳定工作。步距角越大，裕量角也就越小。

2) 启动转矩

步进电动机能带动的最大负载转矩值称为步进电动机的启动转矩。反应式步进电动机的最大启动转矩与最大静转矩之间的关系为

$$T_{\text{stm}}=T_{\text{m}}\cos\frac{\pi}{mZ_{\text{r}}C} \tag{7-21}$$

式中，T_{stm}为最大启动转矩。当负载转矩大于最大启动转矩时，步进电动机将不能启动。

3) 启动频率

在步进电动机的技术指标中，运行频率主要指启动频率和连续运行频率。步进电动机的启动频率是指在一定负载条件下，电动机能够不失步启动的脉冲最高频率。启动频率比连续运行频率要低得多，所以启动频率是衡量步进电动机快速性能的重要指标。若步进电动机原来静止于某一相的平衡位置上，则当一定频率的控制脉冲送入时，电动机开始转动，其速度经过一过渡过程逐渐上升，最后达到稳定值，这就是启动过程。

影响最高启动频率的因素主要有：

(1) 启动频率与步进电动机的步距角有关，步距角越小，启动频率越高；

(2) 步进电动机的最大静转矩越大，启动频率越高；

(3) 转子齿数多，步距角小，启动频率高；

(4) 电路时间常数大，启动频率降低。

在实际使用时，要增大启动频率，可增大启动电流或减小电路的时间常数。但是步进电动机的启动频率不能过高，当启动频率过高时，过高的启动频率会使转子的转速跟不上输入脉冲控制要求的转速，从而导致转子转动落后于定子磁场的转速，这种情况称为失步。失步现象包括丢步和越步两种情况。丢步时转子运行的步数小于脉冲数；越步时转子运行的步数大于脉冲数。失步可能导致步进电动机不能启动或堵转。

4) 距频特性

步进电动机的距频特性是指步进电动机的输出转矩与脉冲频率之间的关系。典型的步进电动机距频特性曲线如图 7-42 所示。从图中可看出，随着定子脉冲频率逐渐提高，电动机转速逐步上升，步进电动机所能带动的最大负载转矩随频率的增大而减小。

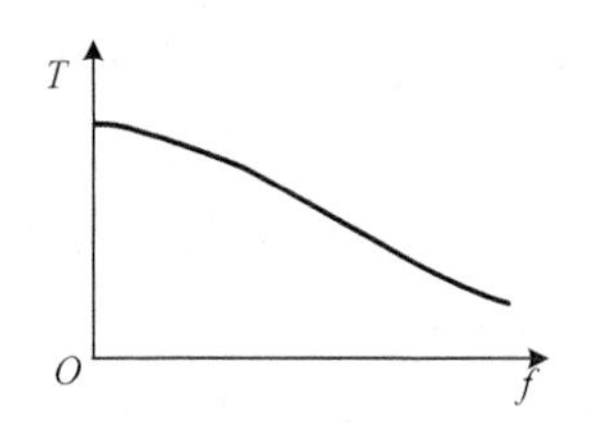

图 7-42　步进电动机的距频特性

定子绕组中电感的存在是使脉冲频率升高后步进电动机负载能力下降的主要原因，除此之外，步进电动机的距频特性曲线还和其他因素有关，这些因素包括步进电动机的转子直径、内部的磁路、绕组的绕线方式、转子铁心有效长度、齿数、齿形、定转子间的气隙、控制线路的电压等。很明显，其中有的因素是步进电动机在制造时已确定的，是不能改变的，但有些因素可以改变，如控制方式、绕组工作电压、线路时间常数等。

为了使高频时步进电动机的动态转矩尽可能大一些，就必须设法减小定子绕组中的电气时间常数，为此尽量减小电感值，相应的定子绕组的匝数也要减少，所以步进电动机定子绕组的电流一般都比较大。有时在定子绕组的回路中再串接一个较大的附加电阻，以降低回路的时间常数，但是增加了附加电阻就会增加功率损耗，会使步进电动机的效率降低。

目前，采用双电源供电是一种有效的方法，即在定子绕组电流的上升段由高压电源供电，以缩短达到预定的稳定电流值的时间，然后再改用低电压电源供电以维持电流值。这样，就大大缩短了高频时的最大动态转矩。

7.4.3 反应式步进电动机的驱动器

步进电动机的控制绕组需要一系列、一定规律的电脉冲信号，从而使电动机按照生产要求运行。这个产生电脉冲信号的电源称为驱动器，如图 7-43 所示。步进电动机及其驱动器是一个相互联系的整体，步进电动机的运行性能是由电动机和驱动器相配合反映出来的，因此驱动器在步进电动机中占有相当重要的地位。

图 7-43 步进电动机驱动器

1. 对驱动器的要求

(1) 驱动器的相数、通电方式、电压和电流都要满足步进电动机的要求；

(2) 驱动器要满足步进电动机启动频率和运行频率的要求；

(3) 能最大限度地抑制步进电动机的振荡；

(4) 工作可靠、抗干扰能力强、成本低、效率高、安装维修方便。

2. 驱动器的组成

步进电动机的驱动器一般由脉冲信号发生器、脉冲分配器和脉冲放大器(也称功率放大器)等三部分组成，如图 7-44 所示。脉冲信号发生器产生基准频率信号供给脉冲分配器，脉冲分配器完成步进电动机控制的各相脉冲信号，脉冲放大器对脉冲分配器输出的脉冲信号进行放大，驱动步进电动机的各相绕组，使其转动。

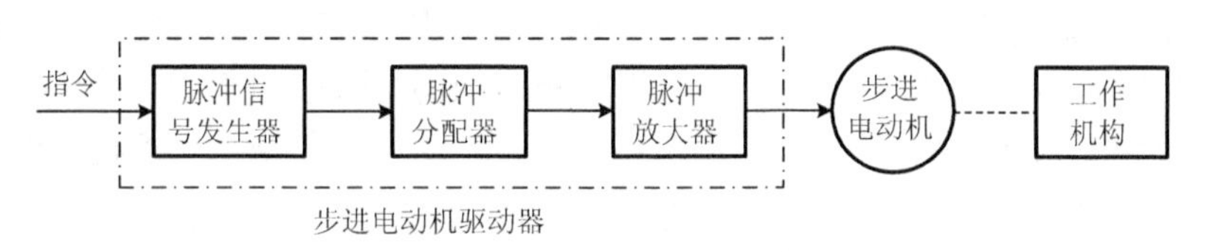

图 7-44 步进电动机驱动器的组成

根据输出电压的极性不同，驱动电路可分为两大类：一类是单极性驱动电路，它适用于电磁转矩与电流极性无关的反应式步进电动机；另一类是双极性驱动电路，它适用于电磁转矩与电流极性有关的永磁式或混合式步进电动机。

常见的驱动电路有单极性驱动电路、双极性驱动电路、高低压驱动电路、斩波恒流驱动电路、双绕组电动机的驱动电路、调频调压型驱动电路、细分控制电路等。

步进电动机驱动器类型较多，如 SH-20803N 两相混合式步进电动机驱动器。该驱动器采用直流 24～70V 电源供电，最大输出驱动电流为 3.1A/相，输入信号采用光电隔离，采用全新的双极恒流细分控制模式，具有过流、过压、错相保护和脱机保持功能。

7.4.4 步进电动机的应用

由于步进电动机能直接接受数字量的控制，电力电子技术和微电子技术的发展为步进电动机的应用开辟了广阔的前景，特别适宜采用PLC和微机等进行控制，便于与其他数字控制系统进行配套，所以步进电动机的应用十分广泛，如机械加工、绘图机、机器人、计算机的外围设备、自动记录仪表等。它主要用于工作难度大、要求速度快、控制精度高的场合。下面举例说明步进电动机在数控机床中的应用。

如图7-45所示为数控机床工作台定位系统原理框图。步进电动机在机床工作台定位系统中作为执行元件，由指令脉冲控制，用于驱动机床工作台。运算控制电路将机床工作台需要移动到某一位置的信息进行判断和运算后，转换为指令脉冲，脉冲分配器将指令脉冲按通电方式进行分配后输入脉冲放大器，经脉冲放大器放大到足够的功率后驱动步进电动机转过一个步距角，从而带动工作台移动一定距离。这种系统结构简单、可靠性高、成本低、易于调整和维护，已获得广泛的应用。

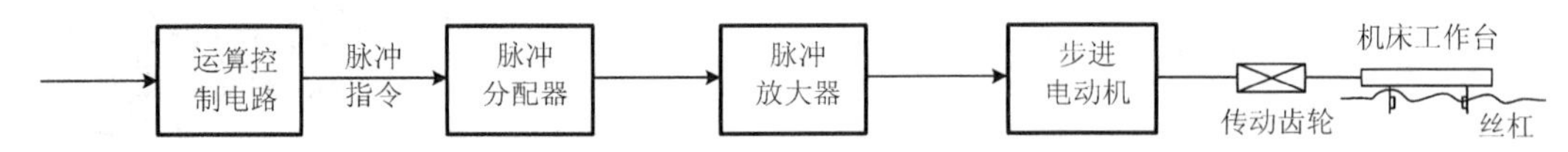

图7-45　数控机床工作台定位系统原理框图

目前，对步进电动机的研究主要集中在两大方面：

(1)改善动态性能，进一步提高步距精度；

(2)增加输出容量，扩大带负载能力。

7.5　其他微控电机

7.5.1　自整角机

自整角机是一种能对角位移或角速度的偏差自动整步的感应式微特电机。自整角机在应用时需成对使用或多台组合使用，使机械上互不相连的两根或多根机械轴能够保持相同的转角变化或同步的旋转变化。产生信号的自整角机称为发送机，与指令轴连接，它将轴上的转角变化为电信号；接收信号的自整角机称为接收机，与执行轴连接，它将发送机发送的电信号变换为转轴的转角，从而实现角度的传输、变换和接收。自整角机广泛应用于指示装置和伺服随动系统中。

1. 自整角机的结构和工作原理

自整角机的结构与一般小型同步电动机类似，如图7-46所示，定子铁心上放置一套三相对称绕组，称为整步绕组。转子为凸极式或隐极式，放置单相励磁绕组。为了能使气隙磁场正弦分布，凸极式气隙磁场一般制成不均匀的结构。

图7-46　自整角机

自整角机根据原理分为力矩式和控制式两种，力矩式自整角机的输出是转角，它主要用于带动指针、刻度盘等轻负载，实现角度的传输；控制式自整角机主要用于传输系统中，作检测元件，实现角度信号到电压信号的转换。为了增大输出转矩，力矩式自整角机的转子铁心多为凸极式结构，控制式的转子多为隐极式以提高精度。

1) 控制式自整角机的工作原理

控制式自整角机接线图如图 7-47 所示，其中一台作为发送机，它的励磁绕组接到单相交流电源上，另一台作为接收机，用来接收转角信号并将转角信号转换成励磁绕组中的感应电动势输出。其整步绕组均接成星形，两台电动机的结构、参数完全一致。

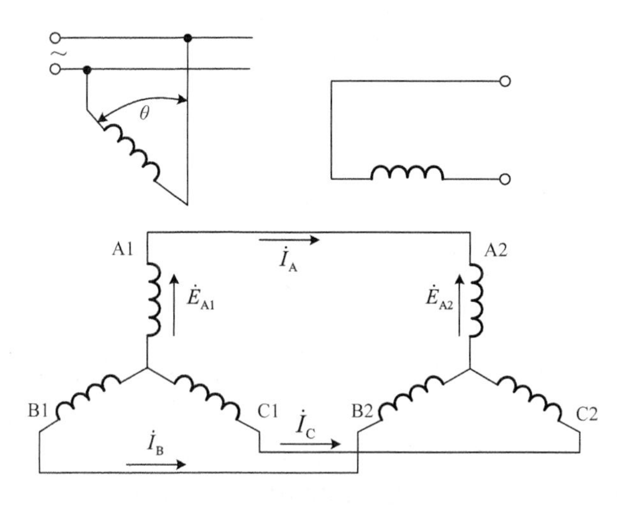

图 7-47　控制式自整角机接线图

在发送机的励磁绕组中通入电源时，产生脉动磁场，使发送机整步绕组的各相绕组产生感应电动势，最大值为 E_m。发送机 A1 相与励磁绕组轴线的夹角为 θ，接收机 A2 相与励磁绕组轴线的夹角为 90°，则发送机各相绕组的感应电动机有效值为

$$\begin{cases} E_{A1} = E\cos\theta \\ E_{B1} = E\cos(\theta - 120^\circ) \\ E_{C1} = E\cos(\theta - 240^\circ) \end{cases} \tag{7-22}$$

由于发送机和接收机的整步绕组是按相序对应连接，在接收机的各相绕组中也感应相应的电动势。θ 称为失调角，当 $\theta \neq 0$ 时，整步绕组中均出现均衡电流，从而在接收机励磁绕组即输出绕组中感应出电动势，其合成电动势 E_2 为

$$E_2 = E_{2m}\sin\theta \tag{7-23}$$

接收机转子不能转动。由此可见，当 θ 为 0 时，输出电压为 0，只有当存在 θ 时，自整角机才有输出电压，同时，θ 的正负反映了输出电压的正负。所以控制式自整角机的输出电压的大小反映了发送机转子的偏转角度，输出电动势的极性反映了发送机转子的偏转方向，从而实现了将转角转换成电信号。

2) 力矩式自整角机的工作原理

力矩式自整角机的结构和控制式相似，也是用两台结构和参数均相同的自整角机构成自整角机组，一台为发送机，另一台为接收机，只是接收机不同，接收机的励磁绕组和发送机的励磁绕组接到同一单相交流电源上，它直接驱动机械负载，而不是输出电压信号。如图 7-48 所示。

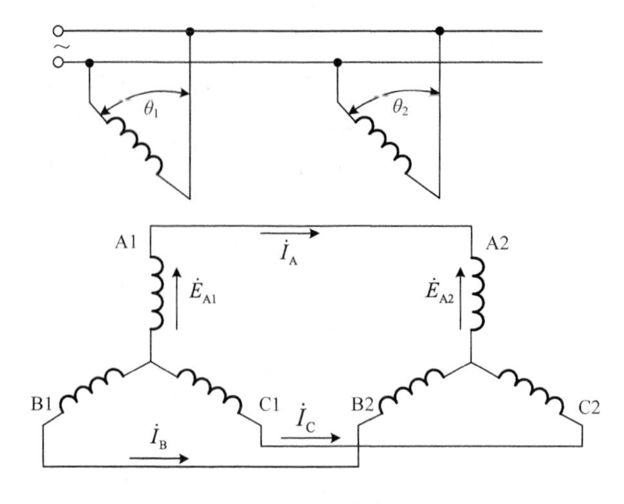

图 7-48 力矩式自整角机接线图

在发送机和接收机的励磁绕组中通入单相交流电流时，就产生脉动磁场，使发送机和接收机的整步绕组的各相绕组同时产生感应电动势，其大小与各绕组的位置有关，与励磁绕组轴线重合时，产生的电动势为最大。设发送机 A1 相与励磁绕组轴线的夹角为 θ_1，接收机 A2 相与励磁绕组轴线的夹角为 θ_2，设 $\theta=\theta_1-\theta_2$，θ 称为失调角，各相阻抗为 Z，则各相绕组的感应电动势有效值为

$$\begin{cases} E_{A1}=E\cos\theta_1 \\ E_{B1}=E\cos(\theta_1-120^\circ) \\ E_{C1}=E\cos(\theta_1-240^\circ) \\ E_{A2}=E\cos\theta_2 \\ E_{B2}=E\cos(\theta_2-120^\circ) \\ E_{C2}=E\cos(\theta_2-240^\circ) \end{cases} \tag{7-24}$$

各相绕组中总电动势和电流为

$$\begin{cases} E_A=E_{A1}-E_{A2}=2E\sin\dfrac{\theta_1+\theta_2}{2}\sin\dfrac{\theta}{2} \\ E_B=E_{B1}-E_{B2}=2E\sin\left(\dfrac{\theta_1+\theta_2}{2}-120^\circ\right)\sin\dfrac{\theta}{2} \\ E_C=E_{C1}-E_{C2}=2E\sin\left(\dfrac{\theta_1+\theta_2}{2}-240^\circ\right)\sin\dfrac{\theta}{2} \\ I_A=\dfrac{E_A}{2Z}=I\sin\dfrac{\theta_1+\theta_2}{2}\sin\dfrac{\theta}{2} \\ I_B=\dfrac{E_B}{2Z}=I\sin\left(\dfrac{\theta_1+\theta_2}{2}-120^\circ\right)\sin\dfrac{\theta}{2} \\ I_C=\dfrac{E_C}{2Z}=I\sin\left(\dfrac{\theta_1+\theta_2}{2}-240^\circ\right)\sin\dfrac{\theta}{2} \end{cases} \tag{7-25}$$

由此可见，当 $\theta=0^\circ$ 时，各相电动势为 0，产生的电流为 0，整步绕组不会产生电磁转矩，即接收机转子不会转动；当 $\theta\neq0^\circ$ 时，各相电动势不为 0，在整步绕组中会产生电流，该电流使整步绕组产生电磁转矩，使得接收机转子转动，当转动到 $\theta=0^\circ$ 时，接收机停止转动。

2. 自整角机的应用

控制式和力矩式自整角机各具不同的特点，两种自整角机的性能比较如表 7-3 所示，应根据实际需要合理选用，同时应注意以下几个问题：

(1) 自整角机的励磁电压和频率必须与使用的电源符合，若电源可任意选择，应选用电压较高、频率为 400Hz 的自整角机，其性能较好，体积较小；

(2) 相互连接使用的自整角机，其对应绕组的额定电压和频率必须相同；

(3) 在电源容量允许的情况下，应选用输入阻抗较低的发送机，以便获得较大的负载能力；

(4) 选用自整角机变压器时，应选输入阻抗较高的产品，以减轻发送机的负载。

表 7-3　控制式和力矩式自整角机性能比较

性能	控制式自整角机	力矩式自整角机
结构	复杂，需要有伺服装置和减速齿轮结构	简单，可以直接连接负载装置
精度	较高	较低
带载能力	负载时，接收机输出信号，受伺服电动机、伺服放大器功率限制	接收机仅能带动指针、刻度盘等轻负载，受整步转矩限制
适用场合	负载较大的伺服系统	指示系统

控制式自整角机适用于精度较高、负载较大的伺服系统，如雷达高低自动显示系统等。力矩式自整角机常用于精度较低的指示系统中，如液面的高低、核反应堆控制棒位置的指示等。

1) 控制式自整角机的应用

如图 7-49 所示是雷达高低角自动显示系统原理图，图中自整角发送机转轴直接与雷达天线的高低角α(即俯仰角)耦合，因此雷达天线的高低角α就是自整角发送机的转角。控制式自整角接收机转轴与由交流伺服电动机驱动的系统负载(刻度盘或火炮等负载)的轴相连，其转角用β表示。接收机转子绕组输出电动势E_2与两轴的转角差γ(即$\alpha-\beta$)近似成正比，即

$$E_2 \approx k(\alpha-\beta)=k\gamma$$

式中，k为常数。

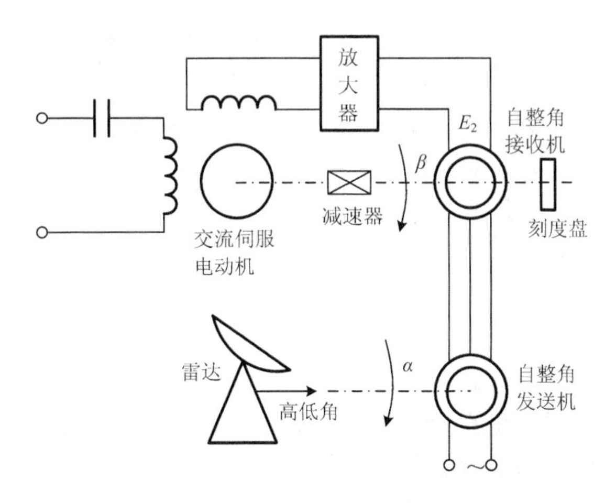

图 7-49　雷达高低角自动显示系统原理图

E_2经放大器放大后送至交流伺服电动机的控制绕组，使交流伺服电动机转动。可见，只

要$\alpha \neq \beta$，即$\gamma \neq 0$，就有$E_2 \neq 0$，伺服电动机便要转动，使γ减小，直至$\gamma = 0$。如果α不断变化，系统就会使β跟着α变化，以保持$\gamma = 0$，这样就达到了转角自动跟踪的目的。只要系统的功率足够大，接收机上便可带动如火炮等阻力矩很大的负载。发送机和接收机之间只需三根连线，便实现了远距离显示和操纵的功能。

2）力矩式自整角机的应用

如图 7-50 所示为采用力矩式自整角机实现的液面位置指示器的原理图。浮子随着液面的升降而上下移动，通过绳子、滑轮和平衡锤使自整角发送机转子转动，将液面的位置转换成发送机转子的转角。把接收机和发送机用导线远距离连接起来，接收机转子就带动指针准确地跟随发送机转子的转角变化而同步偏转，从而实现远距离的位置指示。

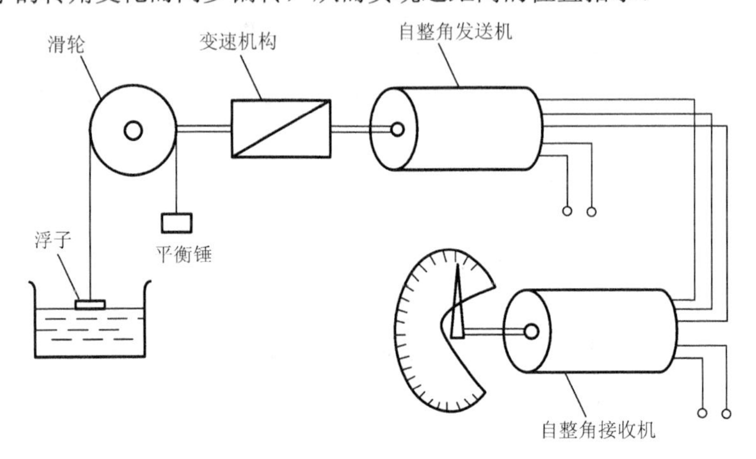

图 7-50　液面位置指示器原理图

7.5.2　旋转变压器

旋转变压器是二次侧能旋转的变压器，由于它的一次、二次侧绕组之间的相对位置因二次侧旋转而改变，其耦合情况随二次侧旋转而改变。所以，在一次侧绕组通以一定频率的交流电压励磁时，二次侧输出电压随转子转角而变化。旋转变压器是自动控制系统中的一类精密控制微电机，它既可以单机运行，也可以像自整角机那样成对或多机组合使用。

旋转变压器若按应用场合，可分为用于解算装置的旋转变压器和用于随动系统的旋转变压器。用于解算装置的旋转变压器按其输出电压与转子转角的函数关系，可分为正余弦旋转变压器、线性旋转变压器和比例式旋转变压器三种。用于随动系统的旋转变压器按其在系统中的具体用途，可分为旋变发送机、旋变差动发送机和旋变变压器三种。

1. 结构和工作原理

旋转变压器的结构与绕线式异步电动机相似，由定子和转子两部分构成，如图 7-51 所示。定、转子铁心采用高磁导率的铁镍软磁合金片或硅钢片经冲制、绝缘、叠装而成。为了使旋转变压器的导磁性能沿气隙圆周各处均匀一致，在定、转子铁心叠片时采用每片错开一齿槽的旋转叠片方法，在定子铁心的内圆周和转子铁心的外圆周上都冲有均匀齿槽，里面各放置两相空间轴线互相垂直的绕组，绕组通常采用高精度的正弦绕组。下面以正余弦旋转变压器为例介绍其工作原理。

正余弦旋转变压器通常为两极结构，定子和转子分别安装两套相互垂直的正弦绕组，如图 7-52 所示。定子绕组为一次绕组，其中 D1D2 称为励磁绕组，D3D4 称为交轴绕组(或补偿绕组)。转子上两套完全相同的绕组作为输出绕组。Z1Z2 称为正弦绕组，Z3Z4 称为余弦绕组。定、转子间的气隙是均匀的。

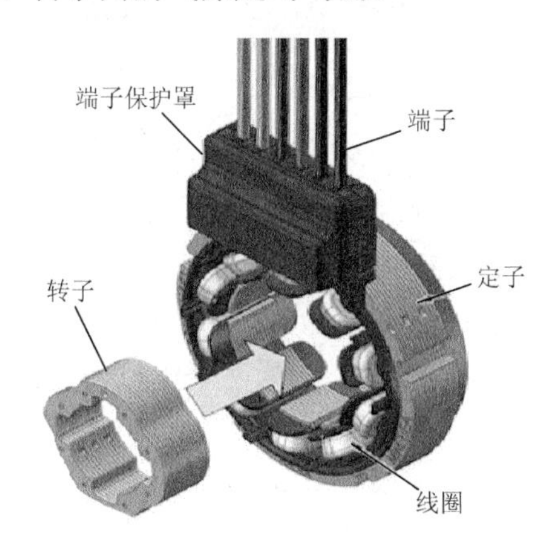

图 7-51　旋转变压器

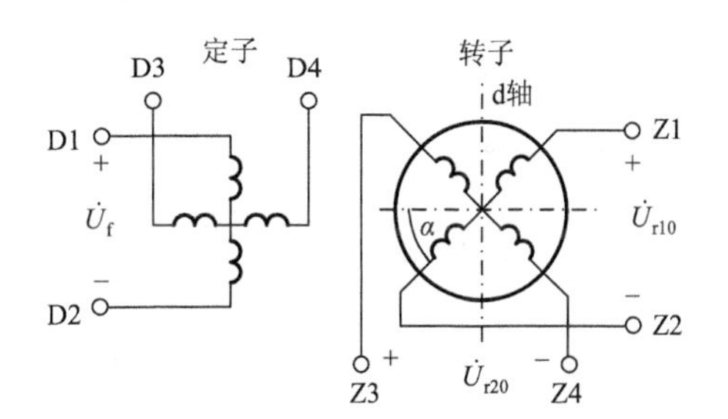

图 7-52　正余弦旋转变压器的空载运行

定子励磁绕组加交流电压 $\dot{U}_{\rm f}$，并定义励磁绕组的轴线方向为 d 轴，此时在气隙中产生 d 轴方向的脉动磁通 $\dot{\Phi}_{\rm d}$，励磁绕组中的感应电动势为

$$E_{\rm f}=4.44 f N_{\rm s} k_{\rm Ns} \Phi_{\rm d} \tag{7-26}$$

当忽略励磁绕组中的漏阻抗的影响，则可认为当励磁电压恒定时，d 轴方向的脉动磁通 $\dot{\Phi}_{\rm d}$ 的幅值为常数，且空间分布为正弦波形。

当正余弦旋转变压器空载运行时，如图 7-52 所示。设转子正弦绕组 Z1Z2 的轴线与交轴之间的夹角为α。当转子开路时，将 d 轴方向的脉动磁通 $\dot{\Phi}_{\rm d}$ 分解成与正弦绕组轴线方向一致的磁通 $\dot{\Phi}_{\rm r1}$ 和与正弦绕组轴线方向垂直的磁通 $\dot{\Phi}_{\rm r2}$，磁通分量幅值的大小为

$$\begin{cases}\Phi_{\rm r1}=\Phi_{\rm d}\sin\alpha \\ \Phi_{\rm r2}=\Phi_{\rm d}\cos\alpha\end{cases} \tag{7-27}$$

转子正、余弦绕组的开路输出电压分别为

$$\begin{cases}U_{\rm r10}=E_{\rm r1}=4.44 f N_{\rm r} k_{\rm Nr} \Phi_{\rm r1}=4.44 f N_{\rm r} k_{\rm Nr} \Phi_{\rm d}\sin\alpha=\dfrac{4.44 f N_{\rm r} k_{\rm Nr}}{4.44 f N_{\rm s} k_{\rm Ns}} E_{\rm f}\sin\alpha=k_{\rm u} U_{\rm f}\sin\alpha \\ U_{\rm r20}=E_{\rm r2}=4.44 f N_{\rm r} k_{\rm Nr} \Phi_{\rm r2}=4.44 f N_{\rm r} k_{\rm Nr} \Phi_{\rm d}\cos\alpha=\dfrac{4.44 f N_{\rm r} k_{\rm Nr}}{4.44 f N_{\rm s} k_{\rm Ns}} E_{\rm f}\cos\alpha=k_{\rm u} U_{\rm f}\cos\alpha\end{cases} \tag{7-28}$$

式中，$k_{\rm u}$ 为转子、定子绕组的电动势之比，可近似等于转子、定子匝数比。当输出绕组空载时，正弦绕组输出电压是转子转角α的正弦函数，余弦绕组输出电压时转子转角α的余弦函数。

当转子输出绕组 Z1Z2 接上负载后，转子绕组中就有电流流过。该电流的存在，使输出电压与转子转角之间不再保持严格的正余弦函数关系，存在一定的偏差，这种现象称为旋转变压器的输出特性畸变。负载越大，输出特性畸变越大。

为了消除输出特性畸变，必须在负载运行时对交轴磁动势进行补偿，消除其影响。通常采用的补偿方法有一次侧补偿、二次侧补偿和一、二次侧同时补偿。

2. 旋转变压器的应用

旋转变压器是一种精度高、结构和工艺要求十分严格和精细的控制微电机，价格便宜，使用方便，应用广泛。目前，正余弦旋转变压器主要用在三角运算、坐标变换、移相器、角度数据传输和角度数据转换等方面。线性旋转变压器主要用于机械角度与电信号之间的线性变换。

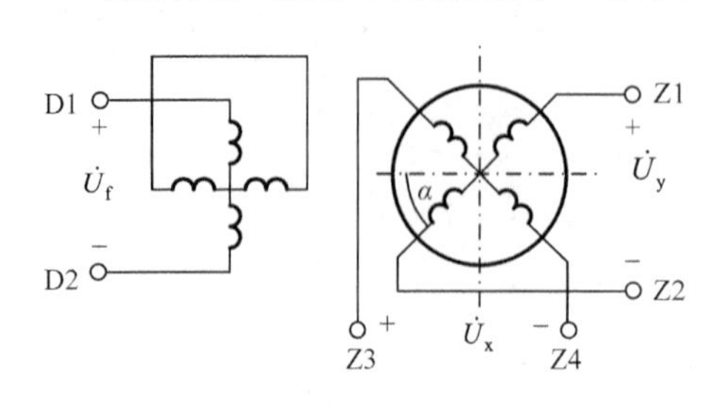

图 7-53　正余弦旋转变压器的矢量运算

图 7-53 为利用正余弦旋转变压器进行矢量运算的原理图，在正余弦旋转变压器的励磁绕组上施加正比于矢量模值的励磁电压，交轴绕组短接，转子从电气零位转过一个等于矢量相角α的转角。设旋转变压器的变比为 1，这时转子正、余弦绕组的输出电压正比于该矢量的两个正交分量，即

$$\begin{cases} U_x = U_f \sin\alpha \\ U_y = U_f \cos\alpha \end{cases}$$

采用该线路也可将极坐标变换到直角坐标系。

7.5.3　开关磁阻电动机

开关磁阻电动机调速系统是 20 世纪 80 年代迅猛发展起来的一种新型调速电动机驱动系统，兼具直流、交流两类调速系统的优点，是继变频调速系统、无刷直流电动机调速系统之后发展起来的最新一代无级调速系统，是集现代微电子技术、数字技术、电力电子技术及现代电磁理论、设计和制造技术为一体的机电一体化高新技术。

1. 结构

开关磁阻电动机系统是由开关磁阻电动机、功率变换器、控制器和位置检测器等四部分组成，其系统框图如图 7-54 所示。

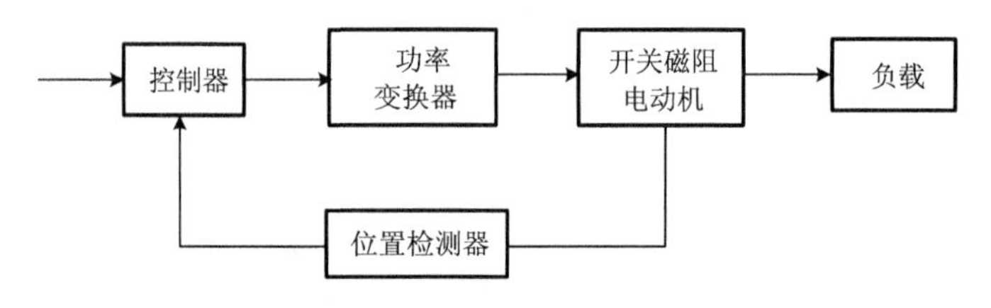

图 7-54　开关磁阻电动机系统框图

开关磁阻电动机是实现机电能量转换的部件，其结构和工作原理与反应式步进电动机一样，都是遵循磁通总是要沿磁阻最小的路径闭合的原理，因磁场扭曲而产生切向磁拉力并形成转矩。

功率变换器是开关磁阻电动机运行时所需能量的供给者，是连接电源和电动机绕组的功率部件。

控制器是开关磁阻电动机系统的决策和指挥中心，能综合外部输入指令、位置检测器和电流检测器提供的电动机转子位置、速度、电流等反馈信息，通过分析、处理、决策，向功率变换器发出指令，控制开关磁阻电动机运行。

位置检测器是向控制器提供转子位置及速度等信号的器件，使控制器能正确地决定绕组的导通和关断时刻。通常采用光电器件、霍尔元件或电磁线圈进行位置检测，采用无位置传感器的位置检测方法是开关磁阻电动机系统的发展方向。

2. 工作原理

开关磁阻电动机是双凸极可变磁阻电动机，如图 7-55 所示，其定、转子的凸极均由普通硅钢片叠压而成。开关磁阻电动机可以设计成多种不同相数结构，且定、转子的极数有多种不同的搭配。相数多、步距角小，有利于减少转矩脉动，但结构复杂，且主开关器件多，成本高，目前应用较多的是四相 8/6 结构和三相 6/4 结构。

图 7-55　开关磁阻电动机

图 7-56 给出了四相 8/6 极开关磁阻电动机定、转子结构示意图，定子上均匀分布 8 个磁极，转子上沿圆周均匀分布 6 个磁极，定子、转子均为凸极式结构，定、转子间有很小的气隙。当控制器接收到位置检测器提供的电动机内定子、转子磁极相对的位置信息，如图 7-56(a)所示位置，控制器向功率变换器发出指令，使 U 相绕组通电，而 V、W 和 R 三相绕组不通电。电动机建立起一个以 U1U2 为轴线的磁场，磁通经过定子轭、定子磁极、气隙、转子磁极和转子铁心等处闭合，通过气隙的磁力线是弯曲的，此时，磁路的磁阻大于定子磁极轴线 U1U2 和转子磁极轴线 11′重合时的磁阻，转子受到气隙中弯曲磁力线的拉力所产生的转矩作用，使转子逆时针转动，转子磁极轴线 11′向定子磁极轴线 U1U2 趋近。当轴线 U1U2 与 11′重合时，转子达到稳定平衡位置，切向电磁力消失，转子不再转动，如图 7-56(b)所示。此时 V1V2 与 22′的相对位置关系与图 7-56(a)中 U1U2 与 11′的相对位置相同。控制器根据位置检测器的位置信息，命令断开 U 相，合上 V 相，建立起以 V1V2 为轴线的磁场，使 V1V2 与 22′轴线对齐，如图 7-56(c)所示。以此类推，定子绕组按 U-V-W-R-U 的顺序通电时，转子会沿逆时针方向转动。反之，若按 V-U-R-W-V 的顺序通电时，转子会沿顺时针方向转动。

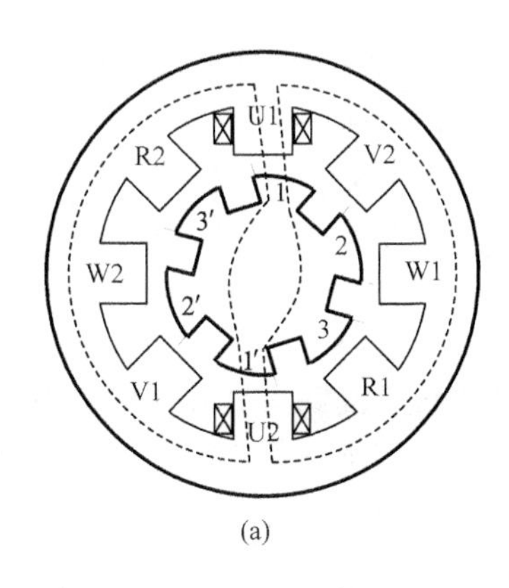

(a)

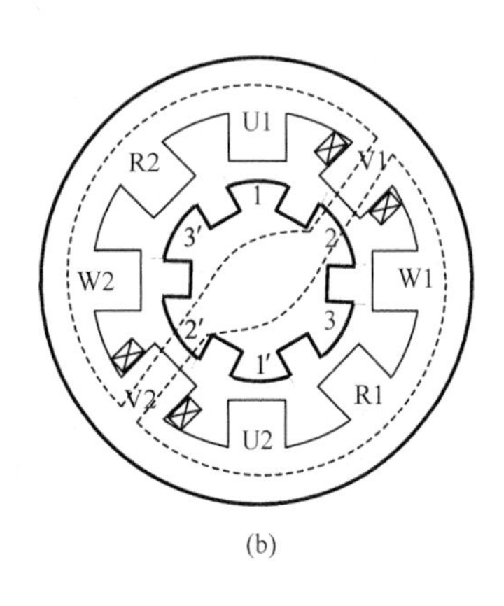

(b)

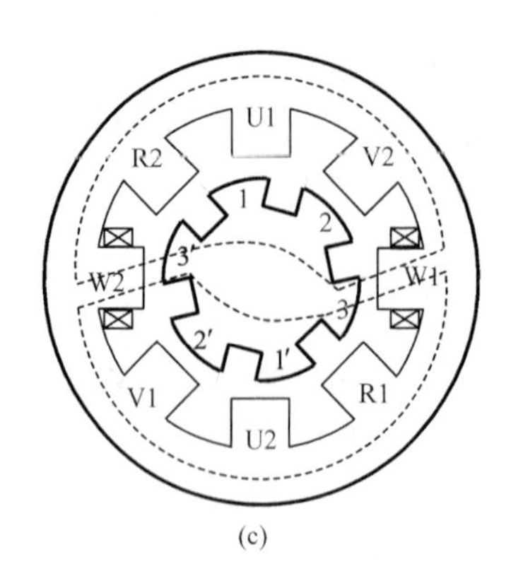

(c)

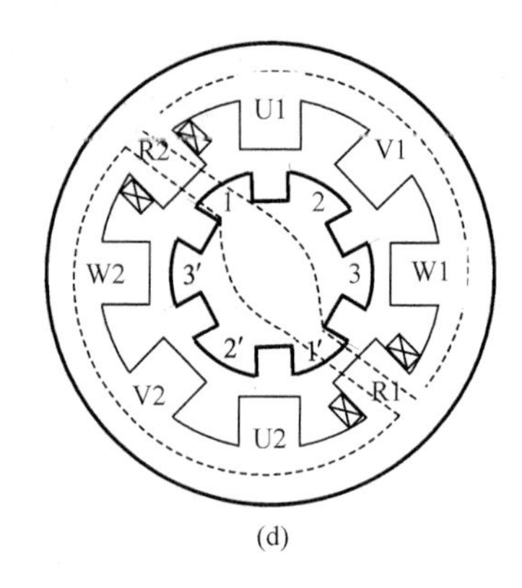

(d)

图 7-56　开关磁阻电动机的磁场情况

3. 特点

开关磁阻电动机与反应式步进电动机的主要区别：

(1) 开关磁阻电动机利用转子位置反馈信号运行于自同步状态，相绕组电流导通时刻与转子位置有严格的对应关系。而反应式步进电动机无转子位置反馈，通常运行于开环状态。

(2) 开关磁阻电动机多用于功率驱动系统，对效率要求很高，可运行于发电状态。而步进电动机多用于伺服控制系统，对步距精度要求很高，对效率要求不严格，只作电动状态运行。

开关磁阻电动机的主要优点：

(1) 结构简单、坚固，制造工艺简单，成本低，转子上没有任何形式的绕组，可工作于极高转速(如每分钟几万转)；定子线圈为集中绕组，嵌线容易，端部短而牢固，绝缘结构简单，工作可靠，能适用于各种恶劣、高温甚至强振动环境。

(2) 损耗主要产生于定子，易于冷却；转子无永磁体，允许有较高的温升。

(3) 转矩方向与相电流方向无关，可减少功率变换器的开关器件数，降低系统成本。

(4) 启动电流小，启动转矩大。适用于需要重载启动、频繁起停及正反转的场合。

(5) 调速范围宽，控制灵活，易于实现各种特殊要求的转矩转速特性。

(6) 四象限运行，具有较强的再生制动能力。

开关磁阻电动机的主要缺点：

(1) 转矩脉动大，转矩和转速的稳定性稍差。由于开关磁阻电动机由脉冲电流供电，在转子上产生的转矩是一系列脉冲转矩叠加而成的，且由于双凸极结构和磁路饱和的非线性影响，合成转矩不是一个恒定转矩，而有较大的谐波分量，这将影响低速运行的性能。

(2) 开关磁阻电动机系统的噪声和振动比一般电动机大，容量越大，噪声越严重。

4. 应用

开关磁阻电动机由于具有结构简单、制造成本低、效率高和可靠性高等一系列优点，并随着电力电子技术和微电子技术的快速发展而取得了显著的进步。目前，开关磁阻电动机已成功应用于电动车驱动、航空工业、家用电器、纺织机械等各个领域。如应用于洗衣机中，表现出明显的优点：较低的洗涤速度、良好的衣物分布性、滚筒平衡性好等。开关磁阻电动机的功率范围为 10W～5MW，最大转速高达 100000r/min，具有较广泛的应用前景。

7.5.4 无刷直流电动机

有刷直流电动机的主要优点是调速和启动性能好，堵转转矩大，因而被广泛应用于各种驱动装置和伺服系统中。但是，有刷直流电动机由于结构中的电刷和换向器形成的机械接触严重地影响了电机的准确度、性能和可靠性；所产生的火花会引起无线电干扰，缩短电机寿命，换向器和电刷装置又使直流电机结构复杂、噪声大、维护困难，因此长期以来人们都在寻求可以不用电刷和换向器装置的直流电动机。

随着电力电子技术的迅速发展，各种大功率电子器件的广泛使用，出现了无刷直流电动机。无刷直流电动机采用功率电子开关和位置传感器来代替电刷和换向器，使这种电机既具有直流电机的特性，又具有交流电动机结构简单、运行可靠、维护方便等优点，它的转速不受机械换向的限制，若采用高速轴承，可以在高达每分钟几十万转的转速中运行。

因此无刷直流电动机用途非常广泛，可以作为一般直流电动机、伺服电动机和力矩电动机使用，尤其适用于高级电子设备、机器人、航空航天技术、数控装置、医疗化工等高新技术领域。

1. 结构

无刷直流电动机是由电动机本体、位置传感器和功率电子开关(逆变器)三部分组成，其结构框图如图 7-57 所示。图中直流电源通过逆变器向电动机定子绕组供电，电动机转子位置由位置传感器检测并提供信号去驱动功率电子开关的功率器件使之导通或关断，从而控制电动机的转动。

电动机本体是一台反装式的普通永磁直流电动机，如图 7-58 所示，它的电枢放置在定子上，永磁磁极位于转子，结构与永磁式同步电动机相似。定子铁心中安放对称的三相绕组，绕组可以是分布式或集中式，接成星形或封闭形，各相绕组分别与逆变器中的相应功率管连接。转子多用铁氧体或钕铁硼等永磁材料制成，无启动绕组，主要有凸极式和内嵌式结构。

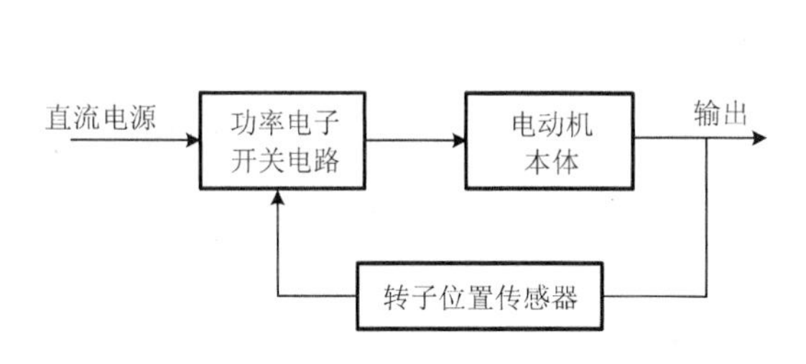

图 7-57 无刷直流电动机结构框图

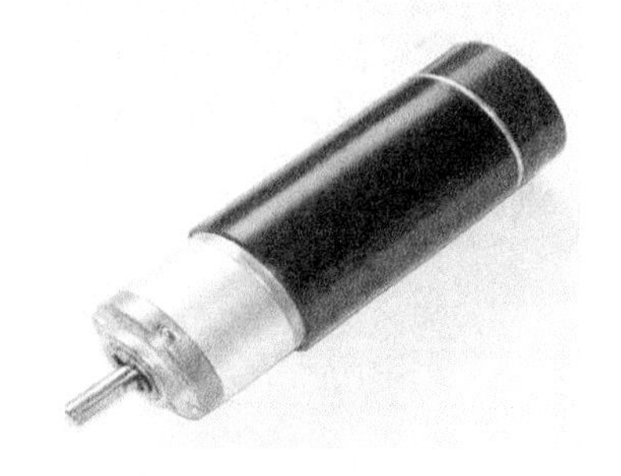

图 7-58 无刷直流电动机

逆变器主电路有桥式和非桥式两种。在电枢绕组与逆变器的多种连接方式中，以三相星形六状态和三相星形三状态使用最广泛。

转子位置传感器是无刷直流电动机的重要组成部分，它的作用是检测转子磁场相对于定子绕组的位置，决定功率电子开关器件的导电顺序。位置传感器有光电式、电磁式和霍尔元件式等。

2. 工作原理

图 7-59 为一台两极三相三状态永磁无刷直流电动机，三只光电传感器 H1、H2、H3 在空间上互差 120°对称分布，遮光圆盘与电动机转子同轴安装，调整圆盘缺口与转子磁极的相对位置使缺口边沿位置与转子磁极的空间位置相对应。

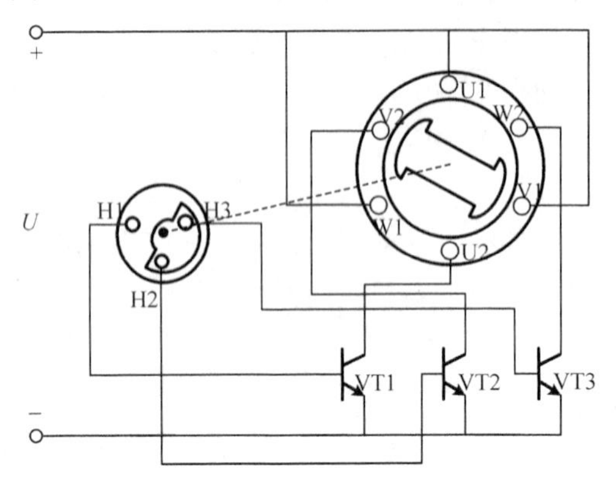

图 7-59 永磁无刷直流电动机原理图

设缺口位置使光电传感器 H1 受光而输出高电平，功率开关管 VT1 导通，电流流入 U 相绕组，形成位于 U 相绕组轴线上的电枢磁动势 F_U。F_U 顺时针方向超前于转子磁动势 F_f150°电角度，如图 7-60(a)所示。电枢磁动势 F_U 与转子磁动势 F_f 相互作用，拖动转子顺时针方向旋转。电流流通路径为：电源正极→U 相绕组→VT1 管→电源负极。当转子转过 120°电角度至图(b)所示位置时，与转子同轴安装的圆盘转到使光电传感器 H2 受光、H1 遮光，功率开关管 VT1 关断，VT2 导通，U 相绕组断开，电流流入 V 相绕组，电流换相。电枢磁动势变为 F_V，F_V 在顺时针方向继续领先转子磁动势 F_f 150°电角度，两者相互作用，又驱动转子顺时针方向旋转，电流流通路径为：电源正极→V 相绕组→VT2 管→电源负极。当转子磁极转到图(c)所示位置时，电枢电流从 V 相换流到 W 相，产生的电磁转矩继续使电动机旋转，直至重新回到如图(a)所示的起始位置，完成一个循环。

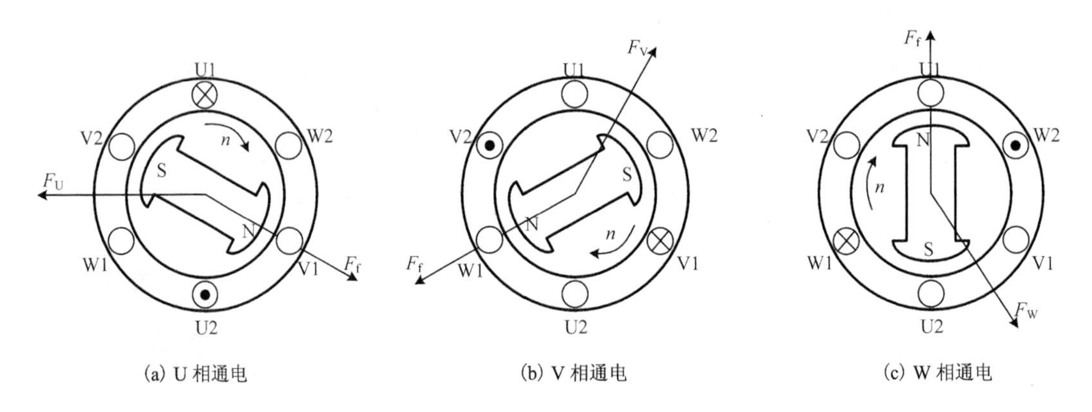

图 7-60 永磁无刷直流电动机通电顺序和磁动势位置图

3. 运行特性

1)机械特性

永磁无刷直流电动机的机械特性为

$$n=\frac{U-2\Delta U}{C_e\Phi}-\frac{2R_a}{C_eC_T\Phi^2}T \tag{7-29}$$

式中，U 为电源电压；ΔU 为一个开关管饱和压降；R_a 为每相电枢绕组总电阻。其机械特性曲线如图 7-61 所示。

2) 调节特性

由式(7-29)可分别求得调节特性的始动电压 U_0 和斜率 k，即

$$U_0 = \frac{2R_a T}{C_e \Phi} + 2\Delta U,\quad k = \frac{1}{C_e \Phi} \tag{7-30}$$

得到调节特性如图 7-62 所示。

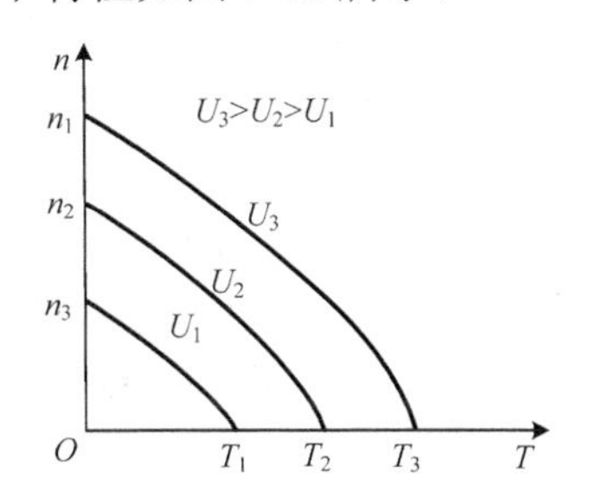

图 7-61　永磁无刷直流电动机的机械特性曲线

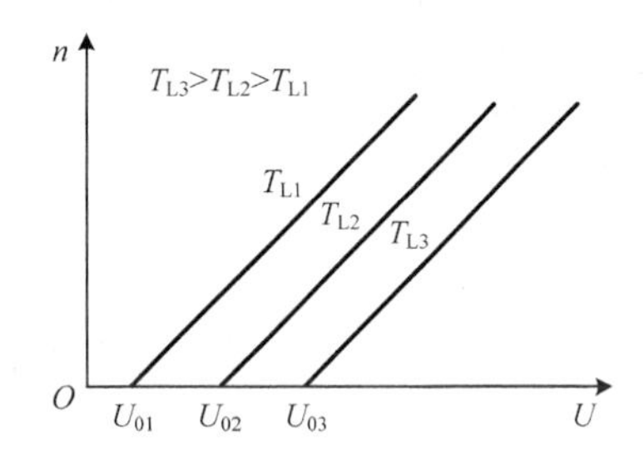

图 7-62　永磁无刷直流电动机的调节特性曲线

从机械特性和调节特性可见，无刷直流电动机具有与有刷直流电动机一样良好的控制性能，可以通过改变电源电压实现无级调速。

4. 特点

(1) 无刷直流电动机是一种自控式调速系统，它无需像普通同步电动机那样需要启动绕组；在负载突变时，不会产生振荡和失步。转动惯量小，允许脉冲转矩大，可获得较高的加速度，动态性能好。

(2) 转子没有铜损耗和铁损耗，又没有滑环和电刷的摩擦损耗，运行效率高，一般比同容量的异步电动机效率提高 5%～12%。

(3) 无刷直流电动机无需从电网吸取励磁电流，故功率因数高，接近于 1。

(4) 由于采用了永磁材料磁极，因此容量相同时无刷直流电动机的体积小、质量轻，结构紧凑，运行可靠。

5. 应用

永磁无刷直流电动机具有调速性能好、控制方便、无换向火花和励磁损耗及使用寿命长等优点，加之近年来永磁材料性能不断提高及其价格不断下降、电力电子技术日新月异的发展和各使用领域对电动机性能的要求越来越高，促进了无刷直流电动机的应用范围迅速扩大。目前，无刷直流电动机的应用范围包括计算机系统、家用电器、办公自动化、汽车、医疗仪器、军事装备控制、数控机床、机器人伺服控制等。

7.5.5 超声波电动机

1. 原理

人耳能感知的声音频率为 50～20kHz，因此超声波为 20kHz 以上频率的音波或机械振动。超声波电动机原理与传统电动机不同，传统电动机是通过电场和磁场的相互作用产生电磁力的电磁作用原理工作的，以此实现电能与机械能的相互转换。超声波电动机是将振动学、波

动学、摩擦学、动态设计、电力电子、自动控制、新材料和新工艺等学科结合的新技术产物。

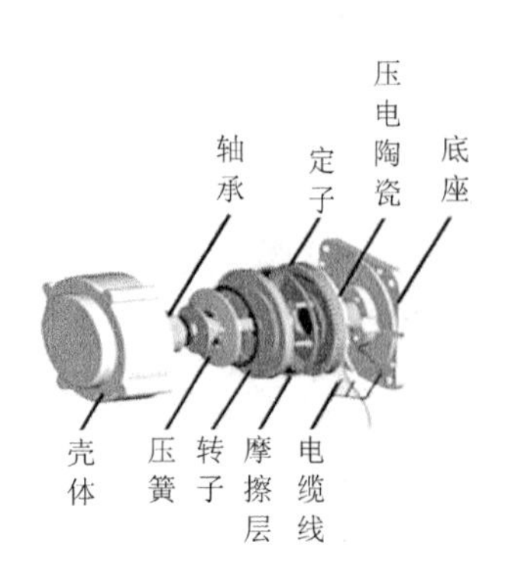

图 7-63　超声波电动机结构图

其工作原理是利用压电陶瓷的逆压电(把电信号变成机械压力)效应直接把电能转换成机械能。当超声波电压(电压频率大于 20kHz)加到定子上时，定子产生高频振动，借助定、转子之间的摩擦把定子双向的机械振动转变为单一方向的旋转运动。超声波电动机这个名称来源于其定子高频振动的频率为超声频率(大于 20kHz)。由于超声波电动机的机械振动是通过压电陶瓷产生的，所以又称为压电电动机。

超声波电动机靠定子环背面所粘贴的压电陶瓷起振而带动定子环一起振动，再通过定、转子之间的摩擦力来驱动转子旋转，即利用压电陶瓷的逆压电效应直接把电能转换成机械能，其结构如图 7-63 所示。

2. 分类

超声波电动机按产生转子运动的机理，可分为驻波型和行波型。驻波型是利用作固定椭圆运动的定子来推动转子，属于间断驱动方式；行波型利用定子中产生的行走的椭圆运动来推动转子，属于连续驱动方式。

按超声波电动机移动体表面力传递的接触方式，可分为接触式和非接触式。

按转子的运动方式可分为旋转型和直线型。

3. 特点

(1) 低速大转矩、效率高。超声波电动机的转速一般很低，每分钟只有十几转到几百转，而转矩却很大。与传统电动机在高速时效率较高、低速时效率较低相比，超声波电动机在低速时能够表现出较高的转换效率。

(2) 控制性能好、反应迅速。超声波电动机是靠摩擦力驱动，移动体的质量较轻，惯性小，通电时，快速响应，失电后，立即停机，启动和停止时间为毫秒级。因此，它可以实现高精度的速度控制和位置控制。

(3) 形式灵活，设计自由度大。

(4) 不会产生电磁干扰。超声波电动机没有磁极，因此不受电磁感应的影响。同时，它对外界也不产生电磁干扰，特别适合强磁场的工作环境。

(5) 振动小、噪声低。

(6) 结构简单。超声波电动机不用线圈，也没有磁铁，结构相对简单。与普通电动机相比，在输出转矩相同的情况下，可以做得更小、更轻、更薄。

4. 应用

超声波电动机具有低速大转矩、微型轻量、运行稳定、可控性好、精度高以及结构简单等特点，这些特点能适应当前电动机“短、薄、小”的要求。因此超声波电动机的发展仅有二十多年的历史，但已显示出良好的潜在应用前景。目前已在国内外多个领域得到应用，如机械领域(机构主动式控制、振动的抑制与产生、工具的精密定位压电夹具、机器人、计算机和医疗设备等)、光学领域(透镜精密定位、光纤维位置校正、照相机镜头自定聚焦系统和隧道扫描显微镜等)、流体领域(液体测量、液泵、液阀和注射器等)和电子领域(电子断路器、焊接工具的定位系统等)。

7.5.6 盘式电机

盘式电机的外形扁平，轴向尺寸短，特别适用于安装空间有严格限制的场合，如图 7-64 所示。盘式电机的气隙是平面的，气隙磁场是轴向的，又称为轴向磁场电机。盘式电机的工作原理与柱式电机相同，它既可制成电动机，也可制成发电机。目前，常用的盘式电机有盘式直流电机和盘式同步电机。

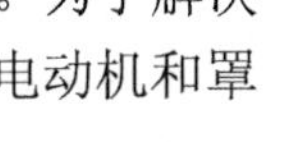

图 7-64 盘式电机结构图

盘式直流电机一般指盘式永磁直流电机，其特点有：

(1)轴向尺寸短，适用于严格要求薄型安装的场合；

(2)采用无铁心电枢结构，不存在普通圆柱式电机由于齿槽引起的脉动转矩，转矩输出平稳；

(3)不存在磁滞和涡流损耗，可达到较高的效率；

(4)电枢绕组电感小，具有良好的换向性能；

(5)电枢绕组两端面直接与气隙接触，有利于电枢绕组散热，可取较大的电负荷，有利于减小电机的体积；

(6)转动部分只是电枢绕组，转动惯量小，具有优良的快速反应性能，可用于频繁启动和制动的场合。

盘式永磁直流电机优良的性能，已被广泛应用于机器人、计算机外围设备、汽车空调器、办公自动化用品和家用电器等。

盘式同步电机一般指盘式永磁同步电机，其特点有：

(1)轴向尺寸短、质量轻、体积小、结构紧凑，励磁系统无损耗，电机运行效率高；

(2)定子绕组散热好，可以获得很高的功率密度；

(3)转子的转动惯量小，机电时间常数小，堵转转矩高，低速运行平稳。

盘式永磁同步电机在伺服系统中作为执行元件，具有不用齿轮、精度高、响应快、加速度大、转矩波动小、过载能力强等优点，应用于数控机床、机器人、雷达跟踪等高精度系统中。

7.6 本 章 小 结

本章主要介绍了各种控制电机的基本工作原理、运行特性和应用场合，主要知识点如下：

(1)单相异步电动机。

单相异步电动机无启动转矩，不能自行启动，但一经推动后，却可连续运转。为了解决启动问题，通常在定子上安装启动绕组，根据所采取的启动方法不同，分为分相电动机和罩极电动机。单相异步电动机广泛用于家用电器、电动工具和医疗器械中。

(2)伺服电动机。

伺服电动机在自动控制系统中作执行元件使用，是一种将控制信号转换为角位移或角速度的电动机。伺服电动机分交、直流两类。

直流伺服电动机实质上是一台他励直流电动机，它有两种控制方式，即电枢控制和磁场控制。直流伺服电动机多采用电枢控制，即电枢绕组作为控制绕组，励磁绕组提供电动机的直流励磁电流，在电枢控制时具有良好的机械特性和调节特性。直流伺服电动机的输出功率较大。

交流伺服电动机相当于一台双绕组的单相异步电动机。其中一相绕组为励磁绕组，另一相与励磁绕组空间上相互垂直的绕组作为控制绕组。与一般单相异步电动机不同的是，交流伺服电动机的转子电阻比较大，能防止自转现象。它有幅值控制、相位控制和幅相控制三种，其中相位控制方式特性最好，幅相控制线路最简单。交流伺服电动机的机械特性和调节特性比直流伺服电动机的要差。交流伺服电动机的输出功率较小。

(3)测速发电机。

测速发电机在自动控制系统中作为检测元件使用，它能把转速转变为电压信号输出，根据测速发电机发出的电压性质不同，可分为直流和交流两大类。

直流测速发电机的工作原理与他励直流发电机相同。一般情况下，直流测速发电机的输出电压正比于转速。但高速时由于电枢反应造成输出电压降低，引起一定的测量误差。直流测速发电机在应用时，为了使其输出特性有良好的线性度，都规定其最高正常运行转速和最小负载电阻。

交流测速发电机普遍采用空心杯转子结构，其工作原理与交流伺服电动机相同，但励磁绕组通以交流励磁电流且转子旋转时，测量绕组中就会产生感应电动势，感应电动势的大小与转速成正比。交流测速发电机在转速相对较低时，具有良好的线性输出特性。交流测速发电机比直流测速发电机应用较为广泛。

(4)步进电动机。

步进电动机是一种将电脉冲信号转换为角位移或直线位移的一种微特电机。每输入一个电脉冲，步进电动机就前进一步，转子步进或连续运行的快慢取决于定子绕组的通电频率。具有起、制动特性好，反转控制方便，工作不失步，步距精度高等特点，被广泛应用于数字控制系统中作执行元件。

(5)其他微控电机。

自整角机是一种对角位移或角速度能自动整步的电磁元件，必须成对或成组使用，一个作为发送机，另一个作为接收机。根据用途的不同，自整角机有力矩式和控制式两种。力矩式自整角机输出力矩大，可直接驱动负载，一般用于控制精度不高的指示仪表系统；控制式自整角机转轴不能直接带动负载，但能组成包括功率放大器的闭环控制系统，其整步精度高，主要用于随动系统。

旋转变压器是一种精密微控电机，在自动控制系统中主要用来测量或传输转角信号，也可作为解算元件用于坐标变换和三角函数运算等。

开关磁阻电动机系统是一种新型的调速电动机驱动系统，其结构简单、成本低、效率高，可用于高速运转，且启动电流小，启动转矩大，具有广泛的应用前景。

永磁无刷直流电动机从电动机本身看，是一台同步电动机。它使用位置传感器及功率电子开关代替传统直流电动机中的电刷和换向器，具有普通直流电动机的控制特性，可以通过改变电源电压实现无级调速，又具有交流电动机结构简单、运行可靠、维护方便等优点。

超声波电动机是新技术的产物，其优异的性能引起了广泛关注和良好的应用前景。

盘式电动机的外形扁平，轴向尺寸短，适用于安装空间有严格限制的场合。

习　　题

7-1　单相异步电动机主要分为哪几种类型？

7-2　单相异步电动机为什么不能自行启动？解决启动的主要途径是什么？

7-3　什么是直流伺服电动机的电枢控制方式？什么是磁场控制方式？

7-4　为什么直流伺服电动机常采用电枢控制方式而不采用磁场控制方式？

7-5　直流伺服电动机采用电枢控制方式时，始动电压是多少？与负载大小有什么关系？

7-6　一台直流伺服电动机带恒转矩负载，测得始动电压为4V，当电枢电压为55V时，转速为1500r/min，若要求转速为3000r/min，则电枢电压应为多少？

7-7　常有哪些控制方式可以对交流伺服电动机的转速进行控制？

7-8　何谓交流伺服电动机的自转现象？怎样消除自转现象？直流伺服电动机有自转现象吗？

7-9　幅值控制和相位控制的交流伺服电动机，什么条件下电机气隙磁动势为圆形旋转磁场？

7-10　为什么交流伺服电动机常采用幅值-相位控制方式？

7-11　直流测速发电机按励磁方式分为哪几种？各有什么特点？

7-12　直流测速发电机的输出特性，在什么条件下是线性特性？产生误差的原因和改进的方法是什么？

7-13　为什么直流测速发电机的转速不宜超过规定的最高转速？为什么所接负载电阻不宜低于规定值？

7-14　交流异步测速发电机输出特性存在线性误差的主要原因有哪些？

7-15　为什么交流异步测速发电机转子采用非磁性空心杯转子而不采用笼型结构？

7-16　什么是交流异步测速发电机的剩余电压？如何减小剩余电压？

7-17　步进电动机的三相单三拍运行含义是什么？三相单双六拍的含义是什么？ 它们的步距角有怎样的关系？

7-18　简述三相单三拍步进电动机的工作原理。

7-19　什么是步进电动机的静态运行状态？什么是步进运行状态？什么是连续运行状态？

7-20　步进电动机的转速由哪些因素确定？与负载转矩大小有关系吗？

7-21　一台六相12极步进电动机，转子齿数为40，若在单六拍通电方式下，步距角为多少？

7-22　自整角机有哪两种控制方式？各有何特点？

7-23　简要说明旋转变压器的工作原理。

7-24　简述开关磁阻电动机的工作原理。

7-25　永磁无刷直流电动机系统中的位置传感器有什么作用？

7-26　当负载转矩较大时，永磁无刷直流电动机的机械特性为什么会向下弯曲？

7-27　查阅相关资料，说明超声波电动机和盘式电动机的应用场合。

第 8 章　电动机的选择

在电力拖动系统中，电动机的选择是一项重要的内容。正确地选择电动机的容量是电力拖动系统安全运行的基础。选择的电动机容量过大，会降低系统的运行效率，增加运行费用；选择的电动机容量过小，会经常出现过载运行，使电动机的绝缘烧坏。只有恰到好处地选择电动机的容量，电力拖动系统才能安全而经济地运行。本章在介绍电动机选择的原则和内容的基础上，介绍电动机的发热和冷却规律，以及电动的工作制，最后分析电动机额定功率的选择。

8.1　电动机的一般选择

8.1.1　种类的选择

电力拖动系统中拖动生产机械运行的原动机即驱动电机，包括直流电动机和交流电动机两种，交流电动机又有异步电动机和同步电动机两种，电动机的主要种类和性能特点如表 8-1 所示。

表 8-1　各种电动机的性能特点

<table>
<tr><th colspan="4">电动机的种类</th><th>性能特点</th><th>典型生产机械</th></tr>
<tr><td rowspan="5">交流电动机</td><td rowspan="4">三相异步电动机</td><td rowspan="3">鼠笼式</td><td>普通鼠笼式</td><td>机械特性硬、启动转矩不大、调速时需调速设备</td><td>调试性能要求不高的各种机床、水泵、通风机等</td></tr>
<tr><td>高启动转矩</td><td>启动转矩大</td><td>带冲击性负载的机械，如剪床、冲床、锻压机；静止负载或惯性负载较大的机械，如压缩机、粉碎机、小型起重机等</td></tr>
<tr><td>多速</td><td>有多挡转速(2～4 挡)</td><td>要求有级调速的机床、电梯冷却塔等</td></tr>
<tr><td colspan="2">绕线式</td><td>机械特性直线段硬、启动转矩大、调速方式多、调速性能及启动性能较好</td><td>要求有一定调速范围、调速性能较好的生产机械，如桥式起重机；启动、制动频繁且对启动、制动转矩要求高的生产机械，如起重机、矿井提升机、压缩机、不可逆轧钢机等</td></tr>
<tr><td colspan="3">同步电动机</td><td>转速不随负载变化，功率因数可调节</td><td>转速恒定的大功率生产机械，如中、大型鼓风机及排风机，泵，连续式轧钢机，球磨机等</td></tr>
<tr><td rowspan="3">直流电动机</td><td colspan="3">他励、并励</td><td>机械特性硬、启动转矩大，调速范围宽、平滑性好</td><td>调速性能要求高的生产机械，如大型机床(车、铣、刨、磨、镗)、高精度车床、可逆轧钢机、造纸机、印刷机等</td></tr>
<tr><td colspan="3">串励</td><td>机械特性软、启动转矩大、过载能力强、调速方便</td><td rowspan="2">要求启动转矩大、机械特性软的机械，如电车、电气机车、起重机、吊车、卷扬机、电梯等</td></tr>
<tr><td colspan="3">复励</td><td>机械特性适中、启动转矩大、调速方便</td></tr>
</table>

各种电动机具有的特点包括性能、所需电源、维修方便与否、价格高低等，这是选择电动机种类的基本知识。同时，生产机械工艺特点是选择电动机的先决条件。这两个方面只有都了解才能为特定的生产机械选择合适的电动机。除此之外，还应考虑以下内容。

1. 电源

电动机的供电电源可分为两大类：直流电源和交流电源。交流电源包括早期的旋转变流机组电源，交流工频 50Hz 电源和电力电子变流器电源。

其中，独立旋转变流机组电源在 20 世纪 60 年代以前就得到了广泛的应用，但该系统至少包含两台与调速电动机容量相当的旋转电动机和一台励磁发电机，因此设备多、体积大、费用高、效率低、噪声大、维护不方便。随着电力电子技术的发展，这种电源逐渐被静止式的电力电子变流器取代。电力电子变流器主要包括：由电力电子器件组成的整流器(直流电源)、变频器、交流调压器(交流电源)以及各式各样的逆变器等。静止式的电力电子变流器克服了旋转变流机组的缺点，缩短了响应时间。

交流工频 50Hz 电源可以直接从电网获得，交流电动机价格较低、维护方便、运行可靠，应尽量选用交流电动机。

直流电源则一般需要有整流设备，而且直流电动机价格较高、维护不便、可靠性较低，因此只是在要求调速性能好和启动、制动快的场合采用。随着现代交流调速技术的发展，交流电动机已经获得越来越广泛的应用，在满足性能的前提下应优先采用交流电动机。

2. 电动机的机械特性

不同的生产机械具有不同的负载特性，要求电动机的机械特性与之相匹配。例如，负载变化时要求转速恒定不变，就应选择同步电动机；要求启动转矩大及特性软的如电车、电气机车等，就应选择串励或复励直流电动机。

3. 电动机的调速性能

电动机的机械特性决定了拖动系统的调速方式，而且每一种调速方式又对应着不同的调速性质。电动机的调速特性应与负载的转矩特性相一致，才能使电动机的功率得到充分利用。否则，电动机会经常工作在轻载状态，造成不必要的电能浪费。

他励直流电动机共有三种调速方式：电枢回路串电阻调速、调压调速和弱磁调速。从调速性质来看，电枢回路串电阻调速与电枢调压调速属于恒转矩调速性质，因而适宜带恒转矩负载；弱磁调速属于恒功率调速性质，因而适宜带恒功率负载。

同步电动机只能在同步转速运行，要实现调速只能改变同步电动机的供电频率。为确保电动机内部磁通及最大电磁转矩不变，一般要求在改变定子频率的同时改变定子电压。一旦供电频率超过基频以上，则保持供电电压为额定值不变。从调速性质来看：基频以下属于恒转矩调速，适宜带恒转矩负载；而基频以上属于恒功率调速，适宜带恒功率负载。

异步电动机的调速方式分为三大类：变频调速、变极调速和变转差率调速。其中，转差率的改变可以通过改变定子电压、转子电阻、在转子绕组上施加转差频率的外加电压(如双馈调速或串级调速)等方法来实现。从调速性质来看：变频调速与 Y/YY 变极调速都属于恒转矩调速，适宜带恒转矩负载；而△/YY 变极调速则属于恒功率调速，适宜带恒功率负载。改变转差率调速则视具体调速方式的不同，其中，改变定子电压的调速方式既非恒转矩也非恒功率调速，转子串电阻的调速属于恒转矩调速，而双馈调速(串级调速)则属于恒转矩调速。

电动机的调速性能包括调速范围、调速的平滑性、调速系统的经济性(设备成本、运行效率等)等，都应满足生产机械的要求。例如，对调速性能要求不高的各种机床、水泵、通风机多选用普通三相鼠笼式异步电动机；功率不大、有级调速的电梯及某些机床可选用多速电动机；而调速范围较大、调速要求平滑的龙门刨床、高精度车床、可逆轧钢机等多选用他励直流电动机和绕线式异步电动机。

4. 电动机的启动、制动性能

电动机的过渡过程发生在启动、制动，正反转，加、减速以及负载变化等过程中，它决定了系统的快速性、生产效率的提高、损耗的降低和系统的可靠性。尤其是对于需要频繁启动、制动和正反转的四象限运行负载和转矩急剧变化的负载显得尤为重要。

1)启动

电力拖动系统对电动机启动过程的基本要求是：电机的启动转矩必须大于负载转矩；启动电流要有一定限制，以免影响周围设备的正常运行。

一般情况下，对于鼠笼式异步电动机，其启动性能较差。容量越大，启动转矩倍数越低，启动越困难。若普通鼠笼式异步电动机不能满足启动要求，则可考虑采用深槽转子或双鼠笼转子异步电动机，并根据要求检验启动能力。若仍不能满足要求，则应选择功率较大的电动机。

直流电动机与绕线式异步电动机的启动转矩和启动电流是可调的，仅需考虑启动过程的快速性。而同步电动机的启动和牵入同步则较为复杂，通常仅适用于功率较大的机械负载。

2)制动

制动方法的选择主要应从制动时间、制动实现的难易程度以及经济性等几个方面来考虑。

对于直流电动机(串励直流电动机除外)，均可考虑采用反接、能耗和回馈三种制动方案。反接制动的特点是制动转矩大，制动强烈，但能量损耗也大，并且要求转速降至零时应及时切断电源；能耗制动的制动过程平稳，能够准确停车，但随着转速下降制动转矩减小较快；回馈制动无需改接线路，电能便回馈至电网，因而是一种比较经济的制动方法，但需在位能性负载下放场合下或降压降速过程中进行，而且转速不可能降为零。

三相异步电动机同样也可以采用上述三种制动方案。其反接制动是通过改变相序来实现的，相当于直流电动机电枢回路外加电源的反接；能耗制动需在定子绕组中通以直流电流，略显复杂；回馈制动仅发生在位能性负载下放或同步转速能够改变的场合如变极、降频降速过程中。

3)反转

对电动机反转的要求是：不仅能够实现反转，而且正、反转之间的切换应当平稳、连续。一般来讲，通过回馈制动容易达到上述目的，但需具有回馈制动的场合；而反接制动虽然能够实现正、反转的过渡，但切换过程较为剧烈。从这一角度看，直流电动机比交流电动机优越。但随着电力电子变流技术的发展，交流电动机包括无刷直流电动机、开关磁阻电动机等均可实现正、反转之间的平滑切换。

电动机的起、制动性能应满足生产机械的要求，一些启动转矩要求不高的设备，如机床，可以选用普通鼠笼式三相异步电动机；启动、制动频繁，且启动、制动转矩要求比较大的生产机械可以选用绕线式异步电动机，如矿井提升机、起重机、不可逆轧钢机、压缩机等。

5. 经济性

在满足了生产机械对电动机启动、调速、各种运行状态、运行性能等方面要求的前提下，还应考虑电动机及相关的启动设备、调速设备的经济性。经济性指标主要是指一次性投资与运行费用，而运行费用却取决于能耗即效率指标。尤其在当前能源危机的情况下，节能具有重要的现实意义。从这一角度出发，在电动机的选择过程中，应考虑以下几个方面。

1) 调速节能

采用变频调速或使用多台电动机协调运行，根据负载变化情况，适当选择运行频率或使用台数是确保系统节能运行的有效途径。此外，若供电电压低于额定电压，则电动机的电流增加，于是定、转子绕组铜耗增加，使电动机的效率降低。因此，不仅电动机的容量，而且供电电压均需合理选择。

不同的调速方式具有不同的运行效率。就直流电机拖动系统来讲，晶闸管变流器供电的直流调速与自关断器件的斩波器调速的效率比电枢回路串电阻调速的效率高得多。位能性负载下降(或下坡)时采用回馈制动可以回收能量，达到节能的目的。

对于交流电机拖动系统，可采用的调速方案有：转子串电阻调速、调压调速、滑差电机调速、双馈电机调速(包括串级调速)、变频调速等。前三种调速方式耗能较大，后两种调速方式效率较高，目前在电力拖动领域中已占主导地位。

2) 电网功率因数的改善

对于异步电动机，最大功率因数几乎发生在满载附近。一旦负载率低于 75%，功率因数则迅速下降，特别是当电动机轻载或空载时。若供电电压超过额定电压，则励磁电流增加，功率因数降低。在电力拖动系统的设计过程中，一旦功率因数偏低，则应考虑在供电变压器上增加并联电容，通过电容器组的投切实现无功补偿。也可在不需调速的生产机械中采用转子直流励磁的同步电动机，并使其工作在过励状态，以发出滞后无功功率。通过上述方法改善电网的功率因数，降低线路损耗。

3) 电网污染

由于晶闸管变流器供电的直流调速系统以及变频器供电的交流调速系统的广泛采用，电动机的运行效率大大提高。但考虑到变流器中所采用的器件工作在开关状态，因而带来大量的谐波，引起所谓的“电网污染”问题。这些谐波不仅会增加其他用电设备的损耗，而且有可能造成周围设备的不稳定运行。因此，在电力拖动系统的设计过程中必须对这一问题加以考虑，以确保实现“绿色”电能的转换。

为了减少电网污染，可采取在供电变压器的二次侧额外增加有源滤波器或在变流器内部采用由自关断器件组成的 PWM 变流器的措施。通过这些措施不仅可以解决谐波污染的问题，还可以提高功率因数。

一般来说，应优先选用结构简单、价格低廉、运行可靠、维护方便、效率高、节能的电动机，在这方面交流电动机优于直流电动机，鼠笼式异步电动机优于绕线式异步电动机。除电动机本身外，都应考虑经济性。

目前，各种形式的电动机在我国应用广泛，在选用电动机时，以上几方面都应考虑并进行综合分析，以确定最终方案。

8.1.2 结构形式的选择

根据安装方式的不同，电动机有立式和卧式结构之分。卧式安装时电动机的转轴处于水平位置，立式安装时电动机的转轴则处于垂直地面的位置。考虑到立式结构的电动机价格偏高，因此，一般情况下电力拖动系统多采用卧式结构的电动机。往往在不得已的情况下或为了简化传动装置时才采用立式结构电动机，如立式深井泵及钻床。

根据轴伸情况的不同，电动机有单轴伸端和双轴伸端之分。大多数情况下采用单轴伸端，特殊情况下才需要双轴伸端，如需同时拖动两台生产机械或安装测速装置等。

根据防护方式的不同，电动机有开启式、防护式、封闭式和防爆式之分。

开启式电动机的定子两侧与端盖上均开有较大的通风口，其散热好，价格便宜，但容易进入灰尘、水滴、铁屑等杂物，通常只在清洁、干燥的环境下使用。

防护式电动机的机座下面开有通风口，其散热好，可以防止水滴、铁屑等从上方落入电机内部，但不能防止潮气及灰尘的侵入。这类电动机一般仅适用于干燥、少尘、防雨、无腐蚀性和爆炸性气体的场合。

封闭式电动机的外壳是完全封闭的，其机座和端盖上均无通风孔。它有自冷扇式、他冷扇式及密封式之分。前两种形式的电动机可在潮湿、灰尘多、有腐蚀性气体、易受风雨侵蚀、易引起火灾等恶劣环境下运行；后一种形式的电动机能防止外部的气体或液体进入其内部，可浸在液体中使用，如潜水电泵等。

防爆式电动机是在封闭式结构基础上制作成隔爆形式，其机壳有足够的强度，适用于有易燃、易爆气体的工作环境，如有瓦斯的矿井、油库、燃气站等。

8.1.3 额定电压的选择

电动机的电压等级、相数、频率都要和供电电源一致。电动机的额定电压应根据其运行场所的供电电网的电压等级来确定。

我国的交流供电电源，低压通常是380V，高压通常是3kV、6kV或10kV。中等功率(约200kW)以下的交流电动机，额定电压一般为 380V；大功率的交流电动机，额定电压一般为3kV或6kV；额定功率为1000kW以上的电动机，额定电压可以是10kV。需要注意的是鼠笼式异步电动机在采用Y-△降压启动时，应该选用额定电压为380V、△接法的电动机。

直流电动机的额定电压一般为110V、220V、440V以及600～1000V。当不采用整流变压器而直接将晶闸管相控变流器接至电网为直流电动机供电时，可采用新改型的直流电动机，如160V(配合单相全波整流)、440V(配合三相桥式整流)等级电压。此外，国外还专门为大功率晶闸管变流装置设计了额定电压为1200V的直流电动机。

8.1.4 额定转速的选择

对电动机本身来说，额定功率相同的电动机，额定转速越高，体积就越小，造价就越低，效率也越高。电动机的用料和成本都与体积有关，额定转速越高，用料越少，成本越低。转速较高的异步电动机的功率因数也越高，因此选用额定转速较高的电动机，从电动机角度看是合理的。

但是，大多数生产机械的转速都低于电动机的额定转速，如果生产机械要求的转速较低，那么选用较高转速的电动机时，就需要增加一套传动比较大、体积较大的减速传动装置。但电动机额定转速越高，传动比越大，机构越复杂，而且传动损耗也越大，通常电动机额定转速不低于 500r/min。

因此，在选择电动机的额定转速时，应综合考虑电动机和生产机械两方面的因素，应根据生产机械的具体要求确定，考虑以下几个方面：

(1) 对不需要调速的中、高速生产机械(如泵、鼓风机、压缩机)，可选择相应额定转速的电动机，从而省去减速传动机构。

(2) 对不需要调速的低速生产机械(如球磨机、粉碎机、某些化工机械等)，可选择相应的低速电动机或传动比较小的减速传动机构。

(3) 对经常启动、制动和反转的生产机械，选择额定转速时则应主要考虑缩短启动、制动时间以提高生产效率。启动、制动时间的长短主要取决于电动机的飞轮矩和额定转速，应选择较小的飞轮矩和额定转速。

(4) 对调速性能要求不高的生产机械，可选用多速电动机或者选择额定转速稍高于生产机械的电动机配以减速机构，也可采用电气调速的电力拖动系统。在可能的情况下，应优先选用电气调速方案。

(5) 对调速性能要求较高的生产机械，应使电动机的最高转速与生产机械的最高转速相适应，直接采用电气调速。

8.2 电动机发热与冷却

电动机作为一个能量转换装置，在能量转换过程中必有能量的损耗，损耗的能量会变为热能。电动机的热源来自内部，主要有绕组的铜损耗和铁心内的铁损耗，还有轴承摩擦产生的机械损耗和附加损耗。由于电动机内部热量不断产生，电动机本身的温度就要升高，最终超过周围的环境温度，电动机温度比环境温度高出的数值，称为电动机的温升。一旦有了温升，电动机就要向周围散热，温度越高，散热越快，当电动机在单位时间内产生的热量等于散出去的热量时，电动机的温度将不再增加，而保持着一个稳定不变的温升值，称为稳定温升，此时，电动机处于散热与发热的动平衡状态。

在研究电动机发热时，特作以下假设：

(1) 假设电动机各部分的温度相同，并具有恒定的散热系数和热容量；

(2) 电动机长期运行，负载不变，总损耗不变；

(3) 周围环境温度不变。

8.2.1 电动机的发热过程

根据能量守恒定律，电动机产生的热量，应该等于电动机本身温度升高所需要的热量和散发到周围介质中的热量之和。如果用 Q 表示电动机在单位时间产生的热量，则 $Q\mathrm{d}t$ 就表示在 $\mathrm{d}t$ 时间内电动机产生的总热量；用 τ 表示电动机的温升。则 $\mathrm{d}\tau$ 就是在 $\mathrm{d}t$ 时间内温升的增量；用 C 表示电动机温度升高 1℃所需要的热量，称为电动机的热容量，则 $C\mathrm{d}\tau$ 表示在 $\mathrm{d}t$ 时间内电动机温升 $\mathrm{d}\tau$ 所需要的热量；用 A 表示电动机温升 1℃时，每秒钟散发到周围介质中的热量，称为电动机的散热系数，则 $A\tau dt$ 表示在 dt 时间内散发到周围介质中的热量。这样根据能量守恒定律，电动机的热平衡方程为

$$Q\mathrm{d}t = C\mathrm{d}\tau + A\tau\mathrm{d}t \tag{8-1}$$

将式(8-1)的两边同时除以 $A\,\mathrm{d}t$ 移项整理后得到

$$\tau + \frac{C}{A}\frac{\mathrm{d}\tau}{\mathrm{d}t} = \frac{Q}{A} \tag{8-2}$$

令 $Q/A = \tau_W$ 为稳定温升，$C/A = T$ 为发热时间常数，则热平衡方程式变为

$$T\frac{\mathrm{d}\tau}{\mathrm{d}t} + \tau = \tau_W \tag{8-3}$$

式(8-3)为一阶常系数非齐次线性微分方程，其通解等于对应的齐次方程的通解加它的特解，特解即是 τ_W，对应的齐次方程的通解为 $b\mathrm{e}^{-t/T}$，b 为任意常数。所以式(8-3)的通解为

$$\tau = b\mathrm{e}^{-t/T} + \tau_W \tag{8-4}$$

根据初始条件，求任意常数 b，设在 $t=0$ 时的初始温升为 τ_Q，代入式(8-4)就有 $\tau_Q = b + \tau_W$，就可以得到 $b = \tau_Q - \tau_W$，再代入式(8-4)，就得到温升的表达式为

$$\tau = \tau_W(1-\mathrm{e}^{-t/T}) + \tau_Q\mathrm{e}^{-t/T} \tag{8-5}$$

如果在 $t=0$ 时，初始温升 $\tau_Q = 0$，则式(8-5)变为

$$\tau = \tau_W(1-\mathrm{e}^{-t/T}) \tag{8-6}$$

由式(8-5)绘出的 $\tau_Q \neq 0$ 的温升曲线如图 8-1 中的曲线 1，由式(8-6)绘出的 $\tau_Q = 0$ 的温升曲线如图 8-1 中的曲线 2。

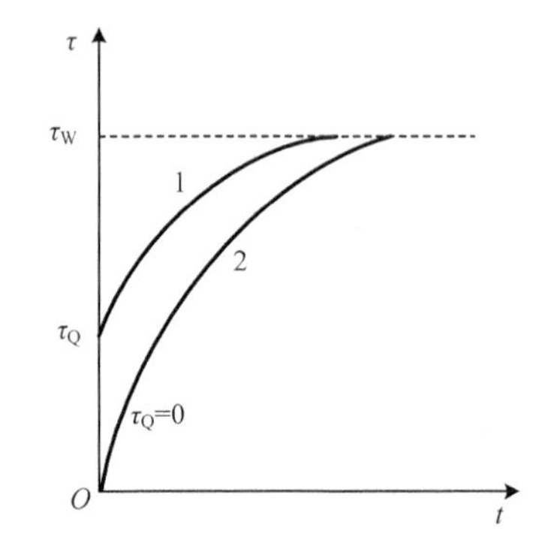

图 8-1　电动机发热过程的温升曲线

由图 8-1 可以看出，温升都是按指数规律变化，最终趋于稳定温升 τ_W。

电动机在发热过程中，当 $t \to \infty$ 时，由式(8-5)可知

$$\tau = \tau_W = \frac{Q}{A} \tag{8-7}$$

即电动机温升无限趋近 τ_W 时，温升不再升高，$\mathrm{d}\tau = 0$，代入式(8-1)就得到

$$Q\mathrm{d}t = A\tau_W\mathrm{d}t \tag{8-8}$$

显然电动机在时间 $\mathrm{d}t$ 内发生的热量 $Q\mathrm{d}t$ 全部发散到周围介质中了，电动机不再吸收热量，当然温度不再升高了。设电动机带额定负载长期运行时所达到的稳态温升为 τ_{WN}，选择绝缘材料，使 τ_{WN} 等于绝缘材料允许的最高温升 τ_m，即 $\tau_{WN} = \tau_m$，电动机连续长时间满负荷工作也不会过热。因为电动机正常长期工作时的负载不允许大于额定负载，所以其正常的稳态温升 τ_W 不会大于 τ_{WN}，即 $\tau_W \leqslant \tau_{WN} = \tau_m$，这样电动机可以安全地长期工作也不会过热。

从以上分析可知：

(1)在达到热稳定状态之前，温升的高低取决于负载大小和时间长短，时间很短的大负载不一定引起很高的温升，时间很长的小负载却可能引起较高的温升；

(2) 稳态温升与负载大小有关，负载越大，稳态温升越高。

8.2.2 电动机的冷却过程

一台负载运行的电动机，在温升稳定后，若负载减小，则电动机损耗及单位时间的发热量都将随之减少，电动机的温度就要下降，温升降低。降温过程中，随着温升减小，单位时间散热量也减少。当重新达到发热等于散热时，电动机不再继续降温，而稳定在新的温升。这个温升下降的过程称为冷却过程。

电动机冷却过程的微分方程与发热过程一样，只不过在发热过程中 $\tau_W > \tau_Q$，在冷却过程中 $\tau_W < \tau_Q$。电动机的冷却过程有两种情况：其一是电动机负载减少，电动机损耗功率ΔP 下降；其二电动机与电网断开，不再工作，电动机的ΔP 或 Q 均变为零。

在负载减少后电动机冷却过程的温升规律与式(8-5)相同，其中 τ_Q 为冷却开始时的温升，而 τ_W 为负载减少后的稳定温升，由于 $\tau_Q > \tau_W$，所以温升曲线按指数规律下降，如图 8-2 曲线 1 所示。

当电动机断电停车时，$\Delta P = 0$，$Q = 0$，则 $\tau_W = 0$，对应的温升由式(8-5)中令 $\tau_W = 0$ 得到

$$\tau = \tau_Q e^{-t/T'} \tag{8-9}$$

其温升曲线如图 8-2 的曲线 2 所示，式(8-9)中的T'为电动机冷却时间常数，与电动机通电发热的时间常数 T 不同。这是因为，当电动机停车后，在采用风扇冷却的电动机上，风扇系数下降为 A'，使时间常数增加为 $T' = C / A'$，$T' = (2～3)T$。

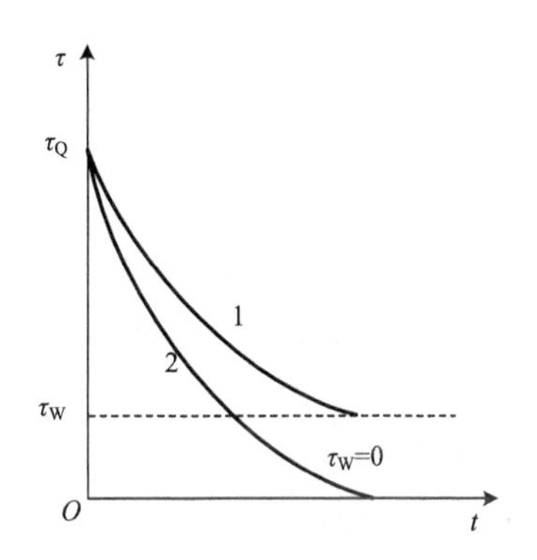

图 8-2 电动机冷却过程曲线

电动机的冷却介质直接影响电动机的冷却情况。冷却介质指能够直接或间接地把电动机热量带走的物质，如空气、水、油、氢气、氮气和二氧化碳等。按冷却介质的不同，一般电动机的冷却可分为两类：气体冷却和液体冷却。中小型电动机一般都利用空气进行通风冷却，大型电动机可用液冷方式。

在构成电动机的各种材料中，耐热最差的是绕组中的绝缘材料。因此，电动机的温度受到绕组绝缘材料耐热性能的限制。不同等级的绝缘材料，其最高允许温度是不同的，所以其最高允许温升也是不同的。电动机中常用的绝缘材料分为 A 级、E 级、B 级、F 级和 H 级共五个等级，如表 8-2 所示。它们的最高允许温度依次为 105℃、120℃、130℃、155℃、180℃，假设环境温度为 40℃，则它们的最高允许温升分别为 65℃、80℃、90℃、115℃、140℃。

表 8-2 绝缘材料的绝缘等级

绝缘等级	绝缘材料	最高允许温度/℃	最高允许温升/℃
A	经过浸渍处理的棉、丝、纸板、木材等，普通绝缘漆	105	65
E	环氧树脂、聚酯薄膜、青壳纸、三醋酸纤维薄膜、高强度绝缘漆	120	80
B	用提高了耐热性能的有机漆作黏合剂的云母、石棉和玻璃纤维组合物	130	90
F	用耐热优良的环氧树脂黏合或浸渍的云母、石棉和玻璃纤维组合物	155	115
H	用硅有机树脂黏合或浸渍的云母、石棉和玻璃纤维组合物，硅有机橡胶	180	140

目前我国生产的电动机多采用 E 级和 B 级绝缘，发展趋势是采用 F 级和 H 级绝缘，这样可以在一定的输出功率下，减轻电动机的重量、缩小电动机的体积。

电动机的使用寿命主要是由它的绝缘材料决定的，当电动机的工作温度不超过其绝缘材料的最高允许温度时，绝缘材料的使用寿命可达 20 年左右，若超过最高允许温度，则绝缘材料的使用寿命将大大缩短，一般是每超过 8℃，寿命减少一半。

由此可见，绝缘材料的最高允许温度是一台电动机带负载能力的限度，而电动机的额定功率正是这个限度的具体体现。事实上，电动机的额定功率是指在环境温度 40℃、电动机长期连续工作、其温度不超过绝缘材料最高允许温度时的最大输出功率，也称电动机的容量。

上述环境温度 40℃是我国标准规定的环境温度。若实际环境温度低于 40℃，则电动机可以在稍大于额定功率下运行；反之，电动机必须在小于额定功率下运行。总之，是要保证电动机的工作温度不要超过其绝缘材料的极限温度。

8.3 电动机的工作制

电动机的温升不仅取决于电动机发热和冷却情况，而且还与负载持续工作时间的长短有关。而电动机的工作情况有多种，可在恒定负载下长时间工作，可在周期性变动负载下长时间工作，可短时间工作，也可短时间工作与短时间停止相互交替。同一台电动机，如果工作的时间长短不同，则它的温升也不同，或者说它能够承担负载功率的大小也不同。为了适应不同负载的需要，按负载持续时间的不同，国家标准把电动机分成三种工作方式或三种工作制，细分为九种，用 S1、S2、S3、…、S9 来表示。

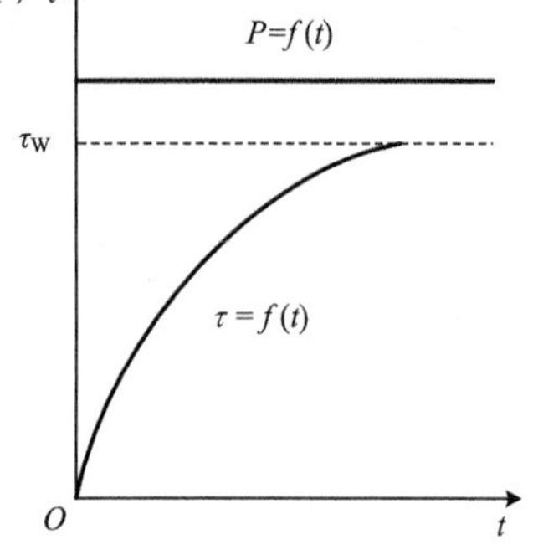

图 8-3 连续工作制曲线

8.3.1 连续工作制

连续工作制(S1)是指电动机连续工作时间很长，即工作时间 $t_g > (3 \sim 4)T$，长达几小时、几昼夜，甚至更长。电动机的温升可以达到稳定温升。铭牌上对工作制没有特别标注的电动机都属于连续工作制。电动机的负载图 $P = f(t)$ 和温升曲线 $\tau = f(t)$，如图 8-3 所示。

通风机、水泵、造纸机和纺织机等连续工作制的生产机械都应使用连续工作制的电动机。例如，JR-114-4 型绕线式三相异步电动机的铭牌上标明：额定功率 115kW，额定转速 1465r/min，工作方式为连续。说明这台电动机在标准环境温度下允许长时间连续输出的最大功率是 115kW，额定运行时，稳态温升等于绕组绝缘的最高温升。

8.3.2 短时工作制

短时工作制(S2)是指电动机的工作时间较短，即 $t_g < (3 \sim 4)T$，运行时的温升达不到稳定值，而停车时间 t_T 却很长，$t_T > (3 \sim 4)T'$，足以使电动机完全冷却到周围环境温度，即温升为零。短时工作制电动机的负载图 $P = f(t)$ 和温升曲线 $\tau = f(t)$，如图 8-4 所示，我国规定的短时工作制的标准时间有 15min、30min、60min、90min 四种。

若把短时工作制的电动机带负载P_g在t_g结束时的温升作为绝缘材料允许的最高温升，则电动机在拖动同样负载P_g而连续工作时，其稳定温升将大大超过绝缘材料允许的最高温升而将电动机烧坏，所以这类电动机只能带额定负载作短期运行，不能带额定负载作长期连续运行。

水闸闸门启闭机、机床辅助机构吊床、车床的夹紧装置等应该使用短时工作制的电动机。例如，JTD-430型鼠笼式三相异步电动机的额定功率为6.4kW，额定转速为800r/min，30min短时工作制，说明这台电动机按照30min短时工作允许的最大输出功率为6.4kW。

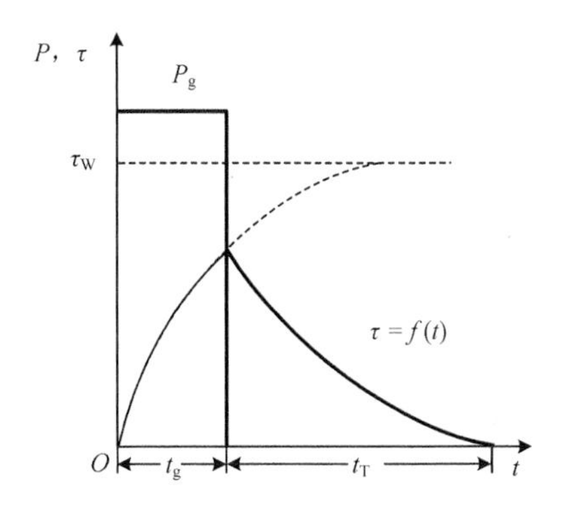

图 8-4　短时工作制曲线

8.3.3　断续周期工作制

断续周期工作制(S3)，工作时间t_g和停歇时间t_T相互交替，并呈周期性变化，两段时间都比较短，即$t_g < (3\sim4)T$，$t_T < (3\sim4)T'$。在t_g期间，电动机温升来不及达到稳定值；在t_T期间电动机温度也降不到零。这样，经过第一个周期时间(t_g+t_T)，温升有所上升，经过若干个周期后，电动机温升将在某一段范围内上下波动，其负载图和温升曲线如图8-5所示。图中虚线表示电动机拖动同样大小的负载连续工作时的温升曲线。这类电动机也只能带额定负载做周期性断续运行，不能带同样的额定负载连续运行，否则电动机也会过热而烧坏。

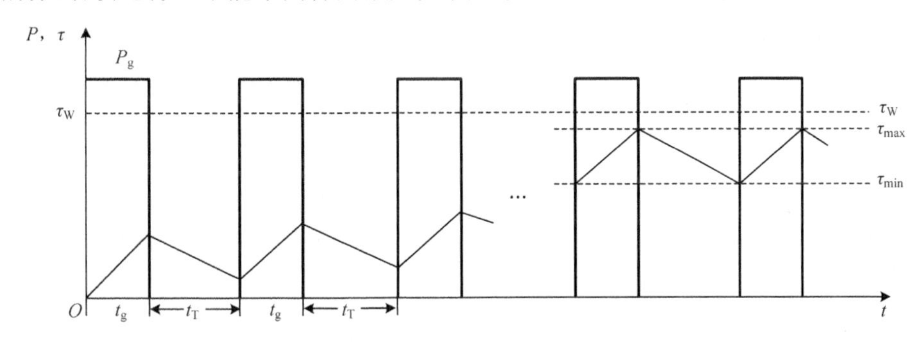

图 8-5　断续周期工作制曲线

根据一个周期内电动机运行状态的不同，断续周期工作制可分为六类(详见国家标准GB755—2008)：

(1)断续周期工作制(S3)；

(2)包括启动的断续周期工作制(S4)；

(3)包括电制动的断续周期工作制(S5)；

(4)连续周期工作制(S6)；

(5)包括电制动的连续周期工作制(S7)；

(6)包括负载与转速相应变化的连续周期工作制(S8)；

此外还有负载与转速非周期变化工作制(S9)。

在断续周期性工作制中，负载工作时间与整个周期之比称为负载持续率FC%(也称暂载率)即

$$FC\% = \frac{t_g}{t_g + t_T} \times 100\% \tag{8-10}$$

我国规定的标准负载持续率有 15%、25%、40%、60%四种，一个周期的时间规定小于10min。断续周期工作制的电动机适用于要求频繁启动、制动的场合，属于这类工作的生产机械有起重机、电梯、轧钢辅助机械等。

前面分析的是根据发热情况来确定电动机的容量，仅仅是这样还不够。因为电动机带的负载是变化的，有时甚至是冲击性负载，这种短时间的冲击性负载对电动机发热情况影响不大，但对应的负载转矩有可能达到甚至超过电动机的最大电磁转矩。所以在选择电动机的时候还要考虑过载能力是否足够，即电动机的过载倍数λ应满足下列条件

$$\lambda \geqslant \frac{T_{Lm}}{T_N} \tag{8-11}$$

式中，T_{Lm}为最大的负载转矩。

当实际的过载倍数小于或等于电动机(允许的)过载倍数λ时，电动机的过载能力才是足够的。

对异步电动机有$\lambda_m = \frac{T_m}{T_N}$，$\lambda_m$是临界转矩$T_m$(最大转矩)对额定转矩$T_N$的倍数，这时取

$$\lambda = (0.8 \sim 0.85)\lambda_m \tag{8-12}$$

式中，0.8～0.85 的系数是考虑电网下降引起T_m及λ_m变小的因数。对直流电动机，$\lambda = 1.5$～2；对同步电动机，$\lambda = 2.0$～3.0。

若λ没有满足式(8-11)，则过载能力校验没有通过，必须另选过载能力较大或者功率较大的电动机。

对于异步电动机，除了发热与过载能力之外，有时还必须检验启动能力。

总之，选择的电动机对拖动系统而言，应启得动(启动转矩大于启动时的负载转矩)，转得了(电动机的最大转矩大于负载最大转矩)，不过热。

8.4 电动机额定功率的选择

电动机额定功率的选择原则是所选额定功率要能满足生产机械在电力拖动的各个环节(启动、制动、调速等)对功率和转矩的要求，并在此基础上使电动机得到充分利用。

电动机额定功率的选择方法是根据生产机械工作时负载(转矩、功率、电流)大小变化特点，预选电动机的额定功率，再根据所选电动机额定额定功率校验过载能力和启动能力。

电动机额定功率大小是根据电动机工作发热时温升不超过绝缘材料的允许温升来确定的，其温升变化规律是与工作特点有关的，同一台电动机在不同工作状态时的额定功率大小也是不同的。

选择电动机额定功率时，必须同时满足两个条件：

(1)发热条件，即电动机运行时的最高温度应等于或稍低于绝缘材料允许的最高温度，以保证绕组绝缘材料的使用年限；

(2) 过载条件，即电动机短时过电流或短时过载转矩都不超过最大值。

对于带负载启动的鼠笼式异步电动机，还应考虑启动转矩是否够用。即使发热条件和过载条件都满足要求，但是启动转矩却很小，此时应必须另选额定功率较大的电动机。

8.4.1 连续工作制电动机额定功率的选择

连续工作制的负载，按其大小是否变化可分为常值负载和变化负载。

1. 常值负载下电动机额定功率的选择

若长期连续工作的电动机拖动的负载，其大小是恒定的或基本恒定的，在计算出负载功率 P_L 后，选择额定功率 P_N 等于或略大于 P_L 的电动机即可，即

$$P_N \geqslant P_L \tag{8-13}$$

由于是常值负载，不需要进行发热校验，也不必进行过载能力校验。

2. 变化负载下电动机额定功率的选择

当电动机拖动这类生产机械工作时，因为负载周期性变化，所以电动机的温升也必然呈周期性波动。温升波动的最大值将低于最大负载时的稳定温升，而高于最小负载时的稳定温升。这样如按最大负载功率选择电动机的容量，则电动机就不能得到充分利用；而按最小功率负载选择电动机容量，则电动机必然将过载，其温升将超过允许值。因此，电动机的容量应选在最大负载与最小负载之间。如果选择合适，既可使电动机得到充分利用，又可使电动机的温升不超过允许值，通常采用以下方法进行选择。

1) 等效电流法

等效电流法的思路是用一个不变的电流 I_{eq} 来等效实际上变化的负载电流，要求在同一个周期内，等效电流 I_{eq} 与实际变化的负载电流所产生的损耗相等。假定电动机的铁损耗与绕组电阻不变，则铜损耗只与电流的平方成正比，只要一个周期内的平均铜损耗不超过所选电动机的额定铜损耗，电动机的总损耗便不会超过电动机的额定总损耗，由此可得到等效电流为

$$I_{eq}=\sqrt{\frac{I_1^2t_1+I_2^2t_2+\cdots+I_n^2t_n}{t_1+t_2+\cdots+t_n}} \tag{8-14}$$

式中，t_n 为对应负载电流时 I_n 的工作时间。求出 I_{eq} 后，则选用电动机的额定电流 I_N 应大于或等于 I_{eq}。采用等效电流法时，必须先求出用电流表示的负载图。

需要注意的是，深槽和双鼠笼式异步电动机因不变损耗和电阻在启动、制动期间不是常数，故不能采用等效电流法。

2) 等效转矩法

如果电动机在运行时，其转矩与电流成正比(如他励直流电动机的励磁保持不变、异步电动机的功率因数和气隙磁通保持不变时)，则式(8-14)可改写为等效转矩公式

$$T_{eq}=\sqrt{\frac{T_1^2t_1+T_2^2t_2+\cdots+T_n^2t_n}{t_1+t_2+\cdots+t_n}} \tag{8-15}$$

此时，选用电动机的额定转矩 T_N 应大于或等于 T_{eq}，当然，这时应先求出用转矩表示的负载图。

需要注意的是，串励和复励直流电动机因负载变化时的主磁通不是常数，故不能用等效转矩法；经常启动、制动的异步电动机因启动、制动时的功率因数不是常数，故也不能用等效转矩法。

3) 等效功率法

若电动机运行时，其转速保持不变，则功率与转矩成正比，于是由式(8-15)可得到等效功率为

$$P_{eq}=\sqrt{\frac{P_1^2t_1+P_2^2t_2+\cdots+P_n^2t_n}{t_1+t_2+\cdots+t_n}} \tag{8-16}$$

此时，选用电动机的功率 P_N 大于或等于 P_{eq} 即可。

必须注意的是用等效法选择电动机的容量时，要根据最大负载来校验电动机的过载能力是否符合要求，如果过载能力不能满足，应当按过载能力来选择较大容量的电动机。

8.4.2 短时工作制电动机额定功率的选择

1. 直接选用短时工作制的电动机

我国电机制造行业专门设计制造一种专供短时工作制使用的电动机，其工作时间分为15min、30min、60min、90min 四种，每一种又有不同的功率和转速，因此可以按生产机械的功率、工作时间及转速的要求，由产品目录中直接选用不同规格的电动机。

如果短时负载是变动的，也可采用等效法选择电动机，此时等效电流为

$$I_{eq}=\sqrt{\frac{I_1^2t_1+I_2^2t_2+\cdots+I_n^2t_n}{\alpha t_1+\alpha t_2+\cdots+\alpha t_n+\beta t_T}} \tag{8-17}$$

式中，I_1、t_1 为启动电流和启动时间；I_n、t_n 为制动电流和制动时间；t_T 为停转时间；α、β 为考虑对自扇冷电动机在启动、制动和停转期间因散热条件变坏而采用的系数，对于直流电动机，$\alpha=0.75$，$\beta=0.5$；对于异步电动机，$\alpha=0.5$，$\beta=0.25$。

采用等效法时，也必须注意对选用的电动机进行过载能力的校验。

2. 选用断续周期工作制的电动机

在没有合适的短时工作制的电动机时，也可采用断续周期工作制的电动机来代替。短时工作制电动机的工作时间 t_g 与断续周期工作制电动机的负载持续率 FC%之间的对应关系如表 8-3 所示。

表 8-3　t_g 与 FC%的对应关系

t_g/min	30	60	90
FC%	15%	25%	40%

8.4.3 断续周期工作制电动机额定功率的选择

可以根据生产机械的负载持续率、功率及转速，从产品目录中直接选择合适的断续周期工作制的电动机。但是国家标准规定该种电动机的负载持续率 FC%只有四种，因此常常会出

现生产机械的负载持续率 $FC_x\%$与标准负载持续率 FC%相差较大的情况。在这种情况下，应当把实际负载功率 P_x 按式(8-18)换算成相邻的标准负载持续率 FC%下的功率，即

$$P = P_x\sqrt{\frac{FC_x\%}{FC\%}} \tag{8-18}$$

根据式(8-18)中的标准负载持续率 FC%和功率 P 即可选择合适的电动机。

当 $FC_x\% < 10\%$时，可按短时工作制选择电动机；当 $FC_x\% > 70\%$时，可按连续工作制选择合适的电动机。

8.4.4 常用生产机械负载功率的计算

1. 离心式水泵

对于离心式水泵，其折合到电动机转子轴上的负载功率为

$$P_L = \frac{QH\rho g}{\eta_b \eta}\ (\text{kW}) \tag{8-19}$$

式中，Q 为泵的流量(m^3/s)；H 为水的扬程(m)；ρ 为水的密度(kg/m^3)；η_b 为水泵的效率；η 为传动机构的效率。

2. 离心式风机

与离心式水泵相似，离心式风机折合到电动机转子轴上的负载功率为

$$P_L = \frac{QH}{\eta_b \eta}\ (\text{kW}) \tag{8-20}$$

式中，Q 为泵的送风量(m^3/s)；H 为空气压力(Pa)；η_b 为风机的效率；η 为传动机构的效率。

3. 起重机

对于起重机，其折合到电动机转子轴上的负载功率为

$$P_L = \frac{G\upsilon}{\eta}\times 10^{-3}\ (\text{kW}) \tag{8-21}$$

式中，G 为所提升重物的重量(N)；υ 为提升速度(m/s)；η 为传动机构的效率。

4. 机床

对于主轴电机，其负载功率为

$$P_L = \frac{T_L n_N}{9550}\ (\text{kW}) \tag{8-22}$$

对于进给电机，其负载功率为

$$P_L = \frac{F_\Sigma \upsilon_{max}}{\eta}\times 10^{-3}\ (\text{kW}) \tag{8-23}$$

式中，F_Σ 为进给运动的总阻力(N)；υ_{max} 为最大进给速度(m/s)；η 为进给运动的效率。

对于辅助传动电机，其负载功率为和负载转矩分别为

$$P_{\mathrm{L}}=\frac{G\mu\upsilon}{\eta}\times10^{-3}\ (\mathrm{kW}) \tag{8-24}$$

$$T_{\mathrm{L}}=\frac{9550G\mu_0\upsilon}{n_{\mathrm{N}}\eta}\times10^{-3}\ (\mathrm{N\cdot m}) \tag{8-25}$$

式中，G 为移动件的重量(N)；υ 为移动速度(m/s)；μ、μ_0 分别为动、静摩擦系数；η 为传动效率。

8.5 本 章 小 结

本章简要介绍了电动机的选择的基本原则和方法，主要知识点如下：

(1) 根据生产机械对电动机的技术要求和工作环境、安装方式、供电条件等，来确定电动机的种类、形式、额定电压、额定转速等。

(2) 不同工作制的负载，应选择相应工作制的电机。

(3) 电动机容量的选择，要根据电动机的发热情况来决定。电动机发热限度由电动机使用的绝缘材料决定；电动机发热程度由负载大小和工作时间长短决定。体积相同的电动机，其绝缘等级越高，允许输出的容量越大；负载越大、工作时间越长，电动机的发热量越多。所以，电动机容量的选择要根据负载的大小、性质和工作制的不同来综合考虑。

(4) 人们在工程实践中，总结出某些生产机械电动机功率选择的实用方法，可供参考。

习 题

8-1 在进行电力拖动系统方案的选择时，应重点考虑哪几个方面的问题?试简要说明。

8-2 电动机稳定运行时的稳定温升取决于什么？在相同的尺寸下，提高电动机的额定功率有哪些措施？

8-3 电力拖动系统中电动机的选择包括哪些具体内容？

8-4 电动机的温度、温升及环境温度三者之间有什么关系？

8-5 电动机的发热和冷却各按什么规律变化？

8-6 电动机的三种工作制是如何划分的？负载持续率 FC%表示什么意义？

8-7 试查阅最新的电机基本技术要求国家标准，说明工作制 S3、S4、S5、S6、S7、S8 的定义，并绘制出负载图。

8-8 为什么短时工作制电动机不能带额定负载长期连续运行？

8-9 试比较等效电流法、等效转矩法、等效功率法及平均损耗法的共同点和不同点，它们各适用于何种情况。

8-10 一台电动机周期性地工作 15min，休息 85min，其负载持续率 FC% = 15%，对吗？

8-11 一台电动机的 FC% = 15%，P_{N} = 30kW；另一台电动机的 FC% = 40%，P_{N} = 20kW，试比较这两台断续工作制电动机，哪一台的容量大些？

8-12 试概括一下连续工作制电动机容量选择的基本方法和步骤。

8-13 周期性断续工作方式的三相异步电动机，在不同的负载持续率 FC%下，实际过载倍数 $T_{\mathrm{m}}/T_{\mathrm{N}}$ 是否为常数？为什么？

部分习题参考答案

第 1 章

1-14　$I_N = 54.55A$，$P_1 = 13.79kW$

1-15　$I_N = 96.27A$，$P_1 = 21.18kW$

1-16　(1) $I_N = 65.21A$；(2) $E_a = 241V$

1-17　(1) $I_f = 1.07A$，$I_a = 44.55A$；(2) $P_M = 11.22kW$，$T = 71.46N·m$；(3) $\Sigma P = 1758.7kW$，$\eta = 85.04\%$

1-18　$T_2 = 1833.5N·m$，$T = 2007.7N·m$，$T_0 = 174.2N·m$

1-19　(1) $T_2 = 118.93N·m$；(2) $\eta = 73.11\%$

第 2 章

2-22　(1) $T = 69.33N·m$，$T_2 = 63.67N·m$，$T_0 = 5.66N·m$；(2) $n_0 = 1667r/min$，$n_0' = 1653r/min$；

(3) $n = 1591r/min$；(4) $I_a = 38.5A$

2-23　(1) $n = 1662–2.389T$；(2) $n = 1662–11.95T$；(3) $n = 831–2.389T$；(4) $n = 2374–4.876T$

2-24　(1) $I_{st} = 3283.6A$，$I_{st} = 16.4I_N$；(2) $R_{st} = 0.483\Omega$

2-25　$R_{st1} = 0.091\Omega$，$R_{st2} = 0.155\Omega$，$R_{st3} = 0.265\Omega$

2-26　(1) $R_B = 6.2\Omega$；(2) $R_B = 1.16\Omega$

2-27　(1) $n_1 = 651r/min$（正向电动状态），$n_2 = -1007r/min$（倒拉反转反接制动）；(2) $R_B = 3.71\Omega$；

(3) $n = -1716r/min$（反向回馈制动状态）；(4) $n = -1015r/min$；(5) $n = -166r/min$

2-28　(1) $n = 1034r/min$；(2) $n = 830r/min$；(3) $I_a = -31.96A$，$n = 864r/min$；(4) $n = 1250r/min$

2-29　(1) $R = 1.128\Omega$；(2) $U = 59.25V$

第 3 章

3-27　$I_{1N} = 16.7A$，$I_{2N} = 404.16A$

3-28　(1) $k = 15$；(2) $k = 25$；(3) $k = 14.4$

3-29　$R_2' = 0.45\Omega$，$X_2' = 3.15\Omega$，$R_k=0.885\Omega$，$X_k=6.11\Omega$

3-30　$Z_m = 24.6\Omega$，$R_m = 2.28\Omega$，$X_m = 24.5\Omega$，$X_k = 18.1\Omega$，$R_{k75°C} = 8.63\Omega$，$Z_{k75°C} = 20.1\Omega$

3-31　(1) $I_1 = 82.45A$，$I_2 = 206.1A$，$U_L = 383.1V$；

(2) $S_1 = 142.8kV·A$，$P_1 = 125.4kW$，$Q_1 = 68.31kvar$；

(3) $S_2 = 136.8kV·A$，$P_2 = 122.4kW$，$Q_1 = 61.18kvar$

3-32　$\eta = 98.3\%$

3-33　(1) $R_m = 4060\Omega$，$X_m = 24200\Omega$，$R_1 = R_2' = 17.6\Omega$，$X_1 = X_2' = 36.9\Omega$；

(2) $\Delta U = 5.9\%$，$U_2 = 376\text{V}$，$\eta = 95.6\%$；

(3) $\Delta U = 2.9\%$，$U_2 = 388\text{V}$，$\eta = 96.4\%$；

(4) $\Delta U = -1.30\%$，$U_2 = 405\text{V}$，$\eta = 95.6\%$；

(5) $\beta_m = 0.54$，当 $\cos\varphi_2 = 0.8$ 时，$\eta = 96.3\%$；当 $\cos\varphi_2 = 1$ 时，$\eta = 97\%$

3-36　$S_1 = S_2 = 35\text{kV·A}$，$\beta_1 = 1.167$，$\beta_2 = 0.7$

第 4 章

4-21　(1) $I_{\text{YN}} = 10.68\text{A}$，$I_{\triangle\text{N}} = 18.50\text{A}$；(2) $n_1 = 1500\text{r/min}$，$p = 3$；(3) $s_{\text{N}} = 0.027$

4-22　(1) $n_1 = 1000\text{r/min}$，$s = 0.05$；(2) $f_2 = 2.5\text{Hz}$；(3) $P_{\text{mec}} = 7575\text{W}$，$P_{\text{Cu2}} = 398.68\text{W}$；

(4) $P_1 = 8653.68\text{W}$，$\eta = 86.67\%$；(5) $I_1 = 18.89\text{A}$

4-23　$n_1 = 1000r/\min$，$s_{\text{N}} = 0.04$，$P_{\text{M}} = \dfrac{P_2 + P_0}{1 - s_{\text{N}}} = 105.2\text{kW}$，$P_{\text{Cu2}} = sP_{\text{M}} = 4.2\text{kW}$，$T_2 = 994.79\text{N}\cdot\text{m}$，

$T_0 = \dfrac{P_0}{\Omega_{\text{N}}} = 9.95\text{N}\cdot\text{m}$，$T = 1004.74\text{N}\cdot\text{m}$

4-24　$Z_1 = 1.84\angle 67.64^\circ\Omega$，$Z_2' = 10.44\angle 16.69^\circ\Omega$，$Z_{\text{m}} = 75.24\angle 85.43^\circ\Omega$，$\dot{I}_1 = 33.75\angle -30.22^\circ\text{A}$，定子线电流为 $\sqrt{3} \times 33.75 = 58.45\text{A}$，电动机过载

4-25　$n_1 = 1000\text{r/min}$，$s = 0.032$，$Z_1 = 2.77\angle 61.3^\circ\Omega$，$Z_2' = 35.28\angle 7.17^\circ\Omega$，$Z_{\text{m}} = 90.27\angle 85.55^\circ\Omega$

(1) $\dot{I}_1 = 11.47\angle -29.43^\circ\text{A}$，定子线电流 $I_{1\text{N}} = \sqrt{3}I_1 = 19.87\text{A}$；

(2) 转子额定相电流 $-\dot{I}_2' = \dfrac{Z_{\text{m}}}{(Z_{\text{m}} + Z_2')} = 10.02\angle 170.11^\circ\text{A}$；

(3) $\dot{I}_{\text{m}} = \dfrac{\dot{I}_1 Z_2'}{(Z_{\text{m}} + Z_2')} = 3.91\angle -88.27^\circ\text{A}$；

(4) $\cos\varphi = 0.87$；　(5) $P_1 = 11376\text{W}$；　(6) $\eta = 87.9\%$

第 5 章

5-26　(1) $T_{\text{N}} = 16.7\text{N·m}$；(2) $T_{\text{m}} = 57.7\text{N·m}$，$\lambda_{\text{m}} = 3.46$；(3) $s_{\text{m}} = 0.19$；(4) $T_{\text{st}} = 18.2\text{N·m}$，$k_{\text{T}} = 1.09$

5-27　$T = \dfrac{2513.2}{\dfrac{s}{0.24} + \dfrac{0.24}{s}}$

5-28　$m = 3$，$R_{\text{st1}} = 0.0889\Omega$，$R_{\text{st2}} = 0.235\Omega$，$R_{\text{st3}} = 0.622\Omega$

5-29　Y-△启动时，$I_{\text{st}} = 145.7$，$T_{\text{st}} = 0.4T_{\text{N}}$

(1) $T_{\text{L}} = 0.25T_{\text{N}}$ 时，可以启动；　(2) $T_{\text{L}} = 0.5T_{\text{N}}$ 时，无法启动

5-30　(1) $I_{\text{st}} = 46.67\text{A}$，$T_{\text{st}} = 0.467T_{\text{N}} < 0.5T_{\text{N}}$，不能半载启动；

(2) 选择抽头比为 60%，$I_{\text{st}} = 50.4\text{A}$

5-31　(1) 直接启动电流，$I_{\text{st}} = 600\text{A}$；

(2) 定子串电抗器启动，按最大允许电流为 350A，$T_{\text{st}} = 111.68\text{N·m}$；

(3) 采用 Y-△启动，$I_{\text{st}} = 250\text{A}$，$T_{\text{st}} = 109.4\text{N·m}$；

(4) 采用抽头分别为 64%自耦变压器启动，$I_{\text{st}} = 245.76\text{A}$，$T_{\text{st}} = 134.43\text{N·m}$；采用抽头分别为 73%，

自耦变压器启动，$I_{st}=319.74$A，$T_{st}=174.9$N·m，只有此方案可行

5-32　$f=30.93$Hz，$U_1=235.1$V

5-33　$f=34.4$Hz，$U_1=261.4$V

5-34　(1) $n=2945$r/min；(2) $n=2909$r/min；(3) $n=2345$r/min

5-35　未串电阻时 $n=984.3$r/min；串入电阻 0.60Ω时 $n=812.55$r/min；串入电阻 1.2Ω时 $n=640.8$r/min；串入电阻 4.5Ω时 $n=-300$r/min，倒拉下放状态

5-36　$R=1.4\Omega$

5-37　$R=0.0844\Omega$

5-38　(1) $n_A=1464$r/min，$n_B=366$r/min，串入电阻 $R=0.0844\Omega$；

(2) $n_C=-1528$r/min，电机处在倒拉反接回馈状态；$n_D=-366$r/min，串入电阻 $R=3.905\Omega$，电机处在倒拉反接状态

5-39　$R=4.15\Omega$或 0.815Ω

5-40　(1) $R=1.67\Omega$；(2) $n=-469$r/min

5-41　(1) $R=2.9\Omega$或 0.34Ω；(2) $R=0.762\Omega$；(3) $R=0.872\Omega$或 0.042Ω

5-42　(1) $R=0.377\Omega$；(2) 采用变频调速，$f=32.7$Hz，$U_1=249.1$V

第 6 章

6-17　(1) $P_1=3125$kW；(2) $I_N=375.9$A；(3) $P_M=3036$kW；(4) $P_0=36$kW；(5) $T_N=48323$N·m

6-18　(1) $E_0=420.5$V；(2) $\theta_N=27^\circ$；(3) $P_M=12717$W；(4) $\lambda_m=2.2$

6-19　(1) $\theta=27.6^\circ$；(2) $P_{Mm}=32353$W

6-20　$P_M=20398$W

6-21　(1) $S=414$kV·A；(2) $\cos\varphi_D=0.77$ (超前)

第 7 章

7-6　$U=96$V

7-21　$\theta_s=1.5^\circ$

参考文献

陈亚爱，周京华．2011．电机与拖动基础及 MATLAB 仿真[M]．北京：机械工业出版社．

程龙泉．2011．电机与拖动[M]．北京：北京理工大学出版社．

程明．2007．微特电机及系统[M]．北京：中国电力出版社．

顾绳谷．2007．电机与拖动基础[M]．北京：机械工业出版社．

胡敏强，黄学良．2014．电机学[M]．北京：中国电力出版社．

李发海，朱东起．2013．电机学[M]．5 版．北京：科学出版社．

李光中，周定颐．2013．电机及电力拖动[M]．北京：机械工业出版社．

李岚，梅丽凤，等．2011．电力拖动与控制[M]．北京：机械工业出版社．

刘爱民．2011．电机及拖动技术[M]．大连：大连理工大学出版社．

刘锦波，张承惠，等．2006．电机与拖动[M]．北京：清华大学出版社．

刘启新．2011．电机与拖动基础[M]．北京：中国电力出版社．

刘述喜，王显春．2012．电机与拖动基础[M]．北京：中国电力出版社．

吕宗枢．2008．电机学[M]．北京：高等教育出版社．

阮毅，陈维钧．2006．运动控制系统[M]．北京：清华大学出版社．

邵群涛．2008．电机及拖动基础[M]．北京：机械工业出版社．

孙冠群，于少娟．2011．控制电机与微特电机及其控制系统[M]．北京：北京大学出版社．

汤蕴璆．2014．电机学[M]．北京：机械工业出版社．

唐介．2011．电机拖动与应用[M]．北京：高等教育出版社．

王岩，曹李民．2012a．电机与拖动基础[M]．4 版．北京：清华大学出版社．

王岩，曹李民．2012b．电机与拖动基础学习指导[M]．4 版．北京：清华大学出版社．

王艳秋．2015．电机及电力拖动题库及详解[M]．北京：化学工业出版社．

王志新，罗文广．2011．电机控制技术[M]．北京：机械工业出版社．

许建国．2009．电机与拖动基础[M]．2 版．北京：高等教育出版社．

许晓峰．2012．电机与拖动基础[M]．北京：高等教育出版社．

杨耕，罗应立．2006．电机与运动控制系统[M]．北京：清华大学出版社．

杨玉杰，孙红星．2012．电机及拖动基础学习指导[M]．北京：冶金工业出版社．

张广溢，祁强，等．2011．电机与拖动基础[M]．北京：中国电力出版社．

赵莉华，曾成碧，苗虹．2014．电机学[M]．北京：机械工业出版社．

周顺荣．2007．电机学[M]．2 版．北京：科学出版社．